中国政治思想研究丛书

洪范大义与忠恕之道

丁四新 著

图书在版编目(CIP)数据

洪范大义与忠恕之道 / 丁四新著 . —北京：商务印书馆，2022（2023.11 重印）
（中国政治思想研究丛书）
ISBN 978-7-100-21490-2

Ⅰ.①洪⋯ Ⅱ.①丁⋯ Ⅲ.①政治伦理学—研究—中国—古代 Ⅳ.① B82-092

中国版本图书馆 CIP 数据核字（2022）第 138808 号

权利保留，侵权必究。

中国政治思想研究丛书
洪范大义与忠恕之道
丁四新 著

商 务 印 书 馆 出 版
（北京王府井大街36号 邮政编码100710）
商 务 印 书 馆 发 行
北 京 冠 中 印 刷 厂 印 刷
ISBN 978 - 7 - 100 - 21490 - 2

2022 年 10 月第 1 版 开本 880×1230 1/32
2023 年 11 月北京第 2 次印刷 印张 16⅝
定价：88.00 元

"中国政治思想研究丛书"编委会

主　　编　成中英
编委会成员　（以姓氏拼音排序）
　　　　　　　成中英　干春松　任剑涛
　　　　　　　唐士其　张允起

"中国政治思想研究丛书"总序

梁任公九十多年前在北京举办的演讲会上，提到研究中国政治思想史要采用新方法和新视角，期待对世界政治文明的演进有所贡献，但此后中国政治思想史的研究并不很兴盛。相对于其他学科领域，中国政治思想领域的优秀研究成果不多，能让大家记住的，也就是萧公权先生的《中国政治思想史》等少数几部著作。牟宗三先生到台湾后所写的《政道与治道》虽然有一定的影响，但是这部书有一个和同时代很多学者的著述相同的弊病，就是立足于西方的政治理论和伦理价值框架来谈中国，以中国古代有没有诸如自由民主等理念来做评判。其实这些概念的多数内涵，是近代欧洲和美国在特定历史情势下形成的，用它们来解释中国古代政治的缺失问题，当然偏差很大。至于以往的中国政治思想研究没有充分展开的原因，我认为可以从以下三个方面来分析。

"中国政治思想研究丛书"总序

第一，政治思想不仅是政治家和政治学者的言说，还牵涉政治权力施行的实际过程，内容很广泛，比如古代的社会礼仪和民俗、不成文的习惯法、宗教戒律的影响，等等，过去的政治思想史研究者对此很少有深入研究。

第二，政治思想的研究可以提炼出哲学成分，但哲学的理念不能等同于政治思想的全部，如果追溯西方政治学的发展，亚里士多德的城邦制度研究，就包含了很多今天人们意识里"政治思想"之外的内容。亚里士多德的著作里，伦理与政治问题分开讨论，后人就认为这两者可以割裂，研究政治思想也可以和研究伦理哲学或道德哲学一样，停留在概念辨析和规范讨论上。实际上，西方社会政治权力的历史发展相当复杂，仅从权力来源看，就产生过君权神授、契约论、演化论等不同学说，而这些学说都和欧洲自身历史发展相关，要了解它们的真正内涵，需要全面深入地研究当时社会生活的各个方面，不是单纯辨析几个理念就能做到的。

第三，基于以上两个方面的认识，中国学者该如何总结、整理、重建自身的政治哲学思考？我认为需要回溯华夏政治结构及秩序的起源，重新叙述"族群生活—伦理宗法—政治国家"这样一个链条，显然这和欧洲的传统是很不相同的。为什么很多学者习惯于直接拿欧洲的政治发展路径来套用解释中国呢？这是因为近代中国被西方列强侵略的历史影响了人们的认知，也就是方法论出了问题。目前，我们需要重新提出有解释力的框架，就要针对这些偏差提出一些问题，就此可以总结为以下八个方面：

其一，在中国历史起源语境下，如何理解政治权力的产生和发展？

其二，在中国古代政治中，权力的价值内涵及其规范性是如何表达的？

其三，在中国传统权力模型中，帝王与大臣、庶民的关系如何规范与调节？

其四，关于政治史、政治学的现代发展和现代性表达，在当代中国学术语境下如何实现？

其五，中国传统政治理想在近现代的追求和运用，实际上是知识分子与政治规范解释权转移的问题，出现了怎样的特殊变化？

其六，中西政治之间的不同，应该如何认知与解释，才不致脱离二者各自的本义太远？

其七，政治思想并非理念的简单投射，而是有历史经验的复杂性叠加缠绕，由此对福山的"历史终结论"做出批驳，该如何建立自身的新学说？

其八，政治与政治科学的关系，在当前中国该如何处理？罗尔斯把伦理价值再度引入政治讨论中，对韦伯以来政治理论研究的"价值中立"趋势是一个重要逆转，中国政治思想研究该如何回应这一命题？

"中国政治思想研究丛书"总序

　　以上这些问题，可能需要几代学者的努力协作和学术积累，方能做出较有说服力的回答。我们这套"中国政治思想研究丛书"，可以看作这方面努力的一个开端与尝试，希望能给有关研究者和读者带来"以中国立场和全球视野思考中国政治思想"的启发。

　　最后，我在这里再谈个人的一些体会。我们研究中国政治思想的根本目标是什么？是否仅是为了发掘自己祖先的某些政治思想，表彰他们的独特价值？这样的工作似乎有很多人在做，比如从事中国文化传播的行业，可能还比我们做得更好。我认为政治思想研究者不宜做这样简单的跟风宣传。从对当前中国社会有重要影响的几股思想潮流来看，社会主义以人的社会存在属性为其理论基础，曾经兴盛的自由主义以个人权利为基础，而保守主义则以文化中既存的价值倾向和制度习俗为基础，重视权力运用的历史文化背景，通过这种实践来探索建立一种理想性的规范，使它和传统文明的价值观联系起来，这一点和中国古代贤哲的思考是相近的，接近于中国学者熟悉的"为往圣继绝学，为万世开太平"。当前的世界并不太平，某些秉持单一理念的发达国家企图用武力将自己信奉的价值理念推广到全世界，在世界很多地区造成了人道悲剧，即使在其国内，也受到很多的质疑与批评。人类历史从文明草创到理性启蒙，再到现代性的发展，从西方近现代的历史中可以看到一连串的霸权兴起，东方则是一百多年来受到西方的压制，在强势话语冲击之下产生了思想变异，像日本就有了"脱亚入欧"和"大东亚共荣圈"的言说和实践。美国最初是一个松散孤立的邦联国家，后来联邦权力不断扩大，到今天已经是一个十分集权而具有扩张欲望的世界性强权体系。人类从个体到小的氏族群体，发展到庞大的政治共同体，再形成具有世界扩张能力的霸权体系，其间充满了矛盾冲突，成千上万的平民百姓在现代化战争中被无辜杀戮，让富有正义感的人们痛心疾首。我认为战争的根源是每个国家过分强调自身的利益和权力扩张，在争霸的过程中习惯了剥削弱小民族，甚至认为这种剥削理所当然。

现在的很多思想家已经意识到，发展程度较高的国家应该扩大视野，从人类整体的视角来思考如何解决目前的政治矛盾与战争冲突，而不是延续以往那种"国家利益至上"的霸权思维。中国政治思想的研究，如果对人类的合作与和平发展有所贡献，并引发大家对这些问题的深入思考，才能接近我们的根本目标。期待所有的有识之士，一起加入进来推动这项崇高的事业。

成中英
2018年12月于海淀西山庭院

目 录

序言 ⋯⋯⋯⋯⋯⋯⋯⋯⋯⋯⋯⋯⋯⋯⋯⋯⋯⋯⋯⋯⋯⋯ 1

上篇 洪范大义

第一章 《洪范》的作者及其著作时代考证与新证 ⋯⋯⋯ 13
 第一节 《洪范》的作者 ⋯⋯⋯⋯⋯⋯⋯⋯⋯⋯⋯ 14
 第二节 《洪范》的著作时代 ⋯⋯⋯⋯⋯⋯⋯⋯⋯ 16
  一、从归类的角度来看 ⋯⋯⋯⋯⋯⋯⋯⋯⋯⋯ 17
  二、从发展的角度来看 ⋯⋯⋯⋯⋯⋯⋯⋯⋯⋯ 21
  三、对刘节观点的具体批驳 ⋯⋯⋯⋯⋯⋯⋯⋯ 25
 第三节 《洪范》作于周初新证 ⋯⋯⋯⋯⋯⋯⋯⋯ 32
  一、新证据：叔多父盘和豳公盨铭文 ⋯⋯⋯⋯⋯ 32
  二、对一些质疑的回应 ⋯⋯⋯⋯⋯⋯⋯⋯⋯⋯ 36

vii

第四节　补证与结论 ············· 43
一、补证 ············· 43
二、结论 ············· 51

第二章　《洪范》大义与汉宋诠释 ············· 54
第一节　引言 ············· 54
第二节　洪范九畴的逻辑与《洪范》大义 ············· 57
一、《洪范》的文本结构与洪范九畴的逻辑 ············· 57
二、《洪范》大义：思想要点 ············· 63
第三节　汉人的诠释：以五行畴为中心 ············· 75
一、以五行畴为中心 ············· 76
二、荀悦论《洪范》大义：以五行为根本，以五事为主干 ············· 78
三、汉人重视五行畴的原因 ············· 80
第四节　宋人的诠释：以王安石和朱子为中心 ············· 81
一、王安石的诠释：以五行为宗 ············· 82
二、朱子的诠释：以皇极畴为中心 ············· 84
第五节　小结 ············· 92

第三章　《洪范》的政治哲学：以五行畴和皇极畴为中心 ············· 95
第一节　引言 ············· 96

目　录

第二节　洪范九畴的理论性质、目的及五行、
　　　　皇极两畴的序次含义 ·················· *103*
　　一、洪范九畴的理论性质、目的及其与"革命"
　　　　说的区别 ························ *103*
　　二、洪范九畴是王权和天命的象征 ············ *105*
第三节　五行畴和皇极畴的畴次含义与成因 ·········· *108*
　　一、五行畴的畴次含义与成因 ·············· *109*
　　二、皇极畴的畴次含义与成因 ·············· *112*
第四节　五行的性质及其序次 ·················· *114*
　　一、何谓五行与五行的性质 ················ *114*
　　二、五行本身的序次及其含义 ·············· *117*
第五节　"皇极"解诂及其思想内涵 ·············· *122*
　　一、"皇极"解诂及其争论 ················ *122*
　　二、皇极与中道 ······················ *131*
　　三、皇极畴的思想内涵 ·················· *133*
第六节　小结 ···························· *135*

第四章　儒家修身哲学之源:《洪范》五事畴的修身
　　　　思想及其发展与诠释 ·················· *140*
　第一节　修身与政治 ······················ *141*
　第二节　《洪范》五事畴的修身思想 ············ *145*
　　一、五事畴的文本与训释问题 ·············· *145*
　　二、五事畴的修身思想及其意义 ············· *149*

ix

第三节　汉人对五事畴的解释 ············ *153*
　　一、《春秋繁露·五行五事》的解释 ········ *154*
　　二、《汉书》相关解释 ·············· *159*
第四节　宋人对五事畴的解释：以王安石
　　　　与朱子为例 ················ *164*
　　一、王安石的解释 ··············· *165*
　　二、朱子的解释 ················ *171*
第五节　早期修身哲学的新面向："敬慎威仪"
　　　　与"克己复礼" ··············· *178*
　　一、"敬慎威仪"及其与"敬用五事"的关系 ··· *179*
　　二、"克己复礼"及其与"敬用五事"的关系 ··· *192*

第五章　论《洪范》福极畴：手段、目的及其相关问题 ······ *202*
第一节　福极字义与福极的来源 ·········· *203*
　　一、福极字义 ················· *203*
　　二、福极的来源 ················ *206*
第二节　福极畴的文本与训释问题 ········· *207*
　　一、福极畴的文本问题 ············· *207*
　　二、福极畴的文本训释 ············· *210*
第三节　福极畴的思想：飨用五福，威用六极 ···· *215*
　　一、福极畴的思想 ··············· *215*
　　二、神性与否定 ················ *219*

目 录

第四节　五福与六殛的对应关系及其相关问题…………… *221*
　　一、五福与六殛的对应关系…………………………… *221*
　　二、五事畴与福殛畴的关系…………………………… *225*

第六章　《洪范》八政等五畴略论……………………… *230*
第一节　八政畴：农用八政………………………………… *231*
　　一、何谓八政…………………………………………… *231*
　　二、八政的排列次序问题……………………………… *234*
第二节　五纪畴：协用五纪………………………………… *236*
　　一、五纪畴的来源……………………………………… *236*
　　二、何谓五纪…………………………………………… *238*
　　三、历数的天命性……………………………………… *244*
第三节　三德畴：乂用三德………………………………… *247*
　　一、文本与训释问题…………………………………… *247*
　　二、三德畴的大义……………………………………… *251*
第四节　稽疑畴：明用稽疑………………………………… *261*
　　一、文本与训释问题…………………………………… *261*
　　二、稽疑畴的大义……………………………………… *265*
第五节　庶征畴：念用庶征………………………………… *271*
　　一、天人感应：庶征畴的思想背景…………………… *271*
　　二、念用庶征与庶征畴的大义………………………… *274*
　　三、去神化与对感应原理的肯定……………………… *285*

下篇　忠恕之道

第七章　春秋时期的"忠"观念……………295
　第一节　《左传》《国语》的著作时代与作者………297
　　一、《左传》的著作时代与作者………………297
　　二、《国语》的著作时代与作者………………301
　第二节　《左传》的"忠"观念…………………310
　　一、从关系、公私、德行论《左传》的
　　　　"忠"观念…………………………………310
　　二、"忠"的基本语义和含义…………………323
　第三节　《国语》的"忠"观念…………………326
　　一、君对民、上对下之"忠"…………………326
　　二、"忠"之心：以中言忠、以恕言忠、
　　　　以谋言忠……………………………………329
　第四节　孔子与《论语》的"忠"观念…………337
　　一、从政治关系论"忠"观念及其在孔子思想
　　　　中的地位……………………………………339
　　二、"主忠信"与"与人忠"：作为人的一般性
　　　　德行原则……………………………………344
　　三、"忠恕"之道与"吾道一以贯之"的关系……348
　第五节　春秋时期的忠孝关系……………………361

第八章　战国儒家的"忠"观念……370

第一节　郭店儒简的"忠"观念……370

一、从伦常、德位关系论"忠"的内涵……371

二、以道德实践为基础的"忠"观念与以"义"为基础的忠臣观……373

三、从心性角度论"忠"的内涵……376

四、竹书《忠信之道》的忠信观……379

第二节　孟子和荀子的"忠"观念……389

一、孟子的"忠"观念……389

二、荀子的"忠"观念……390

第三节　二戴《礼记》的"忠"观念……401

一、二戴《礼记》的来源、关系及其著作时代……401

二、《礼记》论"忠"及忠孝观……412

三、《大戴礼记》论"忠"及其忠孝观……420

第四节　战国儒家的忠信、忠孝、忠恕观……436

一、忠信观……436

二、忠孝和忠恕观……439

第九章　春秋战国时期诸子的"忠"观念……443

第一节　道家：《老子》《庄子》的"忠"观念……443

一、老子的"忠"观念……443

二、庄子及其后学的"忠"观念……444

第二节　墨家：墨子及其后学的"忠"观念⋯⋯⋯⋯⋯⋯⋯ *448*
　　　　一、墨家与《墨子》⋯⋯⋯⋯⋯⋯⋯⋯⋯⋯⋯⋯⋯⋯⋯ *448*
　　　　二、墨子及其后学的"忠"观念⋯⋯⋯⋯⋯⋯⋯⋯⋯⋯ *449*
　　第三节　法家：商鞅、韩非子的"忠"及忠孝观⋯⋯⋯⋯ *452*
　　　　一、商鞅的"忠"观念⋯⋯⋯⋯⋯⋯⋯⋯⋯⋯⋯⋯⋯ *453*
　　　　二、韩非子的"忠"观念与忠孝观⋯⋯⋯⋯⋯⋯⋯⋯⋯ *454*
　　第四节　道法之士：《管子》的"忠"观念⋯⋯⋯⋯⋯⋯⋯ *462*
　　　　一、《管子》其书⋯⋯⋯⋯⋯⋯⋯⋯⋯⋯⋯⋯⋯⋯⋯ *462*
　　　　二、《管子》的"忠"观念⋯⋯⋯⋯⋯⋯⋯⋯⋯⋯⋯⋯ *464*
　　第五节　杂家：《吕氏春秋》的"忠"与忠孝观⋯⋯⋯⋯⋯ *468*
　　　　一、《吕氏春秋》的"忠"观念⋯⋯⋯⋯⋯⋯⋯⋯⋯⋯ *469*
　　　　二、《孝行》《高义》的忠孝观⋯⋯⋯⋯⋯⋯⋯⋯⋯⋯ *473*

第十章　结语：春秋战国时期"忠"观念的开展⋯⋯⋯⋯⋯ *480*

参考文献⋯⋯⋯⋯⋯⋯⋯⋯⋯⋯⋯⋯⋯⋯⋯⋯⋯⋯⋯⋯⋯ *499*

序　言

《尚书·洪范》是中国思想、文化的一篇核心经典文献，而"忠"是一个非常重要的观念。《洪范》或作《鸿范》。从字面看，"洪范"即大法之义，"洪范九畴"即治理天下的大法九类。本书分为"洪范大义"和"忠恕之道"两篇。上篇包括六章，即第一至六章，篇幅约占全书的五分之三。下篇包括四章，即第七至十章，篇幅约占全书的五分之二。自2012年至今，从写作、修改到文字润色，本书上篇断断续续经历了十一个年头。本书下篇原是一篇长文，写于2006至2007年。今年1至2月，笔者将其分解为四章，并作了一定的文字修改和润色。简言之，本书是围绕《洪范》大义及其治理哲学以及"忠"观念来展开论述的。

一

《尚书》，或称《书》《书经》，是中国文化的核心经典。在先秦古籍中，"《诗》《书》"或"《诗》《书》《礼》《乐》"常连言；"《诗》《书》《礼》《乐》《易》《春秋》"连言，亦见于郭店简《六德》《语丛一》和《庄子·天运》《天下》篇。《尚书》是六艺和五经之一。"六艺"本指礼、乐、射、御、书、数六者，是古代贵族修身和培养个人才能的六种科目；而经学意义上的"六艺"则指孔子所编述的《诗》《书》《礼》《乐》《易》《春秋》六种典籍，汉代以此六学教人，故汉人称之为"六艺"。司马谈《论六家要旨》曰"夫儒者以六艺为法"（《史记·太史公自序》），即反映了此一情况，《汉书·艺文志》的"艺"字即指此六艺。六艺有经传之分，去其一而立于学官，并为博士所职，即为五经。建元五年（前136年），汉武帝"置五经博士"，是为经学元年。据《史记·儒林列传》，武帝所置五经为《诗》《书》《礼》《易》《春秋》。不过随着经学的开展，五经的次序有陟降。据《汉书·儒林传》《艺文志》，其次序为《易》《书》《诗》《礼》《春秋》。《易》居五经之首，而《诗》降居次三，时当元成之世。

据《史记·儒林列传》和《汉书·艺文志》《儒林传》，西汉《尚书》已有今古文之分。《今文尚书》二十八篇出自伏生壁藏，至汉宣帝时，"有欧阳、大小夏侯氏，立于学官"。古文《尚书》出自孔壁，与伏生所藏相较"得多十六篇"；孔安国献之于朝廷，但是没有列于学官。经永嘉之乱，《尚书》丧亡。今所见《尚书》五十八篇（孔颖达编撰《五经正义》、蔡沈撰《书集传》、阮元校刻《十三经注疏》），乃东晋梅赜所献《古文尚书》。梅赜《古文尚书》系伪书，阎若璩《尚书古文疏证》已力证之。但所幸，伏生所传《今文尚书》二十八篇已收入梅本中。

《今文尚书》二十八篇分别是《尧典》《皋陶谟》《禹贡》《甘誓》，以上为《虞夏书》；《汤誓》《盘庚》《高宗肜日》《西伯戡黎》《微子》，以上为《商书》；《牧誓》《洪范》《金縢》《大诰》《康诰》《酒诰》《梓材》《召诰》《洛诰》《多士》《无逸》《君奭》《多方》《立政》《顾命》《费誓》《吕刑》《文侯之命》《秦誓》，以上为《周书》。需要指出，伪《古文尚书》将《尧典》分出《舜典》，将《皋陶谟》分出《益稷》，将《顾命》分出《康王之诰》，将《盘庚》分为三篇，即将《今文尚书》的二十八篇析成三十三篇。

《洪范》本属《商书》，[①]司马迁即抄入《史记·宋微

[①] 《左传·文公五年》："《商书》曰：'沈渐刚克，高明柔克。'"同书《成公六年》："《商书》曰：'三人占，从二人。'"同书《襄公三年》："《商书》曰：'无偏无党，王道荡荡。'"《说文·卜部》龟字："《商书》曰：'曰贞曰龟。'"同书《歺部》殬字："《商书》曰：'彝伦攸殬。'"同书《林部》棥字："《商书》曰：'庶艹繇棥。'"同书《女部》妏字："《商书》曰：'无有作妏。'"

子世家》，今本《尚书》则编入《周书》。《洪范》编入《周书》，也有一定根据。据《洪范》序论，此篇《尚书》文献本是对箕子回答武王"彝伦所以攸叙"问题的记录，故《洪范》是周人治理天下的思想大纲和蓝图。《洪范》的文本结构可分为三个部分，自"惟王十有三祀"至"天乃锡禹洪范九畴彝伦攸叙"为《洪范》序论，自"初一曰五行"至"威用六极"为洪范九畴总叙，自"一五行"至"六曰弱"为洪范九畴分叙。

"尚书学"概念有广狭之分。广义的尚书学，是从学术研究来说的，其对象包括对于今古文《尚书》所有篇目及相关出土文献的研究。狭义的尚书学则是从经学来说的。从《尚书》经学的建立及其诠释史来看，狭义的尚书学只包括洪范学和禹谟学。其中，洪范学更重要，贯通于整个尚书学史；而禹谟学则以所谓十六字（"人心惟危，道心惟微，惟精惟一，允执厥中"）为心传，是宋儒开出来的新尚书学传统。不过，由于《大禹谟》本身是伪书，经阎若璩证伪以后，其经学价值和意义即大大降低。所以严格说来，狭义的尚书学只有洪范学。尚书洪范学影响中国思想两千余年。目前，学界往往将学术层面上的"尚书学"与经学意义上的"尚书学"这两个概念混为一谈，"学"与"艺"不分，"艺"与"经"不分，致使经书成为了十足的史料，前一义的尚书学大行其道，这是令人深感痛惜的。王阳明曰："经，常道也。"（《尊经阁记》）戴震曰："经之至者，道也。"（《与是仲明论学书》）《四库全书总目·经部总序》曰："盖经者非他，即天下之公理而已。"这些说法，与古说相合。《说文·糸部》："经，织〖从丝〗也。""经"本指织布机上的纵丝，引申之，"经"有"常""道""法""理"诸义，[①]经书的"经"字即用此义。所谓经，从形式看有其辞文，从内容看有其至理至道，很显然常道、常法、常理是"经"的骨干和灵魂。在《尚书》经学史中，只有《洪范》和伪书《大禹谟》可以作为常理、常道和原理（principles）来看。或者说，洪范九畴和所谓十六字心传是原理和至道，它们是《尚书》之所以为经学的全部奥妙所在。此外，《周书》所宣扬的"敬德以延命永命"说也具有一定的常理、常道意义，但因为散见于诸篇，且"敬德"为儒学通说，故从《尚书》学史来看，其专属的经学意义不及前两者。

本书即从此原理义的"经"概念出发，力图揭明《洪范》所包含的常理至道，阐明其大义。故本书首先是基于经学家的立场来进行写作的。

二

笔者研习《尚书》经历了三个阶段。1998年上半

[①] 参见宗福邦、陈世铙、萧海波：《故训汇纂》，商务印书馆2003年版，第1740—1741页。

年为第一阶段。当时，笔者花费了三四个月时间研读了《尚书》文本，并读过一些相关研究著作。原本打算以《尚书》思想作为博士学位论文的选题，但因为郭店简的出版，在导师的建议下，笔者迅速改作郭店简的思想研究。2012年下半年至2013年上半年为第二阶段。2012年上半年，笔者收到了普林斯顿大学柯马丁（Martin Kern）教授发来的"《书经》与中国政治哲学起源"会议的邀请函，随后于下半年撰写了一篇关于《洪范》著作时代的考证文章（见本书第一章）。2013年上半年，笔者又写作了一篇长文，约七万字，梳理和论述了《洪范》的文本问题及其思想。2015年至今，笔者再对这篇约七万字的长文作了修改和扩充，推衍为五章（见本书第二至第六章）。相较于2012、2013年的稿子，笔者研究《洪范》的文字（前六章）增加了一倍多。

本书上篇第一章为《〈洪范〉的作者及其著作时代考证与新证》，第二章为《〈洪范〉大义与汉宋诠释》，第三章为《〈洪范〉的政治哲学：以五行畴和皇极畴为中心》，第四章为《儒家修身哲学之源：〈洪范〉五事畴的修身思想及其发展与诠释》，第五章为《论〈洪范〉福殛畴：手段、目的及其相关问题》，第六章为《〈洪范〉八政等五畴略论》。其中，第一章发表于《中原文化研究》2013年第5期，第二章发表于《广西大学学报（哲学社会科学版）》2015年第2期，第三章发表于《中山大学学报（社会科学版）》2017年第2期，第五章发表于《四川大学学报（哲学社会科学版）》2021年第6期。需要指出，上述已发表论文的标题与本书章题略有差异，敬请读者注意。

《洪范》属于治理哲学，在性质上与西周流行的革命说不同。《洪范》是殷周治理天下国家的大纲大法，是当时治理经验和政治智慧的高度总结，是中国治理哲学之源和王道之祖。本书上篇第一章重新考证了《洪范》的著作时代，提供了大量新证据；第二至第六章深入发掘和阐述了洪范九畴的大义，特别研究了五行畴、五事畴、皇极畴、福殛畴的文本、思想及其相关问题，并有重点、有针对性地梳理了汉宋洪范学。与类似著作相较，本书在观点和论证上取得了两点突破：一是提供了大量新证据，更有力地论证和维护了《洪范》为周初著作的观点；二是以经学（原理）为本位，研究和发掘了《洪范》本身的思想内涵及其相关问题。本书全面超越了以往的《洪范》研究成果。与以往集中于《洪范》诠释学史或历史性的研究不同，本书意在探讨和揭明洪范九畴本身的思想。通过本书上篇，特别是第二至第六章的研究，笔者同时意识到，经学的研究和对经学的研究这两者应当分别开来。所谓经学的研究，即持经学家或哲学家的研究立场；所谓对经学的研究，即持史学家、文献学家或语言学家的立场。前者是对于经书大义或其所蕴含之"道"的发掘和阐明，而后者则是将经书作为史料、语料或某种材料来对待，然后研究某个边缘性甚至外在性的问题。本书第二至第六章的研究即主要基于前一种立场，笔者试图在当代学界树立起研究经学的另外一种样态，即"经"之所以为经的新样态。

　　经书及其注疏、解释，包括形式和内容两个方面，同时还存在其写作的时代背景等问题，故研究它们，存在多种方法，如经学方法、小学方法和考据方法。现在，经学方法也可以叫作哲学方法，小学方法也可以叫作语文学方法，考据方法也可以叫作历史学方法。《尔雅》配经而行，是训诂经书文字的，属于小学方法。阎若璩《疏证》考证《古文尚书》的真伪，刘节《疏证》考证《洪范》的著作时代，这两种论著使用的都是历史学的研究方法。《洪范五行传》力图推明洪范五行大义，所以夏侯始昌使用的是经学方法。"传"对"经"而言，从方法上来看，其体例即要求它是对于经书大义的揭示和推阐。笔者所谓经学方法，是将经作为经来看待的方法，是发明和推阐其大义、常道的方法。从本质上看，经学即明道和传道之学。经书及其注疏的语文学研究和历史学研究，是对于经书及其注疏的经学研究的辅助。不懂得用经学方法来看待和研究经书经学，即不懂得经之所以为经者。本书即重在阐明《洪范》的大义，将其作为尚书学的一种诠释原理来看待。

由于经书文本简约，辞意幽微、深奥，故本书亦适当采用寻流探源法，以彰显《洪范》大义。源与流是相对关系。本书对于汉宋相关诠释的梳理在较大程度上即是为了彰显和确定《洪范》本身的经义。

三

"忠"是古今中外的一个重要政治伦理观念和德行伦理观念。上文已指出，本书下篇原为一篇长文。初稿的前半写于2006年8月，后半写于2007年2月和5月，总计约十一万字。当初，为何写作此文？对此问题，笔者现在已经想不起其具体原因了，可能因为那时本人对"忠""孝"一类观念颇感兴趣吧！这篇长文写成后，经过简单修改，即以"春秋战国时期'忠'观念的演进——以儒家文献为主线兼论忠孝、忠信与忠恕观念"为题发表在《学鉴》第2辑（武汉大学出版社2008年版）上。2014年7月27日，笔者在贵阳孔学堂作"中国古代的'忠'观念及当代中国人的身份认同"的讲座，及2016年5月14至15日在深圳大学作"国学运动与现代中国人身份的认同"的会议发言，都参考了这篇文章。最近，笔者将小文裁划为四章（即本书第七至第十章），花费了大约二十天时间作了文字润色和修改。

本书下篇第七章为《春秋时期的"忠"观念》，第八章为《战国儒家的"忠"观念》，第九章为《春秋战国时期诸子的"忠"观念》，第十章为《结语：春秋战国时期"忠"观念的开展》。通过此四章的梳理和叙述，比较全面地梳理了春秋战国时期儒家和诸子的"忠"观念，揭示和阐明了其内涵的发展和变化，并着意讨论了"忠信""忠恕"和"忠孝"这三对观念。本书很重视"忠"观念的出现、变化及其提升的问题，以及重视"忠""孝"二者的历史张力问题。本书第二部分具有一定的创新性，如对于郭店简"忠"观念及对于先秦诸子"忠"观念的研究，这是他人未曾做过或者很少尝试的。另外，需要指出，将"忠"作为政治伦理和德行伦理的一个重要美德观念来看待，这是笔者写作后四章的一个基调。

  本书属于清华大学文科振兴基金基础研究后期资助专项"洪范大义与忠恕之道"（课题编号：2021THZWHQ06）的成果。博硕士生季磊、王政杰、赵乾男、丁亮皓、胡晓晓、马兵、赵卓凡和周心仪承担了本书引文校对的任务。特此感谢！

  是为序。

丁四新

壬寅年惊蛰于北京学清苑

上篇　洪范大义

第一章　《洪范》的作者及其著作时代考证与新证

　　《洪范》是一篇重要文献，其思想价值巨大，影响极其深远。自汉代至清末，学者对于此篇文献的作者及其著作时代基本上无异议，但是自从1928年刘节（1901—1977年）发表《洪范疏证》一文，[①]否定传统说法，断定它是战国末季的著作以来，关于此篇文献之著作时代的传统说法即遭到学界的持久怀疑或否定，而学者由此展开了长达约九十年的考据和辩论。也因此，在现代中国哲学史或思想史上，《洪范》能否成为今人研究周代政治哲学或政治思想的一个文本，即成为问题。由于受到疑古大气候的影响，20世纪的中国学者往往

---

① 刘节：《洪范疏证》，载顾颉刚编著：《古史辨》第五册，上海古籍出版社1982年版，第388—403页。按：刘文原发表于《东方杂志》第25卷第2号，时间为1928年1月25日。

裹足不前，不敢发掘和阐述此篇《尚书》文献的思想内涵。或者说，人们虽然意识到《洪范》思想的深刻性和重大性，但是鉴于其在考证上的问题，要么不敢将其推至西周或周初时期，要么点到为止，只作非常粗糙而简单的阐述。

第一节 《洪范》的作者

关于《洪范》的作者，此篇《尚书》文献的开头一段文字即有明确交代，因此直至民国以前，历代学者基本上无异议，一般认为它是箕子之作。《书序》曰"武王胜殷，杀受，立武庚，以箕子归，作《洪范》"，[1]即首先以他者的口吻提出此说。孔颖达在《尚书正义·洪范》中再作肯定，认为"必是箕子自为之"。孔氏《正义》曰："此经文旨异于余篇，非直问答而已，不是史官叙述，必是箕子既对武王之问，退而自撰其事，故传特云'箕子作之'。"又曰："此经开源于首，覆更演说，非复一问一答之势，必是箕子自为之也……此条说者，当时亦以对王，更复退而修撰，定其文辞，使成典教耳。"[2]

---

[1] 十三经注疏整理委员会整理：《十三经注疏·尚书正义》卷十二，北京大学出版社2000年版，第351页。
[2] 以上两条引文，参见十三经注疏整理委员会整理：《十三经注疏·尚书正义》卷十二，第351—352页。

此后，学者或小有异议，但大意不变。①

民国初期，疑古思潮大开，学者于是提出了一些散漫而大胆的想法。例如，郭沫若在20世纪30年代说："《洪范》那篇文章其实是子思氏之儒所作的，其出世的时期在《墨子》之后和《吕氏春秋》之前。"②他提出了两个根据或理由。其一，五行与子思的关系。据《荀子·非十二子篇》，子思有五行说。郭沫若认为荀子所批评的思孟五行"一定是金、木、水、火、土的五行"，保存在《洪范》篇中，并说："《洪范》那篇一定是子思所作的文章，就文笔和思想的内容上看来，《尧典》《皋陶谟》《禹贡》也当得是他作的。"③其二，郭沫若认为"《洪范》的

---

① 关于《洪范》之作，林之奇云："案诸传记引此篇者皆以为《商书》，则知此篇之作，盖以箕子为武王陈之，退而自录其答问之辞以为书。"[宋]林之奇：《尚书全解》卷二十四，景印文渊阁四库全书第55册，台湾商务印书馆1986年版，第448页。林氏的观点其实继承了孔颖达的说法。夏僎抓住"自录"二字做文章，批评林氏之说，云："余谓此说虽通，然史官于人君言动无不书者，岂有武王访箕子，其事如此之大，史乃不录，而箕子自录之理？则此篇必是周史所录。"[宋]夏僎：《夏氏尚书详解》卷十七，景印文渊阁四库全书第56册，台湾商务印书馆1986年版，第724页。现在看来，孔颖达的说法最为通达。武王与箕子的问对，史官固然有当场笔录，但是这样一篇鸿篇巨制，又关涉治理天下和巩固王权的大经大法，箕子如若没有"更复退而修撰，定其文辞"，那是很难想象的。不过，从实质意义来看，夏氏并不反对《洪范》为箕子著作的传统说法。
② 郭沫若：《先秦天道观之进展》，载氏著：《青铜时代》，人民大学出版社2005年版，第6页。又如，李行之认为《洪范》的作者是周宣王时期的周公、召公。见氏著：《〈尚书·洪范〉是中国历史上的第一部宪法》，《求索》1985年第4期。
③ 郭沫若：《先秦天道观之进展》，载氏著：《青铜时代》，第40—41页。

根本思想是以中正为极,和《中庸》一篇正相为表里";《中庸》肯定人格神的"天"或"上帝",乃是受到了墨家的影响,子思的天道观采取了老子的思想。①综合这两条理由,郭沫若还认为,研究子思的思想,"是应该把《中庸》《洪范》《尧典》《皋陶谟》《禹贡》等篇来一并研究的"②。现在看来,郭氏提供的论据并不严谨、踏实,他的论证比较随意,富于诗人般的想象。郭沫若认为《洪范》是子思著作的观点,这是经不起反驳的。而在暗中,他的论证和结论都受到了当时疑古思潮及刘节《洪范疏证》的影响,这是确定的。

总之,《洪范》的作者问题,是在20世纪二三十年代才开始受到广泛怀疑和臆度的;此前,古人一般认为它的作者是殷末周初的箕子。但此篇文献的作者到底是不是箕子,这是本章仍需要面对的一个问题。

第二节 《洪范》的著作时代

与作者问题相较,民国以还,学界对于《洪范》著作时代问题的讨论兴趣明显浓厚得多。因为后一问题对于这篇文献的史料价值影响更大、更关键。不过,几经辩驳,最近二三十年来,中国学术界逐渐形成了非常一

---

① 参见郭沫若:《先秦天道观之进展》,载氏著:《青铜时代》,第41—42页。
② 同上书,第42页。

第一章 《洪范》的作者及其著作时代考证与新证

致的意见，重新肯定和论证了《洪范》是周初著作。而这一点，又在较大程度上即意味着箕子是此篇经典文献的作者。

一、从归类的角度来看

通观近半个世纪以来学者对于《洪范》著作时代的考证，可知其相关叙述是递相因袭、大同小异的。2002至2012年又形成了研究此篇著作的一个小高潮，这就是豳公盨铭文的释读和研究，以及多篇相关博士学位论文的完成。[1]纵观这些研究成果，笔者不得不指出，徐复观和刘起釪两位对于相关问题的解决起了关键作用，并且前者的贡献超过了后者。现以最近发表的张华博士学位论文《〈洪范〉与先秦思想》和已出版的黄忠慎《〈尚

---

[1] 2002年初，豳公盨开始出现在香港文物市场上，后由保利艺术博物馆收藏。由于此盨铭文涉及《尚书·禹贡》《洪范》《吕刑》内容，因此它引起了学者的浓厚兴趣。参见《中国历史文物》2002年第6期所刊李学勤、裘锡圭、朱凤瀚、李零四文（第4—45页），及邢文主编的 *The X Gong Xu: A Report and Papers from the Dartmouth Workshop*, A Special Issue of *International Research on Bamboo and Silk Documents: Newsletter*（Dartmouth College, 2003）。近十年发表的与《洪范》相关的博士学位论文有李军靖的《〈洪范〉与古代政治文明》（郑州大学博士学位论文，2005年）、张兵的《〈洪范〉诠释研究》（山东大学博士学位论文，2005年）和张华的《〈洪范〉与先秦思想》（吉林大学博士学位论文，2011年）。台湾地区学者黄忠慎的《〈尚书·洪范〉考辨与解释》（花木兰文化出版社2011年版）也在此期间出版。

书·洪范〉考辨与解释》一书为基础,①再做简要复述,以见其大体。

张、黄二人在其著作中都对民国以来的各种相关观点,按照诸氏所断定《洪范》之著作时代的先后作了详细的梳理和分别。张华分别出六类:(1)夏商说,见于张怀通的论述。②(2)商代说,见于刘起釪、曹松罗的论述。③(3)西周说,王国维首先肯定周初说,其后陈蒲清对周初说作了系统论证;李军靖则认为作于西周中期,李行之认为作于西周后期。④(4)春秋时代说,刘起釪

---

① 参见张华:《〈洪范〉与先秦思想》,第25—35页;黄忠慎:《〈尚书·洪范〉考辨与解释》,第11—47页。另外,李军靖在《〈洪范〉与古代政治文明》第二章中,也对相关考证做了详细的综述和评论(第21—24页)。张华的综述与之相近,但更为全面,并吸纳了李氏的新观点。

② 参见张怀通:《由"以数为纪"看〈洪范〉的性质与年代》,《东南文化》2006年第3期。以下注释,多出自张华、黄忠慎二氏书,笔者略有补充和改注。

③ 刘起釪:《〈洪范〉成书时代考》,载氏著:《尚书研究要论》,齐鲁书社2007年版,第403页;曹松罗:《论〈洪范〉之五事》,《扬州教育学院学报》2005年第2期;曹松罗:《〈尚书·洪范〉尚五商代说》,《扬州教育学院学报》2006年第4期;曹松罗:《〈尚书·洪范〉尚五商代说续证》,《广西教育学院学报》2007年第5期。按:曹氏继承了刘起釪"《洪范》的原本最初当是商代的"观点。

④ 参见王国维:《古史新证》,清华大学出版社1994年版,第3页;陈蒲清:《〈尚书·洪范〉作于周朝初年考》,《湖南师范大学社会科学学报》2003年第1期;李军靖:《〈洪范〉著作时代考》,《郑州大学学报(哲学社会科学版)》2004年第2期;李军靖:《〈洪范〉与古代政治文明》,第37—38页;李行之:《〈尚书·洪范〉是中国历史上的第一部宪法》,《求索》1985年第4期。

又认为《洪范》经过后来的"层累地加工",不过其"至迟不晚于春秋前期";杜勇则认为《洪范》"成书于春秋中叶"。①(5)战国时代说,童书业主张战国初期说,张西堂主张战国中世说,刘节主张战国末季说。②(6)汉初说,这是汪震的主张,他认为"《洪范》大约是伏生伪造的"。③

黄忠慎则别作四类:(1)"有谓作于西周之初者",西汉至民前儒者均同于此说。(2)"有谓作于康王之后,战国之前,或春秋时代,孔子之世者",李泰棻主张此说。④(3)"有谓作于战国初年者",屈万里主张此说。⑤(4)"有谓作于秦统一以前,战国以后者",刘节主张此

---

① 参见刘起釪:《尚书研究要论》,第405页;杜勇:《〈洪范〉制作年代新探》,《人文杂志》1995年第3期。
② 参见陈梦家推测《洪范》为战国时代著作,但一来他没有分早、中、晚期,二来他也没有作具体考证。参见氏著:《尚书通论》,中华书局2005年版,第108页。童书业:《五行说起源的讨论——评顾颉刚先生〈五德终始说下的政治和历史〉》,载顾颉刚编著:《古史辨》第五册,第665页。张西堂:《尚书引论》,陕西人民出版社1958年版,第190页。此外,蒋善国认为:"《洪范》的成书当在墨子卒年(公元前383年)前后。"这是认为《洪范》作于战国早中期之交。参见蒋善国:《尚书综述》,上海古籍出版社1988年版,第232页。刘节:《洪范疏证》,载顾颉刚编著:《古史辨》第五册,第402页。
③ 参见汪震:《〈尚书·洪范〉考》,《北平晨报》1931年1月24日。
④ 参见李泰棻:《今文尚书正伪》,1931年莱熏阁刻本,力行书局印行。
⑤ 屈说,原见屈万里《尚书释义》,中国文化学院出版部1980年版,第93页。《屈万里全集》有《尚书集释》一书,但未收《尚书释义》。后者可能是《尚书集释》的初稿。

说。①（5）"有谓战国末年晚出者"，钱穆、于省吾主张此说。②在分类梳理和叙述的过程中，张、黄二氏随文作了批评，其中黄忠慎的批评篇幅更大。黄氏同意徐复观先生的意见，而张氏则认为它是周初史官所作。③

比较起来，张华虽然比较全面地梳理了中国大陆（内地）的相关观点，但是他对于台港地区的成果无一述及（李军靖的综述也是如此）。黄氏则正好相反，他虽然综述了台港地区的学人成果，但是对于近三十余年中国大陆（内地）的相关成果却无一提及。张、黄二氏的缺欠，皆因未能勤查图书之故。需要指出，黄书的写作时间较早，④但在正式出版时他似乎未作补充。

综合起来看，分类综述固然条理清晰，但是这样做容易导致叙述的平均化，在不同程度上掩盖了学者论证的重点和争论的焦点，因此分类综述难以揭示出近九十

---

① 参见刘节：《洪范疏证》，载顾颉刚编著：《古史辨》第五册，第402页。
② 钱穆说"《洪范》乃战国末年晚出伪书"。参见钱穆：《西周书文体辨》，《新亚学报》第3卷第1期。于省吾说："《洪范》乃晚周人所作，决非西周之文。"见氏著：《双剑誃尚书新证·洪范》，中华书局2009年版，第100—101页。
③ 参见黄忠慎：《〈尚书·洪范〉考辨与解释》，第46页；张华：《〈洪范〉与先秦思想》，第50页。
④ 按：黄书《〈尚书·洪范〉考辨与解释》前《序》的末尾有"黄忠慎重识于台中自宅"的识语，可知此书是黄氏旧文。又，黄书正文每页下的注释及书尾所列《参考书目》几乎没有出版年份，注释体例未严，由此可知它是黄氏早年著作。黄忠慎于1984年获得博士学位。综合起来看，黄书大概是三十多年前写作的。

年《洪范》的考证线索来。

二、从发展的角度来看

学者对于《洪范》著作时代的考证，在近八九十年中是不断发展的。通过阅读相关文献，笔者确定，《洪范》篇的现代考证运动，是以刘节于1928年在《东方杂志》上发表《洪范疏证》一文为起点和支点的。①因此刘节的这篇文章应当成为叙述的重点或关键点。刘节论证的要点包括：（1）否定《洪范》"惟十有三祀，王访于箕子"的叙述，并说箕子不可能于一岁之中往返于朝鲜和周京之间，因此武王不可能在十三祀那年"访于箕子"；（2）据梁启超有关阴阳五行说的论述，在断定《洪范》包含阴阳五行说的基础上，刘氏认为"《洪范》与《五行传》本出一派人之手"，并据《荀子·非十二子》的思孟五行说，认为"此非荀子以前无《洪范》，即荀氏此语失所依据"；（3）认为肃、乂、哲、谋、圣五义皆有所本，"出于《诗·小雅·小旻》"；（4）认为"八政之目盖隐括《王制》之义"；（5）"王省惟岁"一段文

---

① 按：1923年6月，顾颉刚在与胡适的一封书信中简略地谈到了自己关于《今文尚书》之著作时代的一些想法。他将二十八篇分为三组，《洪范》归属第二组，并说："这一组，有的是文体平顺，不似古文，有的是人治观念很重，不似那时的思想。这或者是后世的伪作，或者是史官的追记，或者是真古文经过翻译，均说不定。不过决是东周间的作品。"见顾颉刚：《论〈今文尚书〉著作时代书》，载氏编著：《古史辨》第一册，上海古籍出版社1982年版，第201页。

本与《诗经》用韵不合,"师尹"在周为三公之官,而《洪范》"置之卿士之下";(6)"王道荡荡"数句,墨子称引为《周诗》,"且其词与《小雅·大东篇》略同";(7)"皇"训为君为王者,其义非古,"在春秋以前,皇决无训王,训君之说","亦可证《洪范》非春秋战国以前之作矣";(8)《左传》著作之时代无定,且其"引《书》之句亦未必旧在《洪范》"。依照这些所谓论据和论证,刘节最后认为《洪范》的著作时代"当在秦统一中国以前,战国之末",又说"当在《王制》既出,《吕氏春秋》未成之际",更说"《洪范》为秦统一中国之前,战国以后阴阳五行家托古之说"。①刘文当时即得到了梁任公的高度肯定和大力表彰,②立刻引起轰动,并对此后延绵不断的《洪范》考证施加了持久的影响。

刘节《洪范疏证》一文的重要学术史意义,在于其基本论点和论证构成了此后《洪范》考证运动的焦点。对于《洪范》的考证焦点,张华有很好的概括:"第一,主要思想是神治为主还是德治为主,抑或是兼而有之。第二,五行内容,是原始五行还是受阴阳五行家影响下的五行。第三,与《诗经》里《小旻》《大东》等篇的因

---

① 刘节:《洪范疏证》,载顾颉刚编著:《古史辨》第五册,第388—403页。
② 参见梁启超跋语:"《洪范》问题之提出,则自刘君此文始。刘君推定《洪范》为战国末年作品……凡此皆经科学方法研究之结果,令反驳者极难容喙。其余诸条,亦多妙解,可谓空前一大发明。亟宜公表之,供全世界学者之论难也。"载顾颉刚编著:《古史辨》第五册,第403页。

第一章 《洪范》的作者及其著作时代考证与新证

袭关系。第四，语言文字符合哪一时期的特点。第五，卜筮方法体现的时代特点。第六，先秦文献对《洪范》的称引所反映出的断代讯息。"①除第一点外，张氏所述焦点皆为刘文首先所设难和提出。

纵观近八九十年的《洪范》考证史，笔者认为，刘节以下、1960年以前为一大阶段。在此一阶段，学者的考证既受到刘文的激励，又明显地受其左右。不论是战国早期说（如童书业、屈万里），还是战国中期说（如张西堂），虽然对刘说有所批评，但是都呈现出一种折中、调和的态势，实质上是配合或支持刘节说的。1961年，徐复观写成《阴阳五行观念之演变及若干有关文献的成立时代与解释的问题》一篇长文，②将学术批评的矛头对准梁启超、刘节和屈万里三人，完全突破了他们的限囿，对三氏的相关观点和论证作了全面、彻底的批驳。③应

---

① 张华：《〈洪范〉与先秦思想》，第35页。
② 徐文，原载《民主评论》第12卷20期（1961年），后作为附录，题为"阴阳五行及其有关文献的研究"，收入徐著《中国人性论史·先秦篇》，台中私立东海大学1963年初版，台湾商务印书馆1969年再版。本章凡引徐氏此文，均见李维武编《徐复观文集》（修订本）第三卷所收《中国人性论史·先秦篇》，湖北人民出版社2009年版，第277—316页。
③ 徐氏批判的对象，除刘节的《洪范疏证》外，还包括梁启超的《阴阳五行说之来历》、屈万里的《尚书释义》一书及屈氏的《〈尚书〉中不可尽信的材料》一文。梁文，载顾颉刚编著：《古史辨》第五册，第343—362页。梁文原发表于《东方杂志》第20卷第10号，时间为1923年5月25日。参见屈万里：《尚书释义》，第92—102页；又见屈万里：《尚书集释》，联经出版事业公司1983年版，第114—116页。

当说，这篇文章的发表具有划时代的意义，正式标志着《洪范》著作时代问题的考证迈进了一个崭新的时期。徐复观说："它（指《洪范》——引者）经过了箕子及周室的两重整理。又其次是由于传承的学者所作的小整理。"①这肯定了《洪范》基本上为周初之作。现在看来，徐复观先生的批评绝大多数是有效的。

大约二十年后，顾颉刚的高弟、尚书学专家刘起釪先生写成了《〈洪范〉成书时代考》一文。②刘起釪这篇长文无疑也是针对刘节观点的，批驳可谓甚力，完全否定了后者的观点。他的结论是这样的："现在所见到的《洪范》，正是经过层累地加工，经过周代史官粉饰过的，所以其中有他们加工润饰时顺手带进去的东西。不过大都是西周或东周初期所加，至迟不晚于春秋前期。"③在此，我们也可以看出，刘起釪的结论在一定程度上仍然受到了其师顾颉刚"层累地加工"说的影响。此后，大

---

① 徐复观：《阴阳五行及其有关文献的研究》，载氏著：《中国人性论史·先秦篇》，第287页。
② 刘氏这篇文章定稿于1979年，发表于《中国社会科学》1980年第3期，现收入《尚书研究要论》一书。赵俪生于1993年发表一文，也专门批驳了刘节的《洪范疏证》，但是结论比较笼统，论述比较感性。赵文说："《尚书·洪范》篇，就它的原型说，它是夏、商、周三代传递下来的一件文化珍宝。就它用小篆或隶书在竹片或木片上写成的年代说，就说成是战国初、中期也可以。"见氏著：《〈洪范疏证〉驳议——为纪念顾颉刚先生诞辰100周年而作》，《齐鲁学刊》1993年第6期。
③ 刘起釪：《尚书研究要论》，第405页。

陆学者还发表了许多相关考证文章（参看"中国知网"），但是成绩均未能超过此文。总之，自徐复观、刘起釪二篇长文发表后，关于《尚书·洪范》篇的作者及著作时代，汉语学界逐步回归理性及传统说法。①自刘文在1980年发表后，大陆学者似乎再也无人敢著文说《洪范》是战国著作了。

通过徐复观、刘起釪等人的考论，如下成果是特别重要的：（1）作为证明《洪范》早出的《诗·小雅·小旻》的相关文句及《左传·文公五年》《成公六年》两条引"《商书》曰"的有效性，重新得到了有力的肯定；（2）此外，伪孔《传》、孔《疏》、蔡《传》以《吕刑》之"三德"（"惟敬五刑，以成三德"）为《洪范》之"三德"，②这个注解在中国大陆得到了大多数学者的赞同。

三、对刘节观点的具体批驳

既然《洪范》著作时代的问题完全是由刘节《洪范疏证》一文挑起的，那么除了上文的综述外，笔者认为颇有必要再就此文观点及其论证作出简明扼要的直接批

---

① 张华认为《洪范》为"周史官所记录"。但从其论述来看，他仍然认为箕子是《洪范》的实质作者。参见氏著：《〈洪范〉与先秦思想》，第25、50页。
② 参见十三经注疏整理委员会整理：《十三经注疏·尚书正义》卷十九，第640页；[宋]蔡沈：《书集传》卷六，王丰先点校，中华书局2018年版，第291页。

驳，以便让读者更直接地看到其错误所在。（下文的批驳，综合了徐复观、刘起釪等人的论述，但为了行文简洁起见，笔者一般不再详加引证，列明出处。）

其一，刘节否定《洪范》"惟十有（又）三祀，王访于箕子"的说法，这其实是由他对《史记·殷本纪》《周本纪》和《宋微子世家》相关材料故作误解所造成的。《史记·宋微子世家》曰："武王既克殷，访问箕子。"同书《殷本纪》曰："周武王伐纣，释箕子之囚。"同书《周本纪》曰："（文王受命之十二年二月）命召公释箕子囚。"第一条材料没有指明武王"访问箕子"的具体时间，第二、三两条材料说明了武王在克殷的当年即命令召公"释箕子囚"，由此推断，武王册封箕子亦当在此年。可是刘节却将第一条和第二、三条材料搅合起来，于是得出了所谓"武王访问箕子正当克殷之年，其时正当十二祀之二月也"的说法。《史记·周本纪》又曰："武王既克殷，后二年，问箕子殷所以亡。"刘节认为此所谓"后二年"指"十四祀"，而非《洪范》所谓"十三祀"。其实，此"既克殷后二年"乃就武王克殷之当年而言之，正指"十三祀"。在以上误解的基础上，刘节又认为箕子封于朝鲜，去京城数千里，"能于一岁之中往而返，来朝于周，此说之必不可通者也"。[①] 这种说法其实是他的穿凿，司马迁哪

[①] 以上所引刘节说，均见《洪范疏证》一书，载顾颉刚编著：《古史辨》第五册，第389页。

里说过箕子受封之后随即前往封地朝鲜呢？

其二，刘节认为"《洪范》与《五行传》本出一派人之手"①，这其实是滥用梁启超观点的结果。梁启超认为阴阳五行说起于战国以后，大体说来是不错的。可是刘节先认为《洪范》的五行说即为此种阴阳五行说，然后据梁说，又结合《荀子·非十二子》篇，进而断定"荀子以前无《洪范》"。②然而问题正在于，《洪范》的五行说真的即是战国兴起的那种阴阳五行说吗？其实，刘节对于《洪范》五行说之性质的判断是错误的。《洪范》的五行说尚处于初步阶段，即处于所谓五材说或五实说的阶段。春秋至战国时期逐步丰富、发展起来的那些五行说内容，不但从《洪范》本文看不出来，而且在殷末至西周时期是不存在的。

其三，刘节认为肃、乂、哲、谋、圣五义"出于《诗·小雅·小旻》"，进而认定《洪范》晚出。他说："肃、乂、哲、谋、圣，五义亦有所本，盖出于《诗·小雅·小旻》。其诗曰：'国虽靡止，或圣或否；民虽靡膴，或哲或谋，或肃或艾；如彼泉流，无沦胥以败！'此所言，并无时雨休征之义。且《诗》义有六，此节其五，其为袭《诗》，显然有据。"③《洪范》五事畴与《诗·小旻》

---

① 刘节：《洪范疏证》，载顾颉刚编著：《古史辨》第五册，第390页。
② 参见上书，第392页。
③ 同上书，第393页。

的关系，毛《传》、郑《笺》、孔《疏》已发其覆，宋人朱熹、王应麟等都肯定《诗·小旻》为《洪范》之学。[①]刘节的意见正相反。由于受到维新闻人梁启超的高度肯定，刘说遂在当时产生了巨大影响。[②]其实，刘节的论证十分简陋、脆弱，等同于武断地宣称其观点。而刘说的不可信，学者已反复驳正之。[③]总之，应当是《诗·小旻》因袭了《洪范》肃、乂、哲、谋、圣"五义"。[④]

其四，刘节又据《墨子·兼爱下》引皇极畴作"《周诗》曰"，推断《洪范》晚出。《墨子·兼爱下》云："《周诗》曰：'王道荡荡，不偏不党，王道平平，不党不偏。''其直若矢，其易若厎，君子之所履，小人之所

[①] 王应麟《困学纪闻》卷二："《诗》：'或圣或否，或哲或谋，或肃或乂。'《庄子》：'天有六极五常，帝王顺之则治，逆之则凶。九洛之事，治成德备。'皆为《洪范》之学。"翁元圻案引《小旻》正义曰："毛'五事'皆准《尚书》为说，故笺引'书曰'以证之。"又引朱子《诗集传》曰："为此诗者，亦传箕子之学也与？" 又说："荆公解'聪明文思'，牵合《洪范》五事，却是穿凿。如《小旻》诗云'国虽靡止，或圣或否，民虽靡膴，或哲或谋，或肃或乂'，却合《洪范》五事。"见［宋］王应麟撰，［清］翁元圻等注：《困学纪闻》，上海古籍出版社2008年版，第222页。

[②] 梁启超跋语，载刘节《洪范疏证》文末，参见顾颉刚编著：《古史辨》第五册，第403页。

[③] 参见徐复观：《阴阳五行及其有关文献的研究》，载氏著：《中国人性论史·先秦篇》，第292—293页；刘起釪：《〈洪范〉成书时代考》，见氏著：《尚书研究要论》，第414页。

[④] 此外，《论语·季氏》曰："(孔子曰)君子有九思：视思明，听思聪，色思温，貌思恭，言思忠，事思敬，疑思问，忿思难，见得思义。"学者或说孔子的"九思"与《洪范》有关联。按：此"九思"与《洪范》在思想上虽然有一定关联，但是二者在文本上没有形成比较严格的对应关系。

视。'"前四句，见于《洪范》皇极畴，①但不见于《诗经》；后四句，见于《诗·小雅·大东》篇。②刘节即据此评论道："惟《墨子·兼爱篇》称引'王道荡荡'等四句曰《周诗》，显见此数语为春秋战国间颇流行之诗。墨子于《书》最熟，且所引皆历举篇名，如言《泰誓》《禹誓》《汤说》之类。假使此数语确在《洪范》，墨子决不名之为诗。且其词与《小雅·大东》篇略同……其为古诗，当无疑义也。"③进而，他否定《洪范》早出。现在看来，刘节的这个意见是不对的。因为孙诒让早已指出，"古《诗》《书》亦多互称"（《墨子间诂·兼爱下》），"古书《诗》《书》多互称"（《墨子间诂·尚同中》），"古者《诗》《书》多互称"（《墨子间诂·明鬼下》）。④另外，在笔者看来，《墨子·兼爱下》引《周诗》的前四句与后四

---

① 传世文献引《洪范》本章文本，还见于《左传·襄公三年》引《商书》曰："无偏无党，王道荡荡。"《荀子·修身》《天论》引《书》曰："无有作好，遵王之道。无有作恶，遵王之路。"《韩非子·有度》引"先王之法"曰："臣毋或作威，毋或作利，从王之指；无或作恶，从王之路。"《吕氏春秋·贵公》引《鸿范》曰："无偏无党，王道荡荡；无偏无颇，遵王之义；无或作好，遵王之道；无或作恶，遵王之路。"
② 《墨子·兼爱下》引"其直若矢"下四句，基本上同于《诗经·小雅·大东》文字。《诗·大东》曰："周道如砥，其直如矢。君子所履，小人所视。"
③ 参见刘节：《洪范疏证》，顾颉刚编著：《古史辨》第五册，第396—397页。
④ 参见[清]孙诒让：《墨子间诂》卷四、卷三、卷八，中华书局2001年版，第124、88、238页。又参见徐复观：《阴阳五行及其有关文献的研究》，见氏著：《中国人性论史·先秦篇》，第293页；刘起釪：《〈洪范〉成书时代考》，见氏著：《尚书研究要论》，第409—410页；黄忠慎：《〈尚书·洪范〉考辨与解释》，第39—40页。

句,不当归之于同篇(刘节认为此八句都属于《诗·大东》篇),因为二者不同韵,文意也有别。

其五,刘节否定《左传》引述《洪范》文本的证明效力,但其论证无疑沾染上了浓重的"莫须有"色彩。《左传》三引《洪范》,一曰:"(宁赢曰)以刚。《商书》曰:'沈渐刚克,高明柔克。'夫子壹之,其不没乎!天为刚德,犹不干时,况在人乎?"(《文公五年》)二曰:"(或谓栾武子曰)圣人与众同欲,是以济事,子盍从众?子为大政,将酌于民者也。子之佐十一人,其不欲战者三人而已,欲战者可谓众矣。《商书》曰:'三人占,从二人。'众故也。"(《成公六年》)三曰:"君子谓祁奚于是能举善矣。称其仇,不为谄;立其子,不为比;举其偏,不为党。《商书》曰:'无偏无党,王道荡荡。'其祁奚之谓矣。"(《襄公三年》)前两条,为史官所记;宁赢、或人引《商书》,分别在公元前622年和公元前585年。后一条,出现在"君子曰"的评论中。通常认为,《左传》的"君子曰""君子谓"等为后人编入,代表了作者本人的意见,不是当时史记的实录或再编。根据前两条所引"《商书》曰",我们完全可以断定,《洪范》应作于春秋中期以前。但是,刘节却说:"《左传》著作时代既无定说,且引《书》之句亦未必旧在《洪范》。"① 以

---

① 刘节:《洪范疏证》,载顾颉刚编著:《古史辨》第五册,第402页。

第一章 《洪范》的作者及其著作时代考证与新证

此莫须有的理由来否定《洪范》出于春秋之前,足见刘节的论证不够高明,不够实诚。春秋时期,各国皆有史记(多称《春秋》),《左传》即出于鲁《春秋》旧史,且其编定下限,距离汲冢竹书《师春》的抄写当有一段较长时间。汲冢竹书大概是魏襄王二十年(前299年)稍后的墓葬品,而《师春》乃"纯集疏《左氏传》卜筮事,上下次第及其文义,皆与《左传》同"。①据此,刘节将《洪范》判定为战国末季的著作,是十分荒唐的。

此外,刘节说"王省惟岁"一段文本与《诗经》用韵不合。②这个意见是不正确的,他其实不通《诗经》的韵例。刘氏还说"皇"在春秋、战国以前"决无训王,训君之说"③。这个意见也是不对的,他大概没有遍检《诗》《书》故训。刘氏又说"八政之目盖隐括《王制》之义"④。他的这个说法几近信口雌黄,并无证据和证明,只是单凭一己之臆度,预先颠倒经典文本的先后著作时间罢了。另外,刘氏说《洪范》所谓卜之五法与钻灼之法不同,并据此认为它们大概是"战国时阴阳五行家附会"的结果。⑤他的这个说法其实也是无稽之谈,所谓"曰雨,曰霁,曰

---

① 参见杜预:《春秋经传集解后序》,十三经注疏整理委员会整理:《十三经注疏·春秋左传正义》,北京大学出版社2000年版,第1983页。
② 参见刘节:《洪范疏证》,载顾颉刚编著:《古史辨》第五册,第394页。
③ 同上书,第401页。
④ 同上书,第393页。
⑤ 参见上书,第398页。

蒙，曰驿，曰克"乃指五种兆象，而兆象是钻灼卜骨的结果。两者不是类比关系，而是因果关系。

根据以上批评可知，刘节否定箕子作《洪范》的传统看法，而强行将其著作时代拉至战国末季的做法，除了迎合当时的疑古思潮，而故作惊世骇俗的异论外，实际上并没有提供什么真实可靠的证据、论证和观点！

第三节 《洪范》作于周初新证

一、新证据：叔多父盘和豳公盨铭文

近来，叔多父盘和豳公盨铭文得到了李学勤、裘锡圭等学者的高度重视，为《洪范》作于周初的观点提供了新证。顺便指出，李学勤先生非常关注《洪范》著作时代的考证问题。他认为《洪范》早出，并为此作出了较为详细的论证。[1]

刘节曾在《洪范疏证》中说："师尹，三公之官也……周初卿士与尹氏，大师，同为三公之官。而《洪范》置之卿士之下。《周礼》大师为下大夫之职。亦可证二书皆非殷周间之作。"[2]屈万里在《尚书释义》中先赞同

---

[1] 参见李学勤：《周易经传溯源》，长春出版社1992年版，第16—22页；《周易溯源》，巴蜀出版社2006年版，第20—28页。
[2] 刘节：《洪范疏证》，载顾颉刚编著：《古史辨》第五册，第394—395页。

第一章 《洪范》的作者及其著作时代考证与新证

刘说,后来在《尚书集释》中他又怀疑刘说,云:"按:本篇'师尹'二字,似应作'众官长'解;而非'师氏''尹氏'之合称。刘氏此说,尚有商讨之余地。"①而屈氏之所以抛弃刘说,其实是因为受到徐复观先生批评的结果。②如此,作"众官长"解的"师尹"自可列之于"卿士"之下矣。而支持此观点的新证据来自叔多父盘铭文,而叔多父盘是西周晚期青铜器。李学勤在《帛书〈五行〉与〈尚书·洪范〉》一文中说:"按金文有卿士、师尹并列的,有叔多父盘,系西周晚期器,铭云'利于辟王、卿事、师尹'(原注:《小校经阁金文拓本》9.79.1),恰与《洪范》相合。这证明《洪范》肯定是西周时期的文字。"③后来,李氏在《叔多父盘与〈洪范〉》一文中又据盘铭"利于辟王、卿事、师尹"与《洪范》"王省惟岁,卿士惟月,师尹惟日"所言官制次序一致,进一步否定了刘节对于"师尹"一词的解释,并说:"这样看来,《洪范》为西周作品是完全可能的。"④确实,刘节以"师尹"在《洪范》篇中居于"卿士"之下,进而断定《洪范》晚出的意见是无法成立的。

---

① 屈万里:《尚书集释》,第115页。
② 参见徐复观:《阴阳五行及其有关文献的研究》,载氏著:《中国人性论史·先秦篇》,第295—296页。
③ 李学勤:《帛书〈五行〉与〈尚书·洪范〉》,《学术月刊》1986年第11期。
④ 李学勤:《叔多父盘与〈洪范〉》,载饶宗颐主编:《华学》第五辑,中山大学出版社2001年版,第109—110页。

另一新证据则见之于豳公盨铭文。豳公盨是西周中期青铜器。此件铜器的铭文如下（引文从宽式）：[1]

> 天命禹敷土，堕山浚川。乃畴方设征，[2]降民监德。乃自作配，飨民。成父母，生我王；作臣，厥贵唯德。民好明德，忧在天下，用厥卲好。益求懿德，康无不（丕）懋，孝友訏明。经齐好祀，无凶。心好德，婚媾亦唯协。天厘用考，神复用祓禄，永孚于宁。豳公曰："民唯克用兹德，无悔。"

李学勤认为"成父母"句"指禹有大功于民，成为民之父母"，并指出《洪范》"曰天子作民父母，以为天下王"与铭文意思近似。[3]裘锡圭更说"成父母，生我王"与上引《洪范》文"若合符节"。[4]从总体上来看，裘锡圭的意思是很明确的，他力求疏通豳公盨铭文与《禹贡》《洪范》，特别是与后者的关系。他说："燹公盨铭中的一

---

[1] 此处所引豳公盨铭文及断句，笔者综合了诸家意见，参见《中国历史文物》2002年第6期所刊李学勤、裘锡圭、朱凤瀚、李零四文（第4—45页），以及刘雨：《豳公考》，载 *The X Gong Xu: A Report and Papers from the Dartmouth Workshop*, A Special Issue of *International Research on Bamboo and Silk Documents: Newsletter*, 第6—16页。按：笔者今又参考了陈英杰《豳公盨铭文再考》一文，是文载《语言科学》2008年第1期。
[2] "畴"字，从裘锡圭读，原作"𤲮"。参见裘锡圭：《燹公盨铭文考释》，《中国历史文物》2002年第6期。燹，学者一般读为"豳"，今从之。
[3] 参见李学勤：《论燹公盨及其重要意义》，《中国历史文物》2002年第6期。
[4] 裘锡圭：《燹公盨铭文考释》。

第一章 《洪范》的作者及其著作时代考证与新证

些词语和思想需要以《洪范》为背景来加以理解，这说明在铸造此盨的时代（大概是恭、懿、孝时期），《洪范》已是人们所熟悉的经典了。由此看来，《洪范》完全有可能在周初就已基本写定。"①朱凤瀚也说："由于铭文的遣词用句及某些思想与《尚书》中的《吕刑》《洪范》及《禹贡》等多有相近处，对于了解这些文献形成的年代及其思想渊源都是有帮助的。"②李零则说"德"在此盨铭文中"处于中心位置"，并具体指出："铭文所说'好德'，《洪范》三言之，《论语》两言之。"③总结这四位学者的论述，他们都认为此件铜器的铭文与《洪范》具有关系。其中，裘先生的倾向性最为明显，直指《洪范》本文，关系重大；而李零的指证则很具体、有力。

在此，首先需要申明，裘锡圭对于此盨铭文的某些理解及相关论断，笔者并非完全同意。例如"畴方设征"一句，他认为"畴方"就是将法分为九类，相当于《洪范》篇的"洪范九畴"；将"设征"之"征"读为"正"，训为"官长"，指"五行之官的正"。④对于这些说法，笔者即抱怀疑态度。但是，裘先生认为豳公盨铭文与《洪范》有很大的关系，笔者认为这个判断是可取的。从铭

---

① 裘锡圭：《豳公盨铭文考释》。
② 朱凤瀚：《豳公盨铭文初释》，《中国历史文物》2002年第6期。
③ 李零：《论豳公盨发现的意义》，《中国历史文物》2002年第6期。
④ 参见裘锡圭：《豳公盨铭文考释》。

文来看，豳公盨铭文不仅与《禹贡》《吕刑》有关，而且与《洪范》篇颇有关系。此篇铭文从臣民的角度，倡导他们"贵德""好德"，并以之作为赏罚的主要依据，这与《洪范》第五畴的思想是完全契合的。而且，"好德"一词，在《今文尚书》二十八篇中唯见于《洪范》篇，共三次。虽然裘锡圭的具体论证未必尽是，但是其观点有可取之处，其结论获得了不止一个证据或论证的支持。刘起釪在读到裘锡圭的大文后欣喜不已，在其2003年1月所作的一则《补记》中，他说："这一论断真是太好了。我考定《洪范》原本成于商代，流传至周代其内容文字会按不同时期逐步增订写定。现裘先生阐明是西周初基本写定，正是符合这一流传写定情况的。"①总之，豳公盨铭文可以证明《洪范》乃周初著作的观点。

二、对一些质疑的回应

2013年5月，笔者曾以《〈尚书·洪范〉的文本叙述及其政治哲学》一文参加在普林斯顿大学（Princeton University）东亚系召开的"《书经》与中国政治哲学的起源"（Workshop: the *Classic of Documents* and the Origins of Chinese Political Philosophy）的学术会议。轮到笔者作报告的时候，顺便介绍了一下近九十年《洪范》著作时代

---

① 刘起釪：《五行原始意义及其分歧蜕变大要》，载氏著：《尚书研究要论》，第357页。

的考证情况，并表明了本人的态度——赞成《洪范》为周初著作的传统说法。整个报告讲完后，在座诸位似乎只对其著作时代问题很感兴趣，其中几位反对周初说而赞成战国说。会前，笔者不曾料到古史辨派的此一观点会在海外具有如此大的影响。其中，尤锐（Yuri Pines，耶路撒冷大学）、李峰（Li Feng，哥伦比亚大学）、史嘉柏（David Schaberg，加州州立大学洛杉矶分校）和朱渊清（上海大学）四位教授对拙见发表了评论，并提出了若干质疑。史嘉柏的评论很宽泛，仿佛只是为了表达他的怀疑态度罢了，因此笔者不打算在此回应。

　　尤锐很激动，他首先发表一通批评，紧接着表明自己的观点。他相信《洪范》作于战国时期而不会太早。他的论证主要有两条：其一，《洪范》的用语很抽象，例如"王道"，不是具体指实的名词，这表明它的制作时代很晚；其二，《左传》引《洪范》都是"君子曰"，而"君子曰"是后来加上去的，因此不能作为《洪范》作于春秋以前的证据。在辩驳阶段，笔者当即找出《洪范》第五畴的相关文本："无有作好，遵王之道；无有作恶，遵王之路；无偏无党，王道荡荡；无党无偏，王道平平；无反无侧，王道正直。"其中的"道"与"路"相对，很明显"道"首先是一个具有实指意义的名词，其次它还具有比喻义，此词乃是两种含义的综合。通常，殷至西周的名词应当从指实的方面来理解，但是也不尽然。关于《左传》引《洪范》的问题，一共有三例（参见上文），但只有一例为"君子曰"，见《襄公三年》。《左传》"君子曰"的评论，大家通常认为是战国时期加进去的，这一点笔者认为可以存而不论。但是另外两条"《商书》曰"文献出自《文公五年》和《成公六年》，是由当时的卿大夫阶级引用的。这两条引文当然可以证明《洪范》的成篇时代在春秋中期之前。但是，总有人偏偏只相信刘节的诬说，这就是偏见和心态问题了！

李峰说，西方汉学家普遍认为《洪范》等的著作时代比较晚。他具体提出了两个批评意见，一是《洪范》通俗易懂，而西周金文多难懂，因此它不可能是西周的东西；二是裘锡圭关于豳公盨铭文的理解和论断，大多数学者并不能同意。笔者回答的大意是这样的：首先，一个文本的语言特征在经过后世的反复抄写后会发生或多或少的变化，纯用语言学的方法来作古典文本的考证，这不一定可靠。殷盘周诰固然难懂，"诘诎聱牙"，但是这其中存在一定的特殊性。《盘庚》篇的写作很早，而周诰则使用了一些岐周方言，增加了其阅读难度。典、谟是两类最为重要的《尚书》典籍，它们应当最为雅正和通达。而且，从周初到战国末季，时间相距约八百年，这两类文本应当被传抄多次，而每传抄一次，就发生了不同程度的转写，以适应语言的历时性变化。它们的通俗性，肯定会随着时间的推移而在不断增加。楚简可以与今本《尚书》相对照的篇目，我们姑且不论；在此，《洪范》篇本身即是一个很好的例子。比较今本《洪范》与《史记·宋微子世家》所引文本，可知后者通俗易懂得多，且突出地表现在"序论"部分。《宋微子世家》所载《洪范》曰："武王既克殷，访问箕子。武王曰：'於乎！维天阴定下民，相和其居，我不知其常伦所序。'箕子对曰：'在昔鲧陻鸿水，汩陈其五行，帝乃震怒，不从鸿范九等，常伦所斁。鲧则殛死，禹乃嗣兴。天乃锡禹鸿范九等，常伦所序。'"史公在此作了比较明显的改写，其中运用了许多合乎当时人阅读习惯的训诂字和通假字，从而使得此节文本阅读起来变得容易得多。在此，可以设想，假使《洪范》篇在汉代以后即不传，那么难道我们今天就能够仅凭司马迁的抄本，然后做一番语言学上的考证，进而断定它不是先秦的东西，而是汉代才写作出来的吗？当然不能！回过头来看，通常西周金文之所以难读、难懂，主要是因为它们没有经过反复的传抄（即没有经过后代通假字和训诂字的改写）和成熟的训释。而一旦读通，其内容其实也没有那么高深、那么重要，其价值通常远不及《今文尚书》。《大诰》篇在此也是一个很好的例子。在目前可见的先秦至西汉文献中，它完全没有被引用过，直到王莽时才模仿《大诰》作了一篇也叫作《大诰》的文本（《汉书·翟方进传》《王莽传》）。这说明它的存旧情况可能很好，因此《尚书·大诰》篇的阅读难度可想而知。而我们能够仅据其在西汉以前的流传情况（特别是引用情况），即断定它不是周初的著作，或者干脆认定它是汉代的著作吗？当然不能！至于《洪范》《尧典》等篇是不是真的像某些人所说的，读起来像《论语》《孟子》等书一样平易呢？笔者不这么认为。《论语》是语录体、对话体，流传又广，穿越古今，它很平易，这非常自然。但是今本《洪范》，依笔者经验，不但比《论语》难读、难懂得多，而且比《左传》也难读、难懂得多。

对于裘锡圭关于豳公盨铭文的许多具体解释，笔者未必都赞成，但笔者之所以赞成他的一个重要判断，即豳公盨铭文可以作为证明《洪范》作于周初的一个重要证据来看待，是从这一角度来说的：该篇铭文从臣民的角度，倡导"贵德""好德"的思想，并以之作为赏罚的主要依据，与《洪范》第五畴的思想完全契合。而且，"好德"一词，在《今文尚书》二十八篇中唯见于《洪范》篇，共三次。① 据此，裘锡圭的说法是可信的。拙稿从思想脉络和语言特征两个方面论证了《洪范》早出的

---

① 《尚书·洪范》一曰"予攸好德"，二曰"于其无好德"，三曰"四曰攸（修）好德"。其中第二条的"德"字，王引之说是衍文。王说疑误，其实应是"好"字上脱"攸"字，本作"于其无攸（修）好德"。王说，见［清］王引之：《经义述闻》卷三，江苏古籍出版社2000年版，第87页。

第一章 《洪范》的作者及其著作时代考证与新证

观点,其中也运用了古史辨派经常"耍弄"的考证手法。

朱渊清发言时很激动。他说,《洪范》肯定是战国晚期的著作,因为"八政"的"司空""司徒""司寇"在金文中还没有这样的官职名。这是硬证据,似乎石破天惊。不过,在会间小憩的时候,笔者上网查证了一下,其实金文已经有了这三个官职名了。开完会,返回武汉后,笔者又查阅了张亚初、刘雨的《西周金文官制研究》一书,①收获较大。现将此书的相关内容抄录如下:

> 嗣土,即嗣徒。西周早期和中期作嗣土,西周晚期才出现嗣徒。嗣,文献作司。嗣土、嗣徒就是文献上的司徒。东周沿置此官。(第8页)……司徒简单说来就是农官。金文作嗣土、嗣徒,都是主农之意。司土就是管理土地,司徒就是管理在土地上从事劳作的农业生产者。(第9页)
>
> 嗣工,文献上作司空,在西周铭文中均作嗣工。东周铭文中有作嗣工或嗣攻的,但从未见有写成嗣空的,可见典籍上的司空之空应是工字的同音假借。(第22页)……在西周铭文中,有关嗣工的材料共有十二条,都是西周中期和晚期的材料,西周早期的材料尚缺。(第24页)

---

① 参见张亚初、刘雨:《西周金文官制研究》,中华书局1986年版,第8—9、22—24页。

嗣寇即司寇。……可知司寇是刑官之长,《左传》定公四年传:"武王之母弟八人……康叔为司寇。"《尚书·立政》有司寇苏公。据传周初已设此职,但是这一点在铭文中尚未找到确切的证据。西周早期,目前还没有发现关于司寇的铭文材料。目下所知最早的带有司寇的铭文是恭王时期的南季鼎。(第24页)

这三条引文,足以否定朱渊清的说法。司空(嗣工)、司徒(嗣土)、司寇(嗣寇)三名,在西周早期或中期已经存在。从道理上来说,王官的分工应该很早。自盘庚迁殷之后,商人的版图不断扩张;而为了管理王国,建立比较系统的官制乃是势在必行的。由此而言殷人已经产生像司工、司土、司寇这样的职务分工,这是很可能的。但是,其时是否已经产生了此等官制呢?这需要更多新发现的地下材料才能准确回答。不管怎样,设想周初已出现司空、司寇的官制,这个看法仍然是可能的,不应当轻易否定。

总之,除了可以像徐复观一样作出"刘节《洪范疏证》一文中的论证,混乱牵附,无一说可以成立"的判断外,[①]我们还有更充分的正面材料证明《洪范》确实作

---

① 参见徐复观:《阴阳五行及其有关文献的研究》,载氏著:《中国人性论史·先秦篇》,第292页。

于周初，它是箕子站在"王道"（或"天道"）的高度对殷代政治思想作了一次理论上的大总结。

第四节　补证与结论

一、补证

本章初稿写于2012年5月，后经修改，发表在《中原文化研究》2013年第5期上。由于清华简的发现及其释文的不断出版，《洪范》早出的传统说法又获得了新证据。

证据一，见于清华简《管仲》篇。此篇竹书第13号简曰："君当岁，大夫当月，师尹当日，焉知少多。"（引文从宽式）很明显，前三句话跟《洪范》第八畴（庶征畴）有密切关系。《洪范》第八畴曰："王省惟岁，卿士惟月，师尹惟日。"两相比较，可知所引竹书文字与所引《洪范》文字极为相近。《洪范》第八畴下文接着说："岁月日时无易，百谷用成，乂用明，俊民用章，家用平康。日月岁时既易，百谷用不成，乂用昏不明，俊民用微，家用不宁。庶民惟星，星有好风，星有好雨。日月之行，则有冬有夏。月之从星，则以风雨。"从引文来看，《洪范》的文字及文意是完整的；而上引竹书《管仲》篇前三句只能以《洪范》第八畴作为理解背景，不然，其意无法理解。整理者刘国忠说："简文以对话的形式来展现管仲的治国理念，其中包含较多阴阳五行的思想；尤其是篇中对《书·洪范》篇的引用，很值得注意。《洪范》的写作年代，长期以来有不同的意见；《管子》各篇的年代，亦存在众多的争论。本篇简文的出现，将有助于推动相关研究的深入。"①刘说是对的。笔者认为，上引竹书《管仲》篇的相关文字明确支持了《洪范》早出的观点。

证据二，见于清华简《八气五味五祀五行之属》篇。此篇竹书第4号简曰："〔酸〕为敛，甘为缓，苦为固，辛为发，咸为淳。"②（引文从宽式，下同）《洪范》只说及"润下作咸，炎上作苦，曲直作酸，从革作辛，稼穑作甘"为止，而简文更有推衍。两者孰前孰后，似乎不言而喻。第5—6号简曰："帝为五祀：玄冥率水以食于行，祝融率火以食于灶，句余芒率木以食于户，司兵之子率金以食于门，后土率土以食于室中。"③五祀以位言，其五行之序为水、火、木、金、土，与《洪范》完全一致，这与战国时期相克相生之序大流行的情况不同。因此若问竹简五祀何以作如此排列，其根据当然只

---

① 刘国忠释文注释：《管仲》，载清华大学出土文献研究与保护中心编：《清华大学藏战国竹简》（陆），中西书局2016年版，第110页。

② 赵平安释文注释：《八气五味五祀五行之属》，清华大学出土文献研究与保护中心编：《清华大学藏战国竹简（捌）》，中西书局2018年版，第158页。

③ 同上。

能追溯至《洪范》五行畴。《洪范》五行之序以位言，是后世推演诸种五行说的前提。第7号简曰："木曰唯从毋拂，火曰唯适毋违，金曰唯断毋纫，水曰唯修毋止，土曰唯定毋困。"①土为中心行，若将土行置入五行的中间，此则简文所言五行之序即为木、火、土、金、水，是为相生之序。与此相对，清华简《汤在啻门》所说五行为相克之序，第19号简曰："五以将之，水、火、金、木、土以成五曲，以植五谷。"②回到上引《八气五味五祀五行之属》篇一段简文，很明显它与《洪范》五行畴"水曰润下，火曰炎上，木曰曲直，金曰从革，土爱稼穑"五句相应，且有推阐。据此，我们只能说《洪范》的写作早于竹书《八气五味五祀五行之属》篇。

　　证据三，见于清华简《五纪》篇。此篇竹书第2号简曰："后帝青（情）己，修历五纪，自日始，乃旬简五纪。"（引文从宽式）第3号简曰："后曰：日、月、星、辰、岁，唯天五纪。"（引文从宽式）很明确，竹书《五纪》的"五纪"指日、月、星、辰、岁五者，这与《洪范》所说的"五纪"高度一致，唯五纪之序及个别文本有差异。《洪范》第四畴曰："五纪：一曰岁，二曰月，

---

① 赵平安释文注释：《八气五味五祀五行之属》，清华大学出土文献研究与保护中心编：《清华大学藏战国竹简（捌）》，第158页。
② 李守奎释文注释：《汤在啻门》，清华大学出土文献研究与保护中心编：《清华大学藏战国竹简（伍）》，第143页。

45

三曰日,四曰星辰,五曰历数。"孔颖达《疏》曰:"凡此五者,皆所以纪天时,故谓之'五纪'也。"①据现有资料来看,竹书《五纪》篇的"五纪"即是《洪范》的"五纪"。竹书整理者说:"《五纪》在篇章结构、内容观念、文句词语等方面与《尚书》某些篇章有相似之处。"②马楠说:"'五纪'见于《尚书·洪范》。"又说:"在概念与用语上,《五纪》也多能与《尚书》参照,最明显依然是《洪范》篇。"③整理者及马楠的意见是对的。清华简《五纪》篇确实可以作为《洪范》篇早出的重要证据。而且,从具体内容看,笔者认为,竹书所谓"五纪"可能更为原始,今本《洪范》的"五纪"似乎经过后人的改动,文本出现了一定讹误。这主要表现在两点上,一点是纪序,竹书《五纪》作日、月、星、辰、岁,排序更合理;另一点是今本《洪范》以"星辰"为一纪,同时又增列了"历数"一纪,疑两者皆误。"星辰"本当为两纪,而"历数"其实是"五纪"的目的,或者说,"五纪"的目的就是为了确定"历数"。

需要指出,竹书《管仲》篇也出现了"五纪"一词,第10号简曰:"正五纪,慎四称,执五度,修六政。"但

---

① 十三经注疏整理委员会整理:《十三经注疏·尚书正义》卷十二,第363页。
② 清华大学出土文献研究与保护中心编:《清华大学藏战国竹简》(拾壹),中西书局2021年版,第89页。
③ 马楠:《清华简〈五纪〉篇初识》,《文物》2021年第9期。

第一章 《洪范》的作者及其著作时代考证与新证

从内容来看，此"五纪"似乎不同于《洪范》篇的"五纪"。在先秦秦汉古籍中，"五纪"有两种用法，一种是历法意义上的，这见于《尚书·洪范》《太玄·太玄莹》《论衡·正说》和《史记·宋微子世家》《汉书·律历志》《汉书·五行志》等书篇。"五纪"的另一种用法属于伦理学意义上的，这见于《管子·幼官》《管子·幼官图》《庄子·盗跖》《春秋繁露·深察名号》四篇。如《庄子·盗跖》曰："子不为行，即将疏戚无伦，贵贱无义，长幼无序，五纪六位将何以为别乎？"①比较起来，竹书《管仲》的"五纪"接近于后一种用法，即接近于伦理学意义上的用法。而且，从文字上看，竹书《管仲》"正五纪"之"正"字与《洪范》九畴总叙所说的"协用五纪"的"协"字有别，不能等同。故竹书《管仲》篇的"正五纪"不能作为《洪范》早出的证据。

证据四，见于《逸周书》和清华简《说命下》等文献。"三德"是先秦成辞，出现次数较多，其用法与含义有多种。关于"三德"的用法，《今文尚书》有两种用法。一种见于《洪范》《吕刑》两篇，《洪范》曰："次六曰乂用三德。"又曰："六，三德：一曰正直，二曰刚

---

① 又如《管子·幼官》："六纪审密，贤人之守也。五纪不解，庶人之守也。"同书《幼官图》文字同。《庄子·盗跖》："儒者伪辞，墨者兼爱，五纪六位将有别乎？"《春秋繁露·深察名号》曰："循三纲五纪，通八端之理，忠信而博爱，敦厚而好礼，乃可谓善。此圣人之善也。"

47

克,三曰柔克。平康,正直;强弗友,刚克;燮友,柔克。沈潜,刚克;高明,柔克。""克"即克胜之义,"三德"具体指正直、刚、柔这三种治身的行为或方法。《吕刑》曰:"惟敬五刑,以成三德。"伪孔《传》曰:"先戒以劳谦之德,次教以惟敬五刑,所以成刚、柔、正直之三德也。"①据此,《吕刑》的"三德"与《洪范》的"三德"同义。笔者赞成此种说法。从《吕刑》的上下文来看,伪孔《传》的说法是较为可靠的。新证据是,《逸周书·小开解》曰:"务用三德顺攻。"同书《寤儆解》曰:"克明三德维则。"同书《商誓解》曰:"克用三德。"这三句引文中的"三德"均从天子而言,其含义大概与《洪范》的"三德"相同。比较起来,《洪范》专列"三德"一畴,并作了详细解说,而《尚书·吕刑》及《逸周书·小开解》《寤儆解》《商誓解》则仅有运用,并无说解。据此可知,《洪范》篇的"三德"一词是《尚书·吕刑》《逸周书》同一术语的共同源头。

又,清华简《说命下》有"三德"一词,第8—9号简曰:"(王曰)说,昔在大戊,克渐五祀,天章之用九德,弗易百姓。惟时大戊谦曰:'余不克辟万民。余罔坠天休,式惟三德赐我,吾乃敷之于百姓。余惟弗雍天之嘏命。'"(引文从宽式)竹书的"九德",李学勤注:"见

---

① 十三经注疏整理委员会整理:《十三经注疏·尚书正义》卷十九,第640页。

第一章 《洪范》的作者及其著作时代考证与新证

《书·皋陶谟》'亦行有九德''九德咸事'。"《皋陶谟》的"九德",指"宽而栗,柔而立,愿而恭,乱而敬,扰而毅,直而温,简而廉,刚而塞,强而义"。竹书的"三德",李学勤注:"见《书·皋陶谟》《洪范》《吕刑》。"① 需要指出,《皋陶谟》与《洪范》《吕刑》的"三德"不同,《皋陶谟》的"三德"指上引"九德"之三,②而《洪范》《吕刑》的"三德"则指天子自治其才性的三种行为或方法。从竹书的上下文来看,清华简《说命下》的"三德"有可能与《洪范》《吕刑》的"三德"同义。如果这一点不错的话,那么竹书《说命下》的"式惟三德赐我"可以作为《洪范》早出的证据。

证据五,见于清华简《参不韦》篇。《参不韦》第1—7号简曰:"参不韦曰:启,唯昔方有洪,不用五则,不行五行,不听五音,不章五色,〖不〗食五味,以洝戏自謹自乱,用作无刑。帝监有洪之德,反有洪之则。帝乃命参不韦撲天之中,秉拜神之机,播简百艰,审义阴阳,不虞唯信,以定帝之德。帝乃不虞,唯参不韦。帝乃自称自位,乃作五刑则,五刑则唯天之明德。帝乃用五则唯称,行五行唯顺,听五音唯均,显五则唯文,食

---

① 两则引文,均见李学勤释文注释:《说命》,载清华大学出土文献研究与保护中心编:《清华大学藏战国竹简》(叁),中西书局2012年版,第131页。
② 伪孔《传》曰:"三德,九德之中有其三。"载十三经注疏整理委员会整理:《十三经注疏·尚书正义》卷四,第127页。

49

五味唯和，以抑有洪。参不韦乃授启天之五刑则，秉章则、秉则，不秉则、秉乱则、秉凶则，唯五德之称。"①（释文从宽式）《五纪》篇第1—3号简曰："唯昔方有洪，奋溢于上，权其有中，戏其有德，以乘乱天纪。"②（引文从宽式）很显然，这两篇竹简都以《洪范》为背景，其中《参不韦》首章与《洪范》首章尤为相类。《洪范》云："（箕子乃言曰）我闻在昔，鲧堙洪水，汩陈其五行。帝乃震怒，不畀洪范九畴，彝伦攸斁，鲧则殛死。禹乃嗣兴，天乃锡禹洪范九畴，彝伦攸叙。"在《洪范》中，天赐禹洪范九畴，彝伦攸叙；在《参不韦》中，帝通过参不韦授启五刑则，天下乃大治。竹简整理者说："简文叙述参不韦以五刑则授启之事未见文献记载。其开篇与行文方式与《尚书·洪范》'天乃锡禹洪范九畴'颇相类。"③这是对的。据当前情况来看，我们只能说竹简《参不韦》首章模仿了《洪范》首章，而不是相反。

证据六，见于郭店简《性自命出》篇或上博简《性情论》。《性自命出》第52—53号简曰："未赏而民劝，含福者也。未刑而民愄（畏），有心愄（威）者也。"上

---

① 黄德宽等释文注释：《参不韦》，清华大学出土文献研究与保护中心编：《清华大学藏战国竹简（拾贰）》，中西书局2022年版，第110页。
② 黄德宽等释文注释：《五纪》，清华大学出土文献研究与保护中心编：《清华大学藏战国竹简（拾贰）》，第90页。
③ 黄德宽等释文注释：《参不韦》，清华大学出土文献研究与保护中心编：《清华大学藏战国竹简（拾贰）》，第109页。

"悔"字读为"畏",下"悔"字应读为"威"。陈伟说:"'含福'与下文'心威'为对文,指为上者有权施行赏罚。《书·洪范》:'惟辟作福,惟辟作威。'"①笔者认为,这四句简文其实就是以《洪范》三德畴为议论背景的。而《性自命出》或《性情论》是孔子或其弟子的作品,因此《洪范》的写作不可能晚至战国时期。

二、结论

《洪范》是一篇十分重要的经典文献,其思想价值和意义十分重大。但由于三千年未有的大变局,清末至民初,中国人开始陷入文化自信极度低落和缺乏的时期,疑古思潮于是大起,风行海内外,各种怀疑、否定及自贬之说占据学界、思想界和文化界。不但先秦子书受到有关学者的高度怀疑,而且经书亦遭怀疑与否定的厄运。刘节当时作为青年学生,积极跟随时调起舞,也撰写了《洪范疏证》一文,率先向《洪范》篇开炮,一方面彻底否定了此篇文献早出、为箕子著作的传统说法,另一方面提出了此篇文献作于战国末季的新观点。由此,刘文开启了近九十年《洪范》著作时代考证的漫长历程,也成为此后相关考证和辩难的焦点。

关于《洪范》著作时代的考证,1928至1960年为第

---

① 陈伟:《郭店竹书别释》,湖北教育出版社2002年版,第197—198页。

一阶段，学者虽然不一定赞同刘节的战国末季说，但是一般仍然认为《洪范》作于战国时期，只不过有所谓早期、中期、晚期之分，明显地受到了刘说的影响和掣肘，实际上与刘说形成配合，同样起到了打倒经典的效果。1961年以后为第二阶段，徐复观、刘起釪发表了两篇重要论文，对刘节等人的观点作出了有力批驳，重新肯定了此篇《尚书》文献为周初著作。从学术贡献来看，徐文高于刘文。而自刘文于1980年发表以后，中国大陆学界似乎再也没有学者著文论证或维护《洪范》为战国作品的疑古观点。

进入21世纪以来，对于《洪范》著作时代的考辨又形成了一个小高潮，提供的证据更为可观和重要。叔多父盘铭文和豳公盨铭文为《洪范》早出说提供了新证，受到了学界的高度重视。笔者综合多重证据，除重新批驳刘节的论点外，又论证和肯定了《洪范》为周初著作的观点，并对一些学者的质疑作出了回应。郭店简《性自命出》篇以及新近发现并公布释文的清华简《管仲》《八气五味、五祀五行之属》《五纪》《参不韦》《说命下》五篇，为《洪范》篇早出的观点提供了新证据，其中《五纪》篇与《洪范》有多处文本相关，证据坚实。总之，《洪范》篇的著作时代不可能迟至战国时期，而据新出证据，传统说法还是很可靠的。而因此可知，刘节等人的疑古观点是完全错误的，不但缺乏证据，而且论证很随意。

　　《洪范》是中国传统政治哲学,特别是治理哲学的鸿篇巨制,但是此篇极其重要的经典文献在现当代学术中却遭受了坎坷,受到了不公的待遇,在相关学术叙述中竟然长期缺位,受到严重忽视。这种情况或局面的形成,不能不说,与刘节等人发表的错误观点及蔓延于整个20世纪的疑古思潮密不可分。现在,由于刘节等人的错误观点不断得到批驳和纠正,《洪范》早出的证据不断有新的发现,特别是来自金文和战国竹书的证据,我们现在完全可以放心大胆地将此篇《尚书》文献作为周初著作来对待和使用,并据其研究和重写西周的思想及尚书经学。

第二章 《洪范》大义与汉宋诠释

第一节 引言

  《洪范》是一篇非常重要的《尚书》文献，早期中国政治哲学的一些基本要点即包含于其中。所谓"洪范"，《尔雅·释诂》曰："洪，大也。"又曰："范，法也。"《尚书大传》曰："《洪范》可以观度。"[1] "法"，度也。"法"即"规章制度"之义，与今语"法律"不同义。《史记·周本纪》曰："武王亦丑，故问以天道。"司马迁以"天道"一词肯定了"洪范九畴"的神圣性、恒常性和应然性。简言之，《洪范》集中地表达了天子（王）如何治理天下国家的基本观念和思想。正因为如此，所以这篇《尚书》文献在中国思想史上拥有极其重

---

[1] ［清］孙之骎辑：《尚书大传》卷三，景印文渊阁四库全书第68册，台湾商务印书馆1986年版，第418页。

第二章 《洪范》大义与汉宋诠释

要的地位。

1928年，刘节在梁启超主编的《东方杂志》第25卷第2号上发表了《洪范疏证》一文，否定了《洪范》为周初著作的传统观点，并断言其为战国末季的作品。刘节的观点得到了梁启超的大力肯定和表扬。自此之后，学界态度丕变，《洪范》著作时代的传统观点随即遭到了人们持久的怀疑和否定，前后彼此应和。也因此，此篇《尚书》文献是否能够代表周初政治思想的基本框架，在现代中国学术史上即成为一大问题。与此相应，从事中国思想研究或中国哲学思想研究的学者一般都对此篇《尚书》文献充满狐疑，不敢深掘其思想。或者说，即使意识到了此篇《尚书》文献的思想很深刻、很重要，但是人们要么不敢将其推至周初或西周时期，要么点到为止，只作非常粗浅的论述。①

现在看来，刘节的《洪范疏证》无疑是一篇充满疑古激情的"愤青"之作，它是在疑古风气甚炽的时代背景下写作出来的，且刘氏在当时才二十余岁。当然，笔者这样说，并不是要否定刘文在现代学术研究史上的影响。总体上看起来，刘文的学术史价值在于其借助当时的疑古思潮挑起了长达八九十年的《洪范》著作时代的争论和辩驳。不过，很不幸，从求真的角度来看，此文

---

① 参见丁四新：《近九十年〈尚书·洪范〉作者及著作时代考证与新证》，《中原文化研究》2013年第5期。

55

的观点是错误的，论证是非常粗疏和草率的。正如徐复观、刘起釪等学者所批评的，刘氏的论证几乎没有一点可以成立。①近二三十年，中国大陆越来越多的学者（如李学勤、裘锡圭）认可此篇《尚书》文献是周初著作的传统观点，提供的新证据在不断增多，这可以参看拙作《近九十年〈尚书·洪范〉作者及著作时代考证与新证》一文。②总之，据目前的考证，我们完全可以重新肯定《洪范》为周初著作，而《书序》等以此篇《尚书》文献为箕子著作的说法，③大体上也是可以成立的。

现当代学者对于洪范学的研究，主要表现在两个方面。一个是学术史的研究，其中关于《洪范》著作时代的考证最为引人注目；另一个是在西方大学制度引入中国

---

① 参见徐复观：《阴阳五行及其有关文献的研究》《由〈尚书·甘誓〉〈洪范〉诸篇的考证看有关治学的方法和态度问题——敬答屈万里先生》，载《中国思想史论集续篇》(《徐复观全集》)，九州出版社2014年版，第1—71、72—109页（第一篇，首次发表于1961年）；刘起釪：《〈洪范〉成书时代考》(《中国社会科学》1980年第3期首发)，《尚书研究要论》，第396—424页。

② 最新证据，见于新近整理出版的清华藏竹简《傅说之命》下篇。该篇第9号简曰："余罔坠天休，式惟参（三）惪（德）赐我，吾乃敷之于百姓。"其所谓"三德"，李学勤认为即是《尚书·皋陶谟》《洪范》《吕刑》之"三德"。参见清华大学出土文献研究与保护中心编：《清华大学藏战国竹简》(叁)，第131页。

③ 《书序》云："以箕子归，作《洪范》。"《汉书·梅福传》云："箕子佯狂于殷，而为周陈《洪范》。"孔颖达肯定了这一说法，云："必是箕子自为之。"参见十三经注疏整理委员会整理：《十三经注疏·尚书正义》卷十二，第352页。

后，人们从不同学科出发，发表了众多论著，具体可参见"中国知网"。从已有学术成果来看，尽管与《洪范》相关的研究文献非常丰富，但是从哲学，特别是从政治哲学的角度来研究此篇《尚书》文献之思想的文章还是较为少见的。而且，由于此篇文献在文句训释、文义理解和思想解释上具有相当难度，故这些已发表成果存在可商榷之处仍很多。基于这些原因，笔者认为，重新深入地研究此篇《尚书》文献的思想，仍然是必要的。

第二节 洪范九畴的逻辑与《洪范》大义

一、《洪范》的文本结构与洪范九畴的逻辑

先看《洪范》的文本结构。关于《洪范》的文本结构，孔颖达《疏》曰："此经开源于首，覆更演说，非复一问一答之势，必是箕子自为之也。发首二句，自记被问之年。自'箕子乃言'至'彝伦攸叙'，王问之辞。自'箕子乃言曰'至'彝伦攸叙'，言禹得九畴之由。自'初一曰'至'威用六极'，言禹第叙九畴之次。自'一五行'已下，箕子更条说九畴之义。此条说者，当时亦以对王，更复退而修撰，定其文辞，使成典教耳。"[①] 笔

---

① 参见十三经注疏整理委员会整理：《十三经注疏·尚书正义》卷十二，第352页。

者认为，孔颖达对于《洪范》文本的分析和划分是较为恰当的。据此，笔者进一步将《洪范》全文划分为三个部分，即《洪范》序论、九畴总叙和九畴分叙三个部分。

第一部分，即《洪范》序论部分，始于"惟十有三祀"，止于"天乃锡禹洪范九畴彝伦攸叙"。其具体文字见下：

> 惟十有三祀，王访于箕子。王乃言曰："呜呼！箕子，惟天阴骘下民，相协厥居，我不知其彝伦攸叙。"箕子乃言曰："我闻，在昔鲧陻洪水，汩陈其五行。帝乃震怒，不畀洪范九畴，彝伦攸斁，鲧则殛死。禹乃嗣兴。天乃锡禹洪范九畴，彝伦攸叙。"

第二部分，即《洪范》九畴总叙部分，始于"初一曰五行"，止于"次九曰飨用五福威用六极"。其具体文字见下：

> 初一曰五行，次二曰敬用五事，次三曰农用八政，次四曰协用五纪，次五曰建用皇极，次六曰乂用三德，次七曰明用稽疑，次八曰念用庶征，次九曰飨用五福，威用六极。

《史记·宋微子世家》引《洪范》九畴总叙文字，无

"敬用""农用""协用""建用""乂用""明用""念用"十四字。此一部分，孔颖达曰："言禹第叙九畴之次。"又，如上六十五字，《汉书·五行志上》载刘歆说，云："凡此六十五字，皆《洛书》本文，所谓天乃锡禹大法九章，常事所次者也。"对于刘歆此说，后儒多信之，宋儒又推演为《河图》《洛书》之说。其实，刘歆云此六十五字乃天赐禹叙，其目的可能不过是为了神化洪范九畴罢了。周代的禹鼎、弔向簋、秦公簋及新发现的豳公盨的铭文皆涉及禹，禹是古人公认的一位能上通天意的大圣人，故箕子述《洪范》，言"天乃锡禹洪范九畴"。又据《洪范》序论及《史记·宋微子世家》所云，《洪范》乃禹圣所传之道，箕子因武王访问而传之周家，且暗含商家曾因汤王而得之。

第三部分，即《洪范》九畴分叙部分，始于"一五行"，止于"六曰弱"，即除了第一、二部分外的其他所有文字皆为《洪范》第三部分。本部分文字较多，故本章不作具体征引，可以参看本书其他诸章的引文。

再看洪范九畴的逻辑关系，即其序次问题。关于洪范九畴的逻辑关系，孔颖达、王安石和朱熹等人皆有说。孔颖达《疏》曰：

> 禹为此次者，盖以五行世所行用，是诸事之本，故"五行"为初也。发见于人则为五事，故"五事"

为二也。正身而后及人，施人乃名为政，故"八政"为三也。施人之政，用天之道，故"五纪"为四也。顺天布政，则得大中，故"皇极"为五也。欲求大中，随德是任，故"三德"为六也。政虽在德，事必有疑，故"稽疑"为七也。行事在于政，得失应于天，故"庶征"为八也。天监在下，善恶必报，休咎验于时气，祸福加于人身，故"五福""六极"为九也。"皇极"居中者，总包上下，故"皇极"《传》云"大中之道"。大立其有中，谓行九畴之义是也。"福""极"处末者，顾氏云："前八事俱得，五福归之。前八事俱失，六极臻之。故福极处末也。"[①]

王安石《洪范传》曰：

五行，天所以命万物者也，故"初一曰五行"。五事，人所以继天道而成性者也，故"次二曰敬用五事"。五事，人君所以修其心、治其身者也。修其心、治其身而后可以为政于天下，故"次三曰农用八政"。为政必协之岁月日星辰历数之纪，故"次四曰协用五纪"。既协之岁月日星辰历数之纪，当立之

[①] 十三经注疏整理委员会整理：《十三经注疏·尚书正义》卷十二，第356页。

第二章 《洪范》大义与汉宋诠释

以天下之中，故"次五曰建用皇极"。中者所以立本，而未足以趣时。趣时，则中不中无常也，唯所施之宜而已矣，故"次六曰乂用三德"。有皇极以立本，有三德以趣时，而人君之能事具矣。虽然，天下之故，犹不能无疑也。疑则如之何？谋之人以尽其智，谋之鬼神以尽其神，而不专用己也，故"次七曰明用稽疑"。虽不专用己而参之于人物鬼神，然而反身不诚不善，则明不足以尽人物，幽不足以尽鬼神，则其在我者不可以不思。在我者其得失微而难知，莫若质诸天物之显而易见，且可以为戒也，故"次八曰念用庶证"。自五事至于庶证各得其序，则五福之所集；自五事至于庶证各失其序，则六极之所集，故"次九曰飨用五福，威用六极"。①

《朱子语类》卷七十九载朱子曰：

> 五行最急，故第一；五事又参之于身，故第二；身既修，可推之于政，故八政次之；政既成，又验之于天道，故五纪次之；又继之皇极居五，盖能推五行，正五事，用八政，修五纪，乃可以建极也；六三德，乃是权衡此皇极者也；德既修矣，稽疑庶

---

① [宋] 王安石撰，中华书局上海编辑所编辑：《临川先生文集》卷六十五，中华书局1959年版，第685页。

征继之者,著其验也;又继之以福极,则善恶之效,至是不可加矣。皇极非大中,皇乃天子,极乃极至,言皇建此极也。

一五行,是发原处;二五事,是总持处;八政,则治民事;五纪,则协天运也;六三德,则施为之撙节处;七稽疑,则人事已至,而神明其德处;庶征,则天时之征验也;五福、六极,则人事之征验也。其本皆在人君之心,其责亦甚重矣。"皇极",非说大中之道。若说大中,则皇极都了,五行、五事等皆无归着处。又云:"便是'笃恭而天下平'之道。天下只是一理;圣贤语言虽多,皆是此理。"①

洪范九畴总叙既然是"第叙九畴之次",那么它条叙九畴先后次序必然有其理由和逻辑。对此,孔颖达、王安石和朱子都给出了自己的理解和答案。这些理解和答案虽然不尽一致,有相互龃龉之处,但是观其大意,它们有助于我们理解洪范九畴的逻辑关系。

在此基础上,笔者认为,洪范九畴的逻辑还有两点值得注意。一是注意第一畴(五行畴)、第五畴(皇极畴)和第九畴(福殛畴)的特别性。第一畴是初始

---

① 上述两条引文,参见[宋]黎靖德编:《朱子语类》卷七十九,中华书局1994年版,第2041—2042、2044页。

第二章　《洪范》大义与汉宋诠释

畴（基础畴），第五畴是中心畴，第九畴是终末畴（目的畴），它们在九畴中的位置已完全表明其重要性。二是注意第二畴（五事畴）、第四畴（五纪畴）与第八畴（庶征畴）及第五畴、第六畴与第九畴的相应性。第八畴第一段文字与第二畴对应，第二段文字与第四畴对应。第五畴、第六畴与第九畴对应，前两畴都包含着第九畴的内容。第七畴呈现出王（天子）、龟、筮、卿士、庶民的结构，五者构成了殷周时期多元互动的主体世界。其实，洪范九畴就是围绕他们展开的，既以他们为出发点，又以他们为终点（目的）。

二、《洪范》大义：思想要点

《洪范》政治哲学的要点或其基本思想是什么呢？笔者认为，它们可以概括为如下七点：

第一，洪范九畴是王者或天子治理天下的九条根本大法，中国古人很早就认识到治理天下或治理国家是一项综合、系统的工程。除了五行畴外，洪范九畴的总叙部分对其余八畴的作用都作了阐明。诸"用"字，皆训"以"，介词。"次二曰敬用五事"，言天子以五事恭敬其身。"次三曰农用八政"，言天子以八政勉力于政事民生。"次四曰协用五纪"，言天子以五纪协和历数。"次五曰建用皇极"，言天子以皇极设中，或以王道来建立臣民所当遵行的准则。"次六曰乂用三德"，言天子以三德克治其

63

气性。"次七曰明用稽疑",言天子以稽疑明断吉凶。"次八曰念用庶征",言天子以庶征考虑天人感应。"次九曰飨（飨）用五福,威用六极（殛）",言天子以五福六殛赏罚臣民。而"初一曰五行",据《洪范》序论及《尚书·尧典》等篇可以推知,言以圣王平治五行,如禹平水土。在九畴中,平治五行最难。五事畴、八政畴、皇极畴、三德畴和福殛畴四畴都直接属于今人所说政治的内容,它们分别属于治理主体和治理对象两个方面。《洪范》的"修身"概念有宽窄二义,狭义的"修身"概念指"敬用五事",广义的"修身"概念则包括"乂用三德"在内,前者的方法是"修养""修治"（敬身）,而后者的方法是"克胜"（治身）。对于"修身"概念,后儒常常笼统言之。重视人君的修身,是中国思想和文化的一个重要特点。

第二,从整体上看,洪范九畴包含着深刻的哲学含义。一者,洪范九畴属于"天道",是由天所赐予的,而不是人为之物。二者,洪范九畴本身即是王者受命的象征,既是对王权合法性的直接肯定,又是对于圣功如"禹平水土"（《尚书·尧典》《吕刑》）的直接奖赏。三者,天下太平秩序的建立（"彝伦攸叙"）乃洪范九畴的目的。也可以说,洪范九畴即表示着世间秩序。单就大禹来说,其身份即经历了由臣而王,其功业即经历了由"平治水土"到"彝伦攸叙"的变化和递进。在此一过程中，"天锡禹洪范九畴"即表示了天对大禹受命为王的肯定及预示着其平治天下之功。四者，洪范九畴理论与革命说的区别是巨大的，两者不能混淆。充斥《周书》诸篇的革命说，乃是为了论证周革殷命的合法性，以及告诫时王和后王应对异族革命时刻保持高度警惕，努力维护周家政权的稳定，以期达到周家统治"延命""永命"的目的。简言之，革命说是为周人夺权和掌权，或者说是为周室如何长久拥有天下的政治目的服务的。当然，周人所宣扬的革命说也包含着非常积极的因素，这就是"敬德延命"和"敬德保民"的观念。① 这些积极因素，让最高政治主体或统治主体（"王"或"天子"）从其内在构成及其建立上去面对"天命"和"人民"，从而担负起平治天下的巨大政治责任。

第三，王权（天子之权位）的建立及施用都应当遵行"中"的原则（"中道"）。首先，在权力行使过程中，王权不容臣下的僭越和侵犯，"惟辟作福，惟辟作威，惟辟玉食。臣无有作福、作威、玉食"（三德畴），从而保证了王权的至高无上性。对臣民赐之以五福，或者罚之

---

① "敬德"见《尚书·召诰》等篇。《召诰》曰："王其疾敬德。"又曰："王敬作所，不可不敬德。"又曰："肆惟王其疾敬德？王其德之用，祈天永命。"《无逸》曰："则皇自敬德。"《君奭》曰："其汝克敬德，明我俊民，在让后人于丕时。""保民"见《尚书·康诰》等篇。《康诰》曰："别求闻由古先哲王用康保民。弘于天，若德裕乃身，不废在王命！"《梓材》曰："欲至于万年，惟王子子孙孙永保民。"

以六殛,这是天子专有的权力,臣下不得染指;否则,王权旁落,民心转移,民畏转向,就会导致官僚体系的失控,甚至导致君臣易位、天下易姓的严重后果。其次,天子以"中道"来考察臣民行为的善恶及作出相应的赏罚,且赏罚应当适度和区别其具体情况。在此,"王道"本身即是自然中正的准则("中道"),百姓("人")和"正人"即应根据"中道"来践行王道。再次,一方面,臣民有责任遵从"皇极","会其有极,归其有极",以趋近天子的恩光;另一方面,天子有义务为民尽心服务,"天子作民父母,以为天下王"(皇极畴)。"作民父母"的观念,此后即成为中国人对于君王政治角色的基本设定和要求。一般说来,父母对于子女的呵护和关爱是全心全意的,出自义务。《洪范》"作民父母"与《尚书·康诰》"若保赤子"之说相呼应,都属于中国古代民本政治的重要命题,它们后来得到了儒家的继承和发展。这一点可以参看《孟子》《礼记·大学》和上博楚竹书《民之父母》等文献。最后,天子对于王权的保有和使用,还涉及自治其性的问题,由此《洪范》提出了"乂用三德"之说。"乂"者,治也。"三德",指正直、刚克、柔克三种克治其身的行为,其具体实措施是:"平康,正直;强弗友,刚克;燮友,柔克。沈潜,刚克;高明,柔克。"(三德畴)治身行为与人君自身的品性是相应的。天子只有"乂用三德",才能"作威""作福""玉食"。

第四，从《洪范》序论及稽疑畴来看，王者天然具有圣性，但是不必定具有神性。即使他有某些神性或神迹，那也是被神性化或神迹化的。不过，通过"五事"的修身（五事畴），作为最高政治主体的王者本身却可以被神性的"天"所感应，并通过"庶征"表现出来。这即是说，一方面，具备圣性的王者必须受到神意的启示和主导，但是另一方面，天子修身之"五事"可以被上天所察知，并以感应的方式展现出来。前者表现为"卜筮"之求（稽疑畴），后者展现为"休征""咎征"之应（庶征畴）。以卜筮谋问神意，在当时是王者最为倚重的商问（consulting）因素。此外，整个稽疑活动所关联的对象还涉及王心、卿士和庶民三者。因此，判断吉凶，乃是考虑此五元因素而加以综合判断的结果。这是一种多元整体主义的稽疑观念。另外，"稽疑"的结果（或吉或凶）也同时是为了指导稽疑者（"王"）的行动（政治决策），或者说，稽疑者的行动决策即同时参与到吉凶的判断过程之中。这一点，在"汝则从，龟从，筮逆，卿士逆，庶民逆，作内吉，作外凶"和"龟筮共违于人，用静吉，用作凶"（稽疑畴）两例中表现得最为明显。由此可知，整个稽疑过程又不全然是迷信的，而是充满了商问综合与能动判断的理性精神。

在《洪范》庶征畴中，从哲学上来看，展现出来的原理即是天人感应，显示出神性的"天"对于王德臧善的欣赏,并通过"休征"感应出来;否则,通过"咎征"感应出来。不过,需要注意的是,庶征畴中的天人感应是在"默契"中进行的,是由天对人的单向作用,而不是由人对天的主动"祈求",这与祭祀中的"祈神"活动迥然不同。很显然,王者本人的修身活动,在庶征畴的天人感应关系中只具有消极意义。进一步,天对人的感应既然是以"庶征"的方式表现出来,而不是以革命或肉体杀戮的方式表现出来,那么这婉转地说明了,即使是"咎征",也出自于上天的良善意志。由此论之,"咎征"终究不能算作所谓惩罚,而应当看作上天的谴告和警示。这些观念,在春秋学和汉代天人感应之学中得到了大力发扬。[1]此外,从箕子将"庶征"(雨、旸、燠、寒、风)作为上天对天子的基本感应形式来看,彼时所谓自然世界也不是纯粹自然的,而是充满神意的,同时是天子所关切的重要对象。由上天主宰的自然世界所提供的时雨、时旸、时燠、时寒和时风的气象环境条件,

---

[1] 灾异谴告之说,参见董仲舒《春秋繁露·必仁且智》。是篇曰:"其大略之类,天地之物有不常之变者,谓之异,小者谓之灾。灾常先至,而异乃随之。灾者,天之谴也;异者,天之威也。谴之而不知,乃畏之以威。《诗》云:'畏天之威。'殆此谓也。凡灾异之本,尽生于国家之失。国家之失乃始萌芽,而天出灾害以谴告之;谴告之而不知变,乃见怪异以惊骇之;惊骇之尚不知畏恐,其殃咎乃至。以此见天意之仁,而不欲陷人也。谨案灾异以见天意,天意有欲也,有不欲也。所欲、所不欲者,人内以自省,宜有惩于心;外以观其事,宜有验于国。故见天意者之于灾异也,畏之而不恶也,以为天欲振吾过,救吾失,故以此报我也。"

乃是万物生长（"庶草蕃庑"）的基本前提。

此外，第八畴还与第四畴（五纪畴）有关。"休征"和"咎征"是上天根据王德之善恶而展现出来的气象状态，但庶征是否能够为人所用，这即有赖于王、卿士、庶民对于时节的把握。《洪范》第八畴曰："岁月日时无易，百谷用成，乂用明，俊民用章，家用平康。日月岁时既易，百谷用不成，乂用昏不明，俊民用微，家用不宁。"即是此意。

第五，《洪范》很重视"生活世界"，可以说它建立了一套关于"生活世界"的哲学观念。当然，这个"生活世界"又着重是从政治角度来建构的。第一畴（五行畴）的五行即为五材、五实，"先王以土与金、木、水、火杂，以成百物"（《国语·郑语》），五行是材用的本源，是生成百物的五实。第三畴（八政畴）的"食、货、祀"三者，乃当时生活世界所普遍必需和依赖的实际事物。第八畴（庶征畴）的目的为"庶草蕃庑"和"岁月日时无易，百谷用成，乂用明，俊民用章，家用平康"，显然与"生活世界"的关系很密切。从第八畴看第二畴（五事畴）和第四畴（五纪畴），"五事"和"五纪"都与"生活世界"直接相关，前者会导致雨、旸、燠、寒、风五种气象的吉凶之应，后者则给予民人以准确的岁、时、月、日的时间节律。时间（节令）是人类理性生活的创制之物和必需品。第九畴（福殛畴）为目的畴和手段畴，无论是"五福"（寿、富、康宁、修好德、考终命），还是"六极（殛）"（凶短折、疾、忧、贫、恶、弱），都关系到生活中的每个人的现世福报和殛罚问题。

第六，《洪范》在叙述上具有"以数记言"的特征，①而更值得重视的是，它将"数"作为哲学观念来使用，并直接表现为此篇文献的一种哲学思想。

首先，作者具有明确的序数意识，将洪范九畴自"五行"至"五福六极（殛）"，依次加上了"初一""次二""次三""次四""次五""次六""次七""次八""次九"的文字，这具体表明，作者对于《洪范》文本的安

---

① 语出阮元《揅经室集·三集》卷二的《数说》，是篇文献曰："古人简策繁重，以口耳相传者多，以目相传者少，是以有韵有文之言，行之始远。不第此也，且以数记言，使百官万民易учу诵易记，《洪范》《周官》尤其最著者也。《论语》二十篇，名之曰'语'，即所谓'论难曰语'，语非文矣。然语虽非文，而以数记言者，如一言、三省、三友、三乐、三戒、三畏、三愆、三疾、三变、四教、绝四、四恶、五美、六言、六蔽、九思之类，则亦皆口授耳受心记之古法也。"今人赵伯雄等以"以数为纪"进行概括，张怀通以专文论述了《洪范》篇的"以数为纪"说，并据此认为它"应是夏商时代的作品"。参见[清]阮元：《揅经室集·三集》卷二，中华书局1993年版，第606—607页；赵伯雄：《先秦文献中的"以数为纪"》，《文献》1999年第4期；张怀通：《由"以数为纪"看〈洪范〉的性质与年代》，《东南文化》2006年第3期。按：张氏认为《洪范》"应是夏商时代的作品"，此说殆误。司马迁为了写《史记》看过大量资料，并作出了比较审慎的选择。《史记》将《洪范》抄入《宋微子世家》，而没有列入《殷本纪》或《夏本纪》之中，据此可知，在司马迁看来，此篇文献应当归之于箕子名下，不过托之于"天锡禹洪范九畴"的说法而已。另外，"以数为纪"的思维传统源远流长，无法单纯据此即可以准确地判断某篇文献的著作时代。

第二章 《洪范》大义与汉宋诠释

排不是随意的,也不仅仅是为了所谓"以数记言"的方便,这些序数文字其实是为了安排洪范九畴的逻辑关系。而九畴先后次序的安排,是由它们各自在此一思想系统中的特性及当时"数"的观念内涵所决定的。关于它们的逻辑关系,前人多有说解。对于九畴这一体系来说,笔者认为,初一畴、次五畴和次九畴的位置次序最为重要。"初一曰五行",水、火、木、金、土五种材质在王道世界中处于最基本的层面,是当时全部生活世界的物质基础和来源,故初一畴为"五行",而"初一"之数本身即包含了此意。"次五曰建用皇极",在人类的生活秩序和政治秩序中,"王"的地位无疑最高最大,居于王道政治的核心,[①]因此箕子即将"皇极"安排在此畴,而中数"五"本身即包含此意。在一至九这九个数字中,数字"五"居于中间,为"中数"。殷人和周人普遍尚中。最后一畴"嚮(飨)用五福,威用六极(殛)",从内容上来看为目的畴和手段畴,它自然应当居于九畴之

---

① 在世间万有中,古人很早就建立了"生为贵""人为贵"的观念。从政治哲学的立场出发,古人进一步建立了"王亦大"的观念,因为"人为贵"或"生为贵"能够得到实现,在通常情况下乃由于"王"建立了以"王"自身为中心的有效统治,从而达到了"彝伦攸叙"的政治目的。通行本《老子》第二十五章曰:"故道大,天大,地大,王亦大。域中有四大,而王居其一焉。"这段文字,郭店本基本相同,不过"道大"在"天大,地大"之下;"域",帛书本作"国"字。按,"国"当读作"域"。老子深刻地认识到"王"在天下政治中的重要作用。参见丁四新:《郭店楚竹书〈老子〉校注》,武汉大学出版社2010年版,第173—174页。

71

末,而箕子正将其放置在终末畴,即目的畴上,这与数字"九"的含义相应。

其次,除第五畴外,余八畴的内容各自在文本叙述上有其先后之序,且多由五元构成,具体参见五行、五事、五官(见八政畴)、五纪、稽疑、庶征和五福的文字。这说明,在殷末周初,古人已经形成了"五元"的思维方式。而在这个五元的思维方式中,数"一"和数"五"比较重要,"一曰"为初始义,"五曰"具有贯通或总摄义。且"五曰"又较"一曰"似乎更重要,而与殷人"尚五"的观念正相一致。

最后,根据五行在历史(殷末至春秋)上的运用来看,水、火、木、金、土五者在五行系统中的如此位置,可能很早就已经排定了。值得注意的是,《尚书·尧典》所谓"汝平水土"及《尚书·吕刑》所谓"禹平水土",应当都隐括了《洪范》"水、火、木、金、土"的序次。从多种先秦文献来看,《洪范》以"一""二""三""四""五"对水、火、木、金、土五行作数序化的处理,即是对后者作了象征化和数码化。如此,"数"或者"序次之数"就成为理解和构造世界的一种基本方式。总之,《洪范》是将"数"作为哲学观念来使用的。

第七,《洪范》篇已具备五元关联性思维的萌芽。对于中国古人思维作"关联性思维"(correlative thinking)

第二章 《洪范》大义与汉宋诠释

的概括，这首先出自西方汉学家。"关联性思维"概念最早是由法国汉学家葛兰言（Marcel Granet）在其《中国人的思维》(*La Pensée Chinoise*, Paris: La Renaissance du Livre, 1934）中提出来的。随后，李约瑟（Joseph Needham）在其《中国的科学与文明》(*Science and Civilisation in China*, Cambrigde: Cambrigde University Press, 1954）中对于此一概念作了更深入的讨论。葛瑞汉（A. C. Graham）在其《理性与自发性》(*Reason and Spontaneity*, London: Curzon Press Ltd., and New York: Barnes & Noble Books, 1985）中对此一概念作了最成熟的讨论和完善。[1]这一概念包含了二元对偶、象征、隐喻和类联、感应等形式。首先，可以肯定，《洪范》已具备了"五元"的思维特征。例如，五行、五事、五纪和五福这四畴即直接显示着"五元"的叙述结构，而八政、稽疑和庶征三畴则包含着此一叙述结构，这说明"五元"在当时已被人们当作一种思维形式来使用，并以之规范和建构整个世界。[2]在五元的基础上，世间万事万物又是

---

[1] 参见〔美〕艾兰、汪涛、范毓周主编《中国古代思维模式与阴阳五行说探源》（江苏古籍出版社1998年版）的相关内容。
[2] 这里面有一个典型的例子是"稽疑"畴。《洪范》曰："汝则有大疑，谋及乃心，谋及卿士，谋及庶人，谋及卜筮。""卜"与"筮"都是为了占问神意，本来可以合二为一，但是在下文中，箕子将"卜""筮"作为两个因素来对待，由此即产生出五元的谋问形式。可见"五元"结构在《洪范》中是作为一种基本的思维形式来使用的。

73

彼此联系着的整体。其次,"五事"被置入庶征畴中,于是这两个五元的系列在《洪范》中被直接关联了起来。不论是"休征"(肃—时雨,乂—时旸,哲—时燠,谋—时寒,圣—时风)还是"咎征"(狂—恒雨,僭—恒旸,豫—恒燠,急—恒寒,蒙—恒风),它们在天人之间建立了感应式的五元因果关联。再次,五行畴和五事畴各自建构了一个自生性的五元衍生系列,不论是"水曰润下,火曰炎上,木曰曲直,金曰从革,土爰稼穑。润下作咸,炎上作苦,曲直作酸,从革作辛,稼穑作甘",还是"貌曰恭,言曰从,视曰明,听曰聪,思曰睿。恭作肃,从作乂,明作哲,聪作谋,睿作圣",它们都建立在"体用"式的关联上。最后,《洪范》中的任何一个五元单位(或五元系列),都能够且必须构成一个彼此关联的整体。当然,在这些关联着的事物整体中,五元依据特定的时空条件又有主从分别。

进一步需要指出,"五元"不等于"五行"概念。无可否认,《洪范》已具备五元的思维方式,并具有丰富的内涵。但是,与成熟形态的关联性思维方式相比较,《洪范》的五元思维方式尚处于初级阶段。关联性思维方式的成熟形态为战国中晚期的阴阳五行学说,阴阳五行学说的极盛时期在西汉中晚期。战国中晚期,五元的思维方式正式转化为五行的思维方式,五行的关联性思维方式在彼时已经成熟。在五行思维方式中,

"五行"首先被当作万事万物相关联的基础和出发点，并由此关联到其他事物，形成了以"类联"（没有必然性）方式去建构此世界的思维方式。同时，五行彼此的生克关系被普遍接受，并被应用到任何一个五元系列的关系结构中，好像它们本来如此一样。据《左传》《国语》两书，五行生克说是在西周末期至春秋中期这段时间里慢慢产生出来的。在殷末周初，五行本身还不具备此两种特性，没有成为使世界关联起来的普遍思维形式，因此在《洪范》五事、庶征等畴中，我们看不到"五行"作为思维方式而存在于其中的影子。能够以"五行"去普遍地思考和确定"五事""庶征"等事物的内在关系，这是形成五行思维方式的关键。

第三节　汉人的诠释：以五行畴为中心

从上文论述来看，所谓"洪范九畴"，既是王权的象征和圣者受命的瑞应，又是天子治理天下并使之达到"彝伦攸叙"的根本大法。这套政治哲学对于中国历代王朝的统治和国家治理产生了巨大影响，这突出地表现在汉代和宋代的洪范学中。汉代和宋代是《洪范》思想诠释的两个重要时期，相关文献可以参看刘起釪的《尚书学史》、程元敏的《尚书学史》、李军靖的《〈洪范〉与古代政治文明》和张兵的《〈洪范〉诠释研究》等。[①]其中，又以张书最为全面。

一、以五行畴为中心

汉代尚书学以洪范学最著，此为学界通识。"洪范九畴"的每一畴，甚至《洪范》的每一段文字都受到了汉代经师的重视，其中又以五行畴为最。《汉书·五行志》及其下历朝史书《五行志》都以此畴为名义，足见此畴的意义重大，影响极其深远。

在先秦，古人已基本完成了对五行含义的丰富化和深刻化过程。从箕子到史伯，从史伯到郤缺，从郤缺到邹衍，五行即从五材上升为五元类联的比较成熟的思维方式。大约在春秋后期，它又发展为一个宇宙生成论的重要概念。最后，大概在战国晚期，五行与阴阳在宇宙生成论的维度上被贯通起来。在郭店简《五行》篇中，我们甚至看到五行说渗透到儒家的德行思想之中，影响

[①] 参见刘起釪：《尚书学史》，中华书局1989年版，第261—270、318—323页；程元敏：《尚书学史》，五南图书出版公司2008年版，第420—506、590—642页；李军靖：《〈洪范〉与古代政治文明》，第五章，第101—128页；张兵：《〈洪范〉诠释研究》，齐鲁书社2007年版。按：刘起釪在《尚书学史》中并没有专门叙述汉代的洪范学，这是一个缺憾。另外，黄忠慎的《〈尚书·洪范〉考辨与解释》值得浏览。不过，此书虽名为"解释"，但其实不是论文，而只是对《洪范》的集释（第四章，参见黄书第69—134页）。

着儒家道德学说的叙述和构造。①而这些思想成果，为西汉经师以《洪范》篇为重点来开展《尚书》经学的解释奠定了良好的基础。概括起来说，汉人对于《洪范》的创造性解释主要表现在如下三个方面：

其一，汉代经师将《洪范》与《春秋》紧密联系起来，实现了从阴阳灾异说到五行灾异说，或者说，阴阳五行灾异说的转变。

其二，五行畴被强调出来，成为关键的一畴，具有总领其余八畴的重要作用。这一点，可由《洪范五行传》《洪范五行传论》及《汉书·五行志》知之。②这种总领性，特别体现在对五事、皇极、庶征和五福六殛四畴的解释中。

其三，在《五行传》及《五行传论》中，天人感应的色彩得到了进一步的加强，其中以五事、皇极、庶征和福殛四畴所构成的思想系统在当时颇具特色。正因为如此，在汉代，《洪范》在《尚书》诸篇中的地位及重要性得到了大幅提升。夏侯始昌的《洪范五行传》及刘向、刘歆等人的《洪范五行传论》，不但对于西汉，而且对于

---

① 竹书《五行》，参见荆门市博物馆编：《郭店楚墓竹简》，文物出版社1998年版，第147—151页。帛书《五行》，参见国家文物局古文献研究室编：《马王堆汉墓帛书》（壹），文物出版社1980年版，第17—24页。

② 参见丁四新：《刘向、刘歆父子的五行灾异说和新德运观》，《湖南师范大学社会科学学报》2013年第6期，第107—112页。一般认为，《洪范五行传》出自夏侯始昌之手，而刘向、刘歆父子均作有《洪范五行传论》。

77

中国两千余年的以皇权为中心的中央集权型政府和社会产生了深远影响。自《汉书》以后，中国历朝历代正史几乎都有《五行志》，即是明证。

二、荀悦论《洪范》大义：以五行为根本，以五事为主干

荀悦（148—208年），字仲豫，是汉末思想家和史家，著有《申鉴》《汉纪》等书。荀悦在《汉纪·孝惠皇帝纪》中有一段话从总体上论述了"《洪范》之大体"，"大体"即"大义"之义。荀悦曰：

《洪范》著天人之变，其法本于五行，通于五事，善恶吉凶之应于是在矣。

"五行：一曰水，二曰火，三曰木，四曰金，五曰土。水曰润下，火曰炎上，木曰曲直，金曰从革，土爰稼穑。"

田猎不宿，饮食不享，出入不节，夺民农时，及有奸谋，则木不曲直。弃法律，逐功臣，杀太子，以妾为妻，则火不炎上。好治宫室，饰台榭，内淫乱，犯亲戚，侮父兄，则稼穑不成。好攻战，轻百姓，乱饰城郭，侵边境，则金不从革。简宗庙，不祷祠，废祭祀，逆天时，则水不润下。

"五事：一曰貌，二曰言，三曰视，四曰听，五

曰思。"

木为貌，貌曰恭，恭作肃。肃时雨若，厥福攸好德。貌失，厥咎狂，厥罚常雨，厥极恶；时则有服妖，时则有龟孽，时则有鸡祸，时则有下体生于上之痾，时则有青眚青祥。惟金沴木。

金为言，言曰从，从作乂。乂时旸若，厥福康宁。言失，厥咎僭，厥罚常旸，厥极忧；时则有诗妖，时则有介虫之孽，时则有犬祸，时则有口舌之痾，时则有白眚白祥。惟火沴金。

火为视，视曰明，明作哲。哲时燠若，厥福寿。视失，厥咎舒，厥罚常燠，厥极疾；时则有草妖，时则有蠃虫之孽，时则有羊祸，时则有目痾，时则有赤眚赤祥。惟水沴火。

水为听，听曰聪，聪作谋。谋时寒若，厥福富。聪失，厥咎急，厥罚常寒，厥极贫；时则有鼓妖，时则有鱼孽，时则有豕祸，时则有耳痾，时则有黑眚黑祥。惟土沴水。

土为思，思曰心，心曰睿，睿作圣。圣时风若，厥福考终命。思失，厥咎雾，厥罚常风，厥极凶短折；时则有脂夜之妖，时则有华孽，时则有牛祸，时则有腹心之痾，时则有黄眚黄祥。惟金木水火沴土。

皇之不极，厥咎眊，厥罚常阴，厥极弱；时则有射妖，时则有龙蛇之孽，时则有马祸，时则有下人伐上之痾，时则有日月乱行，星辰逆行。

此《洪范》之大体也。[①]

荀悦认为，《洪范》明于天人之变。而所谓天人之变，即所谓天人感应之变，王感天应而成吉凶、福瘗、灾异之变。荀悦所揭明的"《洪范》之大体"，即以五行为根本，以五事为主干，而以皇极为绪余。五行、五事和皇极各有吉凶之应、福瘗之报和灾异之变。五行作为客观实体贯通于天人和阴阳之中，故灾异以五行显现。另外，荀悦所揭明的"《洪范》之大体"，是对于夏侯始昌的《洪范五行传》及刘向、刘歆父子的《洪范五行传论》之思想大纲的高度概括，有助于我们理解汉人的洪范五行学。

三、汉人重视五行畴的原因

此外，五行畴为什么在汉代能够超拔于其他诸畴之上，而受到汉人的高度重视呢？归根结底，这是由中国古代思想、思维运动的客观历史进程所决定的。在先秦秦汉时期，中国古人依存于多层多元的生活世界，而这即在较大程度上决定了中国古人的思想和思维是多层多

[①] ［汉］荀悦：《汉纪》，中华书局2002年版，第65—66页。

元的。而事实上，中国古人的生活世界即建立在两个多元思维观念的基础上，一个是时空观念的五元思维，以"中"与"四方"或与"四季"构成；另一个是物质观念的五元思维，由水、火、木、金、土构成，并形成五材性质的五行观念。这两种五元思维方式在春秋时期结合起来，而五行关联性思维方式即在此一时期萌芽，随后不断发展。从历史实际来看，五行思维方式或五行图式在战国中期至两汉时期处于发展和传播的高峰，对于那时的中国古人来说，具有巨大的思想诱惑力和影响力。在此背景下，汉人重视五行畴，将其提拔出来，超越于诸畴之上，这是很正常的思想史现象。

反过来看，汉人的宇宙观属于元气阴阳五行论，此种学说重视象思维、数思维和类联性思维。

需要指出，在五行思维方式形成和发展的同时，一元思维和二元思维也在不断发展和变化。在春秋末期，老子提出了道一元的哲学观念；在战国早中期，二元思维进一步演变为乾元坤元及阴阳二元的哲学观念。从此，中国哲学进入了一个崭新的发展阶段。

第四节　宋人的诠释：以王安石和朱子为中心

宋代是尚书学发展的又一个重要时期。《洪范》同样受到高度重视，这可见于王安石、苏轼（1037—1101

年)、林之奇(1112—1176年)和朱熹等人的相关论著中。其中,王安石着重以五行畴而朱熹着重以皇极畴为中心,贯通地解释了《洪范》的思想主旨。相应地,王、朱二氏即成为两宋洪范学最重要的代表。

一、王安石的诠释:以五行为宗

王安石(1021—1086年),字介甫,北宋政治家、思想家和文学家。因为被宋神宗封为荆国公,所以人称荆公或王荆公,其学被称为"荆公新学"。王安石的尚书学尤其注重《洪范》篇,而他对于《洪范》的解说可分为前后两个时期。

第一个时期,在写作《洪范传》前后。《洪范传》作于治平三年(1066年)之前;熙宁三年(1070年),王安石将其进献给宋神宗。据《进〈洪范传〉表》一文,① 王安石认为《洪范》是一篇供时圣考述先王治国平天下之道的大作,即人君用以治理天下国家的大纲大法。在《洪范传》中,王安石一方面比较注意解释的全面性,另一方面又将解释的重点落实在五行畴和皇极畴上。

对于"五行",王安石将其放在宇宙生成论中来作定位,重视其流行生物之义。《洪范传》曰:"五行,天所以

---

① 《进〈洪范传〉表》,载[宋]王安石撰,中华书局上海编辑所编辑:《临川先生文集》卷六十五,第685—697页。

第二章　《洪范》大义与汉宋诠释

命万物者也，故'初一曰五行'。"①又说："五行也者，成变化而行鬼神，往来乎天地之间而不穷者也，是故谓之行。"②而水、火、木、金、土五行以天地之数为生成的本源。这些说法和观点，其实是对汉人思想的继承。最后，王安石将"性命之理，道德之意"系之于五行畴，并认为"《洪范》语道与命"。③这是王安石提出来的新观点。

对于"皇极"，王安石释"皇"为"君"，"极"训为"中"，并大力阐扬"中"之义。《洪范传》曰："皇，君也；极，中也。言君建其有中，则万物得其所，故能集五福以敷锡其庶民也。"④"极"训"中"，这是汉儒通训。不过，王安石是从君主统御臣民之手段的角度来说的，这与南宋大儒朱子的解释有根本差别。

第二时期，在《三经新义》撰作之后。《三经新义》的撰作，始于熙宁六年（1073年）。《尚书新义》所释《洪范》主旨，可见于王安石《乞改三经义误字札子二道》，其中一札曰："《洪范》'有器也然后有法。此书所以谓之范者，以五行为宗故也。五行犹未离于形而器出焉者也。扩而大谓之弘，积而大谓之丕，合而大谓之洪。此书合五行以成天下之大法，故谓之《洪范》也。'已上

---

① 《洪范传》，载［宋］王安石撰，中华书局上海编辑所编辑：《临川先生文集》卷六十五，第685页。
② 同上书，第685—686页。
③ 同上书，第686页。
④ 同上书，第689页。

七十一字，今欲删去。"①由此七十一字，可以反映出王安石撰作《三经新义》前后是非常重视五行畴的，欲专以"五行"为宗来解释《洪范》思想。与《洪范传》相比，《三经新义》的相关解释无疑发生了较大变化。王安石对于"五行"概念的高度重视，也反映在《原性》一篇中。②当然，据上引札子，我们还注意到，王安石后来很可能在一定程度上已经意识到了如此解释的危险。

进一步的问题是，王安石为何在第二个时期打破平衡，而选择五行畴作为其解释《洪范》的单一宗主呢？笔者推测，这可能是王安石已经处在或者设想自己已处在得君行道的位置上，故其所欲处理的根本问题是世界的统一性和关联性，以及由五行所关联的物质世界如何生出财利来。这与《洪范》"皇建其有极"第五畴的出发点是根本不同的。一般说来，理学家更重视皇极畴，这与他们更重视人君"作民父母"之前的个人修身功夫是高度一致的。

二、朱子的诠释：以皇极畴为中心

朱熹（1130—1200年），南宋人，宋代理学的集大

---

① ［宋］王安石撰，中华书局上海编辑所编辑：《临川先生文集》卷四十三，第457页。
② ［宋］王安石撰，中华书局上海编辑所编辑：《临川先生文集》卷六十八，第726—727页。

成者。朱子对于《洪范》的解释，在黎靖德所编《朱子语类》中已作了全面纂录。① 在《尚书》诸篇中，《洪范》无疑是朱子与其门人问答的重点篇目之一，且问答的重点又放在皇极畴上。这可以从三个方面来作说明。

其一，朱子以皇极畴为洪范九畴的核心，五行畴的重要性则退居其次。朱子曰："凡数自一至五，五在中；自九至五，五亦在中。"② 这是通过五行生成数的方位图来说明"五"居于九数之中，具有特别意义。又说："戴九履一，左三右七，五亦在中。"③ 这是通过古代流传下来的幻方数，即河图数、洛书数来说明"五"居于此二图的中心位置。而由此，朱子肯定了"皇极"（第五畴）处于九畴的关键位置。而据庞朴、饶宗颐、宋镇豪和张秉权等人对甲文资料的研究，殷人已形成了重"五"的传统。④《洪范》将"皇极"置于第五畴，即将其置于九畴

---

① 下诸引文，俱见［宋］黎靖德编：《朱子语类》卷七十九，第2040—2051页。
② ［宋］黎靖德编：《朱子语类》卷七十九，第2041页。图示参见［宋］朱熹：《周易本义·图目》，中华书局2009年版，第12页。"河图""洛书"，刘牧在《易数钩隐图》中将十数称为"洛书"，九数称为"河图"。参见［宋］刘牧：《易数钩隐图》卷下，文渊阁四库全书本，第8册，第154—155页。
③ ［宋］黎靖德编：《朱子语类》卷七十九，第2041页。
④ 参见庞朴：《阴阳五行探源》，《中国社会科学》1984年第3期，又载《庞朴文集》第1卷，山东大学出版社2005年版，第319页；饶宗颐：《殷代易卦及有关占卜诸问题》，载《文史》第20辑，中华书局1983年版，第10—11页；宋镇豪：《殷代习卜和有关占卜制度的研究》，《中国史研究》1987年第4期；张秉权：《甲骨文中所见的"数"》，载《"中央研究院"历史语言研究所集刊》第46本第3分册，1975年，第379、382页。

的中间位置，这表明殷人和周人都很重视此畴，故在文本上作了有意安排。朱子又曰："若有前四者，则方可以建极：一五行，二五事，三八政，四五纪是也。后四者却自皇极中出。三德是皇极之权，人君所嚮用五福，所威用六极，此曾南丰所说。诸儒所说，惟此说好。"①这是从逻辑关系的角度来论明"皇极"居中之义的：前四畴是第五畴"皇极"的前提和目的，所谓"若有前四者，则方可以建极"是也；后四畴为第五畴的权用，所谓"后四者却自皇极中出"是也。而对于五行畴，朱子虽然肯定了其"最急，故第一"及《洪范》乃是五行之书，看得它都是以类配得"两点，但是这种论述毕竟不多。而在程朱理学中，"五行"只是理气一衮流行而生成万物的一个环节，其位置在阴阳之下。与王安石极力推崇"五行"，将其看作万物生成的本原相比较，"五行"在朱子学中的地位大大降低，可知朱子的思想观念发生了巨大变化。

其二，朱子训"皇极"的"皇"为"君"，训"极"为"至""尽""标准"；同时，他批评了时人训"皇极"为"大中"的流行说法。朱子与其门人弟子问答"皇极"的材料众多，它们大体上可以归纳为两点：

第一点，从字义来看，朱子训"皇极"的"皇"为

---

① ［宋］黎靖德编：《朱子语类》卷七十九，第2041页。

第二章 《洪范》大义与汉宋诠释

"君"("人君"),为"王",为"天子",认为不应当训为"大"。"皇极"的"皇"为何不应训作"大"?这是由《洪范》的上下文决定的。朱子反问道:"'皇建其有极',不成是大建其有中?'时人斯其惟皇之极',不成是时人斯其惟大之中?"①"皇"训为"大",在原文中是讲不通的,故朱子说:"皇,须是君。"②至于"极"字,朱子认为它应当训为"至""尽",引申之,是"标准"之义。对于此训,朱子不厌其烦,反复阐明之,如曰:"东西南北,到此恰好,乃中之极,非中也。"又曰:"极之为义,穷极极至,以上更无去处。"又曰:"四边视中央,中央即是极也……如屋之极,极高之处,四边到此尽了,去不得,故谓之'极'。"③需要指出,朱子对"极"训为"中"的批评有强弱两式。强式直接否定了此训,如说:"中,不可解做极。"又说:"'皇极'之'极'不训中。"④弱式则在一定程度上肯定了"中"的故训,但仍以"至""尽""标准"为究竟义。无疑,后者更能代表朱子的意见。而这又包括两个方面:一者,从道理上讲,朱子曰:"东西南北,到此恰好,乃中之极,非中也。"又曰:"'中'亦不可以训'极'。'极'虽有'中'底意

---

① [宋]黎靖德编:《朱子语类》卷七十九,第2046页。
② 同上书,第2046页。
③ 以上三条引文,见上书,第2042、2046、2046页。
④ 以上二条引文,见上书,第2046、2045页。

思,但不可便以为'中',只训得'至'字。如'北极'之'极','以为民极'之'极',正是'中天下而立'之意。谓四面凑合,至此更无去处。"①由此,朱子甚至对"极""中"作了语义区别,如说:"且如北极是在天中,唤作北中不可;屋极是在屋中,唤作屋中不可。"②二者,从历史上来说,"极"训"中",乃汉人故训;而对此故训,朱子不是想全然否定之,而是有针对性地批评了流俗的误解和曲解。他说:"但汉儒虽说作'中'字,亦与今不同,如云'五事之中'是也。今人说'中',只是含胡依违,善不必尽赏,恶不必尽罚。如此,岂得谓之中!"又曰:"汉儒注说'中'字,只说'五事之中',犹未为害,最是近世说'中'字不是。近日之说,只要含胡苟且,不分是非,不辨黑白,遇当做底事,只略略做些,不要做尽。此岂圣人之意!"又曰:"今即以'皇极'为'大中'者,更不赏善,亦不罚恶,好善恶恶之理,都无分别,岂理也哉!"③面对时人借助于"大中"的故训,对"皇极"作"含胡苟且"的理解,朱子是不能容忍的,因为这些解释在他看来不辨是非,不能好善恶恶,而将"皇极"理解为无原则的折中主义。程朱理

---

① 以上二条引文,见[宋]黎靖德编:《朱子语类》卷七十九,第2042、2049页。
② 同上书,第2046—2047页。
③ 以上三条引文,见上书,第2042、2048、2049页。

第二章 《洪范》大义与汉宋诠释

学与折中主义相对，正要高扬和肯定"理极"（天理之定则）。总之，所谓"皇极"，在朱子看来，就是指君王正身立己，应有一个至极至尽的标准。

第二点，朱子之所以反对将"皇极"训为"大中"，是因为在他看来，只有训为人君正身以建立其可效法的标准，它才可以统摄和贯通其余八畴；若训为"大中"，则无法担当此一思想重任。他说："'皇极'，非说大中之道。若说大中，则皇极都了，五行、五事等皆无归着处。"又说："以是观之，人君之所任者，岂不重哉！如此，则九畴方贯通为一。若以'大中'言之，则九畴散而无统。大抵诸书初看其言，若不胜其异，无理会处；究其指归，皆只是此理。"又说："《洪范》一篇，首尾都是归从'皇极'上去。盖人君以一身为至极之标准，最是不易。又须'敛是五福'，所以敛聚五福，以为建极之本。又须是敬五事，顺五行，厚八政，协五纪，以结裹个'皇极'。又须乂三德，使事物之接，刚柔之辨，须区处教合宜。稽疑便是考之于神，庶征是验之于天，五福是体之于人。这下许多，是维持这'皇极'。"[1] 这些引文都说明了朱子认为"皇极"在洪范九畴中具有统摄义和贯通义。

其三，推究其极，朱子以"皇极"为正身之学，这

---

[1] 以上三条引文，见［宋］黎靖德编：《朱子语类》卷七十九，第2044、2045、2048页。

与他对《大学》思想重心的理解是一致的。就此点，朱子一曰："(皇极)只是说人君之身，端本示仪于上，使天下之人则而效之。"二曰："皇是指人君，极便是指其身为天下做个样子，使天下视之以为标准。"三曰："问：'标准之义，如何？'曰：'此是圣人正身以作民之准则。'"四曰："言王者之身可以为下民之标准也。"五曰："大抵'皇极'是建立一个表仪后，又有广大含容，区处周备底意思。"① 这几条引文都表明了朱子是从儒家政治哲学的立场来解释皇极畴的：君主自身的修养，即是政治实践的中心和本原。对内来说，正心诚意是"正身"的应有之义；从外来看，"正身"的结果应当成为臣民可效法的至极至尽的仪则（准则）。朱子甚至说："其本皆在人君之心，其责亦甚重矣。"② 此说进一步推本于"人君之心"，更加强调了皇极畴对于洪范九畴的重要性。而正身与正心，正是朱子解释《大学》思想的重心所在。

此外，对于《洪范》庶征畴，朱子一方面批评了汉儒将天人感应论作"必然"之说，另一方面将批判的矛头指向了王安石，因为在他看来，王氏完全消解了此畴所包含的天人感应思想。他说："《洪范》庶征固不是定

---

① 以上五条引文，见［宋］黎靖德编：《朱子语类》卷七十九，第2044、2044、2045、2046、2047页。

② 同上书，第2044页。

第二章 《洪范》大义与汉宋诠释

如汉儒之说，必以为有是应必有是事。多雨之征，必推说道是某时做某事不肃，所以至此。为此必然之说，所以教人难尽信。但古人意精密，只于五事上体察是有此理。如荆公，又却要一齐都不消说感应，但把'若'字做'如''似'字义说，做譬喻说了，也不得。荆公固是也说道此事不足验，然而人主自当谨戒。如汉儒必然之说固不可，如荆公全不相关之说，亦不可。古人意思精密，恐后世见未到耳。"[1]在《洪范传》中，王安石以阴阳观念对庶征畴作了客观化、自然化的解释，将天人感应的思想消解殆尽。为了实现此一解释，他很生硬地将"休征"的"曰肃，时雨若"等中的诸"若"字和"咎征"的"若狂，恒雨若"等中的诸"若"字，一并训为"如""似"义。[2]这一训释当然是错误的，与《洪范》本文不合。而对于产生此一误训和误解的原因，朱子心知肚明，他说，王荆公欲一反汉儒，"要一齐都不消说感应"。朱子与王荆公不同，一方面不完全赞成汉儒的解说，另一方面他又力图尊重古人意思，所以说"古人意思精密，恐后世见未到耳"。其实，在上古，中国古人具有天人感应的思想，这是十分正常的现象，是完全符合历史实际的。

---

[1] ［宋］黎靖德编：《朱子语类》卷七十九，第2048—2049页。
[2] 参见［宋］王安石撰，中华书局上海编辑所编辑：《临川先生文集》卷第六十五，第695页。

第五节　小结

总之,《洪范》是一篇非常重要的政治哲学文献。它包含六大思想要点:(1)"洪范九畴"是王者治理天下的九条根本大法,在思想性质上与周初的"革命说"差别巨大;(2)"数"在《洪范》中起着哲学观念的作用,其中"初一""次五""次九"的数序在含义上与起始畴、中心畴和目的畴相对应;(3)五元关联性思维在《洪范》中已经萌芽,除皇极畴外,它在五行等八畴中都有或多或少的表现;(4)君王应当建立"中道",并根据此一原则施用王权和作民父母;(5)王者具有圣性,其德性可以被神性的天所感应,并通过庶征展现出来;(6)《洪范》从政治的角度构造了一个生活世界,且此生活世界与王道政治是彼此相应的。

《洪范》在汉宋两代产生了重大影响。在天人感应的背景下,汉代的洪范学大力阐发了五行灾异学说,其中夏侯始昌的《洪范五行传》及刘向、刘歆的相关解释最为重要,对后世产生了深远影响。

宋代的尚书学以王安石说和朱子说为代表。王氏极其重视五行畴,以为其是洪范九畴的核心。朱熹则最重视皇极畴,认为其大义是"君王通过正身而建立民可效法的至极至尽的准则",由此他批评了时人"大中"的训解。具体说来，王安石的说解可以细分为两个阶段。在《洪范传》中，王安石很重视皇极畴，几乎可以与其对五行畴的重视齐等。这是第一个阶段。在第二个阶段，在《尚书新义》中，五行畴成为王安石解说《洪范》大义的宗主。在王安石看来，洪范九畴是"合五行以成天下之大法"的结果。如此一来，荆公无疑就将《洪范》作为一篇自然哲学（唯物主义）的文献来看待。不能不说，王安石的解释从根本上离开了《洪范》所谓"天乃锡禹洪范九畴，彝伦攸叙"的政治目的。《洪范》属于一篇政治哲学或政治学的经典文献，并非为了阐述自然哲学观点。

　　与王安石相较，朱子从道德理想主义的政治哲学入手解释了《洪范》的主旨，应当说这是比较符合此篇《尚书》文献的思想性质的。在此基础上，朱子高度重视皇极畴，并训"皇"为"君主"，"极"为"至极"或"标准"，而反对"大中"的训解，这也是比较符合《洪范》第五畴原意的。进而，朱子将《洪范》的政治哲学归结在君王的修身上，因此所谓"皇极"，也就是君王通过正身以建立一个臣民皆可以效法的标准和榜样。如何正身？此问题与朱子的正心说关联紧密。由此，可以看到，朱子对于皇极畴，乃至于对《洪范》通篇的解释，都与《大学》"正心诚意""一是皆以修身为本"的宗旨是贯通的。这是朱子的新解。朱子的这些解释，蔡沈（1167—1230年）在《书集传》中都作了继承，[1]并被后人广泛遵从，影响极大。

---

[1] 《书集传》曰："皇，君；建，立也。极，犹'北极'之'极'，至极之义，标准之名，中立而四方之所取正焉者也。言人君当尽人伦之至，语父子则极其亲，而天下之为父子者于此取则焉；语夫妇则极其别，而天下之为夫妇者于此取则焉；语兄弟则极其爱，而天下之为兄弟者于此取则焉；以至一事一物之接，一言一动之发，无不极其义理之当然，而无一毫过不及之差，则极建矣。极者福之本，福者极之效，极之所建，福之所集也。"见［宋］蔡沈：《书集传》卷四，王丰先校，第165页。

第三章 《洪范》的政治哲学：
以五行畴和皇极畴为中心

《洪范》是一篇非常重要的经典文献，包含了中国古代政治哲学，特别是治理哲学的一些基本方面。"洪范"即"大法"之义。而所谓"法"，兼含"道"与"规章制度"之义，与今天所谓"法律"概念大殊。不但如此，古人还将洪范九畴肯定为"天道"。《史记·周本纪》曰："武王亦丑，故问以天道。"其实，此种说法源自《洪范》本身。《洪范》曰："帝乃震怒，不畀洪范九畴。"又曰："天乃锡禹洪范九畴。"这两句话即将洪范九畴直接肯定为"天道"。而通过"天道"一词，古人即肯定了洪范九畴的神圣性、恒常性和应然性。

一般认为，《洪范》以五行畴和皇极畴为中心，对后世产生了深远影响。汉代的尚书学以今文二十八篇为依据，以《洪范》为诠释中心，且在洪范九畴中又以五行畴为中心。《汉书》及其下历朝正史几乎皆有《五行志》，可为明证。宋代的尚书学则继承晋唐传统，以古文五十六篇为文献依据，以《洪范》和《大禹谟》等为中心。单就《洪范》来看，宋人的解释经历了从以五行畴为中心到以皇极畴为中心的变化。由此可知，"五行"和"皇极"确实是洪范九畴中最重要的两畴。从研究现状来看，尽管相关文献已很丰富，但是关于此两畴之哲学思想的论著还是非常少见。而且，在训释和理解上，这些研究论著还对一些关键文本的理解存在分歧和错误。有鉴于此，本章将集中在"五行"和"皇极"两畴上，再次探讨《尚书·洪范》的政治哲学思想。①

第一节　引言

《洪范》是《尚书》中的一篇，包含了中国古代政治思想的九个基本方面，体现了中国古代政治哲学的一些要点。据刘起釪说，《洪范》一共被先秦文献称引了19次，②在今文二十八篇中仅次于《康诰》和《泰誓》，可见

---

① 此前，笔者已发表一篇相关论文，参见丁四新：《论〈尚书·洪范〉的政治哲学及其在汉宋的诠释》，《广西大学学报（哲学社会科学版）》2015年第2期。

② 刘起釪：《尚书学史》，第55页；顾颉刚、刘起釪：《尚书校释译论》第三册，中华书局2005年版，第1143页。今按：先秦文献引《洪范》文字，许锬辉统计为11次，马士远统计为11次以上，（接下页注释）

第三章 《洪范》的政治哲学：以五行畴和皇极畴为中心

是非常重要的。"洪"或作"鸿"，①今文二字通用。所谓"洪范"，《尔雅·释诂》曰："洪，大也。"又曰："范，法也。"王先谦解题曰："言天地之大法。"②王说近是。《史记·周本纪》即曰："武王亦丑，故问以天道。"而《洪范》正文亦曰，洪范九畴为天所畀予。"天道"一词肯定了"九畴"的神圣性、恒常性和应然性。检索《左传》《逸周书》《国语》，"天道"一词在此三书中往往具有神性特征，其含义不是完全客观、自然的。"法"，度也。《尚书大传》曰："《鸿范》可以观度。"③"法"即"规章制度"之义。"法"在此不是"法律"义。周秉钧说《洪范》"谓治国之大法"，屈万里说本篇述"箕子所陈治国之大法"，刘起釪说《洪范》是一篇统治大法"。④三氏所云同意，都是单纯从治国君人的角度来作解说的，

（接上页注释）《诗经》未计。参见许锬辉：《先秦典籍引〈尚书〉考》，花木兰文化出版社2009年版，第381页；马士远：《周秦〈尚书〉学研究》，中华书局2008年版，第305—323页。又按：《尚书校释译论》原作者署名为"顾颉刚、刘起釪"，其实后者为实际撰者，而前者文字在此书中很少。本章凡引此书，撰者一般只署名后者。刘起釪在此书第一册扉页上说："为纪念师恩，特以与先师合著名义发表。"据此可知，此书的真正作者其实为刘氏本人。

① 《史记·宋微子世家》《论衡·感虚》《潜夫论·卜列》及《淮南子·修务》高诱注均引作《鸿范》。
② ［清］王先谦：《尚书孔传参正》卷十六，中华书局2011年版，第541页。
③ ［清］孙之騄辑：《尚书大传》卷三，景印文渊阁四库全书第68册，第418页。
④ 周秉钧：《尚书易解》卷三，岳麓书社1984年版，第131页；屈万里：《尚书集释》，第114页；顾颉刚、刘起釪：《尚书校释译论》第三册，第1143页。

显然都受到了当今视角的影响。

《洪范》在伏生本中属第十一篇,在汉三家今文本中属于第十二篇。①《今文尚书》将《洪范》列入《周书》,这是按照王事先后之序来作编次的。《史记·周本纪》曰:"武王已克殷,后二年,问箕子殷所以亡。"武王问道于箕子(所谓"我不知其彝伦攸叙"),其时商灭周兴,故汉人传本将《洪范》列入《周书》。与《书序》说法一致。其实,据《左传》《说文》引文,②此篇《尚书》文献原为

---

① 《洪范》,皮锡瑞《今文尚书考证》列为第十一篇,孙星衍《尚书今古文注疏》列为第十二篇。皮书、孙书所列《今文尚书》篇数均为二十九篇。不过,皮书无《泰誓》一篇,而于《顾命》析出《康王之诰》,为第二十五篇。孙书则以《泰誓》为第十篇(而文本为孙氏所辑补),《洪范》为第十二篇。皮书次第,王先谦《尚书孔传参正·序例》说同。参见[清]王先谦:《尚书孔传参正》,《序例》第2页。今按:皮、王的说法,得到了今人屈万里、刘起釪两大《尚书》研究家的肯定。伏生本无《泰誓》,《泰誓》晚出。《尚书正义》引刘向《别录》曰:"民有得《泰誓》书于壁内者,献之。"《论衡·正说》篇曰:"至孝宣皇帝之时,河内女子发老屋,得逸《易》《礼》《尚书》各一篇,奏之;宣帝下示博士,然后《易》《礼》《尚书》各益一篇,而《尚书》二十九篇始定矣。"据此,屈万里云:"欧阳、大小夏侯,皆传伏生之学者;其《尚书》原本篇目,必与伏本同。嗣后奉朝廷功令,加《泰誓》一篇,于是合《顾命》及《康王之诰》为一,仍为二十九篇。"参见屈万里:《尚书集释》,"概说"第15页。刘起釪说与屈万里略有不同,他在继承元人吴澄、清人段玉裁的今文二十八篇说的基础上,又认为伏生弟子欧阳、大小夏侯三家传本因增入《泰誓》而成二十九篇,而《康王之诰》乃马融、郑玄从《顾命》中析出。参见刘起釪:《〈尚书〉及其整理研究》,载氏著:《尚书研究要论》,第1页;顾颉刚、刘起釪:《尚书校释译论》第一册,"凡例"第1页。

② 《左传·文公五年》引《商书》:"沈渐刚克,高明柔克。"同书《成公六年》《襄公三年》引《商书》:"三人占,从二人。"同书《襄公三年》引《商书》:"无偏无党,王道荡荡。"此外,许慎《说文》六次(接下页注释)

第三章 《洪范》的政治哲学：以五行畴和皇极畴为中心

《商书》之一篇，居于《微子》之前。据《汉书·儒林传》曰"迁书载《尧典》《禹贡》《洪范》《微子》《金縢》诸篇多古文说"，依孔安国古文本，《洪范》本为《商书》之一篇，且其次第在《微子》之前，与《今文尚书》本不同。《微子》是《今文尚书·商书》的末篇。《洪范》全文，《史记》抄入《宋微子世家》中。据此可知，司马迁所见《洪范》本亦当在《商书》，且以为箕子所述作。

自秦汉以来两千余年，人们一直认为《洪范》是在周初由箕子所述作的。《书序》曰："武王胜殷，杀受，立武庚，以箕子归，作《洪范》。"①《汉书·梅福传》曰："箕子佯狂于殷，而为周陈《洪范》。"孔颖达肯定了此种说法，云："必是箕子自为之。"②

但是，自从1928年刘节在《东方杂志》第25卷第2号上发表了《洪范疏证》一文，并经梁启超的肯定和大力褒扬，及顾颉刚将该文收入《古史辨》第五册之后，③学界意见于是丕变，与刘节相唱和者甚众，一时成为风尚。刘节通过其所谓疏证，断定《洪范》为战国末季著

（接上页注释）引用，四次称《商书》，二次称《尚书》。《洪范》首句以"祀"纪年，保留了商人的岁名概念。《尔雅·释天》："商曰祀，周曰年。"不过，据金文看，其实西周在较长时间里一直都保持了"年""祀"混用之例。

① 十三经注疏整理委员会整理：《十三经注疏·尚书正义》卷十二，第351页。
② 同上书，第352页。
③ 刘节：《洪范疏证》，载顾颉刚编著：《古史辨》第五册，第388—403页。梁启超的跋语，亦见是书第403页。

作。①此后，直至1960年以前，学者虽然对刘说有所商榷和驳难，但是不免于其影响，难以脱其窠臼，一般继续肯定《洪范》晚出的意见，不过有作于战国早、中、晚期之别。

1961年，徐复观发表长文《阴阳五行观念之演变及若干有关文献的成立时代与解释的问题》，②批驳刘节说，开始力挽狂澜，扭转疑古派的观点。他将批判的矛头直接对准梁启超、刘节和屈万里三人的相关说法，完全突破了他们的论调。③徐氏认为《洪范》基本上为周初之作，这个意见标志着学界开始回归正常，回归传统观点。现在看来，徐复观的批评很全面、深入，富有成效。不过，需要指出，徐氏的批评在台湾地区长期遭受人们的冷淡处理；而在中国大陆一方，由于两岸学术交流长期中断及彼此的隔膜，一直到现在，大陆学界竟无

---

① 刘节：《洪范疏证》，载顾颉刚编著：《古史辨》第五册，第402页。
② 徐文原载《民主评论》第12卷20期（1961年），后作为附录，题名《阴阳五行及其有关文献的研究》，收入徐著：《中国人性论史·先秦篇》，台湾商务印书馆1963年版。本书引用此文，现参见徐复观：《中国人性论史·先秦篇》，载李维武编：《徐复观文集》（修订本）第三卷，第277—316页。
③ 徐氏批判的对象除刘节的《洪范疏证》外，还包括梁启超的《阴阳五行说之来历》，屈万里的《尚书释义》书及其《尚书中不可尽信的材料》一文。梁文参见顾颉刚编著：《古史辨》第五册，第343—362页。原发表于《东方杂志》第20卷第10号，时间为1923年5月25日。屈万里：《尚书释义》，第92—102页；又见屈万里：《尚书集释》，第114—116页。

第三章 《洪范》的政治哲学：以五行畴和皇极畴为中心

一人提及或介绍徐先生的此一重要学术成果。而由于众所周知的原因，中国大陆的学术研究直到1978年后才开始重回正轨。1980年，刘起釪先生发表了一篇研究《洪范》的力作，即《〈洪范〉成书时代考》一文。[①]刘文发表后，产生了巨大影响，并逐渐成为中国大陆学界关于此篇《尚书》文献的主流意见。不过，需要指出，刘起釪先生的批驳和论证，其实绝大多数在徐文那里已经完成了。新近，经过李学勤对叔多父盘铭文和裘锡圭对豳公盨铭文的论述，《洪范》为周初著作的观点得到进一步的肯定。[②]

总之，根据目前的考证，[③]笔者肯定《洪范》为周初著作，它反映了周初或殷周之际人们认为王（天子）应当如何治理天下的政治哲学思想。《书序》等以《洪范》为箕子著作，大体上说来也是可以成立的。而《书序》的说法其实直接来源于《洪范》本身。据《洪范》，"九

[①] 这篇文章原发表于《中国社会科学》1980年第3期，现参见刘起釪：《尚书研究要论》，第396—424页。

[②] 李学勤：《叔多父盘与〈洪范〉》，载饶宗颐主编：《华学》第五辑，第109—110页；裘锡圭：《豳公盨铭文考释》。今按：裘锡圭先生认为理解此铭文需要以《洪范》为背景，笔者认为有可取之处；不过，在某些地方，他的论说似带有比较明显的穿凿痕迹。他很可能夸大了《洪范》一文对于此篇铭文的影响。

[③] 从刘起釪的《日本现代的〈尚书〉研究》（原载《传统文化与现代化》1994年第2期）一文来看，日本学者似乎没有讨论《洪范》的著作时代问题。参见刘起釪：《尚书研究要论》，第138—155页。

畴"是由箕子在对答武王"我不知其彝伦攸叙"问题时述说出来的。简言之，《洪范》的作者应当归之于箕子，其文字可能经过西周史官的一定润饰。

《洪范》对后世产生了深远影响。汉代尚书学即以洪范学为根本和主干，《汉书·五行志》及其后历朝正史中的《五行志》，都是在五行畴的名义下撰写出来的。通过《五行志》及灾异化的阴阳五行思想，《洪范》深刻地影响了中国古代思想、政治和文化。西汉和宋代是《洪范》诠释的两个重要阶段，这方面的学术史可参看上文提及的刘起釪的《尚书学史》、程元敏的《尚书学史》、李军靖《〈洪范〉与古代政治文明》和张兵的《〈洪范〉诠释研究》。后一书最为全面，自汉至清都有叙述。现当代的洪范学研究主要表现在两个方面：一个是学术史的研究，其中关于其著作时代的考证最引人注目；另一个是由于西方大学制度的引入，中国学者遂站在自己所从事学科的视角上对其作了多学科的思想研究和阐释，发表了许多相关论著（具体参见"中国知网"）。这些成果，对于本章的写作具有一定的参考价值。

从已有学术成果来看，虽然相关研究文献非常丰富，但是从哲学特别是从政治哲学的角度来研究《尚书·洪范》思想的文章还较为少见。并且，由于涉及文义的训释、理解及其解释是否恰当等问题，这些相关论著值得商榷的地方很多。基于上述原因，本章打算重新研究这篇重要的《尚书》文献，这包括其文本和思想两个方面。

第二节　洪范九畴的理论性质、目的及五行、皇极两畴的序次含义

一、洪范九畴的理论性质、目的及其与"革命"说的区别

据最新研究，《洪范》为周初著作，作者大抵上为箕子。[1]此篇《尚书》文献反映了殷周之际人们认为天子或王应当如何有效治理天下的政治思想。《洪范》与《周诰》诸篇的叙述角度很不相同，这是我们首先应当注意到的。《周诰》诸篇以敬德受命、延命和保民等为其思想要点，其目的在于申明和论证周革殷命的合理性和合法性：一方面强化周人集团统治天下的理论自信，另一方面用以说服和软化业已降服、归顺的殷商多士。这两个方面结合起来，无非是为了巩固周人的统治，以期达到长久拥有天下的政治目的。而《洪范》则与此颇不相同，它是从天子或王的角度来谈论如何有效治理天下，并达到"彝伦攸叙"的政治目的的。对此，

---

[1] 关于《洪范》的著作时代及作者问题，参见拙文：《近九十年〈尚书·洪范〉作者及著作时代考证与新证》。

103

洪范大义与忠恕之道

《洪范》曰：

> 惟十有（又）三祀，王访于箕子。王乃言曰："呜呼！箕子，惟天阴（荫）骘下民，相协厥居，我不知其彝伦攸叙。"箕子乃言曰："我闻，在昔鲧陻（堙）洪水，汩陈其五行。帝乃震怒，不畀洪范九畴，彝伦攸斁，鲧则殛（极）死。①禹乃嗣兴。天乃锡禹洪范九畴，彝伦攸叙。"

上述引文，笔者称之为"《洪范》序论"。武王与箕子的对话发生在武王克殷后二年，即文王受命之十三年。对话的起因是，武王在夺取天下之后向箕子谋问如何统治、治理天下和安定百姓的道理（大政方针）。《史记·周本纪》曰："武王已克殷，后二年，问箕子殷所以亡。箕子不忍言殷恶，以存亡国宜告。武王亦丑，故问以天道。"在此，我们看到，武王所问问题从"殷所以亡之故"转变到"问以天道"上来。其实，这两个问题都

---

① "鲧则殛死"的"殛"，陆德明《经典释文》云"本或作极"，裴松之注《魏志》作"极"。孙星衍曰："言极之远方，至死不反。"参见［清］孙星衍：《尚书今古文注疏》卷十二，中华书局1986年版，第294页。伪孔《传》云："放鲧至死不赦。"亦作"极"字解。今按：《尚书·尧典》曰："流共工于幽州，放驩兜于崇山，窜三苗于三危，殛鲧于羽山，四罪而天下咸服。"流、放、窜、殛四字同义，故此"殛"字亦当读作"极"。刘起釪说《洪范》此"殛"当如字读，训为"杀"，这是不对的。刘说，参见顾颉刚、刘起釪：《尚书校释译论》第三册，第1147页。

104

第三章 《洪范》的政治哲学：以五行畴和皇极畴为中心

是周革殷命之后，周人在当时所必须面对和回答的重大理论问题。前一个问题体现出武王对改朝换代之合理性论证的极大兴趣，其根本目的就是为了论证周革殷命具有天命的来源。这一论证，乃是周初统治者（武王、周公、召公和成王）持久进行的意识形态的说教工作。当然，这种"革命"理论的说教，其目的不单纯是为了宗教意义上的心理慰藉，或者单纯为了说服殷人安于天命，同时还包括通过"德"概念以重建周王作为最高统治主体或政治主体的新内涵。这套理论，对于周人消解革命之后随时可能产生的政权危机是非常重要的。通观全篇，《洪范》的主旨显然与此迥异。后一个问题展现出天子（"王"）应当考虑哪些重大方面，才能有效地去平治天下，使世间常理（"彝伦"）达到井然有序的地步。而对于此一问题的回答，就历史性地落到了箕子的肩膀上。总之，"洪范九畴"理论的思想主旨是为了阐明如何平治（有效地统治）天下，而"革命"理论则与之不同，其思想主旨是为了论证改朝换代的合理性。前者体系庞大，几乎涉及国家政治生活的所有基本层面，而所谓"王道"内容即见于此。

二、洪范九畴是王权和天命的象征

"九畴"，《史记·宋微子世家》作"九等"，孔《传》释为"九类"，《汉书·五行志》作"九章"，

105

"等""类""章"三词同义。"九畴"即九类、九条,"洪范九畴"即大法九类、九条。"九畴"显然是对天子或王(不是对具体职官)而言的,是对其如何治理或管治天下所涉重大政治领域及其基本观念的系统性理论概括。为了强化其平治天下的重大意义,通过上溯于天帝的"不畀"(因而"彝伦攸斁")和"锡命"(因而"彝伦攸叙"),①箕子显然将此洪范九畴神圣化了。当然,在彼时的思想背景下,将"洪范九畴"溯源于"帝""天",这是十分合理的。而通过上溯至"帝""天",洪范九畴就不是单纯的人为法,而是所谓天道了。今天,我们甚至由此也可以看出箕子公天下的用心:朝代虽然改换了,但是"彝伦"必须通过此九条大法而重新获得"攸叙"。"革命"是天下大乱的极端表现,而"洪范九畴"则是致天下大治的津梁和工具。商人如何治理天下?此"洪范九畴"即是箕子对数百年殷家政治经验和政治思想的高度概括和总结。

---

① 《尚书·洪范》中的"帝""天"同义。裴骃《集解》引郑玄曰:"帝,天也。天以鲧如是,乃震动其威怒,不与天道大法九类,言王所问所由败也。"参见[汉]司马迁撰,[南朝宋]裴骃集解,[唐]司马贞索隐,[唐]张守节正义:《史记》卷三十八,中华书局1959年版,第1611页。甲骨文的"天"字有两种写法,一种作,另一种作。前一形,本义指人的头顶;后一形,从上从大,会天在人上之意。通过论证,赵诚说:"商人心目中的天和上帝是相近的,甚至是同一的。卜辞不用天来表示天地就很容易理解了。"参见赵诚编著:《甲骨文简明词典——卜辞分类读本》,中华书局1988年版,第186—187页。

第三章 《洪范》的政治哲学：以五行畴和皇极畴为中心

不仅如此，"洪范九畴"实际上还代表着王权的合法性，是另外一种形式的天命。据《尚书·尧典》，鲧本尧廷的重臣，其时正当洪水大害天下，于是帝尧委任鲧以治水重任。然而鲧辜负了此一重任，"九载，绩用弗成"（《尚书·尧典》）。舜摄政之后，即据其罪而"殛（极）鲧于羽山"。尧崩，舜为天子，鲧子禹很贤能，舜于是立即起用他重新治水。《尧典》曰："（帝曰）禹，汝平水土，惟时懋哉！"回头看《洪范》"我闻在昔"一段文字，它应当是以《尧典》所说故事为背景的。不过，箕子所述故事及相关论说当在殷末已有所变化。而这个变化，可能是尧本有意考察鲧，以为己后（继位者，接班人），但很可惜，鲧没有通过治水一环的考验。《洪范》说他堙堵洪水，杂乱地陈列五行，遂导致上帝动威，"不畀洪范九畴"，而天下的常道于是败坏不存（"彝伦攸斁"）。"不畀洪范九畴"正显示出，鲧没有获得天命，因而他无法作为接班人而被授予王权。与此相对，大禹平治水土，通过了帝舜的考验，于是"天乃锡禹洪范九畴，彝伦攸叙"，这表示禹已获得天命的肯定，可以为舜后了。

总之，"洪范九畴"既是治理天下的大法，又是王权和受命的象征。这种含义，大经学家刘歆以"神异化"的方式把握到了。《汉书·五行志上》曰："刘歆以为虙羲氏继天而王，受《河图》，则而画之，八卦是也；禹治洪水，赐《洛书》，法而陈之，《洪范》是也。"据《论语·子罕》

107

《周易·系辞上》等,《河图》《洛书》乃古人所谓圣人受命为王的符瑞。刘歆以《洛书》为"洪范九畴",指明"初一曰五行"下六十五字为"《洛书》本文",其后伪孔《传》继承了此一说法,[1]并被后人发扬光大。

第三节　五行畴和皇极畴的畴次含义与成因

据上文所论,"洪范九畴"理论是关于天子("王")如何有效统治天下,达到"彝伦攸叙"之目的的政治哲学,在性质上与"革命"理论大殊。此理论是王权和人君受命的象征。而且,畴序或畴次本身即具有特别含义,其内容与畴次的搭配也是经过精心安排的。其中,"初一""次五""次九"与"五行""皇极""五福六极(殛)"的搭配最为重要,清晰地展现了箕子对于王道秩序的内在把握和理解。本节将专门讨论"五行"和"皇极"畴次的含义及其成因。

《洪范》曰:

> 初一曰五行,次二曰敬用五事,次三曰农用八政,次四曰协用五纪,次五曰建用皇极,次六曰乂用三德,次七曰明用稽疑,次八曰念用庶征,次九

---

[1] 参见十三经注疏整理委员会整理:《十三经注疏·尚书正义》卷十二,第355页。

第三章 《洪范》的政治哲学：以五行畴和皇极畴为中心

曰嚮（饗）用五福，威用六极（殛）。

"敬"，《汉书·五行志》《艺文志》《孔光传》引作"羞"，《艺文志》并训为"进"。其实，"羞"是"䒳"字之讹，参见孙星衍说。①"䒳"即"苟"字古文，参见《说文·苟部》。"苟"读作"敬"。"协"，和也。"嚮"读为"饗"，赐饗也。"极"通"殛"，殛罚也。

上述引文"第叙九畴之次"，属于《洪范》九畴总叙。在箕子所述九畴中，五行、皇极和福殛三畴最为重要。五行畴位居第一，为初始畴和起点畴，居于基础位置；皇极畴位居第五，为正中畴和统领畴，居于核心位置；福殛畴位居第九，为终末畴和目的畴。而在这三畴中，前两畴（即五行畴和皇极畴）又更为重要。

一、五行畴的畴次含义与成因

洪范九畴的畴次有其含义和成因。五行畴的畴次含义与成因是什么呢？或者说，"五行"为何被列为第一畴或初一畴呢？这是一个有待回答和探讨的问题。

首先，这个问题与古人认识世界的起点及决定王道的始基有关。从逻辑上来看，整个生活世界与整个物质世界，在殷周古人看来，均以五行为基础。五行即五

---

① 参见［清］孙星衍：《尚书今古文注疏》卷十二，第295页。

109

材、五实。而王道政治的始基亦不可能不在于五行。而这一点很可能是"五行"之所以被列为第一畴的根本原因。

其次，据箕子所闻述，鲧被舜"殛（极）死"的主要原因是："鲧陻（堙）洪水，汩陈其五行。"所谓"汩陈其五行"，即杂乱地陈列五行。而什么叫作杂乱地陈列五行呢？在此，"鲧堙洪水"与"汩陈其五行"似乎具有因果关系。可能的解释是，鲧由于没有很好地研究五行之性，即草率地以土木之物来堵塞大洪水，结果酿成了重大灾害，造成了不堪后果，《尚书·尧典》即曰"九载绩用弗成"。从五行自身来看，这就是所谓鲧"汩陈其五行"。关于此点，《尚书·甘誓》也有所反映。据《甘誓》篇，夏启攻伐有扈氏的一个重要理由即是因为有扈氏"威侮五行"。王引之说，"威"即"烕"字的形讹，"烕"同"蔑"；"威侮"即"蔑侮"，"蔑侮"即轻慢之义。①"蔑侮五行"，即是轻慢五行，其意与"汩陈其五行"相通。不管怎样，"五行"的重要性在当时是毋庸置疑的。

最后，《洪范》既然说"汩陈其五行"是导致上帝"不畀洪范九畴"的根本原因，那么由此可以推知，上帝之所以"锡禹洪范九畴"，就是因为禹采取了疏导方法来

---

① 参见［清］王引之：《经义述闻》卷三，第79—80页。

平治水土,①这可以参看《尚书·尧典》《禹贡》《吕刑》三篇相关文字。所谓"平治水土",也可以称之为"平治五行"。能否"平治水土"(与"汩陈五行"相对),这即是鲧、禹能否成为天子后(接班人)的决定性因素。

总之,《洪范》将"五行"作为初一畴,在笔者看来,其理由是非常充分的。"初一"即表示五行很基础、

---

① 一般认为,鲧采取"堙塞"而禹采取"疏导"的方法来治理洪水。顾颉刚、童书业则反对此说而别出新见。他们认为,禹所用的治水方法其实和鲧没有什么不同,"满是'堙'和'填'"。又说:"禹用息土填塞洪水,遂造成了名山,这便是所谓'敷土''平水土'和'甸山'。"又说:"洪水是鲧禹用息土填平的,九州是鲧禹放置的。"遂将二人的事迹和功绩完全等同了起来。参见顾颉刚、童书业:《鲧禹的传说》,载吕思勉、童书业编著:《古史辨》第七册下,上海古籍出版社1982年版,第160、161、147页。裘锡圭信其说,依据顾、童二氏的解释,认为豳公盨铭文的"尃(敷)土"是指"以息壤堙填洪水"之意,而"堕山"是削平高山的意思。参见裘锡圭:《豳公盨铭文考释》。今按:顾、童二氏的新说不可信,而裘氏对豳公盨铭文"尃土堕山"的训读也未必是正确的。笔者之所以如此下判断,这是因为,其一,顾、童二氏对于"堙塞"和"疏导"的方法缺乏辩证的理解,其实在治理洪水的过程中,这两种方法常常是缺一不可的。后世特因鲧以"堙塞"而禹以"疏导"为主,故即以它们来标识父子二人在治水方法上的不同罢了。其二,我们看到,为了颠覆旧说和证成新解,顾、童二氏在行文中故意刊落和矫揉了许多材料,对一些关键文献作了颇为大胆的歪曲解释。如一书同时载有禹采用"堙""疏"两种方法治水,而此二氏则仅取"堙"字说之。又如,他们往往轻视儒家经传的材料,却笃信《山海经》《墨子》《天问》《淮南子》等文献的记载,在逻辑上认为只有这些书篇才包含着所谓鲧禹治水的"本相"。再如,顾、童二氏及裘氏并无多少根据即将关键词"敷土"径直解释为用息壤堙塞洪水,而罔顾故训。其实,豳公盨铭文已自明言:"天命禹敷土,堕山,浚川。""浚",深挖而疏通之;"浚川",即疏通河川之意。"浚川"已完全表明了在作者的心目中大禹是以"疏通"之法来治理洪水的。总之,顾、童二氏的新说不可信,而裘氏对其的肯定则只能算作盲从。

111

很重要,是物质世界、生活(伦理)世界和政治世界的基础,是王道展开的起点。

二、皇极畴的畴次含义与成因

皇极畴是九畴中很重要的一畴,居于第五畴。它为何被安排在第五畴,或者说,其畴次含义与成因是什么?这是一个颇有意义的问题。

皇极畴主要讲君王建极和君王以皇极建天下之极。"皇"即"王","皇极"或作"王极"。"极",中也,道也,至极的准则也。"皇极"即王道,或王所建的中道。"中道"之"中",与中数"五"是相配的。在一至九的九个数字中,"五"居中而为中数。以居中的数字"五"来表现中道或"中"的原则,这既是作者有意为之的结果,也是古人以"数"表达客观实在的一种做法。殷商时期,"尚中"的观念已经形成。

关于《洪范》篇所设畴数问题,我们还可以追问:为何箕子以"九畴"之数为度,而不以"八畴"或"十畴"为度呢?在《洪范》中,第二畴与第八畴的内容关系密切,它们确实可以合并为一畴,如此洪范则为八畴矣。相反,第三畴"八政"(食、货、祀,司空、司徒、司寇、宾、师)可以离析为两畴,如此洪范则为十畴矣。然而问题正在于:为何箕子所说洪范不以"八畴"或"十畴"为度呢?推想开来,这很可能是因为"八""十"

两数均为偶数,而无法由它们构造出一个单一的中数畴来。而"九畴"之数则必定包含着中数"五"。这样,以"五"作为中数,以"皇极"为中数畴,就与皇极中道的观念完全相匹配了。

进一步,还需要追问一个问题:为何《洪范》选定数字"五"而不是数字"四"(相应地洪范为七畴)或"六"(相应地洪范为十一畴)来表示中数畴呢?据笔者理解,这个问题应当与殷人的"尚五"观念有关。庞朴说:"从以上这些五方、五臣、五火的诸五中,我们不仅依次看到了殷人尚五的习惯,而且还能看到一个隐约的体系,那就是以五方为基础的五的体系:五臣是五方之臣,五火是五方之火;而五方本身,则不再属于其他,它是帝。这种以方位为基础的五的体系,正是五行说的原始。"饶宗颐说:"龟甲上记若干卜,自第一卜至第五卜而止,通例大抵如此。何以龟卜以'五'为极限,这是有它的道理的。"宋镇豪说:"武丁时盛行龟卜,常一次卜用五龟,至廪辛康丁武乙文武丁时骨卜盛行,常卜用三骨。"张秉权说,在殷代甚至之前,已产生"用'三'或'五'数来表达'极多'或'全体'的观念"。[①]据笔者统计,在《今文尚书》

---

① 上述四则引文,参见庞朴:《阴阳五行探源》,《中国社会科学》1984年第3期;饶宗颐:《殷代易卦及有关占卜诸问题》,载《文史》第20辑;宋镇豪:《殷代习卜和有关占卜制度的研究》,《中国史研究》1987年第4期;张秉权:《甲骨文中所见的"数"》,第379、382页。

二十八篇中，"五"字一共出现了88次，并出现了大量以"五"字开头的词汇或术语，如五典、五瑞、五礼、五玉、五器、五刑、五教、五服等，这是一个非常有力的旁证。

总之，皇极畴为洪范九畴的第五畴，是中正畴，与中道之义相应。"皇极"被放置在第五畴的位置，是殷周尚中及崇尚数字"五"这两个观念相结合的产物。

第四节　五行的性质及其序次

"洪范九畴"本身即象征着天命和王权。九畴以王治为中心，构筑了一个有序的思想整体。而这一思想整体包含了统治的主体、要素、方法和目的等内容，其中第一畴"五行"和第五畴"皇极"是其中最重要的两畴。

一、何谓五行与五行的性质

何谓五行？《洪范》曰：

> 五行：一曰水，二曰火，三曰木，四曰金，五曰土。水曰润下，火曰炎上，木曰曲直，金曰从革，土爰稼穑。润下作咸，炎上作苦，曲直作酸，从革作辛，稼穑作甘。

就何谓五行及其自身是否具备一定次序这两个问题，

第三章　《洪范》的政治哲学：以五行畴和皇极畴为中心

学者曾作了长期讨论。

先看第一个问题，即何谓五行与五行的性质问题。从名实来看，《洪范》的"五行"无疑指水、火、木、金、土五者。至于其性质，孔颖达曾从"体性"（体）和"气味"（用）出发，认为"五行"也可称之为"五材"。孔颖达《疏》："言五者性异而味别，各为人之用。《书传》云：'水火者，百姓之所饮食也；金木者，百姓之所兴作也；土者，万物之所资生也。'是为人用五行，即五材也。襄二十七年《左传》云：'天生五材，民并用之。'言五者各有才干也。谓之'行'者，若在天，则五气流行；在地，世所行用也。"[①]应当说，孔颖达的论述是比较符合《洪范》原意的，与《左传·襄公二十七年》宋大夫子罕曰"天生五材，民并用之"同义。[②]由此推断，殷末周初的五行说当为五材说。今天看来，这属于从实用角度来判断"五行"的性质。

不过，在笔者看来，这其中还存在一个疑问，即为何当时人们不将水、火、木、金、土五者直接称之为"五材"，而一定要称之为"五行"呢？对于此一问题，孔颖达也有一个说法，他认为这两个同实异名的概念有"在

---

① 参见十三经注疏整理委员会整理：《十三经注疏·尚书正义》卷十二，第357页。
② 《左传·昭公十一年》："（晋大夫叔向对韩宣子曰）且譬之如天，其有五材，而将用之。"同书《昭公二十五年》："（郑大夫子大叔对赵简子曰）吉也闻诸先大夫子产曰：夫礼……则天之明，因地之性，生其六气，用其五行。气为五味，发为五色，章为五声。"

天"与"在地"之不同:"在地"即称之为"五材","在天"则称之为"五行",他说:"谓之'行'者,若在天,则五气流行。"这是训"行"为"流行",于是"五行"就是指水气、火气、木气、金气、土气的流行。流行,故能生物。这种解释,显然将周初的"五行"看作一种宇宙生成论式的哲学观念了。对此,当代学者基本上持不赞成态度。①很难说"五行"在那时已经成为了气化宇宙论的概念,故笔者认为,"行"应当训为"施行"或"施用",刘起釪训为"用"。②对于《周易》经文"勿用",王引之说:"无所施行也。"③"五行"即五种可以施用、施行的基本材质。而此种训释与《左传》的"五材"说是很吻合的。

另外,由于水、火、木、金、土五者在古人的思想世界中非常重要,设想此五行有所谓职官(主要掌握其施用)分守之,这是可能的。《左传》所记晋太史蔡墨的一段话即为证明。《左传·昭公二十九年》曰:"(蔡墨对魏献子曰)故有五行之官,是谓五官。实列受氏姓,封为上公,祀为贵神。社稷五祀,是尊是奉。木正曰句芒,火正曰祝融,金正曰蓐收,水正曰玄冥,土正曰后土。"同书

---

① 参见梁启超:《阴阳五行说之来历》,载顾颉刚编著:《古史辨》第五册,第343—362页;顾颉刚:《五德终始说下的政治和历史》,载氏编著:《古史辨》第五册,第404—617页;徐复观:《阴阳五行及其有关文献的研究》,载氏著:《中国思想史论集续篇》,第1—71页。
② 刘起釪:《五行原始意义及其分歧蜕变大要》,载氏著:《尚书研究要论》,第351页。
③ [清]王引之:《经义述闻》卷一,第3页。

《昭公三十二年》曰："（晋史墨对赵简子曰）天有三辰，地有五行。"又，《国语·鲁语上》曰："（鲁大夫展禽曰）及天之三辰，民所以瞻仰也；及地之五行，所以生殖也。禁九州名山川泽，所以出财用也。非是不在祀典。"后两条引文互相参看，可证蔡墨所谓"五行"即所谓"五材"，即五种基本材质。但需要指出，此种五行是"所以生殖"者，而不是直接"出财用"者。而"所以生殖"的说法，与史伯"和实生物"（《国语·郑语》）的说法很接近。

二、五行本身的序次及其含义

再看第二个问题，即五行本身是否具有序次及其含义为何的问题。这个问题，与五行思维方式的形成问题密切相关。

一般认为，从西周末至春秋时期，五行学说经历了两个重大的发展阶段。第一个是在西周末年，史伯提出了"和实生物"（《国语·郑语》）的命题。所谓"和实生物"，具体指"先王以土与金木水火杂，以成百物"。[①]而在这个"和实生物"的命题中，土行无疑居于其中心。这种思想虽然还很难说是宇宙生成论式的，但是它注重生成，注重器物的新生新创，并以"以土与金木水火杂"作为基本规则，这至少表明，西周末期的五行说已经发

[①] 参见徐元诰撰：《国语集解》，王树民、沈长云点校，中华书局2002年版，第470页。

展到了一个较高阶段。同时,笔者还注意到,若将"土"行插入"金、木、水、火"四行的中间,那么"金、木、土、水、火"五行正呈现出所谓相克之序。第二个是在春秋中后期,五行说发展出相生相克说。相生说约产生于鲁僖公时期(前659—前627年),①而相克说可能产生于相近时期。《左传·文公七年》曰:"(晋大夫郤缺言于赵宣子曰)水、火、金、木、土、谷,谓之六府。"其中的五行,即按照相克次序来排列。春秋后期,相克说被广泛应用到占星术的解释当中。

现在,回过头看殷末周初五行本身是否即在暗中包含着某种次序的问题。《洪范》曰:"五行:一曰水,二曰火,三曰木,四曰金,五曰土。"此种叙述属于"以数记言"的方式。从表面上看,此种方式对五行作了条理化和数序化的叙述;②但是,从深层次来看,这是否即意味着五行在当时已具备如此匹配的固定次序呢?这是一个目前难以回答的问题,不过可以确定,"水""土"二

---

① 参见[清]王引之:《春秋名字解诂》"秦白丙字乙"条,载氏著:《经义述闻》卷二十三,第558页。
② 语出阮元《数说》篇。《数说》云:"古人简策繁重,以口耳相传者多,以目相传者少,是以有韵有文之言,行之始远。不第此也,且以数记言,使百官万民易诵易记,《洪范》《周官》尤其最著者也。《论语》二十篇,名之曰'语',即所谓'论难曰语',语非文矣。然语虽非文,而以数记言者,如一言、三省、三友、三乐、三戒、三畏、三愆、三疾、三变、四教、绝四、四恶、五美、六言、六蔽、九思之类,则亦皆口授耳受心记之古法也。"参见[清]阮元:《揅经室集·三集》卷二,第606—607页。

第三章 《洪范》的政治哲学：以五行畴和皇极畴为中心

行与"一""五"的搭配在西周或者周初已经形成了。为此，笔者可以提供三点证据：

第一点，《尚书·禹贡》说："禹敷土，随山刊木，奠高山大川。"同书《尧典》曰："（舜曰）禹，汝平水土，惟时懋哉！"①同书《吕刑》曰："禹平水土，主名山川。"此外，《国语·周语上》记伯阳父在评论"三川皆震"时也非常强调水土的作用。②这些文献都说明了，在上古时期，人们已经反复意识到"水""土"对于民生和国族兴亡的重要性，因此非常重视水、土二行。其实，这也是古人应当早已具备的常识。而《洪范》以水、土分居五行次序的首尾，而序以"一""五"两数，从数序和位置上突出了此二行的重要性，——如果说这不是已有意排好了五行次序，那么这也是何其巧妙而恰当的安排啊！

第二点，《洪范》的"五行"虽然没有生克之意，但是我们看到，在郤缺的"六府"说（水、火、金、木、土、谷）中，③水、土二行继续保留在一、五的次序位置

---

① 《国语·郑语》："夏禹能单（殚）平水土，以品处庶类者也。"《左传·僖公二十四年》"君子曰"引《夏书》"地平天成"称赞禹功。《左传·文十八年》："（季文子使大史克对曰）舜臣尧，举八恺，使主后土，以揆百事，莫不时序，地平天成。"这一条将"地平天成"之功归之于舜，其原因在于其时禹为臣而舜为君。
② 《国语·周语上》："（伯阳父曰）夫水，土演而民用也。土无所演，民乏财用，不亡何待？"
③ 《左传·文公七年》："（晋郤缺言于赵宣子曰）六府、三事，谓之九功。水、火、金、木、土、谷，谓之六府；正德、利用、厚生，谓之三事。"

119

上。而"六府"的说法，其实源自《尚书·禹贡》篇。这说明《洪范》五行的次序已经在当时成为了一种传统，而不能随意更改。与"水、火、金、木、土"的次序相对，在战国中期，邹衍提出了五行相胜的德运说，作"土、木、金、火、水"，将郤缺的相克次序正好颠倒了过来，①以满足改朝换代之合法性论证的需要。这种改变，是相克之序对于相生之序的改变，是有意为之的。这似乎说明了，在邹衍之前，"相生之序"的概念很可能早已被古人建立起来了。

第三点，"和实生物"的命题虽然是由史伯概括出来的，但其实它有更早的渊源。当史伯以"先王以土与金、木、水、火杂，以成百物"来具体解释"和实生物"时，其中就包含了这样的五行观："土"为五行的中心，其他四行因之以相杂，继而能够生物和成物；相应地，如果将"土"移于"金、木、水、火"的中间，那么金、木、土、水、火正为相克的次序。由此，我们看到，五行相克的次序其实应当有更早来源。简言之，从箕子到史伯，从史伯到郤缺，从郤缺到邹衍，人们一直在思考、构造

---

① 为了区别郤缺与邹衍之说，本章约定郤缺的水、火、金、木、土次序为相克说，邹衍的土、木、金、火、水次序为相胜说。王应麟《困学纪闻》："五行，《大禹谟》以相克为次，《洪范》以生数为次。五德，邹衍以相胜为义，刘向以相生为义。"参见［宋］王应麟撰，［清］翁元圻等注：《困学纪闻》卷二，第182页。其实，春秋至战国时期，"相克"与"相胜"两个概念并无严格区别。

第三章 《洪范》的政治哲学：以五行畴和皇极畴为中心

和深化五行的序次及其哲学含义。

此外，《洪范》所云"天锡禹洪范九畴"的目的，也是为了生物和成物，给予此世界以秩序（"彝伦攸叙"），而五行之序即为其中的一个关键。如何叙陈五行（与"汩陈五行"相对）？答案是给予它们以"数"的规范，即以一、二、三、四、五分别表示水、火、木、金、土之序。而这五个数字也因此成为了五行的数码化象征，即"一"表示水，"二"表示火，"三"表示木，"四"表示金，"五"表示土；反之，亦然。

总之，《洪范》五行说确实存在着一定次序，尽管这个次序是潜在的。其中，水一、土五的数序及其数字象征含义（"五"代表土、"一"代表水），很可能在周初已经存在了。而且，其他三行（火、木、金）最可能的情况是在西周已经完成了其数序化和象征化。而在象征化的基础上，"五行"一旦与五方四时相结合，就形成了所谓五行生数图式。在五行生数图式的基础上，再重之以六、七、八、九、十，就形成了所谓五行生成数图式。而这两个图式，经汉至宋，经过图象化，逐步演变为所谓《河图》《洛书》。[1]在《河图》《洛书》的基础上，宋、元、明、清四代衍生出所谓"图书之学"。

---

[1] 最早明确按照五行生成数方位排列的图式，见于《周易·系辞上》。《系辞上》曰："天数五，地数五，五位相得而各有合。天数二十有五，地数三十，凡天地之数五十有五，此所以成变化而行鬼神也。"（接下页注释）

121

洪范大义与忠恕之道

第五节 "皇极"解诂及其思想内涵

一、"皇极"解诂及其争论

皇极畴为洪范九畴的第五畴。《洪范》曰:

皇极:皇建其有极。敛时五福,用敷锡厥庶民,惟时厥庶民于汝极,锡汝保极。凡厥庶民,无(毋)有淫朋;人无(毋)有比德,惟皇作极。凡厥庶民,有猷有为有守,汝则念之。不协于极,不罹于咎,皇则受之。而康而色,曰:'予攸(修)好德。'汝则锡之福。时人斯其惟皇之极。无(毋)虐茕独而畏高明,人之有能有为,使羞其行,而邦其昌。凡厥正(政)人,既富方谷,汝弗能使有好于而家,时人斯其辜。于其无〖攸(修)〗好德,①汝虽锡之

(接上页注释)所谓"天地之数五十有五",即《系辞上》曰:"天一,地二,天三,地四,天五,地六,天七,地八,天九,地十。"五行思维图式发展的另一条线索是,通过类联法则,与五色、五声、五嗅、五味、五脏、五体、五常等关联起来,并应用生克说来解释它们之间的关系。古典文献见于《管子·四时》《五行》和《吕氏春秋·十二纪》《礼记·月令》《淮南子·时则》等篇,相关思想后来被西汉中后期的灾异经学及纬书所吸收和改造。

① "好"下"德"字,王引之以为是衍文。王说疑误。据上文,此句"好"字上疑脱一"攸"字。"攸"即"修"字之初文,读为"修"。王说,参见[清]王引之:《经义述闻》卷三,第87页。

第三章 《洪范》的政治哲学：以五行畴和皇极畴为中心

福，其作汝用咎。

无平无陂〈颇〉[1]，遵王之义（仪）；无有作好，遵王之道；无有作恶，遵王之路；无偏无党，王道荡荡；无党无偏，王道平〈釆〉平〈釆〉；无反无侧，王道正直。会其有极，归其有极。曰：皇极之敷言，是彝是训，于帝其训。凡厥庶民，极之敷言，是训是行，以近天子之光。曰：天子作民父母，以为天下王。

首先，作为畴名，"皇极"的含义重大；但其义为何，学界向来有争议。南宋时期，由于事关"国是"，"皇极"是何义的问题曾在以王淮为首的官僚集团和以朱子为代表的理学家群体之间产生了激烈争论。概括起来说，王淮利用"大中"的故训，将"含容姑息、善恶不分"塞入"皇极"的内涵之中，[2] 为宋高宗以来的"安静"的大政方针服务。朱子一反"大中"的故训，认为"皇"应当训"君"、训"王"，而"极"应当训"至"或"至极的标准"，批评那种"误认'中'为含胡苟且、不分善

---

[1] 经文本作"颇"字，唐玄宗改为"陂"，今本误。陆德明《经典释文》："旧本作'颇'。"《熹平石经》亦作"颇"。参见[清]孙星衍：《尚书今古文注疏》卷十二，第305页。

[2] "含容姑息、善恶不分"，是李心传对王淮"皇极"说的批评。参见[宋]李心传编：《道命录》卷七下，丛书集成初编本，商务印书馆1937年版，第36页。

恶之意"(《皇极辨》)的解释法。从思想史的角度来看，朱子的《皇极辨》十分重要，①是"皇极"训诂及其含意在近世的转折点。关于这场围绕"皇极"的"国是"争论，可以参看余英时和吴震的相关论述；②至于朱子《皇极辨》的思想要点及其价值，可以参看陈来先生的文章。③不过，这场历史的纠葛及朱子的《皇极辨》是否真正厘清了《洪范》"皇极"的本意呢？这是一个需要认真对待和重新检讨的问题。

"皇极"为何义？这首先需要从"皇极"的训诂入手。先看"极"字义。伪孔《传》和孔颖达《疏》都训"极"为"中"，这是故训，代表古人的一般意见。与此同时，在故训中，"极"也可训为"至"，训为"标准"或"准则"义。朱子和蔡沈即采用此训，他们二人并且特别强调此训与训为"中"义的区别。而这种区别，与南宋官僚集团主张"安静"而理学家群体主张"恢复"

---

① 朱子的《皇极辨》有初本和后本之别，收入《晦安先生朱文公文集》卷七十二的本子属于后本，参见朱杰人、严佐之、刘永翔主编：《朱子全书》（修订本）第二十四册，上海古籍出版社、安徽教育出版社2010年版，第3453—3457页。

② 参见余英时：《朱熹的历史世界——宋代士大夫政治文化的研究》（下），生活・读书・新知三联书店2004年版，第808—853页；吴震：《宋代政治思想史上的"皇极"解释——以朱熹〈皇极辨〉为中心》，《复旦学报（社会科学版）》2012年第6期。

③ 参见陈来：《"一破千古之惑"——朱子对〈洪范〉皇极说的解释》，《北京大学学报（哲学社会科学版）》2013年第2期。

第三章 《洪范》的政治哲学：以五行畴和皇极畴为中心

的对立主张是相照应的。抛开历史的纠葛不谈，其实"极"训"中"和训"标准"是相通的，后者不过是对于前者的引申罢了。《说文·木部》曰："极，栋也。"又同部曰："栋，极也。"二字互为转注。"栋"即居于屋中的正梁。由此引申，"极"有"中"义。《广雅·释言》曰："极，中也。"进一步，"极"有"至"义，有"标准"义。至于"皇极"之"极"应当训为何义？这既要求之于故训，更要验之于先秦文献。在此，笔者认为，"极"字还是以训为"中"为当，只不过它潜在地包含着"至"，进而包含着"标准"或"准则"义。我们似乎不应像朱子那样，以"至""至极的标准"为此"极"字的第一义，并对训为"中"作批评、否定。

再看"皇"字。伪孔《传》和孔颖达《疏》均训"皇"为"大"，而朱子和蔡沈则明确反对之，改训为"君"或"王"。这两种训解，到底哪一种是正确的呢？笔者认为，训为"君"或"王"，是正确的。此点，请参看下文的论述。

最后看"皇极"一词。伪孔《传》曰："皇，大；极，中也。凡立事，当用大中之道。"孔颖达《疏》："皇，大，《释诂》文。极之为中，常训也。凡所立事，王者所行，皆是无得过与不及，常用大中之道也。"[①]朱

---

① [唐]孔颖达疏:《尚书注疏》卷十二，载[清]阮元校刻:《十三经注疏·尚书正义》，中华书局1980年版，第188页。

子、蔡沈与此不同。朱子《皇极辨》曰:"盖皇者,君之称也;极者,至极之义、标准之名、常在物之中央,而四外望之以取正焉者也。故以极为在中之准的则可,而便训极为中则不可。"①朱子又说:"盖皇者,君之称也……'极'虽有'中'底意思,但不可便以为'中',只训得'至'字。"②蔡沈曰:"皇,君也……极,犹'北极'之'极',至极之义,标准之名,中立而四方之所取正焉者也。"③此后,元明学者或从伪孔《传》,或从朱、蔡之训。其实,这两种训解均见之于汉人。汉人训"皇"为"大",这见于《汉书·五行志》注引应劭曰:"皇,大;极,中也。"④《汉书·孔光传》引《书》"建用皇极",并解释曰"大中之道不立"。与此相对,汉人亦训"皇"为"君王",其例一见于《尚书大传·洪范五行传》,引经作"建用王极",郑玄《注》:"王极,或皆为皇极。"⑤再见于《汉书·五行志》,曰:"'皇之不极,是谓不建。'皇,君也;极,中;建,立也。"清人孙星衍和皮锡瑞即赞成此一训解。孙曰:"是皇极为君道之中,皇建有极,

---

① [宋]朱熹:《晦安先生朱文公文集》卷七十二,载朱杰人、严佐之、刘永翔主编:《朱子全书》(修订本)第二十四册,第3454页。
② [宋]黎靖德编:《朱子语类》卷七十九,第2049页。
③ [宋]蔡沈:《书集传》卷四,王丰先点校,第165页。
④ [汉]班固撰,[唐]颜师古注:《汉书》卷二十七上,中华书局1962年版,第1317页。
⑤ [汉]伏生撰,[汉]郑玄注,[清]陈寿祺辑校:《尚书大传》卷二,丛书集成初编本,商务印书馆1937年版,第63页。

第三章 《洪范》的政治哲学：以五行畴和皇极畴为中心

为君立其中也。"① 皮曰："盖皇、王声近，义皆训大，故今文家或作'王'或作'皇'，或训君或训大……皇与王虽可通用，而义则当从《五行志》训君。"② 归纳起来，"皇极"有两种训解，一训为"大中"，一训为"君立其中"或"君立其准则"。其差别，首先落在"皇"字上，其次落在"极"字上。不过，因历史的纠葛，南宋时期其训解差异即主要落在"极"字上。

从宋至清，"皇"训为"君王"，这是主流意见，笔者即赞成此一训解。需要指出，在现当代，仍然有部分学者坚持所谓"大中"的训解。③ 这是不对的，需要再作辩驳。

先看"皇"字的古文字写法④：

皇 皇令簋   皇 作册大鼎   皇 颂鼎   皇 王孙钟
皇 栾书缶   皇 3·914   皇 铁云25：2   皇 瓦簋5：23

《说文·王部》曰："皇，大也。从自，自，始也。"

---

① ［清］孙星衍：《尚书今古文注疏》卷十二，第303页。
② ［清］皮锡瑞：《今文尚书考证》卷十一，中华书局1989年版，第244页。
③ 例如，方东美、刘节就是这么认为的。参见方东美：《中国哲学精神及其发展》（上），中华书局2012年版，第44页；方东美：《原始儒家道家哲学》，中华书局2012年版，第52页；刘节：《洪范疏证》，载顾颉刚编著：《古史辨》第五册，第399—401页。
④ 下列字形，参见古文字诂林编纂委员会：《古文字诂林》第一册，上海教育出版社1999年版，第224页。

其实"皇"不从"自",本意也非"大"。《古文字诂林》编者说:"皇字本义,学者据金文考之,有王冠说、日光说、圭字讹变说等。今以陶文皇字🔲、🔲、🔲诸形验之,以王冠说近于事实。《礼·王制》郑《注》:'皇,冕属。'即其本义。从自、大之皇,乃其讹变。"①这即是说,"皇"的本意是王冠。而"王冠"可指代"王",故"皇"有"王"义。不过,此说未必准确。"皇"字最初可能假借"🔲"("煌"字初文)字为之,商代后期甲文"皇"字亦从"戉(钺的本字)",作"🔲"。金文"戉"形声化为"王",作"🔲"。其后字形大体承此发展。②两相比较,后一说更为可靠。总之,"皇"字的本义是王。《尔雅·释诂上》曰:"皇,君也。"其说是。由此引申,"皇"才有"大"字义。从《洪范》皇极畴的本文来看,"皇极"的"皇"字无疑应当训为"王"。这不仅因为汉人"皇极"有作"王极"之训,③而且从语法来看,也只能作此一训解。皮锡瑞说:"盖王之不极、皇之不极必训为君而后可通,若训为大之不中,则不辞甚矣。"④其实

---

① 参见古文字诂林编纂委员会:《古文字诂林》第一册,第224—225页。汉语大字典编辑委员会:《汉语大字典》(第2版)第五册(崇文书局、四川辞书出版社2010年版),编者也同此说,参见是书第2832页。
② 季旭昇:《说文新证》,福建人民出版社2010年版,第50—51页。正文中所引甲骨、金文字形,见季书,以及李学勤主编:《字源》上册(天津古籍出版社2012年版)第14页。
③ "皇极之敷言",《史记·宋微子世家》"皇"作"王"。
④ [清]皮锡瑞:《今文尚书考证》卷十一,第244页。

第三章 《洪范》的政治哲学：以五行畴和皇极畴为中心

皮氏的说法，朱子早有相近批评："今人将'皇极'字作'大中'解了，都不是。'皇建其有极'，不成是大建其有中？'时人斯其惟皇之极'，不成是时人斯其惟大之中？皇，须是君；极，须是人君建一个表仪于上。"①这即是说，在朱子、皮锡瑞看来，"皇之不极""皇建其有极"和"时人斯其惟皇之极"中的"皇"字，都应当训为"王"；否则，训为"大"，这三句的文意就变得很不通顺了。

为了进一步辨明相关问题，现将《洪范》与"皇极"相关的六条文本列之如下：

（1）次五曰建用皇极。

（2）皇极：皇建其有极。

（3）凡厥庶民，无有淫朋，人无有比德，惟皇作极。

（4）不协于极，不罹于咎，皇则受之。

（5）时人斯其惟皇之极。

（6）皇极之敷言，是彝是训，于帝其训。

在"总叙"中，除五行畴外，《洪范》在叙述其他八畴时均在其前加有动词，如叙述皇极畴即作"建用皇极"。不过，在分叙部分，《洪范》只保留畴名，而省去

---

① 参见［宋］黎靖德编：《朱子语类》卷七十九，第2046页。

了前面的诸动词，如本畴即删去了"建用"二字。由此，就"皇极：皇建其有极"一句来看，很明显"皇建其有极"是用来解释"皇极"二字的。而其中的"建"字与"建用皇极"的"建"字所带的宾语不同。这即是说，"皇极"其实是由"皇建其有极"一句省略而来的。这是我们分析"皇极"一词语义的基础。进一步，在"皇建其有极"（"皇极"）一句中，"皇"是主语，"建"是谓语，"其"指代"皇"，在句中作兼语。如此，若训"皇"为"大"，那么对于这句，我们真的会产生朱子那样的疑问——"不成是大建其有中？"而下句"时人斯其惟皇之极"，若解作"时人斯其惟大之中"，那么它就更不成话语了。而"惟皇之极"的否定句是"皇之不极"，若训"皇"为"大"，后一句即为"大之不中"，那么也确实如皮锡瑞所说，这是很不通顺的。

总之，《洪范》的所有"皇"字，都应当训为"王"（或"君王"）。而"皇"训为"王"，训为"君"，在《诗》《书》中其例多见，可参看《故训汇纂》。[1]如《诗·小雅·渐渐之石》"不皇朝矣"，"皇"训为王。《诗·周颂·载见》"思皇多祜"，"皇"训为"君"。故刘节所谓"在春秋战国以前，皇决无训王，训君之说"的说法，肯定是不能成立的。[2]笔者认为，"皇极"的"极"

---

[1] 参见宗福邦、陈世铙、萧海波主编：《故训汇纂》，第1525页。
[2] 参见刘节：《洪范疏证》，载顾颉刚编著：《古史辨》第五册，第401页。

第三章 《洪范》的政治哲学：以五行畴和皇极畴为中心

字，首先应当训"中"，然后可说其包含着"至极"之义。而朱子以"极至"为此"极"字的第一义，从训诂来看，这不是很恰当或很准确的。因为一者，汉人故训并无将此"极"字直接解为"至"者；二者，从《洪范》本文来看，"极"训"中"最得其义；三者，据《尚书》及出土先秦文献，上古时期人们十分重视"中"的观念，出现了"立中""设中"等词，而"立中""设中"等词语与"建极"的说法非常近似。此外，在那时，"至"字尚未成为概念。简言之，"皇极"即是王极，即是天子之中道，而此中道即对王位而言，又对君人而言，所以皇极畴一曰"皇建其有极"，二曰"建用皇极"，二者相辅相承，都是"皇极"概念的内涵。

二、皇极与中道

其次，既然"皇极"是讲王应当以中道建立王位，那么"中"在本章中无疑是一个核心观念。甲金文均有"中"字，例如①：

　　　甲三九八　　1561　　682　　何尊　　颂簋
　　　颂鼎

---

① 下列字形，参见古文字诂林编纂委员会：《古文字诂林》第一册，第322—323页。

洪范大义与忠恕之道

一说,"中"字从👁从▢,本意像建中之旗,或建旗于▢中;又一说,"中"字本是一种带旒之旗,是用来测风向的工具。① 目前,古文字学界倾向于后一说。在卜辞中,除用作本意外,"中"还有作左右之中、方位之中及内外之中等用法。另外,卜辞有"立中"(续四·四·五)一语,与《洪范》的"建极"相近。换言之,"建极"即所谓"立中"。不过,这个"中"字不是完全在其本义上来使用的,而是从王者建立"王"自身的标准或准则来说的,"中"即不偏不倚的"标准",商周古人谓之为"中"或"中道"。从《尚书》来看,"中"确实是王道的重要内涵。在《禹贡》篇中,禹以"中"为标准来裁断各州之田、贡、赋的等次。在《盘庚》篇中,商王盘庚训告殷民:"汝分猷念以相从,各设中于乃心。""设",建也,立也。在此,"中"是以商王的名义建立的,它不仅是王治应当遵循的标准,而且是臣民应当遵循的准则。《洪范》所谓"皇极",正与《盘庚》篇"各设中于乃心"具有继承关系。此外,《酒诰》云"作稽中德",而《吕刑》以"中"作为断狱用刑的基本原则,皆可见在殷周时期"中"是非常流行且

---

① 前一说,参见姚孝遂说;后一说,参见罗振玉、王国维、白于蓝说。姚孝遂按语编撰:《甲骨文字诂林》第四册,中华书局1996年版,第2935—2937页;古文字诂林编纂委员会:《古文字诂林》第一册,第325—326页;李学勤主编:《字源》上册,第28页。

第三章 《洪范》的政治哲学：以五行畴和皇极畴为中心

十分重要的观念。从出土材料来看，也是如此。懿王时期的《牧簋》云："王曰：牧，汝毋敢勿帅先王作明型用，乃讯庶右毋敢不明不中不型，乃敷政事，毋敢不尹其不中不型。"所谓"不中不型"，即以"中"为法式、楷模。在清华简《保训》篇中，"中"字出现了四次，[①]学者讨论颇多。笔者认为，此"中"字义应当与《尚书·盘庚》《吕刑》的"中"字义一致，是古人普遍重视"中"观念的反映。

三、皇极畴的思想内涵

最后，我们来看皇极畴的具体思想内涵。在笔者看来，皇极畴包括六个思想要点。其一，"皇建其有极"，这即是说，天子应当建立其自身和治理天下的准则（"中"），强调了立王的应然之则和君主的权威性。第二，要考察庶民的言行。关于此点，情况虽然有些复杂，但归根结底即是要看庶民是否遵行了"皇极"及其能否"保极"。如果他们做到了，那么君王就有责任赐之以"五福"；否则，威用"六殛"。福殛的赏罚，以庶民、臣下是否"攸（修）好德"为根本依据。第三，百姓（"人"，百官）应当"惟皇作极"，以王为"中"（标准），而不应该朋比结党、偏邪自私。在处治过程中，对

[①] 参见清华大学出土文献研究与保护中心编：《清华大学藏战国竹简》（壹），中西书局2010年版，第143页。

于这些人，君王又做到酌情裁量和宽严适当。第四，对于位高禄重的"正（政）人"（执政官），如果不能使其"有好于而家"，那么即应当据其罪过予以严惩。与普通百姓（百官）相较，天子对于"正（政）人"的提防与惩处要严肃和严重得多。第五，宣扬王道的崇高和优越。相对于庶民、人、正人而言，《洪范》认为皇极是不偏不邪的绝对准则，即所谓中道。"中道"是政治活动应当遵循的基本原则，即《洪范》所谓"会其有极，归其有极"是也。不仅如此，在肯定"皇极"是常法、常则的同时，箕子还将其看作上帝所命之物。除天帝外，"皇极"是世间至高无上的准则，而"王"的地位显然不容他人僭越和侵犯。第六，作为庶民，其义务是顺从"皇极"而为，以趋近天子的威光；相应地，天子即有责任、有义务"作民父母"，尽心尽力地去养育和保护他们，如此他才可以为"天下王"。归纳起来，第一点是"皇建其有极"，第二至第六点是"建用皇极"。

总之，皇极畴是从王对臣民如何统治和治理，及建立其至中不易的准则出发的。它无疑高扬了王权，肯定了"王"是建极的主体，把握着福殛的赏罚权力，在政治生活中具有至高无上的权威性。但同时，"皇极"这一概念也要求王承担其作为最高统治者和治理者的政治责任，并担负起"作民父母"的义务。这些思想，后来都得到了儒家的大力继承和弘扬。而朱子在《皇极辨》及语录中特别将"皇极"阐释为人君通过修身以建立可以效法、可以推崇的至极标准("立德")或人格楷模，这虽然符合宋代理学，特别是《大学》的思想倾向，但却不符合此一概念的古义和本意。

第六节 小结

以五行畴和皇极畴为代表的《洪范》篇的政治哲学有何思想内涵？通过上文的研究和论述，笔者认为，其中五点是值得高度重视的：

第一，洪范九畴既是治理天下的大法，也是王权和受命的象征。洪范九畴是对商人统治天下数百年政治经验及其政治思想的高度总结和概括，涉及国家政治生活的最基本方面，对历代中国王朝政治产生了深远影响。而彼时所谓"王道"的内容即大体见于此篇经典文献。洪范九畴理论体系的主旨是为了阐明如何平治（有效地统治）天下，这对于解决彝伦是"攸斁"还是"攸叙"的问题起着根本作用。这一理论体系与"革命"理论颇不相同，"革命"理论是为了论证改朝换代的合理性和合法性，它是由周人提出来的。不仅如此，洪范九畴还是王权及人君受命的象征，这在鲧、禹是否受命的问题上就很直接地表现了出来。

第二，《洪范》通过"数"的哲学观念将九畴预先作了次序安排，并由此突出了"五行""皇极"和"福殛"三畴。而此种畴次的安排，阐明了中国古代君王如何治理天下的逻辑和建立政治秩序的基本框架。"初一曰五行"，水、火、木、金、土五行乃五种材用之物，在洪范九畴的王道世界中处于最基本的层面。"次五曰建用皇极"，从治理和权力运用的层面来看，"王"或"天子"是王道政治的中心；而皇极居于第五畴，与中数"五"正相匹配，其寓意不言而喻。此外，五元的思维方式强化了初一畴和次五畴的重要性，同时对于整个洪范九畴的构造具有重要作用。从洪范九畴自身来看，各畴的内容多由五元组成，五行、五事、五官（八政畴）、五纪、稽疑、庶征和五福（福殛畴）都是如此，这说明五元的思维方式已经深入到《洪范》的思想结构之中。而在此种思维方式中，"初一"和"次五"的位置最为重要，前者具有初始义，而后者则具有总摄义。而且，两相比较，"次五"又较"初一"的畴序更为重要，而这一点与殷人"尚五"的观念是完全一致的。

第三，"五行"即水、火、木、金、土五种可以施用或施行的基本材质，不过，这五种基本材质一般是作为"所以生殖"者而不是作为"出财用"者来理解的。这一点，在西周后期至春秋前期已逐步阐明出来。而"所以生殖"的说法，与史伯"和实生物"（《国语·郑语》）的命题在思想上非常相似。同时，反观之，五行本身（内

第三章 《洪范》的政治哲学：以五行畴和皇极畴为中心

部）也存在着一定次序，尽管这个次序是潜在的。其中，水一、土五的数序及其数字的象征化（"五"代表土、"一"代表水）很可能在周初已经存在了。而其他三行（火、木、金）也可能在西周已完成了其数序化和象征化。通过数序化和象征化，五行即成为君王掌握世界的一大思维法则。

第四，在训诂上，"皇极"二字均为学者争论的焦点。以伪孔《传》和孔颖达《疏》为代表，南宋以前"皇极"一般训为"大中"；以朱子为代表，南宋之后，"皇极"常常被说解为"人君修身以立至极的标准"。需要指出，汉人已训"皇"为"君"，但"极"字一律训"中"。今天，从《洪范》皇极畴的本文来看，"皇"字确实应当训为"王"或"君王"；训为"大"，这是不对的。而"极"字，无论从《洪范》本畴的内容还是从其同时代的有关文献来看，都应当训为"中"，只不过此"中"字已暗中包含着"准则"或"标准"之义。那种对"中"作"含胡苟且、不分善恶"（调和折中）的政治实用主义的解释，乃是对皇极中道的曲解。所谓"皇极"，即是君王以中道建立其位、规范其位之意。而朱子虽然不排斥"极"有"中"字之义，但是他以"至极的标准"为第一义，确实是颠倒了此字训为"中""至"二义的先后关系。对于"皇极"，朱子进而以君主修身应当立一个至极的标准（人格楷模）来作解释，则不免于堕入自家的理学路数，因而很难说它即

137

是《洪范》"皇极"概念的本意。

第五，王权的建立和实施都应当遵循"中道"原则，这是皇极畴的宗旨所在。由此而言，"皇极"即为所谓"中道"。从《洪范》本文来看，"皇极"包含两个很重要的内涵：一者，确保政治标准（"极"）的建立和实行，即所谓"会其有极，归其有极"是也，且在其中"皇"（"王"或"君"）本身即是一"极"，居于政治统治和天下治理的核心；二者，建构民本的王道思想，即所谓"天子作民父母，以为天下王"是也。政治准则或规矩很重要，从天子到臣下百姓，无论是谁都应当遵守，这是不言而喻的。而民本思想则是中国儒家政治哲学的基本内涵之一。《洪范》"作民父母"和《尚书·康诰》"若保赤子"同义，都属于中国传统政治哲学的相关经典说法。它们后来都被儒家所继承和发挥，《孟子》和《大学》二书对此就有非常直接的反映。

总之，"洪范九畴"作为理论系统即是王权和天命的象征。它与"革命"理论不同，前者属于平治天下的大法和基本理论，后者则论证了改朝换代的合理性。关于《洪范》的政治哲学，北宋以前，儒者更重视五行畴；南宋以后，理学家更重视皇极畴。这两畴的重要性与其在九畴中的序次是完全相应的：五行为初始畴，皇极为次五畴（中畴）。所谓五行，因其可以施用于民生，故谓之五行。五行是实行王道政治的基础。《洪范》已具备五

第三章 《洪范》的政治哲学：以五行畴和皇极畴为中心

元的思维方式，通过这一思维方式，君主可以很好地条理和建构其所统治和治理的世界。而且，五行本身在上古具有一定的序次性，由此深化了人们对于此一世界的理解。"皇极"之"皇"当训"君"训"王"，不当训为"大"，训为"大"是不对的；"极"当训"中"，但它潜在地包含了"至"或"至极的标准"之义。朱子则颠覆故训，以"至极的标准"为第一义。而所谓"皇极"，其原意是说君王应当以中道建立其位。从内容来看，皇极畴包含了中道和"作民父母"的民本思想，它们是儒家政治哲学的重要内涵。南宋时期，由于成为"国是"的关键话题，"皇极"遂成为官僚集团竞相利用和理学集团极力辩解的一大观念。今天看来，王淮充满政治实用主义的解释固然是对这一概念的庸俗化，但是朱子充满理学家趣味的解释也未必切中了此一概念的本意。此外，需要指出，从"王道"概念来看，洪范九畴为广义的王道，而"皇极"为狭义的王道。

第四章　儒家修身哲学之源:《洪范》五事畴的修身思想及其发展与诠释

《洪范》是一篇非常重要的《尚书》文献,对中国古代哲学、思想和文化产生了极其深远的影响。除了通说《洪范》大义之外,笔者曾对五行畴、皇极畴和福殛畴及其相关问题作过专门研究,发表了相关论文。[①]鉴于五事畴的重要性,特别鉴于它是儒家修身哲学之源及在后来的洪范学诠释系统中起着非常重要的作用,故本章将专门研究五事畴的思想及其相关问题,以显发其经学和哲学价值和意义。目前,学界虽然对于汉宋学者的五事畴

[①] 丁四新:《论〈尚书·洪范〉的政治哲学及其在汉宋的诠释》;《再论〈尚书·洪范〉的政治哲学——以五行畴与皇极畴为中心》,《中山大学学报(社会科学版)》第57卷第2期(2017年);《论〈尚书·洪范〉福殛畴:手段、目的及其相关问题》,《四川大学学报(哲学社会科学版)》2021年第6期。

第四章　儒家修身哲学之源：《洪范》五事畴的修身思想及其发展与诠释

诠释多有注意，但是对于五事畴本身的思想内涵及其相关问题缺乏讨论，甚至在论述早期修身哲学时也往往忽视了其作为儒家修身哲学的本源意义。这也是笔者之所以要专章论述本畴的原因之一。

第一节　修身与政治

"修身"是中国哲学和思想的重要主题。依笔者陋见，周人的修身思想有三个来源，一是来源于《洪范》五事畴，二是来源于周人重文重德的传统，三是来源于周人的礼乐实践。《洪范》五事畴以君王修身问题为中心，是中国修身哲学或修身思想之源。

五事畴是《洪范》的第二畴，它主要阐述天子（王）或人君的修身问题。"五事"，即五种修身之事。在中国古代思想中，"身"可以作为哲学概念来使用，它可以指称政治、道德或认识活动的主体。在春秋末至战国时期，"身—心"二元论思维结构的建立，使得人们对于"身"的理解变得复杂起来。具体说来，在中国古代政治思想中，"身"表示政治活动的主体，而"修身"是政治活动的合法性（justification）本源及其正确性、有效性的前提和保证。

在古代中国，人君的修身是国家政治生活中的一件大事。不仅如此，古代各级官吏或贵族也都有一定或相应的修身要求。通过修身,中国古人力求使其自身转变为综合政治、道德、宗教、知识和能力等因素的典范人格,而典范人格的形成即意味着权威人格的形成。而"权威"("威")是人君统治和官员治理国家的重要基础。在现代社会,无论是国家最高领导人还是普通县乡吏都需要权威,需要人民的授权和支持。当然,在不同时代或不同国家和地区,"权威"的表现形式及其检验方式是不同的,是多样的。而"权威"在中国古代,特别是在儒家思想中是通过"修身"首先成为典范人格而获得的。而成为典范人格,具有权威性,也是人民对于官员或国家领导人的普遍预期。

作为政治人物,一般说来,领导人或官员的私德修养也往往关乎其公德表现,其表现的好坏即直接关系到公众和国家的利益。因此,领导人、官员的个人活动(包括私生活)都时刻处于公众的高度关注和严密监视之下。而一旦越轨,领导人或官员的私德、私生活即很容易成为公众舆论的爆点,不同程度地损害他们作为个人的形象和作为官员群体的形象(集体权威),进而损害其作为政治人物的合法性。所以领导人或官员的私德、私生活问题不是单纯的私人问题,天生带有公共属性和政治属性,它们是权力斗争的重要领域和极好材料。这样看来,"修身"无论就公还是就私而言,确实都是政治生活中的一件大事。

第四章 儒家修身哲学之源：《洪范》五事畴的修身思想及其发展与诠释

粗略说来，中国古代儒家的修身理论经过了从"自作圣王"到"得君行道"两个阶段。唐代以前特别是汉代以前属于第一阶段，即自作圣王的阶段，成为圣王是每个儒者的理想。宋代以后属于第二阶段，即"得君行道"的阶段，儒者不再期望他本人成为圣王，而是借助于教化人君而在一切公私领域，特别是政治领域实践和推行儒家的"道"。

第一阶段所主张的"自作圣王"，从其所成就的人格来看，又可以分为圣王合一和内圣外王两种类型。孔子之前，尧、舜、禹、汤、文、武都属于儒家所设想的"圣""王"合一的典范人格；而在孔子之后，圣和王一般是分离的，且前者高于后者，"圣人"从此成为中国人推崇的最高人格典范。在《孟子·公孙丑上》中，孟子引述宰我之言曰："以予观于夫子，贤于尧舜远矣。"引述子贡之言曰："见其礼而知其政，闻其乐而知其德。由百世之后，等百世之王，莫之能违也。自生民以来，未有夫子也。"引述有若之言曰："岂惟民哉？麒麟之于走兽，凤凰之于飞鸟，太山之于丘垤，河海之于行潦，类也。圣人之于民，亦类也。出于其类，拔乎其萃，自生民以来，未有盛于孔子也。"在这三条引文中，孔子的三位重要弟子——宰我、子贡和有若都竭力推崇孔子，都认为孔子贤于尧舜和远远超过了尧舜。而孔子之所以在战国儒家心目中变得如此重要，是因为他在阐明和弘扬

143

"道"的过程中起着关键作用。在孔子所开启的儒学逻辑中，成圣是做王的理想和前提，是为王立法。在此一意义上，孔子又被世人称为"素王"。在先秦秦汉儒学中，"王"有两种用法，一种是指世间最高权位的居有者，一种是指理想化的人君或天子。但不管怎样，成为圣贤或成为理想化的王，在儒家看来这都是需要通过修身成德来达到的。关于"修身"的重要性，先秦儒家言之甚众，最经典的表述见于《礼记·大学》篇。是篇曰："自天子以至于庶人，壹是皆以修身为本。"做人和为政都以"修身"为本原。

第二阶段所主张的"得君行道"，是人们分离"圣""王"两格，且下降一层来谈论所谓"道"的结果。一方面"得君行道"承认了家天下的政治现实，另一方面它突出了宋明新儒家（Neo-Confucian）作为帝王师的角色和教化作用，而帝王则是实践和实现儒家之"道"的工具。或者说，人间帝王虽然掌握了至高无上的世俗权力，但是儒者却掌握着如何行使及规范此权力的原理和方法。于是，在"得君行道"的逻辑下，革命、禅让的儒家旧说似乎可以按下不表，而民主之义可以不必萌发。从现代政治来看，宋明儒学的这一思想逻辑是值得检讨和反思的。

回头看《洪范》篇，此篇《尚书》文献为何将"五事"列为九畴的一畴呢？从儒家传统来看，这是很容易

第四章　儒家修身哲学之源：《洪范》五事畴的修身思想及其发展与诠释

回答的，因为《洪范》所谓"五事"即指天子或人君的修身，而修身几乎是中国古代政治的永恒主题之一，周初以来即是如此。

《后汉书·律历志中》载汉章帝诏曰："夫庶征休咎，五事之应，咸在朕躬，信有阙矣，将何以补之？"①《蔡中郎集·答诏问灾异》曰："臣闻阳微则地震，阴胜则月蚀，恩乱则风，貌失则雨，视暗则疾疠流行，简宗庙则水不润下，河流满溢。明君正上下，抑阴尊阳，修五事于圣躬，致畿甸于供御，则其救也。"（四部备要本）这两段话虽然是汉人的说法，在较大程度上体现了汉人的思维，但是它们也间接地表明了人君的修身在中国古代具有普遍的宇宙论意义和政治意义。所谓"咸在朕躬"及"修五事于圣躬"，即表明了《洪范》"五事"的修身价值所在。即就《洪范》本文来看，五事畴就是修身之学，而庶征畴（第八畴）进一步显明了人君修身的宇宙论意义和政治意义。

第二节　《洪范》五事畴的修身思想

一、五事畴的文本与训释问题

孔子之后的儒家常将修身实践的"事"，放在个人的

---

① ［南朝宋］范晔撰，［唐］李贤等注：《后汉书》，中华书局1965年版，第3026页。

145

伦理实践及其成德上来说，而兼摄伦理和政治，具有一般性。《洪范》的五事畴则与此不同，将修身放在一个特殊的个体，即王或天子的身上。所以，《洪范》的"五事"，特指天子或人君修身的五事。何谓"五事"？《洪范》曰：

次二曰敬用五事。

二，五事：一曰貌，二曰言，三曰视，四曰听，五曰思。貌曰恭，言曰从，视曰明，听曰聪，思曰睿。恭作肃，从作乂，明作哲，聪作谋（敏），睿作圣。

上引第一段文字见于《洪范》九畴总叙部分，第二段文字见于分叙部分，是本畴的具体内容。

先看本畴的文本问题。本畴曾被《诗·小雅·小旻》引用。《小旻》云："国虽靡止，或圣或否。民虽靡膴，或哲或谋（敏），或肃或艾（乂）。如彼泉流，无沦胥以败。"关于《小旻》的诗志，《诗序》云"大夫刺幽王"之作，郑《笺》则云"亦当为刺厉王"之作。①总之，《小旻》是一首刺诗，是一首讥刺周幽王或周厉王不敬用五事、不修其身的刺诗。

---

① 十三经注疏整理委员会整理：《十三经注疏·毛诗正义》卷十二，北京大学出版社2000年版，第862页。

第四章 儒家修身哲学之源：《洪范》五事畴的修身思想及其发展与诠释

"敬"，《汉书·五行志》《艺文志》《匡张孔马传》均引作"羞"字。孙星衍曰："羞，盖菩字。"①江声说同。江氏《尚书集注音疏》曰："羞当为苟，古文苟字作菩，与羞相似，故误也。"②孙说是对的。"羞"为"菩"字之讹，而"菩"为"苟"字的古文，参见《说文·苟部》。"苟"读作"敬"。

"五曰思"及"思曰睿"的两"思"字，《汉书·五行志》引经同，引《洪范五行传》则作"思心"。"思曰睿"及"睿作圣"的两"睿"字，《汉书·五行志》引《洪范五行传》作"容"字（今本误作"睿"），引经作"睿"字。③今按：作"思"字是，作"思心"误。作"睿"字是，作"容"字误。《汉书·五行志中》引经曰"思曰睿"，颜师古《注》引应劭曰："睿，通也，古文作睿。"④《说文·谷部》曰："睿，深通川也……浚，古文睿。"据此可知，"睿"为"睿"之假字，"容"乃其形讹字。《说文·奴部》曰："叡，深明也……睿，古文叡。"

"明作哲"的"哲"字，《史记·宋微子世家》引作"智"，《汉书·五行志》引作"悊"，伪孔《传》作

---

① ［清］孙星衍：《尚书今古文注疏》卷十二，第295页。
② ［清］江声：《尚书集注音疏》，载［清］阮元编：《清经解》第二册，上海书店1988年版，第881页。
③ 参见［清］段玉裁：《古文尚书撰异》，载［清］阮元编：《清经解》第四册，上海书店1988年版，第70页；［清］孙星衍：《尚书今古文注疏》卷十二，第298—300页。
④ ［汉］班固撰，［唐］颜师古注：《汉书》，第1351页。

147

"晢"。①按：本字当作"哲"。"哲"者，智也。司马迁引经，即以训诂字替换之。"悊"为"哲"之假字，"晢"则为形近误字。孔颖达《疏》引郑玄《注》曰："君视明，则臣照晢。"②据此可知，误字大概始于郑玄。

　　再看训释问题。第一个是"五事"的"事"字，这是本畴的一个关键字。"五事"，指针对貌、言、视、听、思五者的修身之事，包括在体的四事和居于体中的思事。"五事"的"事"字是何义？这是需要讨论的一个问题。从古文字来看，事、使、吏、史本为一字的分化，前三字是从后一字即史字分化出来的。《说文·史部》曰："事，职也。"即职务、官职之义。《洪范》"五事"的"事"字显然不是用此义。李学勤主编《字源》说："事，会意字。商代甲骨文作从又持中，又为手之象形，中为猎具，手持猎具会治事意。事与史同源，在甲骨文原本一字，到西周时，事开始从史中分离出来……本义是治事，从事。《论语·颜渊》：'回虽不敏，请事斯语矣。'引申指事业、事情。"③结合《洪范》本文来看，"五事"的"事"字是从事、治事、修治诸义的名词化，兼具修治和事情两义。或者说，"五事"是指五件修身或者自做功夫的事情，在《洪范》中具体指人君（王或天子）修

---

① 十三经注疏整理委员会整理：《十三经注疏·尚书正义》卷十二，第359页。
② 同上书，第361页。
③ 李学勤主编：《字源》上册，第227—228页。

第四章　儒家修身哲学之源：《洪范》五事畴的修身思想及其发展与诠释

治貌、言、视、听、思这五件事情。总之，五事畴是讲人君的修身问题，它是儒家修身哲学的思想源头。

第二个是"聪作谋"的"谋"字。王引之在《经义述闻》卷三"聪作谋"条中说："引之谨案，恭与肃、从与义、明与哲、睿与圣，义并相近。若以谋为谋事，则与聪字义不相近，斯为不类矣。今案，谋与敏同。敏，古读若每。谋，古读若媒。（并见《唐韵正》）谋、敏声相近，故字相通……《晋语》：'知羊舌职之聪敏肃给也。'聪与敏义相近。(《广韵》：'敏，聪也，达也。'）"①其说可据，"谋"当读作"敏"，二字声通。《论语·颜渊》篇"颜渊问仁"章记颜渊曰："回虽不敏，请事斯语矣。""敏"即是就听聪来说的。

顺便指出，"恭作肃"云云的五"作"字，都应当训为"则"。孔颖达《疏》曰："貌能恭则心肃敬也，言可从则政必治也。"②《诗·大雅·文王》云："仪刑文王，万邦作孚。"郑玄《笺》曰："仪法文王之事，则天下咸信而顺之。"③

二、五事畴的修身思想及其意义

关于《洪范》五事畴的含义及其思想，笔者认为，

---

① ［清］王引之：《经义述闻》卷三，第85页。不过，台湾地区学者黄忠慎不同意王说。参见黄忠慎：《〈尚书·洪范〉考辨与解释》，第92—93页。
② 十三经注疏整理委员会整理：《十三经注疏·尚书正义》卷十二，第360页。
③ 十三经注疏整理委员会整理：《十三经注疏·毛诗正义》卷十六，第1131页。

如下四点是值得注意的：

其一，容貌、口言、目视、耳听、心思两两为一组，是体用关系，不过本畴所说"五事"不是针对每一组之前者（即容、口、目、耳、心五者）来说的，而是针对其后者（即貌、言、视、听、思五者）来说的，这一点很重要。如果是针对前者来说的，那么五事就属于所谓生理学和心理学的问题。很显然，这不是箕子回答周王如何治理天下提问时所应当谈及的问题，或者说，这不是一篇政治学经典名篇所应当讨论的问题。貌、言、视、听、思五者是容、口、目、耳、心的功能，它们才是人君应当修治的对象。所谓五事，即是针对此五者——容之貌、口之言、目之视、耳之听和心之思所做的五种修治之事，是从政治角度对此五者的修治或修养。这一学问，后人称为修身之学。而由此五事，下文故曰"貌曰恭""恭作肃"云云。因此，"五事"的概念不停留在"一曰貌，二曰言，三曰视，四曰听，五曰思"一节上，而应当连下文而言之。

其二，本畴的主题是从政治角度主张人君应当修身及阐发人君如何修身的问题。在中国传统政治话语中，人君或天子的修身通常被认为是治平天下的关键，其修身的好坏会严重影响君王统治或国家治理的效果。而人君何如修身？孔颖达《疏》曰："此章所演亦为三重，第一言其所名，第二言其所用，第三言其所致。"孔《疏》

第四章 儒家修身哲学之源:《洪范》五事畴的修身思想及其发展与诠释

所说极是。"一曰貌"云云为一重,"貌曰恭"云云为二重,"恭作肃"云云为三重,只不过此三重相联为一体,其修养、修治之义是在不断深化和明确化的。所谓"五事",即貌事、言事、视事、听事、思事,是对于貌、言、视、听、思的修养。此五事专为人君而设,孔颖达《疏》曰:"一人之上有此五事也。"又说:"此五事皆有是非也。"这即是说,修貌、修言、修视、修听和修思各自有其准则,①其意与《论语·颜渊》篇"颜渊问仁"章一致。具体说来,貌相要做到恭敬,言辞要做到从顺,②视听要做到明辨是非,思虑要做到睿通幽微。进而,貌恭则敬肃,言从则政治,视明则哲智,听聪则善敏,思睿则圣明。③从总体上来看,第二重是本畴的关键。恭、从、明、聪、睿五者是作为人君的必要德行规范。而能否做到此五者,这关系到作为人君的合法性问题。

---

① 以上所引孔颖达《疏》,均见十三经注疏整理委员会整理:《十三经注疏·尚书正义》卷十二,第359—361页。
② 郑玄解"从"为"听从",乃就他人说之。江声驳之。参见[清]孙星衍:《尚书今古文注疏》卷十二,第298页。
③ 肃、乂、哲、谋、圣五者,马融、郑玄《注》及《春秋繁露·五行五事篇》有说。郑玄曰:"皆谓其政所致。"孙星衍曰:"云'皆谓其政所致'者,谓君致其臣。"引郑注《大传·五行传》,孙星衍曰:"此郑以肃、乂、哲、谋、圣不专属之君为说也。"参见上书,第299—300页。今人一般不同意郑注,均以肃、乂、哲、谋、圣为君德君功。从第八畴下文来看,今人的训解是对的。参见屈万里:《尚书今注今译》,第101页;顾颉刚、刘起釪:《尚书校释译论》第三册,第1157—1158页;江灏、钱宗武:《今古文尚书全译》,贵州人民出版社1990年版,第236页。

其三，本畴与第八畴——庶征畴有密切关系，其思想亦直接反映在第八畴中。《洪范》庶征畴曰："曰休征：曰肃，时雨若；曰乂，时旸若；曰哲，时燠若；曰谋（敏），时寒若；曰圣，时风若。曰咎征：曰狂，恒雨若；曰僭，恒旸若；曰豫，恒燠若；曰急，恒寒若；曰蒙，恒风若。"曰雨，曰旸，曰燠，曰寒，曰风，此五者即所谓庶征。庶征有休咎之分。古人通常置身于神性的天人合一意识中，在后人看来属于自然现象，在古人看来却是所谓"庶征"。"庶征"一词带有比较浓厚的神意色彩。人君修身如何，或者其五事如何，在神性的天人感应意识中即会导致"休征"或"咎征"的结果，二者具有因果关系。

顺便指出，据庶征畴可知，与肃、乂、哲、谋（敏）、圣相对的是狂、僭、豫、急、蒙五者，它们虽然不见于第二畴的具体文字中，但却包含于其中。肃、乂、哲、谋（敏）、圣五者为善德善行，狂、僭、豫、急、蒙五者为恶德恶行。箕子认为，五事的臧否不但与上天相感应，而且其休咎皆证验于五种天象（"五征"）。这种说法，在今天看来当然是不正确的，因为天人之间并不存在此种因果关系。不过，《洪范》将"五事"置入"庶征"之中，这不仅符合当时的思想传统，而且充分表明，人君的修身具有极端的重要性，其意义指向神性的天，是人感天应的中介。从感应作用和参赞化育之功来看，

第四章　儒家修身哲学之源：《洪范》五事畴的修身思想及其发展与诠释

"五事"与"庶征"的关系在今天看来仍然具有一定的积极意义。对于《洪范》的天人感应思想，我们既要历史地来看待，又要辩证地来看待。

最后，关于"五事"与"五行"的关系，传统学者常常将前者纳入后者的叙述结构之中来对待，①这表明在古人看来，《洪范》已包含了五行思维图式之义。但是必须指出，一者，从历史还原的观点来看，《洪范》本文尚不具备此义。将五行当作一种五元的思维图式来关联宇宙间的万事万物，正如梁启超指出，这是战国晚期兴起，并在此后不断发展的哲学观念。②现在，根据清华简等文献，我们可以更准确地指出，五行思维图式其实兴起于战国中期，而不是战国晚期。二者，从思想发展的逻辑来看，五事被五行化，这是必然的，可行的。而实际上，西汉经学即正式将此"五事"五行化了，这可见于夏侯始昌的《洪范五行传》。

第三节　汉人对五事畴的解释

在先秦秦汉文献中，"五事"出现的次数颇多，且有

---

① 伏生《洪范五行传》、孔颖达《疏》、蔡沈《集传》均持此种观念。参见十三经注疏整理委员会整理：《十三经注疏·尚书正义》卷十二，第360页；[宋]蔡沈：《书集传》卷四，王丰先点校，第164页。
② 参见梁启超：《阴阳五行说之来历》，载顾颉刚编著：《古史辨》第五册，第343—362页。

153

多种用法。本章只讨论其中属于《洪范》一系的"五事"一词,其他用法均不在本章的论述之列。《洪范》的"五事",出现在《春秋繁露·五行五事》《说苑·修文》《论衡·订鬼》《风俗通义·声音》《蔡中郎集·答诏问灾异》《汉纪·孝惠皇帝纪》和《史记》《汉书》《后汉书》等书篇中。其中,《春秋繁露·五行五事》《汉纪·孝惠皇帝纪》和《汉书》的相关篇段具有代表性。《汉纪·孝惠皇帝纪》所载荀悦论《洪范》大义,其要点以五行为根本,而以五事为主干。鉴于本书已在第二章第三节做过专门论述,故本章不再赘述。

一、《春秋繁露·五行五事》的解释

《春秋繁露·五行五事》篇曰:

> 王者与臣无礼,貌不肃敬,则木不曲直,而夏多暴风。风者,木之气也,其音角也,故应之以暴风。王者言不从,则金不从革,而秋多霹雳。霹雳者,金气也,其音商也,故应之以霹雳。王者视不明,则火不炎上,而秋多电。电者,火气也,其音徵也,故应之以电。王者听不聪,则水不润下,而春夏多暴雨。雨者,水气也,其音羽也,故应之以暴雨。王者心不能容,则稼穑不成,而秋多雷。雷者,土气也,其音宫也,故应之以雷。

第四章 儒家修身哲学之源:《洪范》五事畴的修身思想及其发展与诠释

"五事:一曰貌,二曰言,三曰视,四曰听,五曰思。"何谓也?夫五事者,人之所受命于天也,而王者所修而治民也。故王者为民,治则不可以不明,准绳不可以不正。

王者"貌曰恭",恭者敬也。"言曰从",从者可从。"视曰明",明者知贤不肖,分明黑白也。"听曰聪",聪者能闻事而审其意也。"思曰容",容者言无不容。

"恭作肃,从作乂,明作哲,聪作谋,容作圣。"何谓也?"恭作肃",言王者诚能内有恭敬之姿,而天下莫不肃矣。"从作乂",言王者言可从,则臣从行而天下治矣。"明作哲",哲者知(智)也,王者明则贤者进,不肖者退,天下知善而劝之,知恶而耻之矣。"聪作谋",谋者谋事也,王者聪则闻事与臣下谋之,故事无失谋矣。"容作圣",圣者设也,王者心宽大无不容,则圣能施设,事各得其宜也。

王者能敬则肃,肃则春气得,故肃者主春。春,阳气微,万物柔弱、易移可化。于时,阴气为贼,故王者钦。钦不以议阴事,然后万物遂生,而木可曲直也。春行秋政,则草木凋;行冬政,则雪;行夏政,则杀。春失政,则(下有脱文)。

王者能治则义立,义立则秋气得,故义者主秋。秋气始杀,王者行小刑罚,民不犯则礼义成。于时,

155

阳气为贼，故王者辅以官牧之事，然后万物成熟。秋，草木不荣华，金从革也。秋行春政，则华；行夏政，则乔（槁）；行冬政，则落。秋失政，则春大风不解，雷不发声。

王者能知（智），则知善恶，知善恶则夏气得，故哲者主夏。夏，阳气始盛，万物兆长，王者不揜明，则道不退塞。夏至之后，大暑隆，万物茂育怀任。于时，寒为贼，故王者辅以赏赐之事，然后夏草木不霜，火炎上也。夏行春政，则风；行秋政，则水；行冬政，则落。夏失政，则冬不冻冰，五谷不藏，大寒不解。

王者无失谋，然后冬气得，故谋者主冬。冬，阴气始盛，草木必死，王者能闻事审谋虑之，则不侵伐，不侵伐且杀，则死者不恨，生者不怨。冬日至之后，大寒降，万物藏于下。于时，暑为贼，故王者辅之以急断之事，以水润下也。冬行春政，则蒸；行夏政，则雷；行秋政，则旱。冬失政，则夏草木不实。霜，[1]五谷疾枯。

《洪范》"思曰睿"的"睿"字，汉人一作"容"。

---

[1] "霜"上，疑有夺字。《淮南子·时则》："十一月失政，正月下雹霜。"参见［清］苏舆：《春秋繁露义证》卷十四，中华书局2002年版，第393页。另外，本书引用《五行五事》，已参考学者意见，在文中直接作了校改。

第四章　儒家修身哲学之源：《洪范》五事畴的修身思想及其发展与诠释

"睿"是"睿"的古文，《汉书·五行志中》引作"思曰睿"。"睿""容"二字形近易误，"睿"是本字，"容"是误字。不过，从原文来看，《春秋繁露·五行五事》篇作"容"字，不作"睿"字，此篇并依"容"字作解，可为其证。《五行五事》一曰："'思曰容'，容者言无不容。"二曰："'容作圣'，圣者设也，王者心宽大无不容，则圣能施设，事各得其宜也。"这两条引文完全证明了《五行五事》原文确实是作"容"字，而不是作"睿"字。"聪作谋"的"谋"字，《五行五事》篇即以"谋"字作解，文曰："谋者谋事也，王者聪则闻事与臣下谋之，故事无失谋矣。"此文的"谋"字不读作"敏"。

关于此篇的作者及其思想，笔者认为如下三点是值得注意的：

其一，《五行五事》的作者比较可能是董仲舒。关于《春秋繁露》"五行"诸篇，或以为董子之作，或以为非是，且两派处于相持状态，谁也说服不了谁。单就《五行五事》篇来说，它较可能为董子之作。董子思想以儒家为主导，但已受到阴阳家的深刻影响。此篇文献以《洪范》五事畴为主干，但其言天人相应相征的色彩比较素朴，更接近阴阳家的表述。它不言妖异，言灾害更接近于《吕氏春秋·十二纪》《淮南子·时则》《礼记·月令》三篇的说法。这两点，与夏侯始昌的《洪范五行传》及刘向、刘歆父子的《洪范五行传论》的区别比较明显。

据此，笔者认为，《五行五事》篇应当属于董子的著作。此外，《五行五事》篇引经文作"思曰容"而不作"思曰睿"，也可以作为此篇文献是董子著作的一个证明。

其二，此篇文章的标题虽然名为"五行五事"，但其实它以"五事"为根本，而以五行为变乱灾应。宋人黄震解题，云此篇"言证应"，但这个说法其实舍体言用，并不很准确。清人凌曙援引《汉书·艺文志》解题，云："五行者，五常之刑气也。《书》曰：'初一曰五行，次二曰羞用五事。'言进用五事以顺五行也。貌、言、视、听、思心失，而五行之序乱，五星之变作，皆出律历之数，而分为一者也。"[1]其中"言进用五事以顺五行也"和"貌、言、视、听、思心失，而五行之序乱"这两句话是恰当的，符合《五行五事》的基本思路，但下文"五星之变作，皆出律历之数，而分为一者也"，《五行五事》篇并没有涉及，这是读者需要注意的。

其三，《五行五事》的解释结构及其解释特点比较简单。第一段属于通说，通言王者五事不能修治的应征或应验。中间数段，即从"五事一曰貌"至"事各得其宜也"的文字，是对于《洪范》"五事"经文的具体解释。末数段，即从"王者能敬则肃"至"霜五谷疾枯"的文字，是依据四时五行，对王者修身效应所作的类联性征

---

[1] 所引黄文和凌文，俱见［清］苏舆：《春秋繁露义证》卷十四，第387页。

第四章　儒家修身哲学之源：《洪范》五事畴的修身思想及其发展与诠释

验解说。

综合起来看，《春秋繁露·五行五事》篇其实是一篇论说五事畴的专文，篇题可以改称为"五事"或"洪范五事"。同时，从其解说特征来看，此文介于《淮南子·时则》《礼记·月令》与《洪范五行传》之间。直言之，它早于夏侯始昌的《洪范五行传》，且为后者的先导。

二、《汉书》相关解释

《汉书》涉及《洪范》"五事"一词的篇目众多，如《律历志》《天文志》《五行志》《艺文志》《匡张孔马传》《谷永杜邺传》等。从宏观上来看，《汉书》所涉西汉五事说可以归纳为如下几个要点：

其一，汉人一般认为，"五行"为本，"五事"为干。一般说来，五事畴是汉人理解和诠释《洪范》经义的一个重点。如果说"五行"是九畴的根本，那么"五事"则是其主干。汉人的这个一般性理解，除了荀悦在《汉纪·孝惠皇帝纪》作了相关论述之外，《汉书·艺文志》曰："五行者，五常之形气也。《书》云：'初一曰五行，次二曰羞用五事。'言进用五事以顺五行也。貌、言、视、听、思心失，而五行之序乱，五星之变作，皆出于律历之数而分为一者也。""进用五事以顺五行"即是"五事"的大意，同时说明了五事与五行的关系。其

159

要义为：五行为本，五事为干，敬修五事则五行之序顺，上天即应之以休征；否则，失修五事，则五行失序，上天即应之以咎征。五事在人，而五行贯通天人，"五行"是天人感应、贯通上下的中介。

其二，"五事"与"皇极"的关系紧密，或以前者统率后者，或以后者统率前者，不过汉儒大多主张以皇极统五事。《汉书》曰：

> 太极运三辰五星于上。而元气转三统五行于下。其于人，皇极统三德五事。（《律历志上》）

> 《传》曰："皇之不极，是谓不建。厥咎眊，厥罚恒阴，厥极弱。时则有射妖，时则有龙蛇之孽，时则有马祸，时则有下人伐上之痾，时则有日月乱行，星辰逆行。""皇之不极，是谓不建"，皇，君也。极，中；建，立也。人君貌、言、视、听、思心五事皆失，不得其中，则不能立万事，失在眊悖，故其咎眊也。王者自下承天理物。云起于山，而弥于天；天气乱，故其罚常阴也。一曰，上失中，则下强盛而蔽君明也。（《五行志下》，亦见《后汉书·五行五》）

> 是月征光诣公车，问日蚀事。光对曰："臣闻日者，众阳之宗，人君之表，至尊之象。君德衰微，阴道盛强，侵蔽阳明，则日蚀应之。《书》曰：

第四章 儒家修身哲学之源:《洪范》五事畴的修身思想及其发展与诠释

'羞用五事','建用皇极'。如貌、言、视、听、思失,大中之道不立,则咎征荐臻,六极屡降。'皇之不极',是为大中不立,其《传》曰'时则有日月乱行',谓朓、侧匿,甚则薄蚀是也。"(《匡张孔马传》)

(谷永对曰)窃闻明王即位,正五事,建大中,以承天心,则庶征序于下,日月理于上;如人君淫溺后宫,般乐游田,五事失于躬,大中之道不立,则咎征降而六极至。凡灾异之发,各象过失,以类告人。(《谷永杜邺传》)

首先需要指出,上引第一、二条文献为一类,第三、四条文献为一类。前两条文献均属于《志》类,与刘向、刘歆父子的关系密切,系班固对于刘歆《三统历》的抄录,及对夏侯始昌《洪范五行传》和刘向、刘歆父子《洪范五行传论》等书籍的糅合。第二条中的"《传》曰",即指夏侯始昌的《洪范五行传》。后两条文献出自列传,孔光、谷永均为西汉后期的经学大师,他们的说法与刘向、刘歆父子有别。其次,夏侯始昌、刘向、刘歆训"皇"为"君",训"极"为"中",所以他们训"皇极"为君王立于中;而孔光、谷永则训"皇"为"大",训"极"为"中",故他们训"皇极"为"大中"。应当说,孔、谷二氏改变了夏侯始昌的故训,而"大中"

161

的训解遂流行于东汉，班固即持此新训。①不过，据荀悦《汉纪·孝武皇帝纪二》，"大中"的训解有可能起源于董仲舒。②有鉴于此，白虎观会议遂两义均用，这可以参看《白虎通·号》篇，该篇曰："皇者何谓也？亦号也。皇，君也，美也，大也。"据本书第三章的分析，单纯从训诂来说，《洪范》"皇极"的"皇"应当训为"君"，训为"大"是不对的，是不合《洪范》本文的。最后，夏侯始昌、刘向、刘歆三人与孔光、谷永两人对于"五事"和"皇极"的态度有所不同。《汉书·律历志上》曰："其于人，皇极统三德五事。"《汉书·五行志下》先说"皇之不极"，后言"人君貌、言、视、听、思心五事皆失，不得其中"，这显然是将"皇极"作为"五事"的判准：人君五事之失与不失，均以其是否得中为标准。故以"皇极"统"五事"。这一点也得到了《后汉书·五行志》赞的支持，赞曰："皇极惟建，五事克端。"很明显，"皇极"先于"五事"。这是夏侯始昌、刘向、刘歆的看法。与此相对，孔光、谷永则将"五事"和"皇极"并列，且先言"五事"，后言"皇极"，并以为"咎征荐臻，

---

① 《后汉书·方术列传上》："（第五伦令班固为文荐夷吾曰）故能克崇其业，允协大中。"《后汉书·左周黄列传》："（诏书以举才学优深，特下策问曰）朕以不德，仰承三统，夙兴夜寐，思协大中。"
② 《汉纪·孝武皇帝纪二》记载了董仲舒的一段话，其中一句包含了"大中"二字，云："必推之于大中而后息与。"由此可知，"大中"的训解可能出自董子。

第四章　儒家修身哲学之源：《洪范》五事畴的修身思想及其发展与诠释

六极屡降"的原因。总之，汉人关于此两畴的关系，有"皇极"统"五事"，即"皇极"先于"五事"的看法，也有"五事"和"皇极"并重，并在一定意义上以前者先于或者重于后者的看法。但不管怎样，对于汉人来说，"五事"是洪范九畴中的重要一畴，这是毫无疑义的。

其三，夏侯始昌、刘向、刘歆对于《洪范》"五事"的解释及其对于"五事"与"皇极"关系的理解，得其正统，而西汉后期其他经师则多生异说，或者暗中修改了夏侯始昌之说。上举"大中"的新训，及对"五事""皇极"作平等并列的处理，就是两个很好的例子。

其四，"五事"与"五行"的搭配及其解说，发端于董仲舒和夏侯始昌两人，而刘歆沿着夏侯始昌《洪范五行传》及乃父刘向之《论》推进，这在其所著《洪范五行传论》及《三统历》等书中表现得最为完备，相关文献可以参看《汉书·律历志》《天文志》《五行志》等篇，[①]及应劭《风俗通义·声音》所引刘歆《钟律书》文。

另外，刘歆认为《洪范》"初一曰五行，次二曰羞用

[①] 例如，《汉书·律历志上》："协之五行，则角为木，五常为仁，五事为貌。商为金为义为言，徵为火为礼为视，羽为水为智为听，宫为土为信为思。以君臣民事物言之，则宫为君，商为臣，角为民，徵为事，羽为物。唱和有象，故言君臣位事之体也。"又如，《汉书·天文志》："岁星曰东方春木，于人五常仁也，五事貌也。仁亏貌失，逆春令，伤木气，罚见岁星。"

五事"下六十五字"皆《洛书》本文",将易学与洪范学直接关联了起来,①这是他另创的新说,值得注意。此说对于后儒的影响较大。

第四节　宋人对五事畴的解释:以王安石与朱子为例

宋代尚书学著作较多,比较复杂。据学者的梳理,宋代尚书学可以分为四期,可以王安石《尚书新义》和蔡沈《书集传》的颁行作为划分标准。陈良中说:"熙宁八年(1075)王安石《尚书新义》颁行以前为第一期,皮锡瑞《经学历史》认为此时经学'笃守古义,无取新奇,各承师传,不凭胸臆,犹汉唐注疏之遗'。学术研究主流的理念和方法承汉唐旧制,但刘敞《书小传》疑经改经,渐开宋学新风。熙宁八年至宋高宗朝为第二期,王安石《尚书新义》被朝廷定为科举用书。孝宗朝至蔡沈《书集传》颁行前为第三期,理学、心学、浙学诸派各援经典以申己说。吕祖谦为代表的浙学固守古学,朱子为代表的道学全面疑《书》,又以《尚书》阐释建构

---

① 《汉书·五行志上》:"凡此六十五字,皆《洛书》本文,所谓天乃锡禹大法九章常事所次者也。以为河图、洛书相为经纬,八卦、九章相为表里。昔殷道弛,文王演《周易》;周道敝,孔子述《春秋》。则《乾》《坤》之阴阳,效《洪范》之咎征,天人之道粲然著矣。"

第四章 儒家修身哲学之源：《洪范》五事畴的修身思想及其发展与诠释

其心性论、修养论、道统论，批驳异端邪说，努力重建儒学的一统地位。杨简、袁燮、钱时解《书》则阐明心学思想。蔡沈《书集传》出而大有众流归一之势，成为南宋《书》学的转捩点，是为第四期。此一时期理学解《书》成为范式。"①归纳起来，宋代尚书学的发展有三个节点，即王安石的尚书学、朱子的尚书学和蔡沈的尚书学。本节即以王安石、朱子尚书学为例，来梳理和讨论宋人对于《洪范》五事畴的解释。

一、王安石的解释

王安石对于《洪范》五事畴的解释，主要见于《洪范传》及《尚书新义》。《洪范传》载于《临川集》卷六十五，②《尚书新义》已佚，今可见台湾地区学者程元敏的辑本。《洪范传》作于治平年间，不晚于治平三年（1066年），《尚书新义》晚于《洪范传》，作于熙宁年间。对于"五事"，王安石的看法如下：

第一，王安石认为，在洪范九畴中，五行畴最重要，其次是皇极畴，再次是五事畴。不但如此，他着重论述了五行与五事的关系，这值得特别注意。《洪范传》曰：

---

① 陈良中：《宋代尚书学成就及其影响》，《中国社会科学报》2016年3月15日。
② 参见［宋］王安石撰，中华书局上海编辑所编辑：《临川先生文集》卷六十五，第685—697页。

"五行，天所以命万物者也，故初一曰五行。五事，人所以继天道而成性者也，故次二曰敬用五事。"五行代表天道，五事属于人道。人事应当法象天道，受天道的支配，故五事与五行相配，且受后者的支配。"五行，天所以命万物者也"，这是说五行为天道；"五事，人所以继天道而成性者也"，这是说五事属于人道，是继天成性的结果。在经文"二，五事"条下，《尚书新义》曰："以五事分别配五行。"①（林之奇《尚书全解》卷二四引）所谓"以五事分别配五行"，即以五事搭配五行，并受到后者的支配。这一点，本是古义，但王安石作了强调。关于"五事"与"庶征""五福六极"的关系，《洪范传》曰："自五事至于庶证各得其序，则五福之所集，自五事至于庶证各失其序，则六极之所集，故次九曰嚮用五福、威用六极。"又曰："或曰：箕子之所次，自五行至于庶证，而今独曰自五事至于庶证各得其序，则五福之所集；自五事至于庶证，各爽其序，则六极之所集，何也？曰：人君之于五行也，以五事修其性，以八政用其材，以五纪协其数，以皇极建其常，以三德治其变，以稽疑考其难知，以庶证证其失得。自五事至于庶证，各得其序，则五行固已得其序矣。"这段话既强调了"五行"是洪范九畴的根本，又强调了"五事"的重要性。从五事、庶

---

① ［宋］王安石撰，程元敏整理：《尚书新义》，《王安石全集》第二册，复旦大学出版社2016年版，第159页。

第四章 儒家修身哲学之源：《洪范》五事畴的修身思想及其发展与诠释

证（征）到五福六极，"五事"是这条因果系列的源头。

第二，王安石认为"五事"属于人君修身之学，并在此基础上，他认为，"五事"之本在于人心，主张在人心上做"敬"的功夫，将"敬"看作"五事"的根本精神和方法。《洪范传》曰："五事，人君所以修其心、治其身者也，修其心、治其身而后可以为政于天下，故次三曰农用八政。"在王安石看来，"五事"的修身之学包括修心和治身两个方面。《庄子·天下》篇始分内圣与外王为二事，但从《洪范》本文来看，"五事"（内圣）和"八政"（外王）都属于王道王事，未作内圣外王的区分。关于"敬"，《洪范传》曰："敬者何？君子所以直内也，言五事之本在人心而已。""君子所以直内"一句出自《坤卦·文言传》，"内"指内心。"敬"是"五事"的根本精神和方法，其实践的本地在于人心。"敬"为一，推而为五，即所谓"貌曰恭，言曰从，视曰明，听曰聪，思曰睿"。《洪范传》曰："恭则貌钦，故作肃。从则言顺，故作乂。明则善视，故作哲。聪则善听，故作谋。睿则思无所不通，故作圣。五事以思为主，而貌最其所后也，而其次之如此何也？此言修身之序也。恭其貌，顺其言，然后可以学而至于哲。既哲矣，然后能听而成其谋。能谋矣，然后可以思而至于圣。思者，事之所成终而所成始也。思所以作圣也。既圣矣，则虽'无思也，无为也，寂然不动，感而遂通天下之故'可也。"

王安石不但在此对于何以"貌曰恭"云云作了解释，而且进一步追问了修身次序及其重要性问题。在他看来，"思"最重要，"五事以思为主"；"貌"最次，"而貌最其所后也"。但是从先后顺序来看，修身以貌最先，其次言、视、听，最后为思。当然，这是从逻辑上来说，从实践来看，情况其实很复杂，可能应根据具体情况交互使用之。王安石还认为，"思"的最高境界是无思无为的圣功。

第三，对于"五事"与"庶征"的天人关系，王安石作了自然主义的解释，完全消除了天人感应的古义。这一点遭到了宋儒及后代学者的反复批评，从尚书学来看，值得我们特别注意。就庶征畴大义，王安石在《洪范传》中说：

> 故雨旸燠寒风者，五事之证也。降而万物悦者，肃也，故若时雨然。升而万物理者，乂也，故若时旸然。哲者，阳也，故若时燠然。谋者，阴也，故若时寒然。睿其思心，无所不通，以济四事之善者，圣也，故若时风然。狂则荡，故常雨若。僭则亢，故常旸若。豫则解缓，故常燠若。急则缩栗，故常寒若。冥其思心，无所不入，以济四事之恶者蒙，故常风若也。孔子曰，见贤思齐，见不贤而内自省也。君子之于人也，故常思齐其贤，而以其不肖为

第四章 儒家修身哲学之源：《洪范》五事畴的修身思想及其发展与诠释

戒。况天者固人君之所当法象也，则质诸彼以验此，固其宜也。然则世之言灾异者，非乎？曰：人君固辅相天地以理万物者也。天地万物不得其常，则恐惧修省，固亦其宜也。今或以为天有是变，必由我有是罪以致之；或以为灾异自天事耳，何豫于我，我知修人事而已。盖由前之说，则蔽而葸，由后之说，则固而怠。不蔽不葸，不固不怠者，亦以天变为己惧。不曰天之有某变，必以我为某事而至也，亦以天下之正理考吾之失而已矣，此亦"念用庶证"之意也。

类似解释也见于《尚书新义》。林之奇《尚书全解》卷二五引之曰：

若，似也。

同卷又引上所见王安石《洪范传》"降而万物悦者"至"固其宜也"一段文字。[①]

归纳起来，王安石的观点及其论证有三点值得注意：其一，王安石训"庶征（徵）"的"征（徵）"字为"证

[①] 以上两条引文，俱见［宋］王安石撰，程元敏整理：《尚书新义》,《王安石全集》第二册，第166页。

（證）"。《说文·言部》："证（證），告也。""证"的本义是告发，王安石用其引申义，即用证验、验证义。而王安石之所以训"征（徵）"为"证验"义的"证（證）"，这与他将"庶征"看作"五事"的自然主义的证验有关。而其实，"庶征（徵）"之"征（徵）"包含召引、证验、征兆三义，其中第一义最重要。《尔雅·释言》《说文·彳部》："徵，召也。""召"，召呼、招引。"征（徵）召"故曰人感天应，"五事"是感，"庶征"是应。其二，他训"时雨若"云云的诸"若"字为"似""像"。他之所以这样训释，当然是为他的解释服务的。"降而万物悦者，肃也，故若时雨然"是说，人君降临而万物（万民）喜悦，这是"肃"德，所以这好似时雨普降一样；如此云云。这种解释在训诂上当然是错误的，误解了文意。而王安石的目的是为了消解其中的天人感应思想，将庶征畴乃至《洪范》完全改造成一篇自然主义的哲学文本。对于王安石训"若"为"似"，林之奇批评道："此其论五事之与五气各有其类，则诚有此理，但以'若'训'似'，而谓'君子之于人也，固当思其贤，而以其不肖者为戒，况天者固人君之所当取象也，则质诸彼以验此，固其宜也。'此则殊失庶征本畴之义。夫谓之'庶征'者，谓人君以一己之得失验之于天。苟以'若'为'似'，谓雨、旸、燠、寒、风皆人君所取象以正五事，则是箕子设此一畴，但为'五事'笺注耳，其何以

第四章　儒家修身哲学之源：《洪范》五事畴的修身思想及其发展与诠释

为'庶征'乎？"①其三，王安石对于庶征畴，特别对于"五事"与"庶征"关系的解释，属于自然主义的哲学观，而《洪范》本具的天人感应思想及天的神圣性已被消解殆尽。正因为如此，胡渭在《洪范正论》卷五中曾批评道："荆公说'庶征'，便是'天变不足畏'之谬种，何可以为训？"②当然，今天我们应当如何评价王安石的解释，这是另外一个问题。

二、朱子的解释

在《尚书》诸篇中，朱子非常重视《洪范》。在洪范九畴中，朱子很重视五事畴。对于"五事"，朱子的观点如下：

第一，就实然逻辑来看，朱子认为，五行是本，是发源处，五事是操持处，皇极是归总处；但从重视程度来看，朱子更重视皇极畴，其次是五事畴。《朱子语类》（下简称《语类》）言及皇极、五事两畴的文字众多。③在《语类》卷七十九，朱子多次阐明洪范九畴的关系，如曰："五行最急，故第一；五事又参之于身，故第二；

---

① ［宋］林之奇：《尚书全解》卷二五。转见［宋］王安石撰，程元敏整理：《尚书新义》，《王安石全集》第二册，第167页。
② 转见［宋］王安石撰，程元敏整理：《尚书新义》，《王安石全集》第二册，第168页。
③ 参见［宋］黎靖德编：《朱子语类》卷七十九，第2040—2051页。本章凡引朱子说，均参见此卷，下文不再注明其具体页码。

身既修，可推之于政，故八政次之；政既成，又验之于天道，故五纪次之；又继之皇极居五，盖能推五行、正五事、用八政、修五纪，乃可以建极也；六三德，乃是权衡此皇极者也；德既修矣，稽疑庶征继之者，著其验也；又继之以福极，则善恶之效，至是不可加矣。皇极非大中，皇乃天子，极乃极至，言皇建此极也。"又曰："一五行，是发原处；二五事，是总持处；八政，则治民事；五纪，则协天运也；六三德，则施为之撙节处；七稽疑，则人事已至，而神明其德处；庶征，则天时之征验也；五福、六极，则人事之征验也。其本皆在人君之心，其责亦甚重矣。'皇极'，非说大中之道。"朱子在此不但阐明了九畴的逻辑关系，而且表明其思想重点，他最重视皇极畴，其次是五事畴。在朱子看来，前四畴是皇极畴的前提，皇极畴是前四畴的归总，而五事畴是皇极的下功夫处。我们看到，其一，朱子以皇极畴为九畴的中心，这与王安石以五行畴为九畴的中心，是很不相同的。其二，朱子以皇极畴为洪范九畴的中心，这个观点其实发源于曾巩。《语类》卷七十九曰："若有前四者，则方可以建极：一五行，二五事，三八政，四五纪是也。后四者却自皇极中出。三德是皇极之权，人君所向用五福，所威用六极。此曾南丰所说。诸儒所说，惟此说好。"在这段话中，朱子赞成曾巩之说。曾

第四章　儒家修身哲学之源：《洪范》五事畴的修身思想及其发展与诠释

巩的说法，可参见其所著《洪范传》。①不过，需要指出，朱子虽然同意曾巩对于皇极畴的强调，但不同意其"大中"之训。

第二，朱子认为"皇极"与"五事"是贯通的，两者有因果关系，前者是果，后者是因。什么是"皇极"？朱子批评训"皇极"为"大中"者，认为"皇"应训"君"，"极"应训"中"，训"至极"，训"标准"。《语类》卷七十九曰："'五，皇极'，只是说人君之身，端本示仪于上，使天下之人则而效之。"又说："'皇极'二字，皇是指人君，极便是指其身为天下做个样子，使天下视之以为标准。"②这是朱子的新解。从《洪范》本文看，"皇极"的本意是说人君应当建立其统治或治理天下的中道，而不是所谓人君以身作则之义。朱子改变了《洪范》原意，认为"皇极"是指人君通过其正身、修身的功夫而使自己成为天下人所效法的人格典范，即"言王者之身可以为下民之标准也"（《语类》卷七十九）。朱子对"皇极"作"人君为治之心法"（《语类》卷七十九）的新诠，这直接将其与"五事"关联了起来。《语类》卷七十九曰："五行是发源处；五事是操持处；八政是修人

---

① ［宋］曾巩：《曾巩集》卷十，中华书局1984年版，第155—169页。
② 对于朱子的"皇极"义，笔者曾作过梳理，并指出朱子对于皇极畴的解释深受《大学》正心诚意之说的影响。参见丁四新：《论〈尚书·洪范〉的政治哲学及其在汉宋的诠释》；《再论〈尚书·洪范〉的政治哲学——以五行畴和皇极畴为中心》。

事；五纪是顺天道；就中以五事为主。视明听聪，便是建极，如明如聪，只是合恁地……其实都在人君身上，又不过'敬用五事'而已，此即'笃恭而天下平'之意。"又曰："人君修身，使貌恭，言从，视明，听聪，思睿，则身自正。五者得其正，则五行得其序；以之稽疑，则'龟从，筮从，卿士从，庶民从'；在庶征，则有休征，无咎征。和气致祥，有仁寿而无鄙夭，便是五福；反是则福转为极。"从这两段引文来看，朱子的逻辑很清晰，他认为"皇极"是人君立一个作民则的仪表，但修身的具体功夫则主要交给了"五事"，貌、言、视、听、思五者是修身的"操持处"或"总持处"(《语类》卷七十九）。

第三，朱子对于五行与五事关系的看法有多个要点，但以"五行比五事"说比较突出。朱子一曰："盖在天则是五行，在人则是五事。"(《语类》卷七十九）二曰："人君修身，使貌恭，言从，视明，听聪，思睿，则身自正。五者得其正，则五行得其序。"(《语类》卷七十九）三曰："又问五行比五事。曰：'曾见吴仁杰说得也顺。它云，貌是水，言是火，视是木，听是金，思是土。将庶征来说，便都顺。'问：'貌如何是水？'曰：'它云，貌是湿润底，便是水，故其征便是"肃，时雨若"。《洪范》乃是五行之书，看得它都是以类配得。到五福、六极也是配得，但是略有不齐。'"(《语类》卷七十九）"五

第四章　儒家修身哲学之源：《洪范》五事畴的修身思想及其发展与诠释

行比五事"的具体比类法是，貌为水，言为火，视为木，听为金，思为土。朱子并对"貌如何是水"的问题作了回答，显示朱子具有较强的物理学或宇宙生成论的兴趣。《语类》卷七十九曰："问：'貌如何属水？'曰：'容貌须光泽，故属水；言发于气，故属火；眼主肝，故属木；金声清亮，故听属金。'问：'凡上四事，皆原于思，亦犹水火木金皆出于土也。'曰：'然。'又问：'礼如何属火？'曰：'以其光明。'问：'义之属金，以其严否？'曰：'然。'"在这一段话中，朱子进一步对于五事如何可以比类于五行作了解释。不但如此，朱子还赞成吴斗南的说法，五行与庶征的比类，即"雨属水，旸属火，燠属木，寒属金，风属土"（《语类》卷七十九）。朱子赞成五行比五事，这一点与汉唐诸儒和王安石的做法一致，但是正如上文所说，林之奇是批评这一做法的。

第四，五事与庶征的因果关系是《洪范》庶征畴本有之义，但是对于应当如何理解二者的因果关系，宋代学者或起新义，朱子的看法居于汉儒和王安石之间，对于二者都作了批评。《语类》卷七十九曰：

又云："今人读书粗心大胆，如何看得古人意思。如说'八庶征'，这若不细心体识，如何会见得。'肃，时雨若。'肃是恭肃，便自有滋润底意思，所以便说时雨顺应之。'乂，时旸若。'乂是整治，

175

便自有开明底意思,所以便说时旸顺应之。'哲,时燠若。'哲是普照,便自有和暖底意思。'谋,时寒若。'谋是藏密,便自有寒结底意思。'圣,时风若。'圣则通明,便自有爽快底意思。"符云:"谋自有显然著见之谋,圣是不可知之妙,不知于寒于风,果相关否?"曰:"凡看文字,且就地头看,不可将大底便来压了。箕子所指'谋'字,只是且说密谋意思;'圣',只是说通明意思;如何将大底来压了便休!如说吃枣,固是有大如瓜者;且就眼下说,只是常常底枣。如煎药合用枣子几个,自家须要说枣如瓜大,如何用得许多!人若心下不细,如何读古人书。《洪范》庶征固不是定如汉儒之说,必以为有是应必有是事。多雨之征,必推说道是某时做某事不肃,所以致此。为此必然之说,所以教人难尽信。但古人意精密,只于五事上体察是有此理。如荆公,又却要一齐都不消说感应,但把'若'字做'如''似'字义说,做譬喻说了,也不得。荆公固是也说道此事不足验,然而人主自当谨戒。如汉儒必然之说固不可,如荆公全不相关之说,亦不可。古人意思精密,恐后世见未到耳。"

首先,朱子是肯定庶征畴的感应或天人感应之说的。如《语类》卷七十九曰:"《洪范》却可理会天人相

第四章 儒家修身哲学之源：《洪范》五事畴的修身思想及其发展与诠释

感。庶征可验，以类而应也。秦时六月皆冻死人。"这段话是很明确的，肯定了《洪范》存在天人感应之说。其次，朱子是以"理会"之法来理解《洪范》的感应说的，所以对于他而言，感应是理在事上的呈现，并通过人感天应呈现出来的。但是，他不赞成"天"是神性的存在，他认为"天"是一包含主宰义的理体和源头。概括说来，朱子的看法是"只于五事上体察是有此理"，具体说来是"肃是恭肃，便自有滋润底意思，所以便说时雨顺应之"云云。需要指出，朱子这种以"理"会、以"理"解之的解释，其实也不合《洪范》天人感应的古义。再次，朱子批评了汉儒以为"必定"的感应说。汉儒认为人君作某事不肃，则必定有多雨之应，这是朱子所不能同意的。最后，朱子也批评了王安石的解释。王安石将《洪范》"五事"与"庶征"的天人感应作譬喻说，一齐作了消解。同样，在训诂上，朱子批评了王安石训"若"为"如""似"的说法。

蔡沈是朱子后学，其所撰《书集传》是宋代尚书学的代表作之一，深受朱子学的影响。围绕"五事"，《书集传》的观点主要有四点：（1）提出了"以五事参五行，天人合矣"的观点，以解决在天之五行与在人之五事的关系问题。（2）提出了"五事曰敬，所以诚身也"的观点，重视"敬之以五事"对于建立皇极的重要性。（3）认同五行比类五事的做法，具体为："貌泽，水也；

言扬,火也;视散,木也;听收,金也;思通,土也,亦人事发见先后之叙。"①(4)认同五行比类庶征的做法,又认为"五事则本于五行,庶征则本于五事",并赞成朱子关于五事与庶征关系的看法。《书集传》曰:"在天为五行,在人为五事,五事修则休征各以类应之,五事失则咎征各以类应之,自然之理也。然必曰某事得则某休征应,某事失则某咎征应,则亦胶固不同,而不足与语造化之妙矣。"②从总体上来看,蔡沈关于五事畴的观点没有超过朱子,是对于朱子相关观点或看法的简明概括和重新表述。

第五节　早期修身哲学的新面向:"敬慎威仪"与"克己复礼"

"敬慎威仪"和"克己复礼为仁"是继《洪范》"敬用五事"之后出现的两个重要修身命题。其中,前一命题是由《诗经》的作者提出来的,而后一命题虽然不是由孔子首先提出来的,但他作了新诠,给予了重大新意。它们分别代表了早期儒家修身哲学发展的两个重要阶段。据目前资料来看,周人的"敬慎威仪"说和孔子的"克

---

① 以上引文,俱见[宋]蔡沈:《书集传》卷四,王丰先点校,第163—164页。
② 以上引文,俱见上书,第170—171页。

第四章　儒家修身哲学之源：《洪范》五事畴的修身思想及其发展与诠释

己复礼为仁"说，很可能都与《洪范》的"敬用五事"有关，或者说，它们都可以看作《洪范》"五事"修身思想的发展，是西周至春秋晚期中国修身哲学的新面向。目前，学界普遍忽视了这一点。

一、"敬慎威仪"及其与"敬用五事"的关系

"威仪"是西周至春秋时期的一个重要概念。它的出现，标志着周人重文重德的思想传统发展到了一个新阶段。大概在西周中后期，"威仪"迅速上升为早期修身思想或修身哲学的一个关键词汇。

何谓威仪及其相关问题，是近十年来一些学者所关心的研究对象，张法、付林鹏、罗新慧、赵法生等都发表了相关论文。①此前，研究先秦礼学或先秦思想的某些学者对"威仪"概念也有所关注。杨儒宾曾在二十余年前论及西周春秋时期的威仪观。②上溯至清代，阮元曾作《威仪说》一文，专门论述了威仪与性命的关系。不过，阮元是为了批评宋明儒"推德行、言语、性命

---

① 参见张法：《威仪：朝廷之美的起源、演进、定型、意义》，《中国人民大学学报》2015年第2期；付林鹏、张菡：《先秦的君子威仪与"周文"之关系》，《华中师范大学学报（人文社会科学版）》2017年第5期；罗新慧：《周代威仪辨析》，《北京师范大学学报（社会科学版）》2017年第6期；赵法生：《威仪、身体与性命——儒家身心一体的威仪观及其中道超越》，《齐鲁学刊》2018年第2期。
② 参见杨儒宾：《儒家身体观》，"中研院"中国文哲研究所筹备处，1999年修订本，第28—41页。

于虚静不易思索之地"的做法,他认为:"商周人言性命者,只范之于容貌最近之地,所谓威仪也。"[1]阮元的《威仪说》,常常成为当代学者讨论"威仪"观念的学术起点。

一般认为,周人重文重德的思想传统是"敬慎威仪"观念产生的思想基础。换言之,"敬慎威仪"是从周人重文重德的思想传统中演绎出来的重要观念。这一点在笔者看来是无疑的。"文"字的本义是"文身",引申为文饰、修饰等义。"周文"的"文"主要体现在三方面,一是礼乐制度或礼乐文明方面,二是美德或德行方面,三是礼乐实践及其结果("文质彬彬")方面。"德"字原作"惪"或"悳",前一字系后二字的通行字。《说文·心部》:"惪,外得于人,内得于己也。"《玉篇·心部》:"悳,今通用德。""德"者得也,前一字是名词,后一字是动词,"德"是"得"的结果。从发生学来看,"德"很可能是由周人发明出来的一个概念,在很长一段时间里,它面向天命(表示朝代兴亡的神性根源和合法性根据),是一个表示人君统治之主体性和合法性的概念。在周初,由天、命、德、王、民五者所组成的民本思维结构中,由于其中的"民"一元及周人对于王朝之世俗存在本性的认识不断加强,故"德"逐渐萌生出德

---

[1] [清]阮元:《性命古训》附文,见氏著:《揅经室集·一集》卷十,第217—220页。

第四章 儒家修身哲学之源:《洪范》五事畴的修身思想及其发展与诠释

行(virtue)或道德(morality)的含义。后来,在面向生命或身体本身的修养实践的转向中,"德"所包含的德行或道德义又逐渐成为此一概念的主要内涵。在此观念背景下,"威仪"概念的内涵及其用法在西周至春秋时期即有一个变化的过程。

"威仪",金文均作"威义",①"义"即"仪"字之借。从语法看,"威仪"一词属于偏正结构,而不属于并列结构。《王力古汉语字典》曰:"一,容止仪表。引申为礼仪,行礼的仪式。又为法度,准则。又为动词。取法。又为仪器。二,匹配。"②董莲池说:"仪,形声字。从人,义声。本义指人的仪表。也指仪式。由仪表、仪式引申出标准、典范、准则之义。又引申为法度。"③简言之,"仪"是一个形声字,其本义指人的容止仪表,引申有礼仪、法度等义。《说文·人部》:"仪,度也。"但此义非"仪"字之本义。"威仪"的"仪"字大体上包括容止仪表和礼仪两义,在先秦文献中二义常常兼具,但在不同语境中此两义有主次轻重之别。"威""畏"两字为同源字,甲文有"畏"字而无"威"字。李孝定《甲骨文字集释》按:"畏,契文象鬼执杖之形,可畏之象

---

① 例见瘭簋铭文(《集成》04170)、叔向父禹簋铭文(《集成》04242)、虢叔旅钟铭文(《集成》00238)、瘭钟铭文(《集成》00247)、王孙遗者钟铭文(《集成》00261)、蔡侯申尊铭文(《集成》06010)等。
② 王力主编:《王力古汉语字典》,中华书局2000年版,第49页。
③ 李学勤主编:《字源》中册,第710页。

也。"① "畏"即畏惧、可畏之义。由"畏"字可知殷代必有"威"的观念，因为"威"和"畏"相对为义。殷商时期，最令人畏惧的威是帝威（天威）和王威。"威"具有令人产生敬畏、畏怖情绪的威慑力（deterrent power）。"威"字始见于金文，是一个会意字，西周金文从女从戌，或从女从戍，春秋金文从女从戌，或从女从戈，战国文字从女从戌，徐在国说："戌、戍、戈都是武器，以示威慑之意。本义盖威力、威风。"② "威仪"的"威"字，义为威严、庄严，是"威"字的引申义。在"威仪"一词中，"仪"字是中心词，而"威"字则是其意义的核心。先秦古籍中的"威仪"，包括威严、庄严的容止仪表和威严的礼仪两义。前一义着重指实践主体的容止仪表是否合乎礼法及其合乎礼法的程度如何，以及其主观的生命气象和精神气象，后一义则指客观的礼节、仪式。先秦文献中的大多数"威仪"词例使用前一义，但少数词例如《左传·隐公五年》"习威仪"、《礼记·中庸》"威仪三千"则明确使用后一义。需要指出，即使是前一义的"威仪"，在礼乐文化的背景下其实通过实践已含摄了后一义，此两义不可能绝对分开。而实际上，"威仪"的上述两义不是对立关系，它们共存于"实践"之中。"威仪"可以理解为"架势"或"排场"，它既可以指向

---

① 转见汉语大字典编辑委员会：《汉语大字典》（第2版）第五册，第2711页。
② 李学勤主编：《字源》下册，第1091页。

第四章 儒家修身哲学之源:《洪范》五事畴的修身思想及其发展与诠释

客观性的礼节、仪式场面,也可以指向主观的容止仪表,指向人君或古代贵族在礼乐实践中所形成的精神面貌、气概和形象,并将身份(社会地位、政治地位)、气势、人格、企图心和财富等因素包括在内。简言之,人君或贵族通过礼仪、威仪的践履或修身而将周文的精神内核——"德"生展在具体的威仪仪表或威仪人格上。而所谓"敬慎威仪"的功夫,则是使人君或贵族在威仪表象和威仪礼仪上做到适宜或恰如其分,即做到身份(位分)与威仪的高度统一。

"威仪"一词最先出现在《尚书·酒诰》《顾命》两篇中,是从殷鉴中反省出来的。《酒诰》曰:"用燕丧威仪。"《顾命》曰:"思夫人自乱于威仪。"这两例中的"威仪"很可能都指人君威严或庄严的仪表仪容,是人君之德及其精神生命在容止仪表上的具体呈现。《顾命》"思夫人自乱于威仪","乱",治也,其"威仪"即指天子威严的容止仪表,此义比较清晰,无需证明。而联系《诗·小雅·宾之初筵》(引文见下)来看,《酒诰》"用燕丧威仪"的"威仪"亦当指人君威严的容止仪表。总之,上文所说"威仪"的前一义在周初已经出现。

《诗经》的"威仪"词例众多,它们是:

威仪棣棣,不可选也。(《邶风·柏舟》)

宾之初筵,温温其恭。其未醉止,威仪反反。曰既醉止,威仪幡幡。舍其坐迁,屡舞僊僊。(《小雅·宾之初筵》)

其未醉止,威仪抑抑。曰既醉止,威仪怭怭。是曰既醉,不知其秩。(《小雅·宾之初筵》)

朋友攸摄,摄以威仪。(《大雅·既醉》)

威仪孔时,君子有孝子。(《大雅·既醉》)

威仪抑抑,德音秩秩。(《大雅·假乐》)

敬慎威仪,以近有德。(《大雅·民劳》)

威仪卒迷,善人载尸。(《大雅·板》)

抑抑威仪,维德之隅。(《大雅·抑》)

敬慎威仪,维民之则。(《大雅·抑》)

慎尔出话,敬尔威仪,无不柔嘉。(《大雅·抑》)

仲山甫之德,柔嘉维则。令仪令色,小心翼翼。古训是式,威仪是力,天子是若,明命使赋。(《大雅·烝民》)

不吊不祥,威仪不类。(《大雅·瞻卬》)

降福简简,威仪反反。(《周颂·执竞》)

穆穆鲁侯,敬明其德。敬慎威仪,维民之则。允文允武,昭假烈祖。靡有不孝,自求伊祜。(《鲁颂·泮水》)

一般说来,《诗经》大体上反映了西周初期至春秋前

第四章 儒家修身哲学之源：《洪范》五事畴的修身思想及其发展与诠释

期的社会、生活面貌。归纳起来，《诗经》的威仪观包括五个要点。其一，"威仪"均指人君的威严容止仪表或人君的威严架势和气象，且"威严"中包含着尊严，甚至可以说"尊严"是"威仪"的核心内涵之一。其二，"威仪"和"德"是表里关系，前者是形式是表象，而后者是精神是内核。其三，威仪之功是成德之基，如云"威仪抑抑，德音秩秩"，又云"抑抑威仪，维德之隅"。同时，"敬明其德"与"敬慎威仪"是内外功夫，《诗经》并且强调了"古训是式，威仪是力"的一面。其四，提出了"敬慎威仪，以近有德"的亲贤思想和"敬慎威仪，维民之则"的民本思想，且此二者是一个整体，上下贯通。其五，作为功夫，"威仪"是实践孝道的重要方法。如云："威仪孔时，君子有孝子。"又云："允文允武，昭假烈祖。靡有不孝，自求伊祜。"另外，在周人看来，文王和武王是威仪的至极和为孝的至极，"威仪"可以体现孝道。概括起来看，"敬慎威仪"一句最能体现周人修身哲学的特点。

进入春秋时期，古人对于"生命"的体会愈来愈深刻和愈来愈直接；大约在春秋中晚期之交，中国思想的大背景从天命论正式转入性命论。在性命论的大背景下，威仪实现了其自身思想结构的转变，即从其与德互为表里的结构（"威仪—德"）转变为其与性命互为表里的结构（"威仪—性命"或"威仪—命"）。当然，这不是说，威仪与德的互对关系从此就消失不存了。而贯通"威仪—德"和"威仪—性命"这两种思想结构的线索是德行所成就的身体或生命，即面向政治和伦理的人君、贵族的修身问题。

《左传》《国语》的"威仪"词例众多，其中最经典的段落有两段。一段见于《左传·成公十三年》，曰：

> 三月，公如京师。宣伯欲赐，请先使。王以行人之礼礼焉。孟献子从，王以为介，而重贿之。公及诸侯朝王，遂从刘康公、成肃公会晋侯伐秦。成子受脤于社，不敬。刘子曰："吾闻之：民受天地之中以生，所谓命也。是以有动作礼义威仪之则，以定命也。能者养之以福，不能者败以取祸。是故君子勤礼，小人尽力。勤礼莫如致敬，尽力莫如敦笃。敬在养神，笃在守业。国之大事，在祀与戎。祀有执膰，戎有受脤，神之大节也。今成子惰，弃其命矣，其不反乎！"

"成子受脤于社"的事发生于鲁成公十三年，即公元前578年。脤，是古代王侯祭祀社稷之肉。刘子即刘康公，姓姬，封氏为刘，是春秋时期周定王（前606—前586年在位）的同母弟。"中"谓中和之气，"命"谓有所禀受，"言人受此天地中和之气以得生育，所谓命

第四章　儒家修身哲学之源：《洪范》五事畴的修身思想及其发展与诠释

也"（孔颖达《疏》）。①这个"命"相当于"生命"义或"性命"义。在上述引文中，刘子以宇宙生成论来看待生命现象，重新诠释了"命"的概念。由禀受天地中和之气而生的"命"概念，刘子提出了真正的"生命"观念；而这个观念后来进一步深化和转化为"性命"概念。在此基础上，对于天地合气、自然生成的禀受之命，刘子即认为人应当以"动作礼义威仪之则"来限定和笃固此命，而其具体修养方法和观念即是"勤礼致敬"。

另一段见于《左传·襄公三十一年》，曰：

> 卫侯在楚，北宫文子见令尹围之威仪，言于卫侯曰："令尹似君矣，将有他志，虽获其志，不能终也。《诗》云：'靡不有初，鲜克有终。'终之实难，令尹其将不免。"公曰："子何以知之？"对曰："《诗》云：'敬慎威仪，维民之则。'令尹无威仪，民无则焉。民所不则，以在民上，不可以终。"公曰："善哉！何谓威仪？"对曰："有威而可畏谓之威，有仪而可象谓之仪。君有君之威仪，其臣畏而爱之，则而象之，故能有其国家，令闻长世。臣

---

① 十三经注疏整理委员会整理：《十三经注疏·春秋左传正义》卷二十七，北京大学出版社2000年版，第867页。

有臣之威仪，其下畏而爱之，故能守其官职，保族宜家。顺是以下皆如是，是以上下能相固也。《卫诗》曰：'威仪棣棣，不可选也。'言君臣上下，父子兄弟，内外大小，皆有威仪也。《周诗》曰：'朋友攸摄，摄以威仪。'言朋友之道，必相教训以威仪也。《周书》数文王之德曰：'大国畏其力，小国怀其德。'言畏而爱之也。《诗》云：'不识不知，顺帝之则。'言则而象之也。纣囚文王七年，诸侯皆从之囚，纣于是乎惧而归之，可谓爱之。文王伐崇，再驾而降为臣，蛮夷帅服，可谓畏之。文王之功，天下诵而歌舞之，可谓则之；文王之行，至今为法，可谓象之：有威仪也。故君子在位可畏，施舍可爱，进退可度，周旋可则，容止可观，作事可法，德行可象，声气可乐，动作有文，言语有章，以临其下，谓之有威仪也。"

在上述引文中，北宫文子对包含在令尹熊围威仪背后的意涵作了评论。此事发生在鲁襄公三十一年，即公元前542年。卫侯，即卫襄公（前543—前535年在位），北宫文子系北宫括之子，卫国大夫。令尹围，芈姓，熊氏，初名围，即位后改名虔，即历史上很著名的楚灵王（前541—前529年在位）。北宫文子通过观察令尹熊围的威仪有"似君"之相，而推知其"将有他志"，

第四章　儒家修身哲学之源：《洪范》五事畴的修身思想及其发展与诠释

并认为"虽获其志，不能终也"。这段话所包含的威仪观有七点值得注意。其一，对于什么是威仪的问题，这段话作了准定义式的回答："有威而可畏谓之威，有仪而可象谓之仪。"这主要是从精神气质、气概及个人仪表架势等方面来定义"威仪"概念的，也是古书第一次对"威仪"作比较正式的定义。其二，本段引文所说"威仪"，主要采用其主观义。在文中，北宫文子强调了"威仪"的可法则性。而据此可知，此"威仪"主要是就人的身体形象、气势及其精神面貌来说的。这种"似君"的形象、气势或精神面貌在彼时不是纯粹由个人内充内养所导致的，而是同时得到了客观威仪的培养和护持。① 其三，所谓"威仪"，不但使居上者有威有仁，而且有相应的仪表；不但使居下者有敬有爱，而且可以法象。而本段引文所谓"有威仪"，正包含了这两方面的含义。我们看到，"仁""爱"是被加进来的新精神因素，而"威仪"的具象性和示范性也得到了空前清晰的阐明："故君子在位可畏，施舍可爱，进退可度，周旋

---

① 孔颖达《正义》："言令尹威仪，已是国君之容矣。服虔云：'令尹动作以君仪，故云以君矣。'服言'以君仪'者，明年传云'二执戈者前矣'，是用君仪也。俗本作'似君'。若云'似君'，不须言矣。今定本亦作'似君'，恐非。"十三经注疏整理委员会整理：《十三经注疏·春秋左传正义》卷四十，第1304页。今按：服、孔说未必是。若今本无误，服、孔则是增字（"仪"）解经，不可从。不过，从所引传云"二执戈者前矣"一句来看，令尹芈围"似君"之气势、形象又确实得到了所僭礼仪的护持和培养。

可则，容止可观，作事可法，德行可象，声气可乐，动作有文，言语有章，以临其下，谓之有威仪也。"其四，从现实人格来说，文王是"有威仪"之极，是上帝之则（道）通过肉身化成和实现了的圣王威仪。威仪是德的表现，文王之威仪是文王之德的表现。其五，"威仪"有上下等次之别，不同身份有不同的威仪。君有君的威仪，臣有臣的威仪，父子兄弟乃至于朋友皆有威仪。其六，位分（身份）是判断威仪之是非然否的根本标准，个人主观的威仪及其客观化的威仪都应当以实践者的身份为判准，看其与实践主体的身份是否相配或相一致，否则越分之威仪即会给他人带来负面判断，招致困厄、羞辱，甚至杀身之祸。相应地，"威仪"在价值观上即有善恶好坏之别。同时，这说明构成"威仪"的因素是复杂的。而驱使令尹熊围具有"似君"之威仪的主观因素，是他个人内心长期存在僭越其身份的权力欲望（野心）。其七，威仪的作用首先是立身保位，其次是使社会有序，再次是保持国家的繁荣稳定。可以说，北宫文子不但系统地总结了周人的威仪观，而且在较大程度上深化和发展了周人的威仪观。

综合刘子和北宫文子的威仪说来看，春秋中后期的威仪观有三个很突出的新意。第一，德、威仪、命构成了新的解释链环，成为当时修身理论的三个核心概念：德是威仪的精神根源和价值源泉，而威仪则是德的具象化

第四章 儒家修身哲学之源:《洪范》五事畴的修身思想及其发展与诠释

和人格化;威仪是对于性命的限定或贞定,而性命则是威仪发生其作用之所在;威仪联结并调和着德、命,而德、命则是对立关系。德命二者的关系,类似于宋儒所说的理气关系。第二,威仪与身份(或位分)应当是对称的,无论从身份还是从实践上来说都是如此。每一种位分或身份都有其相应的威仪,身份不同则其威仪不同。超越或僭越其身份的威仪,这不但是不对的、不允许的,而且在实践中常常是有害的,小则辱其身,大则身死国丧。第三,威仪是德行人格化的具象,不但可畏可爱,而且可象可则,从而使得具体的道德人格(如文王)具有崇高义、启示义、亲近义、示范义和教化义。由此,"敬慎威仪"对于修身来说即变得更加重要和更有意义了。

最后,我们来看周文"威仪"与《洪范》"五事"的关系。笔者认为,"威仪"虽然主要是从周人重文重德的传统中发展出来的,但同时受到了《洪范》"五事"及三德畴"惟辟作威"说的影响。《洪范》"五事"是对于貌、言、视、听、思五者的修治,其中貌事的目的是"貌曰恭"和"恭作肃"。《说文·皃部》:"皃,颂仪也。貌,籀文皃。"段玉裁《注》:"颂者,今之容字。必言仪者,谓颂之仪度可皃象也。凡容言其内,皃言其外。"[1]"貌"即容貌,人的仪表。这一点与两周主流的"威仪"一词

---

[1] [清]段玉裁:《说文解字注》,上海古籍出版社1981年版,第406页。

的"仪"字义是非常一致的。《说文·心部》:"恭,肃也。"《说文·聿部》:"肃,持事振敬也。""恭""肃"二字义近,均为修身的德行;若区别之,则恭为居处之德,而肃为持事之德,二字有内外和对己对事之分。《论语·子路》篇曰:"居处恭,执事敬。"是为二字相区别的例证。而在暗中,王或天子通过貌事的德行实践而培养出"恭""肃"的德气,从而使得身体被威仪化了。"威仪"的"威"字从主观架势来说,即包含着恭肃之德在内。恭肃则必有威严。

《洪范》第六畴曰:"惟辟作威。""作威"本是天子、先王或者天帝专擅的权力,"臣无有作福、作威、玉食"。"作威"与"作福"相对,"威"是威力、威罚之义,在《洪范》中具体指"六殛"。而从词义及其含义来看,"作威"之"威"字与"威仪"的"威"字还有一致的地方,它们不是彼此排斥的。

总之,"威仪"观念的形成,综合了《洪范》篇"敬用五事"和三德畴"惟辟作威"的思想因素,与前者的关系特别明显。当然,《洪范》"敬用五事"与周人"敬慎威仪"的命题是存在较大差别的。

二、"克己复礼"及其与"敬用五事"的关系

在春秋中后期,"德—礼"的思想对待结构逐渐转变为"仁—礼"的思想对待结构,这是由于"德"的德行化

第四章　儒家修身哲学之源：《洪范》五事畴的修身思想及其发展与诠释

及其演绎的结果。同时，人们由对政治权力和家族权力的关心转向了对于人的本质及其存在价值和意义的关心。公元前549年，鲁国大夫叔孙豹提出了"三不朽"的关于人生意义的新价值观念。《左传·襄公二十四年》载穆叔（叔孙豹）对"死而不朽"问题的回答，云："以豹所闻，此之谓世禄，非不朽也……豹闻之：'太上有立德，其次有立功，其次有立言。'虽久不废，此之谓不朽。若夫保姓受氏，以守宗祊，世不绝祀，无国无之，禄之大者，不可谓不朽。"大概在春秋中晚期之交，以封建宗族主义和贵族专制主义为基础的传统价值观开始遭到部分精英阶层的反思和颠覆，叔孙豹提出"三不朽"的人生新价值观即是其中一例。叔孙豹之所以能够提出"三不朽"的新价值观，是因为他在思想上打破了自身的局限，打破了封建宗族主义和贵族专制主义的狭隘价值观，而思考了更普遍、更一般的人生价值及其意义问题。可以说，在当时，叔孙豹具有普世主义的倾向。与叔孙豹相比，孔子的普世主义倾向更为明显。他要人在成人成德的意识中从道德实践的角度来把握人的本质性。由于彼时仍处于礼乐文明的时代，故孔子以实践性的"仁"与"礼"的关系来回答了"什么是人"的问题。

综合多种资料来看，孔子生前十分重视修身成人的问题，将反己修身的道德实践作为成人成德的关键。从本文角度来看，除《左传·昭公十二年》一段文字外，

《论语·乡党》篇及同书《颜渊》篇"颜渊问仁"章非常值得注意,它们都有助于我们理解《洪范》的"五事"概念。

先看《左传·昭公十二年》的一段文字:

> 王揖而入,馈不食,寝不寐。数日,不能自克,以及于难。仲尼曰:"古也有《志》:'克己复礼,仁也。'信善哉!楚灵王若能如是,岂其辱于乾溪?"

鲁昭公十二年,即公元前530年。次年(前529年),楚灵王自缢于乾溪。引文中的"王",即指楚灵王。上述引文,亦大抵见于《孔子家语·政论解》。其中,"克己复礼,仁也"一句,《孔子家语》作"克己复礼为仁",与《论语·颜渊》篇同。杜预《注》:"克,胜也。"孔颖达《疏》:"刘炫云:'克训胜也,己谓身也。有嗜欲,当以礼义齐之。嗜欲与礼义交战,使礼义胜其嗜欲,身得归复于礼,如是乃为仁也。复,反也,言情为嗜欲所逼,己离礼而更归复之。'今刊定云:克训胜也,己谓身也,谓身能胜去嗜欲,反复于礼也。"① 简单说来,"克己"之"克"是克胜、克制、克服之义,相应地"己"代表嗜欲或身体欲望,是一负面的东西。从上引《左传》文及其

---

① 十三经注疏整理委员会整理:《十三经注疏·春秋左传正义》卷四十五,第1506—1507页。

第四章 儒家修身哲学之源：《洪范》五事畴的修身思想及其发展与诠释

背景来看，这一点是很清楚的。"复礼"的含义当然是积极的。在"克己"和"复礼"之上，超越于二者的实践主体也无疑是积极的，因为他极富道德意识——既要克己，又要复礼，还要成仁。"仁"即存在于"克己复礼"的实践之中。不过，据《左传》，仲尼引用古《志》这句话是用来评论楚灵王的，故他所使用者大概是"克己"的负面义。

类似于《左传》"克己复礼，仁也"的句子，亦见于《论语·颜渊》篇。是篇曰：

> 颜渊问仁。子曰："克己复礼为仁。一日克己复礼，天下归仁焉。为仁由己，而由人乎哉？"颜渊曰："请问其目。"子曰："非礼勿视，非礼勿听，非礼勿言，非礼勿动。"颜渊曰："回虽不敏，请事斯语矣。"

上述内容，亦见于上博楚竹书《君子为礼》篇。是篇第1—3号简曰（引文从宽式）：

> 颜渊侍于夫子，夫子曰："回，君子为礼，以依于仁。"颜渊作而答曰："回不敏，弗能少居也。"夫子曰："坐，吾语汝。言之而不义（仪），口勿言也；视之而不义（仪），目勿视也；听之而不义（仪），

195

耳勿听也；动而不义（仪），身毋动焉。"颜渊退，数日不出，□□□□□□【问】之曰："吾子何其迟也？"曰："然，吾新闻言于夫子，欲行之不能，欲去之而不可，吾是以迟也。"①

比较上述两段文字，可以推断竹书《君子为礼》的文字似乎更原始，而《论语·颜渊》篇的文字则经过了后人的润饰和整理。从文意看，上引两段引文有三处存在一定差异。一处见于《颜渊》篇曰："克己复礼为仁。一日克己复礼，天下归仁焉。"竹书《君子为礼》则曰："君子为礼，以依于仁。"二处见于《颜渊》篇曰："非礼勿视，非礼勿听，非礼勿言，非礼勿动。"竹书则曰："言之而不义，口勿言也；视之而不义，目勿视也；听之而不义，耳勿听也；动而不义，身毋动焉。"从修辞手法及用字水平来看，《颜渊》篇无疑都高于竹书《君子为礼》篇。三处见于它们的排序，《论语》作视、听、言、动，而竹书作言、视、听、动。不过，从总体上看来，这两段文字的大意及其思想还是很相近的。竹书的"义"字，均当读作"仪"。"不义（仪）"与"非礼"义近，即不合于礼仪之义。顺便指出，《颜渊》篇"颜渊问仁"章

---

① 参见马承源主编：《上海博物馆藏战国楚竹书》（五），上海古籍出版社2005年版，第254—256页；丁四新等著：《上博楚竹书哲学文献研究》，河北教育出版社拟出版。

第四章 儒家修身哲学之源：《洪范》五事畴的修身思想及其发展与诠释

曾引起何炳棣、杜维明等先生的大讨论和反复驳难，牵涉学者众多，资料不菲，读者可以参看向世陵所编集子，[①]本书不拟介入此一辩论。

《颜渊》篇"颜渊问仁"章无疑聚焦于人的修身实践，而通过礼仪实践，仁即存在于人的道德生命的成就中。对于何谓仁的问题，孔子不是作定义式的概括和回答，他说："克己复礼为仁。"这是总答，是基本观念。又说："非礼勿视，非礼勿听，非礼勿言，非礼勿动。"这是具体方法，是对于身体的礼仪锻炼。这种锻炼方法，是为了成人成德，让仁体现于人的身体修养和生命成就之中。《颜渊》篇"颜渊问仁"章有宗旨、有观念、有条目，是一套系统的修身理论。应当说，这套理论，特别是其"四勿"条目很可能是由孔子推展出来的，而其实践性的"仁"的宗旨则得到了大力强化。而孔子推展"克己复礼为仁"的"四勿"条目，在笔者看来，其实得益于《洪范》的"敬用五事"说和周人的"敬用威仪"说。同时，需要说明，"克己复礼为仁"所包含的积极意义也被《论语·颜渊》篇表发了出来，其修身的重点落在"复礼"一环上。比较起来，《左传》所载仲尼引古《志》"克己复礼，仁也"则无上述意思，即无理论的系统建构和推展，也缺乏积极意义。顺便指出，颜渊在此

[①] 何、杜等人的讨论文章，参见向世陵主编：《"克己复礼为仁"研究与争鸣》下编，新星出版社2018年版。

所说"请事斯语"的"事"字,是躬行、实践之义,它与《洪范》"五事"的"事"字义极其相近。而"事"的内在化,即为宋明儒所说的做功夫。

孔子以"礼"来实践"仁"的思想,具体体现在《论语·乡党》篇中。此篇文献大量记述了孔子如何以礼修身或实践礼仪的具体场景,概括起来说,训练个人行为举止的基本原则是合礼和合宜,其目的是为了成人,为了更好地立身处世,在礼乐实践中做一个举止行为恰如其分的人,做一个文质彬彬的君子。从《乡党》篇的记述来看,孔子修身之事完全符合"不知礼,无以立也"(《论语·尧曰》)的说法。例如,此篇曰:"孔子于乡党,恂恂如也,似不能言者。其在宗庙朝廷,便便言,唯谨尔。"这是对孔子言语修养的记述。又如此篇曰:"见齐衰者,虽狎必变。见冕者与瞽者,虽亵必以貌。凶服者式之。式负版者。有盛馔,必变色而作。迅雷风烈必变。"这是对孔子仪容举止修养的记述。根据这些记述,我们可以推断,孔子在修身上确实做到了"笃行"地步。或者说,孔子在反己修身上是深具功夫的。

最后,我们来看孔子"克己复礼为仁"与《洪范》"敬用五事"的关系。笔者认为,孔子"克己复礼为仁"说的思想来源之一即为《洪范》的"敬用五事"说。《洪范》所说"五事",是针对天子(王)身体的貌、言、视、听、思五者来说的,是对于它们的修治。《洪范》

第四章 儒家修身哲学之源：《洪范》五事畴的修身思想及其发展与诠释

曰："五事：一曰貌，二曰言，三曰视，四曰听，五曰思。""五事"即貌事、言事、视事、听事和思事，"事"字兼修治（动词）和事情（名词）两义。而《论语·颜渊》篇所说视、听、言、动四者，大体上与《洪范》五事畴的前四事相对应。"动"指身体的动作，特别指四体的动作，可以归之于"貌"的范畴。顺便指出，"五事"和"四勿"的排序应该没有特别的思想意义。进一步，《颜渊》篇"颜渊问仁"章虽然没有使用一个"敬"字，但"敬"的精神却包含于其中。据《论语》一书，孔子生前很重视"敬"的功夫。归纳起来，《洪范》"敬用五事"与孔子"克己复礼为仁"都以修身为主题，且其具体节目很相近，因此尽管这两个命题在思想上存在较大不同，有较大变化，但是比较明显，它们是一脉相承的。这一点还可以得到朱子的支持。《朱子语类》卷七十九曰：

> 问："视、听、言、动，比之《洪范》'五事'，'动'是'貌'字否，如'动容貌'之谓？"曰："'思'也在这里了。'动容貌'是外面底，心之动便是'思'。"[1]

---

[1] ［宋］黎靖德编：《朱子语类》卷七十九，第2043页。

上引文中的"视、听、言、动",出自《论语·颜渊》篇"颜渊问仁"章的"四勿"句。"动容貌",出自《论语·泰伯》篇。《泰伯》篇载曾子之言曰:"君子所贵乎道者三:动容貌,斯远暴慢矣;正颜色,斯近信矣;出辞气,斯远鄙倍矣。"曾子所言,也是讲修身之道。从朱子与门人的问答来看,朱子等人首先肯定了《论语》"颜渊问仁"章与《洪范》"五事"的关系,并对其中部分内容作了关联和解释。需要指出,不但容貌之动关涉心之动,而且视、听、言三事亦关乎心之动,所以"思"是核心,起着总管作用。

总之,《洪范》五事畴是儒家修身哲学之源,从"敬用五事"到"敬慎威仪",再到"克己复礼为仁",它们是儒家早期修身哲学的几个关键环节。《洪范》"敬用五事",即所谓敬用貌事、言事、视事、听事和思事。"敬"是功夫,"事"是修治,"敬用五事"是对于貌、言、视、听、思五者的修治。"敬用五事"所处的语境是王道政治和天人感应,目的是王者之身修(曰肃、曰乂、曰哲、曰谋、曰圣)则天应之以休征(时雨若、时旸若、时燠若、时寒若、时风若),王者之身不修(曰狂、曰僭、曰豫、曰急、曰蒙)则天应之以咎征(恒雨若、恒旸若、恒燠若、恒寒若、恒风若),因此五事畴的意义十分重大,"王"和"天"的沟通有赖于此畴。

大抵说来,"威仪"指威严的容止仪表,是早期修身

第四章　儒家修身哲学之源:《洪范》五事畴的修身思想及其发展与诠释

哲学或身体哲学的一个重要概念。"敬慎威仪"是由《诗经》作者提出来的,此种修身功夫纵贯于西周至春秋时期,受到了周代重文重德的精神传统及《洪范》"敬用五事"观念的双重影响。"克己复礼为仁"起源于古《志》,孔子对其作了重新构造和诠释,提高和升华。从"四勿"说来看,此一命题明显受到了《洪范》"敬用五事"说和周人"敬慎威仪"说的双重影响。汉宋儒者对《洪范》"敬用五事"的修身哲学及其相关问题作了大量诠释和评说。概括起来,汉儒借灾异谴告之说,并通过咎征之应及五行思维方式特别强调了人君以"五事"修身的重要性。宋代尚书学很发达,且派别林立,但宋儒都很重视《洪范》"敬用五事"的修身之义。值得注意的是,在五事与庶征的关系上,王安石以关联性思维及譬喻说消解了《洪范》固有的天人感应说,而朱子则批评了王安石之说。朱子固然不同意汉儒必固的天人感应说,但是他更不能赞成王安石对于《洪范》天人感应说的消解。

第五章　论《洪范》福殛畴：手段、目的及其相关问题

　　《洪范》是《尚书》的一篇，对中国思想和文化的影响非常巨大。纵观整个尚书学史，在较大程度上我们可以说，所谓尚书学，其实即为尚书洪范学。洪范共九畴，其中福殛畴为终末畴，即为第九畴。在整个洪范九畴的思想体系中，福殛畴既是手段畴又是目的畴。从天子的统治或王的治理来看，它是赏善罚恶的手段；从个人人生及生活来看，它是臣民的人生追求及其存在意义，是目的。从已有学术论著来看，现当代学者对于福殛畴及其相关问题的研究是比较缺乏的，理解是很肤浅的，甚至在相关文本的训释上都存在严重问题。在下文，本章将先讨论本畴的文本问题，然后概括其思想，梳理五福与六殛的关系，最后讨论其相关问题，从而深化我们对于本畴思想及其相关问题的理解和认识。

第五章 论《洪范》福殛畴：手段、目的及其相关问题

第一节 福殛字义与福殛的来源

一、福殛字义

"福"，现当代中国学者常常将其翻译为"幸福"（happiness）一词。从古书来看，这种理解是不对的；"福"，其实是福庆、福报之义。陈荣捷将"五福"英译为"the Five Blessings"，[①]这是比较准确的。一般说来，"福"是人类生活生存所追求的积极目的和正面价值，中国古人亦不例外。"福"是什么，具体包含哪些内容？"福"的来源是什么？以及如何追求"福"？这些问题，都是人生哲学需要面对和回答的问题。

先看本畴"福""极（殛）"的字义。"福"字，甲文和金文作：

🔣周乎卣，🔣何尊，🔣秦公钟，🔣中山王壶，🔣说文·示部

[①] 参见〔美〕陈荣捷（Wing-Tsit Chan）编译：《中国哲学文献选编》（*A Source Book in Chinese Philosophy*, Princeton, N. J.: Princeton University Press, 1963），第10页。不过，对于"六极"，他英译为"the Six Extremities"，同时又以"a punishment for evil conduct"的括注补充之。括注的说明是对的，但"the Six Extremities"的英译是错误的。而由此可知，陈荣捷并不知道此"极"字应当读为"殛"字。

203

"福"字是一个形声字，从示，畐声。据《字源》，此字始于金文，①不见于甲文。"福"字表示富、贵、寿考等齐备之义。《释名·释言》曰："福，富也，其中多品如富者也。""多品"，即构成福的多种因素。"福"字在古书中往往有具体所指，而对于"福"字的具体所指，古书多有明言。《洪范》曰："五福：一曰寿，二曰富，三曰康宁，四曰攸好德，五曰考终命。"《韩非子·解老》曰："全、寿、富、贵之谓福。"《礼记·祭统》曰："福者，备也。备者，百顺之名也，无所不顺者谓之备。"古文字中的"福"字多用此义。《说文·示部》云："福，祐也。"这是其引申义。本畴"五福"的"福"字，用其本义。"五福"义为五种福庆或福报，《洪范》已具体指明为寿、富、康宁、攸（修）好德和考终命五者。

通常说来，"福"与"祸"相对。《说文·示部》曰："祸，害也……从示，呙声。"灾害、灾难即为祸。通行本《老子》第五十八章曰："祸兮福之所倚，福兮祸之所伏。"《说苑·权谋》曰："此所谓福不重至，祸必重来者也。"中山王䦆壶铭文曰："惟逆生祸，惟顺生福。"以上三例均以祸、福对言。

从《洪范》本文来看，"福"与"极（殛）"相对。反之，也可以说"极（殛）"与"福"相对。《洪范》"六极"

---

① 李学勤主编：《字源》上册，第5页。

第五章 论《洪范》福殛畴：手段、目的及其相关问题

的"极"字，伪孔《传》未训，孔颖达《疏》云："'六极'谓穷极恶事有六。"①这是训"极"为穷极、穷尽。蔡沈《书集传》未解释此字，《汉书》等引经也未见训解此字。惟蔡邕《九惟文》曰："六极之戹，独遭斯勤。"②这是将"六极"解释为六种困厄，但是从引文看，蔡氏并未直接将"极"字训为"困厄"。"极"字训为困厄，这是不对的；而训为穷极、穷尽，也是不够准确的。"极"字的本义为"栋"(《说文·木部》)，引申之有顶点、至、尽、穷、远、中等义，但它们都无法与"福"字义相对。笔者认为，"极"字当从孙星衍说，读为"殛"。孙氏《注疏》曰："'六极'之'极'，《诗·菀柳》：'后予极焉。'《笺》云：'极，诛也。'《释诂》作：'殛，诛也。'言不顺天，降之罪罚。"③"殛"即"诛罚"之义。《庄子·盗跖》曰："子之罪大极重，疾走归！"郭庆藩《集释》引俞樾曰："极当作殛。《尔雅·释言》：'殛，诛也。'言罪大而诛重也。极、殛古字通。"④《尚书·康诰》篇曰："爽惟天其罚殛我，我其不怨。""罚殛"连言，故知"殛"有惩罚义。"六殛"，义为六种惩罚，《洪范》下文具体指明为凶短折、

---

① 十三经注疏整理委员会整理：《十三经注疏·尚书正义》卷十二，第383页。
② [汉]蔡邕：《蔡中郎集·外集》卷一，四部备要本，中华书局1936年版，第123页。
③ [清]孙星衍：《尚书今古文注疏》卷十二，第321页。
④ [清]郭庆藩撰，王孝鱼点校：《庄子集释》，中华书局1961年版，第992页。

疾、忧、贫、恶、弱六者。

此外，据《洪范》三德畴"惟辟作福，惟辟作威"等句，"福"还与"威"字相对。"威"即威力、威风之义。徐在国说："威，会意字。西周金文从女从戌，或从戉，春秋金文从女从戌，或从戈，战国文字从戌。戌、戉、戈都是武器，以示威慑之意。本义盖威力、威风。"[1]这个说解是对的。孙星衍《注疏》引郑玄曰："作威，专刑罚也。"[2]郑玄即训"威"为刑罚。郑玄虽有求之太过之嫌，但其意是也。《洪范》福殛畴云："威用六极（殛）。"据此可知，"威"字义与"殛"字义当有所分别。"威用"的"威"字，更准确地说，应当训为威罚。

二、福殛的来源

人所得福庆或所遭殛罚，通常不是无缘无故的，而是有其来源和依据。在古人看来，"福殛"有四个来源。从终极意义上来说，"福殛"都来源于上天。或者说，它们都是由上天所降下的。这一重来源是由古代浓厚的宗教意识所决定的。从政治来说，"福殛"来源于天子、人君或居上位者。据《洪范》第六畴（"三德"），箕子主张"惟辟作福，惟辟作威，惟辟玉食"，而"臣无有作福、作威、玉食"，因此"福殛"来源于天子或王。从道理上

---

[1] 李学勤主编：《字源》下册，第1091页。
[2] ［清］孙星衍：《尚书今古文注疏》卷十二，第308页。

来说，"福殛"来源于确定的准则和规矩。据《洪范》第五畴（"皇极"），这个确定的准则是"皇极"或"王道"。从个人来说，"福殛"来源于个人的德行修养和对于准则的遵守。据《洪范》第五畴，这个修养就是"攸（修）好德"，而所谓遵守即遵守"皇极"或"王道"。

据《洪范》原文，从整体上来看，"嚮（饗）用五福，威用六极（殛）"是从天子统治或治理臣民，以及臣民是否遵守及其程度如何之报应来说的，故严格说来，五福六殛属于统治或治理的手段，它们与其他八畴共有一个目的，即"彝伦攸叙"的目的。不过，从臣民个人的立场来看，五福六殛又具有目的性，五福是人们努力追求的生活目的及其意义所在，而六殛则是人们所竭力避免的东西。五福六殛的目的性，也是不容忽视的。简言之，福殛畴既是君王治理天下的手段，又是臣民所追求或遭受的人生目的。虽然手段义是主要的，但是此手段其实是建立在目的的基础上的，是通过臣民所追求或遭受的人生目的而发生作用的。

第二节 福殛畴的文本与训释问题

一、福殛畴的文本问题

"福殛"，即是《洪范》第九畴，终末畴"五福六殛"

的省称。《洪范》曰：

> 次九曰嚮（饗）用五福，威用六极（殛）。
>
> 九，五福：一曰寿，二曰富，三曰康宁，四曰攸（修）好德，五曰考终命。六极（殛）：一曰凶短折，二曰疾，三曰忧，四曰贫，五曰恶，六曰弱。

上引第一段文字见于《洪范》九畴总叙部分，第二段文字见于分叙部分，是本畴的具体内容。

先看本畴的文本问题。本畴与第五畴皇极畴、第六畴三德畴有直接的文本关系。《洪范》皇极畴曰："皇建其有极，敛时五福，用敷锡厥庶民。"所谓"五福"，即福殛畴所谓寿、富、康宁、攸（修）好德和考终命五者。《洪范》三德畴曰："惟辟作福，惟辟作威。"所谓"作福""作威"，即所谓"嚮（饗）用五福，威用六极（殛）"之义。另外，在汉代经师的解释中，《洪范》庶征畴（第八畴）与本畴亦有关系，所谓"休征则五福应，咎征则六极至"是也。《后汉书·杨震列传》曰："熹平元年，青蛇见御坐，帝以问赐，赐上封事曰：'臣闻和气致祥，乖气致灾，休征则五福应，咎征则六极至。夫善不妄来，灾不空发。王者心有所惟，意有所想，虽未形颜色，而五星以之推移，阴阳为其变度。以

第五章　论《洪范》福殛畴：手段、目的及其相关问题

此而观，天之与人，岂不符哉？'"不过，从《洪范》原文来看，庶征畴与福殛畴没有直接的文本关系。据笔者理解，在《洪范》原文中，五事畴、五纪畴、庶征畴属于一个系列，而皇极畴、三德畴、福殛畴则属于另外一个系列。前者置身于天人关系中，休征和咎征即是上天对于君王修身之五事的报应。这个系列完全符合君权神授说的逻辑，是为君王与天神的感应而设的。后者则单纯处于统治与服从的政治语境中：从天子统治或治理臣民来说，五福六殛是手段，而从臣民的个人追求来说，五福六殛则是其人生的目的和价值。这个系列是为君王对臣民的统治或治理而设的。汉儒杨赐等人的解释则将这两个序列混杂起来，应当说是不符合《洪范》原文意思的；但是，从逻辑上来看，这两个序列也存在一定的交杂和推演空间，这即是说，世俗的五福六殛能否作为手段施用于人君、谴告人君的问题。

"嚮"，简体字作"向"，《汉书·谷永杜邺传》引经作"饗"。"饗"是本字，"嚮"读作"饗"。"饗"的简体字是"飨"。《说文·食部》曰："饗，乡人饮酒也。""飨"在此是享受的意思，包含赐予之义。"威"，《史记·宋微子世家》《五行志上》《谷永杜邺传》引经均作"畏"。按：在古文字中，威、畏二字常通用；"畏"应当读作"威"。"威"是威罚、惩罚，而"畏"是使之畏惧。后者与经义不合。

"一曰寿",《说苑·建本》曰:"(河间献王曰)《尚书》'五福'以富为始。"其所据经文作"一曰富",次序有别。《史记·宋微子世家》及《中论·夭寿》篇引经,均作"一曰寿"。又,《庄子·天地》篇曰:"寿、富、多男子,人之所欲也。"《韩非子·解老》曰:"尽天年则全而寿,必成功则富与贵,全寿富贵之谓福。"据此,《洪范》"五福"当以"一曰寿"为序。作"一曰富",此别本也。

"攸好德",《史记·宋微子世家》作"所好德"。按:"攸"作"所",乃司马迁以训诂字改换之。其实,"攸"不能依训诂字换作"所"。"攸"应当读作"修",前一字是后一字的初文,故"攸好德"即"修好德"。

二、福畴的文本训释

再看本畴的文本训释。上文已训明"五福"的"福"字是福庆、福报义。"福"是人之所欲者,而"五福"是人之所尤欲者,故君王得以飨庆赏。(1)"寿",即年岁得长或长寿之义。《说文·老部》曰:"寿,久也。"伪孔《传》曰:"百二十年。"下文"一曰凶短折",伪孔《传》曰:"动不遇吉,短未六十,折未三十,言辛苦。"[1]由此反推,大抵说来,伪孔《传》认为上寿百二十,中寿九十,

---

[1] 上引两条伪孔《传》文,见十三经注疏整理委员会整理:《十三经注疏·尚书正义》卷十二,第383页。

第五章 论《洪范》福殛畴：手段、目的及其相关问题

下寿六十。但需要指出，此非古说，而是伪孔《传》的臆造。《庄子·盗跖》曰："人上寿百岁，中寿八十，下寿六十。"《论衡·正说》曰："上寿九十，中寿八十，下寿七十。"二说均与伪孔《传》所说不同。（2）"富"，指财物多或财物丰备。《说文·宀部》曰："富，备也。一曰厚也。""富"字其实兼具"备""厚"两义。（3）"康宁"，即安宁。"康"是和乐、安定之义。孙星衍《注疏》引郑玄曰："康宁，人平安也。"[①]（4）"攸好德"，已见于皇极畴，云"予攸好德"。孔颖达《疏》引郑玄曰："民（人）皆好有德也。"[②]孙星衍从之，曰："攸者，《释言》云：'所也。'所好德，言好善。"[③]伪孔《传》曰："所好者德福之道。"[④]伪孔《传》与孙星衍说有所不同，孙氏以"所"字为句首语气助词，无义，而伪孔《传》则用为所字结构。《汉语大字典》的编写者同意孙说。俞樾则不同意上述两说，他读"攸"为"修"，"好"为美好之好。刘起釪从之。屈万里从朱骏声《尚书古注便读》说，其具体训解与俞樾同。[⑤]今按：当从朱骏声、俞樾说，"攸"读为"修"。

---

① ［清］孙星衍：《尚书今古文注疏》卷十二，第319页。
② 十三经注疏整理委员会整理：《十三经注疏·尚书正义》卷十二，第384页。
③ ［清］孙星衍：《尚书今古文注疏》卷十二，第320页。
④ 十三经注疏整理委员会整理：《十三经注疏·尚书正义》卷十二，第383页。
⑤ 以上引文，见汉语大字典编辑委员会：《汉语大字典》（第2版），第165页；［清］俞樾：《群经平议》卷五，《续修四库全书》第178册，上海古籍出版社2002年版，第70页；顾颉刚、刘起釪：《尚书校释译论》第三册，第1166、1196页；屈万里：《尚书集释》，第125页。

"攸"读为"修",出土文献多见。郭店简《老子》乙组曰:"攸之身,其德乃贞。"上博简《彭祖》曰:"五纪毕周,虽贫必攸。"两"攸"字均读为"修"。《说文·攴部》曰:"攸,行水也。"其实,这个训解是错的。"攸"即"修"字的初文。《甲骨文字诂林》"攸"字条姚孝遂按语:"攸字,许慎以为'水省'者,实即彡之形讹,修字复从彡,是为蛇足,犹莫复增日作暮……《史记·秦始皇本纪》载会稽刻石之文有'德惠脩长',或作'修长',而原刻石作'攸长',诸家皆以通假说之,实则攸修为古今字,本无区分。"① 总之,"所好德"即"修好德",与"恶"相对,是修养美德之义。(5)"考终命",义为得成善终正命。伪孔《传》曰:"各成其短长之命以自终,不横夭。"② 孙星衍《注疏》引郑玄曰:"考终命,考,成也;终性命,谓皆生佼好以至老也。"孙氏本人曰:"万物老而成就,是考终命也……《孝经》云:'身体发肤,受之父母,不敢毁伤。'谓不为五刑所伤。郑说'生佼好以至老',谓此矣。"③ "终命"是当时成辞,即善终其生命,或得享天年、自然终结其生命的意思。"考终命"与上文"攸(修)好德"相对,

---

① 于省吾主编:《甲骨文字诂林》第一册,中华书局1996年版,第171—172页。又见李学勤主编:《字源》中册,第788页。《字源》"水"后脱一"省"字。
② 十三经注疏整理委员会整理:《十三经注疏·尚书正义》卷十二,第383页。
③ 以上两则引文,见〔清〕孙星衍:《尚书今古文注疏》卷十二,第319、320页。

第五章 论《洪范》福殛畴：手段、目的及其相关问题

它们都属于谓宾结构。

"六极（殛）"与"五福"相对。上文已指明"六极"的"极"字，通"殛"。"殛"训为殛罚、惩罚。"殛"是人之所不欲者，而"六殛"是人之所尤不欲者，故君王得以施威罚。（1）"凶短折"，伪孔《传》云："动不遇吉，短未六十，折未三十。"此乃臆说，非是。孔颖达《疏》引郑玄曰："凶短折皆是夭枉之名。未龀曰凶，未冠曰短，未婚曰折。"①《史记·宋微子世家》"一曰凶短折"，裴骃《集解》引郑玄曰："未龀曰凶，未冠曰短，未婚曰折。"②"凶短折"三字义，当从郑注。（2）"疾"，疾病。《说文·疒部》曰："疾，病也。"伪孔《传》云："常抱疾苦。"③伪孔《传》误。（3）"忧"，忧愁。据《说文·心部》《夂部》，"憂"是"優"字，"怣"是怣愁字，二字本不同，后怣愁字通作"憂"。（4）"贫"，贫困，缺少钱财曰贫。"贫"与"穷"不同，"穷"是穷困不通之义。（5）"恶"，伪孔《传》曰："丑陋。"孔颖达《疏》曰："貌状丑陋。"孔《疏》引郑玄曰："恶，貌不恭之罚。"④所谓"五曰恶"，主要指人的精神气质及其仪表粗劣、粗恶。（6）"弱"，伪

---

① 以上两则引文，见十三经注疏整理委员会整理：《十三经注疏·尚书正义》卷十二，第383、384页。
② ［汉］司马迁撰，［南朝宋］裴骃集解，［唐］司马贞索隐，［唐］张守节正义：《史记》卷三十八，第1620页。
③ 十三经注疏整理委员会整理：《十三经注疏·尚书正义》卷十二，第383页。
④ 以上三则引文，见上书，第383、383、384页。

孔《传》曰："尪劣。"孔颖达《疏》曰："志力尪劣也。"又曰："'尪''劣'并是弱事，为筋力弱，亦为志气弱。郑玄云：'愚懦不毅曰弱。'言其志气弱也。"①可见"弱"，是从人的意志和气力两个方面来说的。

总之，五福六极的大意，当如孔颖达《疏》所云："'五福'者，谓人蒙福祐有五事也。一曰寿，年得长也。二曰富，家丰财货也。三曰康宁，无疾病也。四曰攸好德，性所好者美德也。五曰考终命，成终长短之命，不横夭也。'六极'谓穷极恶事有六。一曰凶短折，遇凶而横夭性命也。二曰疾，常抱疾病。三曰忧，常多忧愁。四曰贫，困乏于财。五曰恶，貌状丑陋。六曰弱，志力尪劣也。"②需要指出，孔《疏》有部分训释是不对的，上文已指出，可以参看。关于五福六极的用意，孔《疏》曰："'五福''六极'，天实得为之，而历言此者，以人生于世，有此福极，为善致福，为恶致极，劝人君使行善也。"③孔颖达认为五福六极的用意是"劝人君使行善也"，这其实本自汉儒的解说，而非《洪范》福极畴的本意。关于五福和六极各自的次序，孔颖达《疏》引郑玄曰："此数本诸其尤者，福是人之所欲，以尤欲者为先。极是人之所恶，以尤所不欲者为先。以下缘人意轻重为

---

① 以上三则引文，见十三经注疏整理委员会整理：《十三经注疏·尚书正义》卷十二，第383、383、384页。
② 同上书，第383页。
③ 同上。

次耳。"①蔡沈《书集传》曰："以福之急缓为先后……以极之重轻为先后。"②皆可以参看。

第三节 福殛畴的思想：飨用五福，威用六殛

一、福殛畴的思想

从直接和间接角度看，《洪范》福殛畴大抵包括如下几点思想：

第一，福殛畴是洪范九畴的第九畴和终末畴，而五福和六殛既是手段又是目的。从"嚮（飨）用五福，威用六极（殛）"来看，五福和六殛都是天子或君王用来统治臣民和治理天下的工具。"飨"与"威"都是动词，其施为者是王，其施为对象是臣民，很明显二者是统治与被统治、治理与被治理的关系。从统治中或治理中的每一个体的生命追求及其存在意义来看，趋福避殛或趋吉避凶，是人的天性及其生活、生存之目的所在。从这一点来看，福殛畴又为目的畴。而且，作为手段的五福六殛正是建立在作为目的的五福六殛基础上的。由于洪范九畴属于天子治理天下的九种大法，故五福六殛在《洪

---

① 十三经注疏整理委员会整理：《十三经注疏·尚书正义》卷十二，第383—384页。
② ［宋］蔡沈：《书集传》卷四，王丰先点校，第172页。

范》篇中首先是从治理手段来说的；其次，五福六殛又是从个人的生活生存追求及其存在意义来说的。两者结合起来，即可将个人的生活、生存追求及其存在意义的目的转化为君王治理天下的手段。而天子或君王即因此人性需求及个人生活、生存的目的而将其转化为赏善罚恶的统治或治理手段，使处于统治或治理中的个人之生活、生存目的及其存在意义，和天子或君王的治理需要一致。应当说，这是一种很内在、很高明的统治或治理思路。而此种思路属于因目的而生手段的政治智慧。

第二，五福六殛作为手段，与皇极畴、三德畴的关系很密切，这可以直接从《洪范》本文看出来。《洪范》第五畴皇极畴一曰："皇建其有极，敛时五福，用敷锡厥庶民。"二曰："而康而色，曰：'予攸（修）好德。'汝则锡之福。"这两段话与福殛畴有文本上的直接关系。皇极畴的核心在于"皇建其有极"或"惟皇作极"，此两句中的"极"字都是"中"或"标准"之义。据皇极畴可知，天子以五福赏赐臣民，又以六殛威罚臣民，其标准或依据即是"惟皇作极"。如果臣民协合于极，则天子赐之五福，如果不协合于极，则天子威用六殛。而且，从天子统治或治理的角度来看，"修好德"是极为重要和极其关键的，它不仅是五福之一，而且是人成其为人的关键所在。这样看来，所谓寿、富、康宁、修好德、考终命的五福，其实以"修好德"为中心。

第五章 论《洪范》福殛畴：手段、目的及其相关问题

《洪范》第六畴三德畴曰："惟辟作福，惟辟作威，惟辟玉食。臣无有作福、作威、玉食。臣之有作福、作威、玉食，其害于而家，凶于而国。人用侧颇僻，民用僭忒。"这一段话，与福殛畴的文本关系很明显。"作福"与"五福"相应，"作威"与"六殛"相应，"作福""作威"即"嚮（饟）用五福，威用六极（殛）"之义。古人很早即认识到，立君的根据在于君主对于全体臣民的福祉负责，他应当承担起统治或治理天下的政治责任。从目标看，皇极畴用"作民父母"的比喻来对天子所应当承担的政治责任作出了很高要求。同时，在统御诸侯大臣和治理平民百姓的过程中，天子本人即应当专擅天子之名分，因为名分即权力的现实化和具体化，而不能被臣下所觊觎和僭用；否则，王权被觊觎和被僭用，即会导致王纲解纽和礼崩乐坏的末世局面。对于前者，三德畴即谓之"惟辟作福，惟辟作威，惟辟玉食"；对于后者，三德畴即谓之"臣无有作福、作威、玉食"。从三德到作福、作威、玉食，从作福、作威、玉食到"嚮（饟）用五福，威用六极（殛）"，这是一条线索。反过来看，五福六殛确实是天子统治臣下的手段和治理庶民的工具。

第三，在福殛畴中，五福与六殛两者具有对应关系。其对应关系体现在四个方面。一是从文本上来看，五福与六殛是对应的。福殛畴先述五福而后及六殛，两者是彼此配合的关系。否则，单言五福而不言六殛，或者单

言六殛而不言五福，文本就不是完整的。二是从性质上来看，五福与六殛是对应的。五、六均为中数，五为天数，六为地数，故暗含阳生阴杀之义。福与殛相对，福为人所追求，是积极、肯定的目标；而殛为人所欲避免，是消极、否定的目标。三是从内容上来看，五福与六殛具有对应性。寿、富、康宁、修好德、考终命五者曰五福，凶短折、疾、忧、贫、恶、弱六者曰六殛。虽然学者对于五福六殛的具体对应关系持说不同，或有争议，但无一例外地，人们都认为它们在内容上具有对应性。四是从用意上来看，五福与六殛也是对应的。对于人生而言，五福是对于人生目的及其存在意义的肯定，而六殛则是对于人生目的及其存在意义的否定。从天子统治或治理的角度来看，《洪范》所谓"嚮（飨）用五福，威用六极（殛）"即揭明了本畴的宗旨。

第四，福殛畴包含着"德福一致"的观念。这一点无论是从天子的统治、治理还是从臣民的人生追求来看，都是如此。上文已指出，"五福"以"修好德"为关键。皇极畴说，庶民因其"予攸（修）好德"，故天子得以"锡之福"。而在"惟辟作福，惟辟作威"的前提下，所谓"德福一致"，指臣民修有什么样的好德，即有什么样的福报，不多也不少，不轻也不重，更不是相反。而作为执掌赏罚二柄的君王，其责任是实事求是和明察秋毫，根据臣民的德行功咎而相应地"飨用五福，威用六殛"。

进一步，在现实层面上，尽管一个人的德福未必总是一致的，但是"德福一致"本身是颇有价值的，它是一种普世愿望，对于人生的意义和安顿都有重要作用。

二、神性与否定

此外，关于福殛畴，笔者认为，还有三点值得指出。一是福殛畴隐含着对天子神性的肯定；二是墨家将祸福的来源完全归之于天降，在一定程度上损害了王的政治权威和管治作用；三是庄子以逍遥无待之说超越了传统的"致福"观念，认为"致福"对于人的生命自由来说也是一种束缚。

先看第一点。五福的"寿"和六殛的"凶短折"，本是自然性、命定性和偶然性极强之物，然而据《洪范》本文，王却可以作用之，可以支配之。这从一个侧面反映出，王在受命的情况下也具有通天的神性。《洪范》序论曰："天乃锡禹洪范九畴，彝伦攸叙。"这两句话直接肯定了洪范九畴本身即是人君受命的象征，而由此可知，能作福作威的王即具有通天的神性。而由于具有此等神性，所以他能飨用寿福和威用凶短折。

再看第二点。墨子走向一个极端，将祸福或赏罚的主宰者和施为者完全归之于神性的天或归之于鬼神。《墨子·法仪》曰："爱人利人者，天必福之；恶人贼人者，天必祸之。"同书《天志上》曰："故昔三代圣王禹汤文武，欲以天之为政于天子……以祭祀上帝鬼神，而求祈福于天。我未尝闻天下之所求祈福于天子者也，我所以知天之为政于天子者也。"同书《公孟》曰："古圣王皆以鬼神为神明，而为祸福，执有祥不祥，是以政治而国安也。自桀纣以下，皆以鬼神为不神明，不能为祸福，执无祥不祥，是以政乱而国危也。"这三段引文都说明了，墨家将祸福或赏罚的主宰者和施为者完全归之于上天或鬼神一方。这与《洪范》的区别很明显，《洪范》将五福六殛的主宰者和施为者归之于天子或王，完全肯定了天子或王在人间的绝对权威及其超越能力。

最后看第三点。庄子及其后学走向另一个极端，即在一定意义上否定了个人追求五福的价值和意义。追求五福并以为人生目的，这本是一般社会现象，常人均沉溺于其中而不能自拔。但是，在先秦，庄子以一种崭新的生命观在一定程度上否定了这种世俗的价值观和人生观。《庄子·逍遥游》曰："夫列子御风而行，泠然善也，旬有五日而后反。彼于致福者，未数数然也。""御风而行"，比喻列子超越了世俗价值观念的束缚，落实下来即指"彼于致福者，未数数然也"。"致福"即求福，而所求之福，当指寿、福、康宁、修好德、考终命五者。庄子在一定程度上肯定了"致福"的人生价值，但是"致福"同时将人生价值限定在"世俗"的特性上而使人无法自解免。在致福之上，庄子认为人生有更高的存在价值和意义。他认为，人生的最高价值和意义是个体生命的安立和安适，是达到逍遥无待之境。在他看来，汲汲乎追求五福，这是对于人的生命的倒悬和限定，是对于人的生命之真的疏离和异化。这样，作为人生追求目的的五福于是被超越和解脱，而作为治术的五福六殛也因此丧失其神圣性和必要性。

第四节 五福与六殛的对应关系及其相关问题

一、五福与六殛的对应关系

先看五福与六殛在内容上的对应关系。二者是如何对应的？不同时代及不同学者对此一问题有不同的看法和回答。今列四种看法或意见如下：

第一种，见于《汉书·五行志》及郑玄《注》所述《尚书大传》。孙星衍《注疏》引《汉书·五行志》曰："视之不明，其极疾；顺之，其福曰寿。听之不聪，其极贫；顺之，其福曰富。言之不从，其极忧；顺之，其福曰康宁。貌之不恭，其极恶；顺之，其福曰攸好德。思心之不容，其极凶短折；顺之，其福曰考终命。"并评论说："此盖刘向今文说也，与郑氏异。"[1]需要指出，孙氏

---

[1] ［清］孙星衍：《尚书今古文注疏》卷十二，第319页。

《注疏》引《五行志》文字是概引。据这段引文，刘向所说"五福"与"六殛"的对应关系是：疾—寿，贫—富，忧—康宁，恶—攸好德，凶短折—考终命。孙氏《注疏》又述及郑注《尚书大传》曰："反疾为寿者，夏气得遂其长也；反贫为富者，冬主固藏……反忧为康宁；东方德，西方刑，失其气则恶，顺之则好德也；反凶短折为考终命者。"[①]据此，郑玄《注》所说五福与六殛的对应关系是：疾—寿，贫—富，忧—康宁，恶—攸好德，凶短折—考终命。通过比较，不难发现，上述两段引文所说的五福与六殛的对应关系完全相同。一般说来，注不违传，郑玄《注》所说五福与六殛的对应关系其实即出自《尚书大传》，因此它们不一定即是郑玄本人的看法。而伏生《尚书大传》的此种搭配法，已被刘向所继承。另外，顺便指出，上述两段文字均没有提及弱殛。

第二种，见于孔颖达《疏》所引郑玄说。孔《疏》引郑玄曰："（郑玄依《书传》云）凶短折，思不睿之罚。疾，视不明之罚。忧，言不从之罚。贫，听不聪之罚。恶，貌不恭之罚。弱，皇不极之罚。反此而云，王者思睿则致寿，听聪则致富，视明则致康宁，言从则致攸好德，貌恭则致考终命。所以然者，不但行运气性相感，以义言之，以思睿则无拥，神安而保命，故寿。若

---

① ［清］孙星衍：《尚书今古文注疏》卷十二，第319—320页。

第五章 论《洪范》福殛畴：手段、目的及其相关问题

蒙则不通，殄神夭性，所以短折也。听聪则谋当，所求而会，故致富。违而失计，故贫也。视明照了，性得而安宁。不明，以扰神而疾也。言从由于德，故好者德也。不从而无德，所以忧耳。貌恭则容俨形美而成性，以终其命。容毁，故致恶也。不能为大中，故所以弱也。"①其中，五福与六殛的对应关系是：凶短折—寿，疾—康宁，忧—攸好德，贫—富，恶—考终命。此种对应关系与第一种大殊，除了"贫—富"一对是相同的外，其他四对均不同。此种对应关系，比较可能代表了郑玄本人的意见。另外，郑玄虽然在本段引文中提到弱殛，但是它在五福中依然无其对应者。

第三种，见于王安石《洪范传》。《洪范传》曰："凶者，考终命之反也；短折者，寿之反也；疾忧者，康宁之反也；贫者，富之反也。此四极者，使人畏而欲其亡，故先言人之所尤畏者，而以犹愈者次之。夫君人者，使人失其常性，又失其常产，而继之以扰，则人不好德矣，故五曰恶，六曰弱。恶者，小人之刚也；弱者，小人之柔也。"②王安石关于五福与六殛的对应关系是：凶—考终命，短折—寿，疾、忧—康宁，贫—富，恶、弱—攸好德。

---

① 十三经注疏整理委员会整理：《十三经注疏·尚书正义》卷十二，第384—385页。
② ［宋］王安石撰，中华书局上海编辑所编辑：《临川先生文集》卷六十五，第697页。

第四种，见于《朱子语类》所记朱子说。《朱子语类》卷七十九曰："然此一篇文字极是不齐整，不可晓解。如'五福'对'六极'：'一曰寿'，正对'凶短折'；'二曰富'，正对'贫'；'三曰康宁'对'疾与弱'；皆其类也。'攸好德'却对'恶'，参差不齐，不容布置。"①朱子关于五福与六殛的对应关系是：寿—凶短折，富—贫，康宁—疾、弱，攸好德—恶。可以看出，他没有将考终命之福和忧殛配对起来。今天，我们可以追问，朱子在内心里是否将"考终命"与"忧"配对起来了呢？而它们又是否可以配对呢？对于前一个问题，笔者推测，朱子可能认为这两者都不能配对，故在此段文字中，他没有提及它们。对于后一个问题，根据前三种意见来看，答案很可能是否定的。需要指出，朱子的说法是在问答和对话性的语录中出现的，具有较大的随意性，未必能够真正代表朱子的看法。

总结上述四种意见，刘向、郑玄、王安石和朱子无一例外地都肯定五福与六殛具有对应关系，只是在如何对应的问题上，他们四人的看法是不同的。首先，第一种和第二种为一大类，属于汉人的说法；而第三种和第四种属于一大类，属于宋人的说法。汉人的说法属于经学，受到经典及当时解经传统的高度约束，且其知识背

---

① ［宋］黎靖德编：《朱子语类》卷七十九，第2049页。

景及思维方式是相同的。宋人的说法虽然名为解经，但其实它们已经落入很强的说理意识中，王、朱二氏均据理而为之配对。不过，王、朱二氏的说法仍受五元思维的制约。其次，除了对"贫—福"的搭配是完全相同的外，刘、郑、王、朱四人关于其他四对的搭配是参差不齐而各不相同的。最后，这四种福殛的具体对应都不尽合理，但存在一定程度的不同。

笔者认为，从内容上来看，寿、考终命与凶短折相对，富与贫相对，康宁与疾、忧相对，攸（修）好德与恶、弱相对。凶短折何以与考终命相对？这是因为凶短折一殛包含非正命而死的情况，故其与考终命相对。康宁何以与疾、忧二殛相对？这是因为康宁包含健康和安宁两义，故其与疾、忧相对。恶、弱主要是生命气象和生命意志上来说的，故此二殛能与攸（修）好德相对。很显然，笔者的说法，已不再受五行思维的局限，而是完全从义理上来作理解和为之配对的。

二、五事畴与福殛畴的关系

再看五事畴等与福殛畴的关系。上引刘向说和郑玄说都认为五事与福殛有因果关系。刘向说以伏生说为基础。伏生的搭配是：疾—寿—夏长，贫—富—冬藏，忧—康宁，好德—春、东、德，恶—秋、西、刑，凶短折—考终命。春生故曰德，秋杀故曰刑，这是运用了阴阳刑德理论，以与福殛畴搭配。在此基础上，刘向认为五事与福殛有因果关系，其具体搭配是：视不明—疾，视明—寿；听不聪—贫，听聪—富；言不从—忧，言从—康宁；貌不恭—恶，貌恭—攸好德；思心不容—凶短折，思心容—考终命。而刘向说其实来源于夏侯始昌的《洪范五行传》。从原文看，《洪范》没有直接将五事畴和福殛畴关联起来；但是从道理上来看，将五事畴与福殛畴关联起来是可行的。

不能不指出，刘向等人将五事畴与福殛畴关联起来，这实际上突破了《洪范》原文的界限。五事、五纪与庶征有因果关系，皇极、三德与福殛有因果关系，这两个系列的关系在《洪范》中是明确的。五事是在天人感应的背景下讲君王的修身，敬用五事则天应之以休征，否则天应之以咎征。庶征在肯定君权神授的同时，又因为天人感应而起谴告人君的作用。而对于"敬用五事"的"敬"字，汉儒又用"恐惧修省"四字来作解释。福殛畴与五事畴不同，《洪范》曰"嚮（飨）用五福，威用六极（殛）"，五福六殛是天子或君王用来赏善罚恶的，从《洪范》皇极畴、三德畴文本来看，都是如此。臣民遵从皇极，则天子赐之福，不遵从皇极则天子施用殛罚。然而，我们看到，汉儒打破了五事对庶征、皇极对福殛的《洪范》原文脉络，而将五事和福殛直接关联了起来，认为它们也有因果关系。这样一来，天子修养五事如何，即不但有庶征之应，而且有福殛的赏罚了。进一步，汉儒的此种构想过不过分呢？符不符合皇朝逻辑呢？对于这两个问题应当如何作答，笔者揣测，即使是汉代经师也是颇感惶惑的。不管怎样，五事与福殛的因果关系是由汉儒建构的，是汉儒的想法，但它不是《洪范》本有的思想。

不仅如此，按照夏侯始昌、刘向等人的逻辑，皇极、庶征还被汉儒一并加入到此一新的解释体系中来。《汉书·谷永杜邺传》曰：

（谷永对曰）窃闻明王即位，正五事，建大中，以承天心，则庶征序于下，日月理于上；如人君淫溺后宫，般乐游田，五事失于躬，大中之道不立，则咎征降而六极至。凡灾异之发，各象过失，以类告人……经曰："皇极，皇建其有极。"传曰："皇之不极，是谓不建，时则有日月乱行。"

《汉书·匡张孔马传》曰：

（孔光对曰）臣闻日者，众阳之宗，人君之表，至尊之象。君德衰微，阴道盛强，侵蔽阳明，则日蚀应之。《书》曰"羞用五事"，"建用皇极"。如貌、言、视、听、思失，大中之道不立，则咎征荐臻，六极屡降。皇之不极，是为大中不立，其传曰"时则有日月乱行",谓朓、侧匿,甚则薄蚀是也。

《后汉书·杨震列传》曰:

> (杨赐上封事曰)臣闻和气致祥,乖气致灾,休征则五福应,咎征则六极至。夫善不妄来,灾不空发。王者心有所惟,意有所想,虽未形颜色,而五星以之推移,阴阳为其变度。以此而观,天之与人,岂不符哉?《尚书》曰:"天齐乎人,假我一日。"是其明征也。夫皇极不建,则有蛇龙之孽。

成帝建始三年(前30年)冬,"日食地震同日俱发",故成帝"诏举方正直言极谏之士"。上引《汉书·谷永杜邺传》一段文字即发生在此一背景之下。哀帝元寿元年(前2年)年正月朔日"日有蚀之",且十余日后傅太后崩,故哀帝征孔光"问日蚀事"。上引《汉书·匡张孔马传》一段文字即发生在此一背景之下。灵帝熹平元年(172年),"青蛇见(现)御坐(座)",故灵帝就此事询问杨赐。上引《后汉书·杨震列传》一段文字即发生在此一背景之下。

从上引三段文字来看,五事、皇极、庶征、福痾被关联了起来。而通过此四畴的关联,汉儒进而将洪范九畴全部关联了起来,纳入天人感应、灾异谴告、休征咎

第五章 论《洪范》福痾畴：手段、目的及其相关问题

征和五福六痾的思想系统之中。应该说，汉儒在较大程度上误读了《洪范》。也可以说，汉儒以君权问题为中心重新诠释了此篇经典文献的思想。

总之，《洪范》福痾畴既是手段畴又是目的畴。"福"是福庆、福报之义，"六极"之"极"当读为"痾"，"痾"是诛罚、惩罚义。"攸"是"修"字初文，"攸好德"即"修好德"，"好德"即美德之义。"五福"即五种福报，"六痾"即六种惩罚。在洪范九畴系统中，五福六痾既是个人趋吉避凶的目的，又是君王统治臣民和治理天下的手段，且天子专擅作福作威的权力。五福与六痾有对应性，但如何对应，汉宋儒者的说法不一致。从内容和义理上来看，寿、考终命应与凶短折相对，富应与贫相对，康宁应与疾、忧相对，修好德应与恶、弱相对。福痾畴包含着"德福一致"的观念，且暗中肯定了君王具有通天的神性。从《洪范》本文来看，五事、五纪与庶征有因果关系，而皇极、三德与福痾有因果关系，这两个系列的分别是很明确的。在汉人的解释中，五事、皇极、庶征、福痾四畴被关联了起来。而通过此四畴的关联，汉儒进一步将洪范九畴全部关联了起来，纳入了所谓天人感应、灾异谴告、休征咎征和五福六痾的思想系统之中。实际上，汉儒在天人感应的思想背景下将《洪范》变成了一篇展现君权、制约君权和如何谴告、赏罚人君的核心文献。

第六章 《洪范》八政等五畴略论

《洪范》是一篇十分重要的《尚书》文献，对中国思想和文化产生了极其深远的影响。除了通论《洪范》大义之外，本书第二、三、四、五章对"五行""皇极""五事"和"福殛"四畴作了重点梳理、论述和研究。但这不是说，《洪范》其余五畴不重要。实际上，八政、五纪、三德、稽疑和庶征五畴都很重要，在中国思想和文化中都产生了深远影响。从洪范九畴的思想系统来看，每一畴不但都是必要的，而且都是比较重要的，不然它们不可能被箕子列入经世之大法中。有鉴于此，本章将对八政、五纪、三德、稽疑和庶征五畴略作论述和分析，以阐明其基本含义和思想要点。

第六章 《洪范》八政等五畴略论

第一节 八政畴：农用八政

一、何谓八政

八政畴是洪范九畴的第三畴。《洪范》曰：

> 次三曰农用八政。

> 三，八政：一曰食，二曰货，三曰祀，四曰司空，五曰司徒，六曰司寇，七曰宾，八曰师。

上引第一段文字见于《洪范》九畴总叙部分，第二段文字见于分叙部分，是本畴的具体内容。

"农用八政"，即以八政勉力于政事民生。"农"字，伪孔《传》曰："厚也。"孔颖达《疏》曰："郑玄云：'农读为醲。'则'农'是农意，故为厚也。"[1]伪孔《传》训从郑义。"醲"即浓厚义，《后汉书·马融传》朱勃上书曰"明主醲于用赏，约于用刑"，即用此义。如此，"农（醲）用八政"即是说，人君以八政重厚民生。此为一训。王隆《汉官解诂》曰："勉用八政。"[2]此训"农"

---

[1] 十三经注疏整理委员会整理：《十三经注疏·尚书正义》卷十二，第355页。
[2] ［汉］王隆撰，［清］孙星衍辑：《汉官解诂》，载［清］孙星衍等辑：《汉官六种》，中华书局1990年版，第12页。

231

为"勉",皮锡瑞以为今文家说。①刘起釪据西周中期梁其钟铭文"农臣天子"等,赞成"农"训为"勉",云:"'农用八政'即'勉以八政'。"②《广雅·释诂》:"农,勉也。"笔者认为,皮说可从,"农"当训为"勉",不烦改读为"醲"。

所谓"八政",指八种大的政事或政务。相应地,"八政"也可指执掌此八大政事的职官。孔颖达《疏》引郑玄曰:

> 此数本诸其职先后之宜也。食谓掌民食之官,若后稷者也。货掌金帛之官,若《周礼》司货贿是也。祀掌祭祀之官,若宗伯者也。司空掌居民之官。司徒掌教民之官也。司寇掌诘盗贼之官。宾掌诸侯朝觐之官,《周礼》大行人是也。师掌军旅之官,若司马也。③

据上述引文可知,郑玄以官职为说。其实,政务与官职是相应的。"食"指食物,"谓农殖嘉谷可食之物"(《汉书·食货志》),亦指掌管民食的官员,如后稷是也。后稷是周族的始祖,主管五谷。后稷"教民稼穑,

---

① [清]皮锡瑞:《今文尚书考证》卷十一,第243页。
② 顾颉刚、刘起釪:《尚书校释译论》第三册,第1149页。
③ 十三经注疏整理委员会整理:《十三经注疏·尚书正义》卷十二,第362页。

第六章 《洪范》八政等五畴略论

树艺五谷，五谷熟而民人育"(《孟子·滕文公上》)。《尔雅·释诂上》："后，君也。"古文字学者说："君后之后字形体不见于商代甲骨文，也不见于西周金文。甲骨文、西周金文皆以毓（育）字为后，甲骨文有毓祖丁，商代金文也有毓祖丁，用为君后、君王之义。西周金文班簋'毓文王'也是用为君王之义……（于省吾说）以'后'为'毓'，当起于春秋时期。"[1]"五谷"以稷为尊，故名后稷。"货"指金玉布帛，"谓布帛可衣，及金刀龟贝，所以分财布利通有无者也"(《汉书·食货志》)，也指掌管财物的官员，如《周礼》所说司货贿是也。"货贿"二字是同义词，散言则通，对言有别。《周礼·天官·大宰》篇曰："商贾，阜通货贿。"郑玄《注》："金玉曰货，布帛曰贿。"[2]"祀"指祭祀，"所以昭孝事祖，通神明也"(《汉书·郊祀志》)，也指掌管祭祀的官员，如宗伯是也。宗伯是天子六卿之一，主掌宗庙祭祀等事，后世称为礼部。"司空"即司工，甲金文作"司工"或"嗣工"。"司空"是掌管平治水土、营建土木工程，而使民安居的官员。"司徒"是掌管教民的官员。"司寇"是掌管诘问盗贼或主管刑狱的官员。"宾"指宾客，特指诸侯，也指掌管诸侯朝觐的官员，如《周礼》大行人是也。"师"指

---

[1] 李学勤主编：《字源》中册，第795页。
[2] 十三经注疏整理委员会整理：《十三经注疏·周礼注疏》卷二，北京大学出版社2000年版，第38页。

军旅,亦指掌管军旅的官员,如司马是也。在先秦时期,古人基本上以马拉战车作战,故司马之职很重要,因得以司马指代掌管军队的官员。

总体看起来,这八种政事或八种职官非常重要,天子(君王)如何治理天下,需要把握这八种基本政事,并选择好相应的职官。需要指出,八政畴基本上是从治理的角度而不是从统治的角度来说的,它与三德畴很不相同。"三德"在洪范九畴体系中属于天子自治其才性的三种行为和方法。

二、八政的排列次序问题

"八政"为何按照一曰食、二曰货、三曰祀、四曰司空、五曰司徒、六曰司寇、七曰宾、八曰师的次序排列?对此问题,孔颖达作了较好说明:"八政如此次者,人不食则死,食于人最急,故食为先也。有食又须衣货为人之用,故'货'为二也。所以得食货,乃是明灵佑之,人当敬事鬼神,故'祀'为三也。足衣食,祭鬼神,必当有所安居,司空主居民,故'司空'为四也。虽有所安居,非礼义不立,司徒教以礼义,故'司徒'为五也。虽有礼义之教,而无刑杀之法,则强弱相陵,司寇主奸盗,故'司寇'为六也。民不往来,则无相亲之好,故'宾'为七也。寇贼为害,则民不安居,故'师'为八也。此用于民缓急而为次也。"①蔡沈《书集传》曰："食者，民之所急；货者，民之所资，故食为首而货次之。食货，所以养生也。祭祀，所以报本也。司空掌土，所以安其居也。司徒掌教，所以成其性也。司寇掌禁，所以治其奸也。宾者，礼诸侯、远人，所以往来交际也。师者，除残禁暴也。兵非圣人之得已，故居末也。"②其大意与孔疏同。古人解经，对于次序的问题很敏感，因为次序也可能包含着经书大义。

顺便指出，对于"八政"，郑玄以为八政之职官，而孔颖达以为八政之事，两者的角度是不同的。孔疏对郑注作了批评，不过，在笔者看来，郑注和孔疏其实是相补的。清人江声说："食货之等，郑必皆以官言之者，以言八政政事，必各有官司之，经或举事，或举官，互相备也。郑于三官各举其事，与食货等各举掌之之官，与经互相发明，谊甚精当，孔颖达驳之，非也。"③江说是。总之，前三政食、货、祀为一类，乃天下之常事，万民赖之以生，赖之以存。中三政司空、司徒、司寇为一类，乃教育民众、管理官场和维护社会秩序的职官。后二政宾、师，乃天子对诸侯、四夷之事。

---

① 十三经注疏整理委员会整理：《十三经注疏·尚书正义》卷十二，第361—362页。
② ［宋］蔡沈：《书集传》卷四，王丰先点校，第164—165页。
③ ［清］江声：《尚书集注音疏》，载［清］阮元编：《清经解》第二册，第883页。

另外,《左传·成公十三年》载刘康公曰:"国之大事,在祀与戎。"据此,有人认为《洪范》"八政"的排列次序是不够合理的。其实,这种疑问未必恰当。刘康公云"国之大事,在祀与戎",是从诸侯国的角度来说的,"国"即指诸侯之国;而《洪范》"八政"则是从王者角度来说的,对天下而言。从王者治理天下、为万民计来看,八政俱为大事。刘康公所谓"国之大事,在祀与戎"之说,不过急于当时历史情势,而突出"祀"与"戎"两政罢了。再者,刘康公从正面否定了其他六政为"国之大事"吗?没有。"三曰祀","八曰师",反过来看,"祀"与"戎"两政虽然在天子八政中居后,但是仍然属于大事大政,这是可以肯定的。甲金文显示,"祀"和"戎"在殷周时期已为国家重要事务。

第二节 五纪畴:协用五纪

一、五纪畴的来源

"五纪"是《洪范》第四畴。

一般说来,古人认为万物有灵,居于塔尖者是至上神,即帝或天。上帝或天神居于宇宙的中心,主宰着宇宙和万物的命运,支配着日月星辰的运行和岁时月日的运转。而日月星辰的运行和岁时月日的运转又是彼此关联的，它们运行或运转的规律古人统称之为"天道"。天体运行的岁时月日的数量化即为历数。历数与天道相为表里。从日常生活及农业生产对历法的迫切需要来看，对天道的把握其实对于古人来说一般是为了对历数的把握；而历法又是历数的进一步下落，并与气候、农政发生密切关联的结果。

远古时期，中国古人即高度重视对天文现象的观察和测定，并依此测定时间和制定历法。河南濮阳西水坡45号墓（仰韶文化）的下葬时间距今约6500年。该墓墓主尸骨的左右两旁分别摆放着龙虎蚌塑图案。[1]据研究，整个墓葬图景属于天文历法性质，与古书所谓"左青龙而右白虎"（《礼记·曲礼上》）的说法一致。[2]辽宁牛梁河遗址（红山文化）距今约5500年至6000年，出土了祭祀天地的圜丘和方丘。圜丘为三重，方丘为两重。而此种"叁天两地"（《周易·说卦》）的结构，其实是古人根据太阳周年视运动的轨迹——黄道来模拟的。[3]夏至最长，冬至最短，春秋分等长居中，故圜丘为三重。此三重可内接三个正方形，而古人祭祀天地分别在冬至和夏至，故方丘为两重。山西陶寺遗址（龙山文化）距今2300年

---

[1] 参见孙德萱等：《河南濮阳西水坡遗址发掘简报》，《文物》1988年第3期。
[2] 参见冯时：《河南濮阳西水坡45号墓的天文学研究》，《文物》1990年第3期。
[3] 参见冯时：《红山文化三环石坛的天文学研究——兼论中国最早的圜丘与方丘》，《北方文物》1993年第1期。

至1900年，出土了测量日影的"圭表"。[①]而战国早期的曾侯乙墓则出土了一件漆箱，其盖面上画有二十八宿，中间又大书一"斗"字，并在漆箱左右两侧画有龙虎二象。[②]由此可知，从远古至战国时期，中国古人十分重视观测天文现象，并据此把握时间和制定历法。而这些考古发现及学者的研究成果，又与《尚书·尧典》的相关记述一致。

简单说来，"五纪"即来源于中国古人对于岁、月、日、星、辰的长期观察、观测和历算，并在文明之初（约当尧舜禹时期）确定了下来。

二、何谓五纪

《洪范》的五纪畴，是箕子对殷代以前中国古人通过观测特定天文现象而用以纪识时间，并制定相应历法之相关观念和方法的总结。《洪范》曰：

次四曰协用五纪。

四，五纪：一曰岁，二曰月，三曰日，四曰星

---

① 参见何驽：《山西襄汾县陶寺城址发现陶寺文化大型建筑基址》，《考古》2004年第2期；何驽：《山西襄汾县陶寺城址祭祀区大型建筑基址2003年发掘简报》，《考古》2004年第7期；李维宝、陈久金：《中国最早的观象台发掘》，《天文研究与技术》2007年第3期；黎耕、孙小淳：《陶寺ⅡM22漆杆与圭表测影》，《中国科技史杂志》2010年第4期。
② 《湖北随县曾侯乙墓发掘简报》，《文物》1979年第7期。

第六章 《洪范》八政等五畴略论

辰（晨），五曰历数。

上引第一段文字见于《洪范》九畴总叙部分，第二段文字见于分叙部分，是本畴的具体内容。

首先需要指出，清华简《五纪》篇即以《洪范》五纪畴为背景。《五纪》篇第3号简曰："后曰：日、月、星、辰、岁，唯天五纪。"（引文从宽式）竹简整理者说："《五纪》借托'后'，论述五纪（日、月、星、辰、岁）与五算相参，建立常法；在此历算基础之上，将礼、义、爱、仁、忠五种德行，与星辰历象、神祇司掌、人事行用等相配，从而构建了严整宏大的天人体系。全篇以'五纪'为中心展开，故据拟今题。"[①] 据此引文可知，竹简《五纪》篇与《洪范》五纪畴所云高度一致。综合看来，只可能后者是前者的推演依据，而不是相反。据《五纪》篇同时可知，今本《洪范》五纪畴的文字当有讹误。"历数"二字或是注文，掺入正文；且今本纪序有所改动，改动后的纪序与庶征畴的后一段文字相应。今本的失误，当发生在战国晚期至西汉初期之间。

"协"字，《汉书·五行志》引作"叶"，"叶"即"协"字古文。所谓"协用五纪"，伪孔《传》曰："协，

---

① 清华大学出土文献研究与保护中心编：《清华大学藏战国竹简》（拾壹），第89页。

和也,和天时使得正用五纪。"①蔡沈《书集传》曰:"五纪者,天之所以示乎人……五纪曰协,所以合天也。"②比较起来,伪孔《传》和蔡《传》各有侧重。《说文·劦部》曰:"协,众之同和也。"《玉篇·劦部》曰:"协,合也。"从《洪范》原文看,"协"以训"和"为主。所谓"协用五纪",即以五纪协和历数。

所谓"五纪",孔颖达《疏》曰:"五事为天时之经纪也。"③此"五事",指下文所说岁、月、日、星辰、历数五者,与同篇五事畴的"五事"不同。孔颖达训"纪"为"经纪",未必是。孙星衍曰:"纪者,《广雅·释诂》云:'识也。'"④孙训是对的,"纪"是纪识义。"五纪"即观测、纪录五类天象(天文)以形成纪识时间的单位。据清华简《五纪》篇,"五纪"具体指日、月、星、辰、岁五者。

"岁",伪孔《传》说:"所以纪四时。"孔颖达《疏》亦申此说。⑤"岁"的本义是岁星。《说文·步部》曰:"岁,木星也。越历二十八宿,宣遍阴阳,十二月

---

① 十三经注疏整理委员会整理:《十三经注疏·尚书正义》卷十二,第355页。
② [宋]蔡沈:《书集传》卷四,王丰先点校,第163页。
③ 十三经注疏整理委员会整理:《十三经注疏·尚书正义》卷十二,第362—363页。
④ [清]孙星衍:《尚书今古文注疏》卷十二,第302页。
⑤ 十三经注疏整理委员会整理:《十三经注疏·尚书正义》卷十二,第362—363页。

第六章 《洪范》八政等五畴略论

一次。"岁星周而复始,共历十二次。"岁"以岁星(木星)纪识,岁星运行一次为一岁。一岁也即是一祀、一年,即今天所说一个公转周期(地球绕太阳转一周)。在卜辞中,"岁"表示收获季节,"年"表示全年的谷物收成,与商代的农业文明有关。这两个字后来都用作表示时间单位的名词。"祀",殷代形成了对先祖先妣周期性的祀典,轮流祭祀完一遍叫一祀。一祀相当于一年的时长,所以"祀"被用来纪年。[①]商人一年共有十三个月,《尚书·尧典》说"期三百有(又)六旬有(又)六日"。《白虎通·四时》篇即采用《尧典》说。一岁,从上一个冬至日到下一个冬至日为一岁。

需要指出,从甲文看,殷代只有春秋,而无冬夏,似乎没有四时观念。但是否果真如此,这值得存疑。而春秋代表一岁,此种观念起源很早。河南濮阳西水坡45号墓出土的龙虎蚌塑图案和曾侯乙墓二十八宿漆箱两侧的龙虎图画,都表明古人很重视春秋两季。但我们似乎不能由此得出古人没有四季观念,不能因此认为殷代没有四季之分。从牛梁河遗址发现的圜丘和方丘来看,二至二分的观念早已产生。而这种四分的时间单位又与四方观念相匹配。由此看来,不能轻易断定中国古人或殷人没有夏冬两季的观念。

[①] 以上"岁""年""祀"三字义,参见赵诚编著:《甲骨文简明词典——卜辞分类读本》,第266—267页。

"月",以月相纪识,从朔至晦谓之一月。大月三十日,小月二十九日。

"日",以日影相纪识。关于一日的起点和终点,古人说法不同。从算法上来讲,以上一日的夜半为起点和下一日的夜半为终点,这样来确定一日,是很方便的。

"星辰",伪孔《传》曰:"二十八宿迭见以叙气节,十二辰以纪日月所会。"①裴骃《史记集解》引马融曰:"星,二十八宿。辰,日月之所会也。"②孙星衍说"辰"为"䢈"字之借。③这些说法都是对的。《说文·会部》曰:"䢈,日月合宿为䢈。""䢈"亦写作"辰",指日月的交会点。日月一年十二会,故为十二䢈(辰),并以子、丑、寅、卯、辰、巳、午、未、申、酉、戌、亥十二地支标识之。孔颖达《疏》曰:"星谓二十八宿,昏明迭见;辰谓日月别行,会于宿度,从子至于丑为十二辰。星以纪节气早晚,辰以纪日月所会处也。"④刘起釪对"星辰"有新解,他说:"不过据下文'岁月日时无易'一句来看,确似以'星辰'当一日内的各时。"⑤刘说未必正确,当存疑。

"歷数",伪孔《传》曰:"歷数节气之度以为历,敬

---

① 十三经注疏整理委员会整理:《十三经注疏·尚书正义》卷十二,第362页。
② [汉]司马迁撰,[南朝宋]裴骃集解,[唐]司马贞索隐,[唐]张守节正义:《史记》卷三十八,第1613页。
③ 参见孙星衍:《尚书今古文注疏》卷十二,第301—302页。
④ 十三经注疏整理委员会整理:《十三经注疏·尚书正义》卷十二,第363页。
⑤ 顾颉刚、刘起釪:《尚书校释译论》第三册,第1162页。

授民时。"此训"歷"为列次,"歷数"即列数,今疑此说误。孔颖达《疏》曰:"算日月行道所歷,计气朔早晚之数,所以为一岁之歷。"①此训"歷"为经历、经过,"数"为数度,此一说也。伪孔《传》以"歷数"一词为偏正结构,孔《疏》则以为并列结构。"歷数"二字,孙星衍《注疏》本作"曆数",但推敲其注释,"曆"仍当读为"歷"字。孙曰:"曆数者,曆,如《五帝本纪》'曆日月而迎送之'。《释诂》云:'歷,相也。'相与象通……则知曆象日月,为天部占验之法,数为算法也。"②此以《尚书·尧典》"曆象日月星辰"为据,训"歷"为相。"相",察视也。此说是。屈万里云:"歷,歷法。数,算数。歷法资于算数,故二字连言。"③此训"歷"为"曆法",读"歷"为"曆"字。孙、屈二氏均以"歷数"为并列合成词,且训"数"为算数、算法。需要指出,"歷"与"曆"不同字,古无"曆"字,常借"歷"字为之。"曆"是"歷"的分别字。《说文·止部》曰:"歷,过也。"即经过、经历义。《说文新附·日部》曰:"曆,厤象也……《史记》通用歷。""曆"即推算日月星辰运行及季节时令的方法。比较起来,孙星衍的注释最可取。

---

① 十三经注疏整理委员会整理:《十三经注疏·尚书正义》卷十二,第362—363页。
② [清]孙星衍:《尚书今古文注疏》卷十二,第302页。
③ 屈万里:《尚书集释》,第120页。

简言之,"歷数"与"星辰"同样是并列合成词,"歷"是指歷象日月星辰的运行,"数"指对日月星辰所歷数度的计算。或者说,"歷"为观测,"数"为计算,两者是相互配合的。

孔颖达还总结说:"凡此五者,皆所以纪天时,故谓之'五纪'也。五纪不言'时'者,以岁月气节正而四时亦自正,时随月变,非历所推,故不言'时'也。五纪为此节者,岁统月,月统日,星辰见于天,其曰'历数',总历四者,故岁为始,历为终也。"[①]孔氏的总结比较允当。又,"历数"包含今语"历法"之义。可以说,"历数"是"历法"的根据和来源,而前者则不过是后者的实用性成果。

三、历数的天命性

在先秦秦汉时期,人们对于自然世界的认识和思考一般沉浸在浓厚的宗教意识中。在其时,自然世界和人类精神世界是混合不分的。古人认为,万物有灵,神灵存在于万物之中,而上帝或天是至上神,是自然世界和人类社会的最高主宰。又由于在上古时期,人们的天文知识、天文观测水平和数学能力都十分有限,所以观测天象、发现宇宙奥秘及制定历法都是非常困难的事情,

---

① 十三经注疏整理委员会整理:《十三经注疏·尚书正义》卷十二,第363页。

所以"历数"对于古人而言具有极高的神圣性，直接代表着和反映着天命天道。《论语·尧曰》篇曰："尧曰：'咨！尔舜。天之历数在尔躬，允执其中。四海困穷，天禄永终。'舜亦以命禹。"所谓"天之历数"的说法，又见于《庄子·寓言》篇，是篇曰："天有历数，地有人据。""历数"可以从物质和精神两个方面来说。从物质方面来说，"历数"是指日月星辰运行的数度及其宇宙规律，同时是天命的呈现，所谓"天垂象，见吉凶"（《周易·系辞上》）。从精神方面来说，"历数"指人类对此日月星辰运行数度的认识成果，它反映着天命。这两种含义的"历数"，是一体之两面。《史记·历书》曰："故二官咸废所职，而闰馀乖次，孟陬殄灭，摄提无纪，历数失序。尧复遂重黎之后，不忘旧者，使复典之，而立羲和之官。明时正度，则阴阳调，风雨节，茂气至，民无夭疫。年耆禅舜，申戒文祖，云'天之历数在尔躬'。舜亦以命禹。由是观之，王者所重也。""二官"指南正重（司天）和火正黎（司地）。《汉书·律历志上》曰："历数之起上矣。传述颛顼命南正重司天，火正黎司地，其后三苗乱德，二官咸废，而闰馀乖次，孟陬殄灭，摄提失方。尧复育重、黎之后，使纂其业……其后以授舜曰：'咨，尔舜！天之历数在尔躬。'舜亦以命禹。至周武王访箕子，箕子言大法九章，而五纪明历法。故自殷周，皆创业改制，咸正历纪，服色从之，顺其时气，以应天道。"这段引文的大意沿袭了《史记·历书》。《说苑·辨物》篇曰:"是故古者圣王既临天下,必变四时,定律历,考天文,揆时变,登灵台以望气氛。故尧曰:'咨!尔舜。天之历数在尔躬,允执其中。四海困穷,〖天禄永终〗。'《书》曰:'在璿玑玉衡,以齐七政。'"《中论·历数》曰:"昔者圣王之造历数也,察纪律之行,观运机之动,原星辰之迭中,寤晷景之长短,于是营仪以准之,立表以测之,下漏以考之,布筭以追之。然后元首齐乎上,中朔正乎下,寒暑顺序,四时不忒……夫历数者,圣人之所以测灵耀之赜,而穷玄妙之情也。"如上所引四则文献,都认为历数反映着天命。

总之,如何纪识时间,让时间在宇宙中呈现出来,与日月星辰的运行、自然时节一致,这是人类生存于宇宙和世界中的一个基本意识和基本需求,因此"五纪"成为天子或王治理天下的大法之一,这是必要且必然的。据前文所引多则重大考古发现可知,中国古人很早即已形成了观测天文现象、运算日月星辰运行规律,并据以制定历法的传统。《尚书·尧典》云"乃命羲和""分命羲仲""分命和仲""申命和叔",此四人即是传说中帝尧任命掌管历象日月星辰和制定历法的专职官员,他们在尧廷的地位很高。《尧典》曰:"咨!汝羲暨和。期三百有六旬有六日,以闰月定四时,成岁。允厘百工,庶绩咸熙。""敬授民时"和"允厘百工,庶绩咸熙",就是

"历数"的政治目的和社会功能。

第三节 三德畴：乂用三德

一、文本与训释问题

三德畴是洪范九畴的第六畴。此畴次于皇极畴，是讲人君以"三德"克胜和治理其品性的问题，它与五事畴专讲对貌、言、视、听、思的修治功夫不同。换言之，三德畴是从天子自治其品性，便于其有效掌控国家权力、驾驭臣下和统治人民的角度来说的；而五事畴则是从天子修身，以诚敬的生命状态与上天相感应的角度来说的。简单说来，三德畴是讲天子克治己身的问题，而五事畴则是讲天子修身敬天的问题。治身因其质性或气性不同而治之，修身则欲改变生命的存在状态。治身是为了更好地掌控国家权力，而修身则是为了感动天，应之以休征。天子治其才性的目的是为了使己身的德行最终趋于"正直"，从而能够合理合法、合格合度地掌握"作福""作威"或"嚮（饟）用五福，威用六极（殛）"的权力。

《洪范》曰：

次六曰乂用三德。

六，三德：一曰正直，二曰刚克，三曰柔克。平康正直，强弗友刚克，燮友柔克。沈潜刚克，高明柔克。惟辟作福，惟辟作威，惟辟玉食。臣无有作福、作威、玉食。臣之有作福、作威、玉食，其害于而家，凶于而国。人用侧颇僻，民用僭忒。

上引第一段文字见于《洪范》九畴总叙部分，第二段文字见于分叙部分，是本畴的具体内容。

先看本畴的文本问题。"燮"，《史记·宋微子世家》作"内"。"内"为"燮"之假字，声近，参见孙星衍说。[①] "燮"，和也。"潜"，《史记·宋微子世家》作"渐"。"渐"读作"潜"。《汉书·谷永传》曰："（谷永曰）意岂将军忘湛渐之义，委屈从顺，所执不强？"引文中的"将军"指王音，"湛渐"读作"沈潜"。

"惟辟作福"以下九句，宋人王柏将其移至皇极畴"以为天下王"下。[②] 王夫之说同，云："盖错简也，'惟辟作福'当在'以为天下王'之下。"[③] 近人曾运乾承此说，云："语意尊君卑臣，与三德说不类，疑本皇极敷

---

① 参见[清]孙星衍：《尚书今古文注疏》卷十二，第307页。
② [宋]王柏：《书疑》卷五，通志堂经解本，载《四库全书存目丛书》经部第049册，齐鲁书社1997年版，第180页。
③ 参见[清]王夫之：《尚书稗疏》卷四，载《船山全书》第二册，岳麓书社1996年版，第145页。

第六章 《洪范》八政等五畴略论

言文。"①朱廷献又承曾说，云此四十八字"应移于'会其有极，归其有极'之下"②。今按：二王、曾、朱四氏之说均未必是。其理由有二：一者，《史记·宋微子世家》载此四十八字正在三德畴之中，而汉魏学者也没有将此四十八字置于皇极畴的说法。二者，王夫之云皇极畴"言作君之治"，三德畴"言作师之教"，③其实这种区别是不正确的。"惟辟作福"下四十八字乃君对臣而言，突出了君权的至高无上性。作为"乂用三德"的目的和作用，此四十八字在三德畴后部，其实是恰当的。同理，曾、朱二氏的看法也未必正确。

再看训释问题。"乂"，治理。《尔雅·释诂下》："乂，治也。"《尚书·尧典》曰"有能俾乂"，此"乂"字即与"乂用三德"的"乂"字同义。需要指出，"乂用三德"之"乂"与"敬用五事"之"事"，都有治理义，但二字用法有所区别，有刚柔强弱的不同。前一字在文中作动词用，强调对体性的矫拂、矫治，而后一字在文中主要作名词用，从治理义看，它强调对身体的修治和修养。"三德"指正直、刚克、柔克三种行为或手段，而

---

① 参见曾运乾：《尚书正读》卷三，中华书局1964年版，第134页。
② 朱廷献：《尚书研究》，台湾商务印书馆1987年版，第163页。他并说，此四十八字正好可抄作两支简，故可知其为错简（第164页）。其实，这个理由是不能成立的。从大量出土相关竹简来看，先秦并无一简必抄二十四字的制度。
③ ［清］王夫之：《尚书稗疏》卷四，载《船山全书》第二册，第145页。

249

"乂用三德"即指天子以三德治理其质性、才性。

"玉食"一词引起了学者较多的争议。马融曰："美食。"(《史记集解》)郑玄曰："备珍美也。"(《公羊传·成公元年》疏、《史记集解》)陆德明《释文》引张晏《汉书注》曰："玉食，珍食也。"又引韦昭曰："诸侯备珍异之食。"孙星衍曰："玉食，犹言好食。"诸训同意。关于"玉食"的作用，孙星衍引《礼记·玉藻》篇曰："诸侯朝服以食，特牲三俎，祭肺。夕深衣，祭牢肉。朔月少牢，五俎四簋。"并说："是诸侯亦得备美食也。"可见"玉食"主要用于祭祀场合。不过，孙星衍以"玉"为"畜"之假字，[1]恐误。俞樾《群经平议·尔雅》曰："古人之词，凡所甚美者，则以玉言之。《尚书》之玉食，《礼记》之玉女，《仪礼》之玉锦，皆是也。"[2]俞说是也。出土简帛《五行》皆有"玉色""玉音"二词，"玉"皆是美好之义。总之，"玉食"即美食，在三德畴中作动词，义为赏赐美食，具体对应天子宴飨诸侯的礼仪活动。王夫之因孔子云"食不厌精，脍不厌细"而怀疑故训，于是他以《周礼·天官·玉府》"王齐，则供食玉"为依据提出了新解，云："然则玉食者，碾玉为屑，

---

[1] 以上所引马、郑、孙说，见〔清〕孙星衍：《尚书今古文注疏》卷十二，第308—309页。《释文》引张、韦说，见十三经注疏整理委员会整理：《十三经注疏·尚书正义》卷十二，第370页。
[2] 〔清〕俞樾：《群经平议》卷三十五，《续修四库全书》第178册，上海古籍出版社2002年版，第571页。

以供王之齐食，取其贵而非取其美。"屈万里肯定此说。[1]笔者认为，王夫之说是臆说，并无根据。另外，他颠倒了"玉食"的字序，改读为"食玉"，这当然是不对的。

又，"人用侧颇僻，民用僭忒"中的"侧颇僻"是同义复词，"僭忒"是近义复词。《说文·人部》："侧，旁也。"同书《页部》："颇，头偏也。"同书《人部》："僻，避也。"引申之，此三字皆是不正、邪僻之义。《说文·人部》："僭，假也。"在此是虚假、诈伪之义。同书《心部》："忒，更也。"在此是邪恶之义，马融曰："忒，恶也。"[2]

二、三德畴的大义

何谓"三德"？这是学界颇有争议的一个问题，它也是理解本畴思想的关键所在。

"三德"一词又见于《尚书·吕刑》篇。《吕刑》曰："惟敬五刑，以成三德。"伪孔《传》曰："次教以惟敬五刑，所以成刚、柔、正直之三德也。"孔颖达《疏》曰："汝等惟当敬慎用此五刑，以成刚、柔、正直之三德，以辅我天子。"[3]这是以《洪范》"三德"释《吕刑》的"三德"。古人一般赞成此一意见，孙星衍、王先谦等人亦从

---

[1] 参见［清］王夫之：《尚书稗疏》卷四上，载《船山全书》第二册，第145—146页；屈万里：《尚书集释》，第123页。
[2] ［清］孙星衍：《尚书今古文注疏》卷十二，第309页。
[3] 所引《传》《疏》，俱见十三经注疏整理委员会整理：《十三经注疏·尚书正义》卷十九，第640页。

之。①刘起釪赞成此说，并引陈经《尚书详解》曰："'成三德'者，时乎用中典，则正直之德成；时乎用重典，则刚德成；时乎用轻典，则柔德成。"又据《钦定书经传说汇纂》引王炎曰："刑当轻而轻，以成柔德，而柔不至于纵弛；当重而重，以成刚德，而刚不至于苛暴；介轻重之间，以成正直，而正直不至于偏倚。"②陈经、王炎的解经很通达，但是疑古人士囿于偏见，不愿接受故训，不敢承认《吕刑》的"三德"即为《洪范》的"三德"。顺便指出，周秉钧引孔广森说，云"三德"为"三后之德"；而他本人又别出新解，云："今按本文'敬逆天命以奉我一人'，言敬也；'虽畏勿畏'，言正也；'虽休勿休'，言勤也。三德盖即指此三者。"③这是将"三德"指为敬、正、勤三种德行。今按，孔广森和周秉钧的训释都很牵强。总之，《吕刑》的"三德"一词应当同于《洪范》的"三德"。而《洪范》"三德"的具体含义很明确，指正直、刚克、柔克三者。

不过，《洪范》所谓正直、刚克、柔克的"三德"应当如何理解？从古至今，这是一个颇有争议的问题。由此，"三德"的"德"字是何义，也是理解"三德"一词

---

① 参见［清］孙星衍：《尚书今古文注疏》卷廿七，第529页；［清］王先谦：《尚书孔传参正》卷三十一，第943页。
② 顾颉刚、刘起釪：《尚书校释译论》第四册，第1992页。
③ 周说及所引孔广森说，均见周秉钧：《尚书易解》卷五，岳麓书社1984年版，第294页。

第六章 《洪范》八政等五畴略论

的关键。归纳起来，学者的意见大体上可分为两类。①

其一为今文家说，清人孙星衍、皮锡瑞和王先谦皆申明之。②他们认为，"三德"指王者治身之品性的三种行为；从目的上看，是为了"自治其性"，"皆为自治其性，不为治人"。孙星衍说：

> 此言人有三德，当自治其性也……经言"三德"者，《说文》云："惪，外得于人，内得于己。"似如《皋陶谟》言"九德"，据德行言之，不及政治。《伪传》所说未是，马、郑亦未为得之……克者，《释诂》云："胜也。"③

> 此又申言三德之性行。正直者平康，是得其中正，不须克制也。强弗友者，《广雅·释诂》云："友，亲也。"言其性强毅，不可亲。刚克之人有是

---

① 除下列两大类外，伪孔《传》的训解错误很大，今不论。蔡沈《书集传》以"正直、刚、柔"为"三德"，诸"克"字则一律训为"治"；"强弗友刚克"解为"以刚克刚也"，"燮友柔克"解为"以柔克柔也"。参见〔宋〕蔡沈：《书集传》卷四，王丰先点校，第168页。按：经文明言"三德"指"正直""刚克""柔克"，而蔡氏却将两"克"字隐去。据此可知其说非也。又，蔡氏对于"强弗友刚克""燮友柔克"二句的解释也是勉强的，割断了它们与上文的联系。
② 参见〔清〕孙星衍：《尚书今古文注疏》卷十二，第307—308页；〔清〕皮锡瑞：《今文尚书考证》卷十一，第262页；〔清〕王先谦：《尚书孔传参正》卷十六，第570—572页。
③ 〔清〕孙星衍：《尚书今古文注疏》卷十二，第307页。

性。燮友者,《释诂》云:"燮,和也。"言柔克之人有此性。二者,君德之偏,故下言自克之道。①

经言"三德",盖谓君德有中正者,有偏于刚柔者,须先自治其德,至于中和,乃可作福作威。故云:"乂用三德。"乂言自治也。②

皮锡瑞曰:

据子云说,则今文家以三德为德性,克为自治其性,不为治人。③

从上述引文来看,孙、皮二氏的观点是相同的。他们均训"克"为"胜""克治""克制",并认为"克"是就自治其性,而不是就克治他人来说的。进一步,"三德"是针对王者自治其性,而不是针对王者克制臣民来说的。由此,"平康正直,强弗友刚克,燮友柔克"的意思即是:平康之人,以正直对待其身,而无需克治;强弗友之人,以刚胜治其身;燮友之人,以柔胜治其身。"沈潜刚克,高明柔克"的意思是:沉潜之人,以刚胜治

---

① [清]孙星衍:《尚书今古文注疏》卷十二,第307页。
② 同上书,第308页。
③ [清]皮锡瑞:《今文尚书考证》卷十一,第262页。

第六章　《洪范》八政等五畴略论

其身；高明之人，以柔胜治其身。由此，孙、皮二氏对马融、郑玄的解释作了批评和否定。总之，"三德"是指王者（天子）所据以自治其才性的三种行为。而此三种行为——"正直、刚克、柔克"据人之德行、品性（相当于气质之性）而对治之，故《洪范》谓此三种治身的行为或方法为"三德"。"德"即"德行"，"正直、刚克、柔克"发之于行为，本当称"行"，但在西周初期，此义通用"德"字。"德行"三见于《诗经》，《邶风·雄雉》《大雅·抑》《周颂·敬之》各一见，它很可能是西周中后期才出现的一个词汇。

其二为马融、郑玄说。先将马、郑二说的相关资料引述如下①：

"一曰正直。"郑玄曰："中平之人。"（《史记集解》）

"二曰刚克，三曰柔克。"郑玄曰："克，能也。刚而能柔，柔而能刚，宽猛相济，以成治立功。"（《史记集解》）

"平康正直，强弗友刚克，燮友柔克。"郑玄曰："刚则强，柔则弱，此陷于灭亡之道，非能也。"（《诗·羔裘》疏）郑玄曰："人臣各有一德，天子

---

① 下述引文，俱见[清]孙星衍：《尚书今古文注疏》卷十二，第307—308页。

择使之。安平之国，使中平守一之人治之，使不失旧职而已。国有不顺孝敬之行者，则使刚能之人诛治之。其有中和之行者，则使柔能之人治之，羞正之。"(《尚书·洪范》疏)

"沈潜刚克，高明柔克。"马融曰："沈，阴也。潜，伏也。阴伏之谋，谓贼臣乱子非一朝夕之渐，君亲无将，将而诛。高明君子，亦以德怀也。"(《史记集解》)

从上述引文看，正如孙星衍等人所说，马融、郑玄确实是从"治人"角度来理解"三德"的。所谓"三德"，郑玄理解为三种人，"正直"为"中平之人"，"刚克"为"刚能"之人，"柔克"为"柔能"之人。而所谓"平康正直""强弗友刚克""燮友柔克"三句，郑玄分别解释为使正直之人治理"安平之国"，使刚能之人治理"国有不顺孝敬之行者"，以及使柔能之人治理"其有中和之行者"。由此而推，"沈潜刚克，高明柔克"二句郑玄似乎理解为：沉潜之人，以刚能之人治之；高明之人，以柔能之人治之。在大意上，马融的解释与郑玄的解释相近，不过前者将"刚克""柔克"换成了人君克治其臣下的两种手段，一为刚诛，一为德怀。

孙星衍、皮锡瑞不同意郑玄、马融的训解。其差别在于，孙、皮二氏以"三德"为人君自治其才性的三种行为，而郑玄则以之为含具此三种德行的人臣。[1]对于"沈潜刚克，高明柔克"两句，孙、皮二氏从自治其性，而马融则从对治臣下的角度来作理解。在此，需要追问，在孙、皮二氏与郑、马二氏的解释中，到底哪一种是正确的呢？

《左传·文公五年》曰："晋阳处父聘于卫，反过宁，宁嬴从之。及温而还。其妻问之，嬴曰：'以刚。《商书》曰：沈渐刚克，高明柔克。夫子壹之，其不没乎！天为刚德，犹不干时，况在人乎？且华而不实，怨之所聚也。犯而聚怨，不可以定身。余惧不获其利而离其难，是以去之。'"阳处父本过刚之人，然而不能以柔克制己性，故宁嬴为了避祸，"及温而还"。[2]孙星衍说："杜注云：'沈潜，犹滞弱也。高明，犹亢爽也。言各当以刚柔胜己

---

[1] 曾运乾、周秉钧对于"三德"的说解，近于马、郑说，从"对治"言。屈万里似从曾说。曾运乾《正读》曰："德者，内得于己外得于人之谓。三德者，人之气禀不同，有是三者也。正直者，中平之人。克，胜也。刚克者，毗于刚也。柔克者，偏于柔也。平康、强弗友、燮友，三德之惟行也。沈潜刚克、高明柔克，所以裁制天下之人，使无过不及之差也。平康者，中正和平、不刚不柔也。友，亲也。强弗友，强毅不可亲，刚克之人有是性。燮，和也。和而可亲，柔克之人有是性也。下言裁抑之法。正直者，刚柔得中，无事拂揉，故正直无文。沈潜者，柔克之征，宜以刚治之。高明者，刚克之征，宜以柔治之。"参见曾运乾：《尚书正读》卷三，第133页；周秉钧：《尚书易解》卷三，第140页；屈万里：《尚书集释》，第122—123页。

[2] 参见杨伯峻编著：《春秋左传注》（修订本），中华书局1990年版，第540—541页。

本性，乃能成全也。'此周人引《书》，即言治性，不言治人，盖《书》古文说。杜氏所云，亦不同马、郑之说，意以沈渐地道近弱，当以刚胜之；高明天道近刚，当以柔胜之，乃成德也。此言君德之明证。"[1]孙、皮二氏训此"克"字为"克胜""克制"，并以"三德"为克治自身的三种行为，即发源于此。这是古义。而除马融、郑玄两人外，汉人也大多继承了《左传》的故训。汉人的有关说解今引之如下[2]：

> （谷永说王音曰）意岂将军忘湛渐之义，委屈从顺，所执不强？（《汉书·谷永传》）
>
> 孝元翼翼，高明柔克。（《汉书·叙传》）
>
> （梁统上疏曰）文帝宽慧柔克。（《后汉书·梁统传》）
>
> （郑兴上疏曰）今陛下高明而群臣惶促，宜留思柔克之政，垂意《洪范》之法，博采广谋，纳群下之策。（《后汉书·郑兴传》）
>
> 愿陛下留神宽恕，以崇柔克之德。（《后汉纪》引郑兴疏）
>
> 佞谀日炽，刚克消亡。（赵壹《刺世疾邪赋》）
>
> 于惟君德，忠孝正直。至行通洞，高明柔克。

---

[1] ［清］孙星衍：《尚书今古文注疏》卷十二，第308页。
[2] 下述引文，见［清］皮锡瑞：《今文尚书考证》卷十一，第262页。

第六章 《洪范》八政等五畴略论

(《慎令刘君碑》)

从上引七条文献来看,对于"沈渐刚克,高明柔克"两句,除了马、郑二氏外的汉人确实都是从人君自治其性的角度来使用此"刚克"和"柔克"的。故孙星衍曰:"班氏、谷永皆用今文《书》说,亦不与马、郑同也。"又说:"如马、郑所云……此卫、贾诸君孔壁古文之说,未必合古经义也。"①皮锡瑞亦曰:"亦以刚克、柔克为德性,皆今文义也……则三德自当属君德。马、郑乃以此专属人臣,又探下文'作威作福'之意,以沈潜为贼臣,高明为君子。古文异说,殊乖经旨。"②需要指出,从所引《左传》文及汉人说解来看,"三德"一词可以挪用。而孙、皮二氏以"三德"专属之于君王,与《洪范》本意相合。因为《洪范》从整体上来看,是从"王"来立论的。《洪范》九畴总叙云:"次六曰乂用三德。"《汉书·五行志》注引应劭曰:"治大中之道用三德也。"应氏亦以"三德"属之于人君。

总之,孙、皮二氏的训解合乎古义,比较可信;而马、郑的训解晚起,是否可据,这确实值得慎重对待。而据孙、皮说,所谓"三德",指在位人君以正直、刚克、柔克三种行为来相应地克治其自身的才性:以正

---

① [清]孙星衍:《尚书今古文注疏》卷十二,第308页。
② [清]皮锡瑞:《今文尚书考证》卷十一,第262页。

直之行对待平康之性,以刚克之行对治强弗友之性,以柔克之行对治燮友之性。"平康",无过与不及,故无需克治;若己性过弱,则以刚法克治之;若己性过强,则以柔法克治之。另外,从"德行"的用法来看,"正直""刚克""柔克"主要从"行"而言,但在彼时谓之为"德",故《洪范》称之为"三德"。据文本序次,三德畴应如应劭所说,是为皇极畴服务的。而"乂用三德"的"乂"字,正如孙星衍所云,乃言人君"自治"。① 或者说,由于"皇建其有极"与人君的才性、品性有关,故王者必先以"三德"自治其性,乃可"建用皇极"。刘起釪以"三德"为三种统治方式或手段,② 不过因袭马、郑之说而略有变化,其实是不正确的。

对于三德畴"三德"下三十五字与"惟辟作福"下四十八字的关系,前人多有疑议。从原文看,本畴确实可以分为两小段,"高明柔克"以上为一段,"惟辟作威"以下为一段。前一段是讲治性的三种行为,后一段则是前一段的目的。孙星衍曰:"经言'三德',盖谓君德有中正者,有偏于刚柔者,须先自治其德,至于中和,乃可作福作威。故云:'乂用三德。'乂言自治也。"③ 这即是说,"乂用三德"是君主"作福作威"的前提条件;反

---

① 参见[清]孙星衍:《尚书今古文注疏》卷十二,第308页。
② 参见顾颉刚、刘起釪:《尚书校释译论》第三册,第1173、1175、1203页。
③ [清]孙星衍:《尚书今古文注疏》卷十二,第308页。

过来说，君主是否有"作福作威"的资格，这取决于其"乂用三德"的程度如何。由此看经文"惟辟作福"下四十八字，虽然它在内容上与"皇极"有紧密关系，但是作为"乂用三德"的目的，此一小段文字亦颇有必要放在本畴中来作说明。当然，从这一小段文字我们可以看到，君王是国家权力的中心，或者说，是国家权力的绝对主宰者，不可以被臣下僭越和侵犯。对于这一点，本畴作了特别强调。

第四节 稽疑畴：明用稽疑

一、文本与训释问题

稽疑畴是洪范九畴的第七畴。《洪范》曰：

次七曰明用稽疑。

七，稽疑：择建立卜筮人，乃命卜筮。曰雨，曰霁，曰蒙〈雺〉，曰驿〈圛〉，曰克，曰贞，曰悔，凡七：卜五，占〚之〛用；二衍忒。立时人作卜筮。三人占，则从二人之言。汝则有大疑，谋及乃心，谋及卿士，谋及庶人〈民〉，谋及卜筮。汝则从，龟从，筮从，卿士从，庶民从，是之谓大同。

身其康强，子孙其逢，吉。汝则从，龟从，筮从，卿士逆，庶民逆，吉。卿士从，龟从，筮从，汝则逆，庶民逆，吉。庶民从，龟从，筮从，汝则逆，卿士逆，吉。汝则从，龟从，筮逆，卿士逆，庶民逆，作内吉，作外凶。龟筮共违于人，用静吉，用作凶。

上引第一段文字见于《洪范》九畴总叙部分，第二段文字见于分叙部分，是本畴的具体内容。

先看本畴的文本与训释问题。"稽"，同"卟"，是卜问之义。《说文·卜部》："卟，卜以问疑也。从口、卜。读与稽同。《书》云'卟疑'。""卟"，通作"稽"，在《洪范》中是卜问、占问之义。

"霁"，《史记·宋微子世家》作"济"，"蒙"作"雾"，"驿"作"涕"。"济"读作"霁"，"雾"读作"雺"，"驿""涕"均读作"圛"。"雨"，言兆形若雨下然。《说文·雨部》："霁，雨止也。""霁"，言兆形若雨止然。"蒙"经文本作"雺"字，"驿"经文本作"圛"字，经文改动在唐玄宗开元、天宝年间。[①]"雺"同"霿"字。《尔雅·释天》云："天气下，地不应，曰雺。"郭璞注：

[①] 参见阮元《校勘记》，见十三经注疏整理委员会整理：《十三经注疏·尚书正义》卷十二，第372页。

第六章 《洪范》八政等五畴略论

"雺,言蒙昧。"①《说文·囗部》:"圛,回行也。从囗,睪声。《尚书》'曰圛',圛,升云半有半无,读若驿。"伪孔《传》曰:"气落驿不连属。"孔颖达《疏》曰:"'落驿',希疏之意也。"②按,此说误。"圛"与"雺"对。郑玄曰:"圛者,色泽而光明也。"③孙星衍曰:"(《说文》)云:'圛,升云半有半无,读若驿。'郑不用其说,而于《载驱诗》笺云:'圛,明也。'又注《周礼·占人》云:'凡卜象吉,色善,墨大,坼明,则逢吉。'此言色泽而光明,则是吉兆矣。许氏云:'升云半有半无',云气在上,亦开明之义。"④郑玄《注》与许书所说同意,"圛"言兆形开明然。"克",言兆形若祲气相犯然。《史记·宋微子世家》集解引郑玄曰:"雨者,兆之体,气如雨然也。济者,如雨止之云气在上者也。圛者,色泽而光明也。雾者,气不释,郁冥冥也。克者,如祲气之色相犯也。"⑤伪孔《传》曰:"(曰雨曰霁)龟兆形有似雨者,有似雨止者。(曰雾)蒙,阴暗。(曰圛)气落驿不连属。(曰克)兆相交错。五者卜

---

① 十三经注疏整理委员会整理:《十三经注疏·尔雅注疏》卷六,北京大学出版社2000年版,第190页。
② 上述两条引文,见十三经注疏整理委员会整理:《十三经注疏·尚书正义》卷十二,第372、373页。
③ [清]孙星衍:《尚书今古文注疏》卷十二,第310页。
④ 同上书,第311页。
⑤ [汉]司马迁撰,[南朝宋]裴骃集解,[唐]司马贞索隐,[唐]张守节正义:《史记》卷三十八,第1617页;[清]孙星衍:《尚书今古文注疏》卷十二,第310页。

兆之常法。"①以上是故训,俱以雨、霁、雺、圛、克五者为兆形。王引之疑之,认为雨、霁、雺、驿、克"五者皆所以命龟之事也"②,即以为命辞。刘起釪同意王引之说,认为郑玄《注》、伪孔《传》"都是望文生义的说法",他说:"殷墟甲骨中灼龟所出现的兆纹从来不见下雨形或雨止云在上等形,只有大量不雨、不霁(或济)、卜嚌(隮)、卜霁(霾)、卜雾、卜霡、卜霰,以及卜风、卜旸、卜啓等等的卜辞……由此可知,这五项(指雨、霁、雺、驿、克——引者)并不是占卜时龟甲上的兆纹形,而是所要卜问之事。"③从原文看,王引之、刘起釪将雨、霁、雺、驿、克作命辞看的意见不一定正确。雨、霁、雺、驿、克五者还是以指五种兆形为当,孙星衍、皮锡瑞等人即从郑玄说。④

"悔",《说文·卜部》引作"卟"。《说文·卜部》:"卟,易卦之上体也。《商书》曰:'曰贞,曰卟。'"《玉篇·卜部》:"卟,外卦曰卟,内卦曰贞。今作悔。""悔"是悔恨义。作为《周易》术语,"卟"是"悔"的本字,"悔"是"卟"的通行字。筮法演卦,爻从下起,故以下卦为内卦,上卦为外卦。内卦曰贞,贞者正也;外卦曰

---

① 十三经注疏整理委员会整理:《十三经注疏·尚书正义》卷十二,第371—372页。
② [清]王引之:《经义述闻》卷三,第87页。
③ 顾颉刚、刘起釪:《尚书校释译论》第三册,第1180—1181页。
④ 参见[清]孙星衍:《尚书今古文注疏》卷十二,第310—312页;[清]皮锡瑞:《今文尚书考证》卷十一,第264—265页。

悔，悔之言晦也。

"卜五占用二衍忒"，《史记·宋微子世家》作"卜五占之用二衍贡"，"占"下有一"之"字，今本脱。此七字或八字有两种句读，一种作："卜五，占用二，衍忒。"另一种作："卜五，占之用；二衍贡。"按，经文及句读当从后一种。"衍"是衍生、推衍。"贡"读作"忒"。"忒"是变更、更变不一之义。郑玄《注》："'卜五占之用'，谓雨、霁、圛、雾、克也。'二衍贡'，谓贞、悔也……兆卦之名凡七，龟用五，《易》用二……卦象多变，故言'衍贡'。"①郑注与《史记》一致。

"庶人"的"人"字，熹平石经作"民"。按，作"民"字是。"人"字系唐人避太宗讳所改。

"子孙其逢吉"，伪孔《传》以"吉"字连上读，故云："后世遇吉也。"②王引之不同意此读，引李惇说，云当在"逢"字下绝句。③当从王说。"逢"与上文"强""同""从"诸字押韵。"逢"当训为"大"，不当训为"遇"。伪孔《传》训误。

二、稽疑畴的大义

再看本畴大义。卜筮，是中国古人求问神意、决断

---

① ［清］孙星衍：《尚书今古文注疏》卷十二，第310页。
② 十三经注疏整理委员会整理：《十三经注疏·尚书正义》卷十二，第372页。
③ ［清］王引之：《经义述闻》卷三，第88页。

疑难而趋吉避凶的两种重要方法。殷卜已被大量出土甲骨所证实，殷筮的结果——筮卦在甲骨卜辞中亦有许多发现。"稽疑"的古意是指君王有重大疑难而欲预先明晰而决断之，故以龟筮两种方式求问神意，并综合人（王、卿士、庶民）的意愿来作出判断，推断吉凶。从疑惑到决断，古人通过神启而明察吉凶，故曰"明用稽疑"。

本畴可以分为两个部分。"二人之言"以上文字为第一部分。这一部分说，"王"是"择建立卜筮人"的人，这同时说明求问神意的权力当时在于天子。如何"择建立卜筮人"？这是一个问题。通过钻灼，龟卜有雨、霁、雾、圛、克五种兆形或兆体，易筮则有贞、悔两种卦体（即内卦和外卦）。关于兆体，参见上引郑玄说。能精通五种兆体、两种卦体及其衍变，天子即选择此人来作卜筮，经文所谓"立时人作卜筮"是也。"时"，是也，此也。裴骃《史记集解》引郑玄曰："立是能分别兆卦之名者，以为卜筮人。"[1]郑说是。在卜人和筮人建立之后，第二步是"乃命卜筮"，即命辞卜问和演蓍为卦的阶段。第三步是占释，占释的原则是"三人占，则从二人之言"，即采取从众的原则，如果占释者为三人，那么天子应当跟从其中两位比较接近者的意见。[2]而从这一占释原则来

---

[1] ［汉］司马迁撰，［南朝宋］裴骃集解，［唐］司马贞索隐，［唐］张守节正义：《史记》卷三十八，第1617页。
[2] 这一点，可以参看《左传·成公六年》："（或谓栾武子曰）圣人与众同欲，是以济事，子盍从众？子为大政，将酌于民者也。（接下页注释）

看，同一次卜筮，当时通例是选择三人来作为卜筮之人。顺便指出，"三人占"的"占"字，是揣度、推测的意思。《尔雅·释言》："隐，占也。"邢昺《疏》："占者视兆以知吉凶也。先必隐度，故曰：'隐，占也。'"[①]

"汝则有大疑"以下文字为第二部分。这一部分的文本结构比较简单，其大意是在综合我（王）、龟、筮、卿士、庶民五元从逆过程中来谈论如何稽疑和如何断占的问题。现将此一稽疑过程及其所云情况列表如下：

	汝则有大疑，谋及乃心，谋及卿士，谋及庶民，谋及卜筮	
（1）	汝则从，龟从，筮从，卿士从，庶民从，是之谓大同	身其康强，子孙其逢，吉
（2）	汝则从，龟从，筮从，卿士逆，庶民逆	吉
（3）	卿士从，龟从，筮从，汝则逆，庶民逆	吉
（4）	庶民从，龟从，筮从，汝则逆，卿士逆	吉
（5）	汝则从，龟从，筮逆，卿士逆，庶民逆	作内吉，作外凶
（6）	龟筮共违于人	用静吉，用作凶

首先，"稽疑"是在君主有"大疑"的前提下且是在其主导下展开的谋问、商量及求问神意的活动。这即

（接上页注释）子之佐十一人，其不欲战者，三人而已。欲战者可谓众矣。《商书》曰'三人占，从二人'，众故也。"也可以参看《汉书·郊祀志》："（丞相匡衡、御史大夫张谭奏议曰）臣闻广谋从众，则合于天心，故《洪范》曰'三人占，则从二人言'，言少从多之义也。论当往古，宜于万民，则依而从之；违道寡与，则废而不行。"

[①] 十三经注疏整理委员会整理：《十三经注疏·尔雅注疏》卷三，第74页。

是说，"稽疑"在当时属于重大事项，它既不是君主遇小事、易事即求问卜筮，也不是君主随心所欲即可轻易加以耍弄的活动。

其次，"稽疑"的谋问对象是多元而系统的，这包括君主本人、卿士、庶民和卜、筮五重因素。虽然从一方面来看，"庶民"在其中的地位是最低下的，但是从另一方面来看，它毕竟被纳入了此一系统中，这表明中国传统政治精英早已重视其存在，且愈到后来，这种意识就变得愈加强烈。而断占的"吉凶"之辞，作为综合判断的结果则直接体现了稽疑畴的系统性。

再次，从上述所列六种谋问情况（特别是第五、六种）来看，龟筮所开显的"神意"是吉凶判断中最重要的两环。前四种情况表明，如果龟筮皆从，那么其断占之辞必定为"吉"。① 第五种情况表明，如果龟从而筮逆，那么其断占之辞为"作内吉，作外凶"。② 第六种情况表

---

① 对于第二、三、四种情况，《史记集解》引郑玄曰："此三者皆从多，故为吉。"今按，郑注不确。第六种情况也有可能出现"汝则从，卿士从，庶民从"的"从多"情况，但由于"龟筮共违于人"，所以《洪范》断之曰"用静吉，用作凶"。其实，郑玄是知道这一点的。对于第六种情况，《史记集解》引郑玄曰："龟筮皆与人谋相违，人虽三从，犹不可以举事。"参见〔汉〕司马迁撰，〔南朝宋〕裴骃集解，〔唐〕司马贞索隐，〔唐〕张守节正义：《史记》卷三十八，第1618页。
② 《史记集解》引郑玄曰："此逆者多，以故举事于境内则吉，境外则凶。"参见上书，第1618页。今按：郑玄的注释有所不足，第五种情况不徒逆者多，也因为"筮逆"的缘故。

明，如果"龟筮共违于人"，那么其断占之辞为"用静吉，用作凶"。由此可以推断，龟筮所开显的神意在稽疑畴中是很关键的。还需要指出，本畴作了"作内吉，作外凶"和"用静吉，用作凶"的区分，这表明殷周人的政治活动意识和生命情调是乐观的和积极的。他们虽然高度重视神意，且笼罩在神意之下，但是对于人的生命存在及王朝政治活动的未来意向却作了很充分的肯定。而为何"龟筮"在稽疑畴中最为重要呢？这当然是一个问题，其原因在于当时的宗教观念，即卜筮所显示的神意其实直接来源于天或先祖（先公、先王）等神灵。而宗教信仰是凝聚宗族和国家的基本精神力量，是维系社会稳定和民众团结的基本纽带。又比较上述第五、六种情况可知，"龟"的重要性又显然超过了"筮"。龟重于筮的传统，在《左传》中即有反映，《左传·僖公四年》曰："初，晋献公欲以骊姬为夫人，卜之不吉，筮之吉。公曰：'从筮。'卜人曰：'筮短龟长，不如从长。'""长"是久远之义，"短"则是用之未久。"不如从长"，说明在通达神意方面"龟"法重于"筮"法。

最后，本畴六种谋问情况的文本排列是有序的，其吉凶判断之辞亦复如是。

除此之外，本畴还有几点需要再作说明。一者，据上文"汝则有大疑，谋及乃心，谋及卿士，谋及庶民，谋及卜筮"，"汝则从，龟从，筮从，卿士从，庶民从"

四句（见第一种）的"龟从筮从"四字，似当在"庶民从"句下。二者，第二、三、四种情况似乎还包含着"龟从，筮从，汝则逆，卿士逆，庶民逆"一例，不过本畴没有将其叙述出来而已。这即是说，在"龟从，筮从"的前提下，只要具备"汝则从""卿士从"或"庶民从"中的任何一项（或两项、三项的情况），那么此即预示着"吉"的结果；否则（即君王、卿士、庶民三者皆逆而无一从的情况），即使龟从、筮从，也只可能预示着"凶"或"不吉"的后果（应当同于"用静吉，用作凶"的断占）。由此足见，"人"在此稽疑系统中的重要性，同时说明了"龟从，筮从"的神意也只有依凭人意才有意义，才能落实下来。三者，第五种谋问情况在保持"龟从，筮逆"不变的条件下，依照"汝则从，龟从，筮逆，卿士逆，庶民逆"之例，还包含着"卿士从……汝则逆，庶民逆"和"庶民从……汝则逆，卿士逆"两种衍变情况；并且，箕子既然已言"龟从，筮逆"之例，那么他不必复言"筮从，龟逆"的情况。而所有这些从"龟从，筮逆"或"筮从，龟逆"演绎出来的谋问情况，在箕子看来，都预示着"作内吉，作外凶"的断占结果。从中我们可以看到，君王、卿士、庶民的从逆在预示吉凶的综合判断中起着平等的参考作用。四者，"龟筮共违于人"（第六种）应当理解为"只要"的条件句，这其中包括了五逆及三从等多种情况。这一方面突显出龟筮在

《洪范》稽疑系统中起着主导作用，另一方面也预示着凶险达到了极端程度，比第五种谋问情况更进一步，因此君王即不应当有所动作，故曰"用静吉，用作凶"。

总之，"稽疑"是殷周时期王道的大法之一。其出发点是王者为了谋问大的疑难，而作出决断；其方法是综合王、龟、筮、卿士、庶民五元从逆的意愿而断其吉凶；其目的是为了尽可能多地了解和统一族群、国家内部的各种意志和力量，从而相应地作出一定决策，以尽可能地趋吉避凶。

第五节 庶征畴：念用庶征

一、天人感应：庶征畴的思想背景

天人感应，从文化发生学的角度看，是一个普遍存在的人类意识。人类处于原始时期即存在天人感应或神人感应的意识之中，中华文化亦不例外。从出土考古资料来看，国家出现之前的中国远古文明都笼罩在天人感应或神人感应的意识之中。从中华文化的发展来看，天人感应是神人感应的高级形式。中国古人的天人感应有多种形式，一种是神人或天人的直接感应和交感，一种是神人或天人的间接感应和交感。而无论是直接或间接的感应和交感，从理论上说来，它们并无高低之分，但是在具体的历史文化中它们是有分别的。可以推论，人类经过了一个人人可以与神灵直接沟通和感应的阶段，也就是《国语·楚语下》观射父所描述的"民神杂糅，不可方物"和"夫人作享，家为巫史"的阶段。这个阶段带有典型的萨满教（Shamanism）特征。不过，从考古发现来看，中华文化从仰韶文化、红山文化到龙山文化一直在经历缓慢的宗教净化过程，一个是神人的分离和神权的垄断，另外一个是宗教的人文化。前者，按照《尚书·吕刑》的说法发生在龙山文化的晚期。《吕刑》曰："皇帝哀矜庶戮之不辜，报虐以威，遏绝苗民，无世在下。乃命重、黎，绝地天通，罔有降格。"引文中的"皇帝"，指帝尧。发生的重大事件叫"绝地天通"。对于"绝地天通"，《国语·楚语下》有更详细的叙述，并说此事在上古发生了两次，一次在帝颛顼时期，一次在帝尧时期。而"绝地天通"的根本目的，其实是帝颛顼和帝尧为了实现对神权的垄断。宗教净化是从宗教仪式和行为上来说的，通过从萨满教到礼仪祭祀的转变，天地崇拜和祖先崇拜转化为人文化的礼仪祭祀宗教。二者的合一，体现在对于祭祀权的垄断上。祭祀权的垄断与王权的形成是统一的，互为表里。由此，天人的沟通、统一和感应是间接的，是通过礼仪化的祭祀来进行的。

进入殷末周初，或者周初时期，天人感应在"天命靡常"（《诗·大雅·文王》）的观念下再次发生转进，如何延命永命，而不发生革命或改命，这是周初时期周人需要回答的一个基本问题。在周人看来，如何延命永命而不发生革命的关键在于天子或王本人，王在上对天、下对民的政治结构中担负着秉持天命和延续天命的历史重任。由此周人不得不追问，天子或君王在其自身中担负此天命的关键主体性因素是什么。由此，周人发明了"德"的概念。从延续性来说，文王之德是周命的本源，"文"与"德"相为表里。《诗·周颂·维天之命》曰："於乎不显，文王之德之纯！"周人由祖先崇拜开导出慎终追远的"孝"观念，故后续君王均需"秉文之德"（《诗·周颂·清庙》），"不显维德，百辟其刑之"（《诗·周颂·烈文》）。从当下来说，每一位继位的天子或君王既必须具备面向天命之德，又必须同时延续文王之德，这样他的继位和在位才是正当和合法的。而天子之德或君王之德落实下来，其具体内容是什么呢？这包括三个方面：一者保民而王，二者祭祀鬼神，三者作为国家政治、伦理和宗教生活的责任主体，天子或王必须具备恭敬的精神态度和恰当的威仪。而当时的统治和治理工具无非是礼、乐、刑、政四器。

从周初至汉代，天人感应向道德化、征象化和自然化三个方向发展。其中，前两者是主要的。而前两者的交叉和融合，在殷周之际发展出王者修身（"五事"）与天降休咎之征（"庶征"）的新天人感应论来。从庶征畴来看,"敬用五事"与"念用庶征"确实具有因果关系。

二、念用庶征与庶征畴的大义

庶征畴是洪范九畴的第八畴。《洪范》曰:

> 次八曰念用庶征。

> 八,庶征:曰雨,曰旸,曰燠,曰寒,曰风。曰时(是)五者来备,各以其叙,庶草蕃庑(橆)。一极备,凶;一极无,凶。曰休征:曰肃,时雨若;曰乂,时旸若;曰哲,曰燠若;曰谋(敏),时寒若;曰圣,时风若。曰咎征:曰狂,恒雨若;曰僭,恒旸若;曰豫(舒),恒燠若;曰急,恒寒若;曰蒙(霿),恒风若。曰王省惟岁,卿士惟月,师尹惟日。岁月日时无易,百谷用成,乂用明,俊民用章,家用平康。日月岁时既易,百谷用不成,乂用昏不明,俊民用微,家用不宁。庶民惟星,星有好风,星有好雨。日月之行,则有冬有夏。月之从星,则以风雨。

上引第一段文字见于《洪范》九畴总叙部分,第二段文字见于分叙部分,是本畴的具体内容。

先看本畴的文本编联问题。从文义上来看,本畴可以分为两个部分,"恒风若"以上为第一部分,"曰王省

第六章 《洪范》八政等五畴略论

惟岁"以下为第二部分。苏轼曾说："自此（指'曰王省惟岁'——引者）以下，皆五纪之文也。简编脱误，是以在此。其文当在'五曰历数'之后。"①许多学者赞同苏说。如刘节云："东坡《书传》曰：'自（指"王省惟岁"）以下，皆五纪之文。简编脱误，是以在此。其文当在"五曰历数"之后。'金履祥《尚书表注》曰：'东坡苏氏，无垢张氏，石林叶氏，容斋洪氏皆曰：此章当为五纪之传。'今本在'恒风若'下，'九五福'上。兹从诸家说移置于此。"又屈万里、朱廷献等也赞成苏轼、刘节说。②其实，苏轼、刘节等人的说法未必正确。原因很简单，本畴"曰王省惟岁"一段的思想重心在于"天人相征"，与五纪畴通过历象天文以制定历法的用意不同。因此第二部分文字仍应当属于本畴。依笔者意见，本畴讲庶征和天人感应分为两种形式，一种是五事畴的修身与本畴所云庶征的关系，另一种是对五纪的察省与本畴所云时序年谷彝伦风雨之关系。而时序年谷彝伦风雨属于另一种形式的庶征。

又，曾运乾认为"曰王省惟岁"下一段文字本属于皇极畴，当接在"会其有极归其有极"下。③按：此说系

---

① [宋]苏轼：《书传》卷十，文渊阁四库全书本，台湾商务印书馆影印第54册，第582页。
② 参见刘节：《洪范疏证》，载顾颉刚编著：《古史辨》第五册，第394页；屈万里：《尚书集释》，第125页；朱廷献：《尚书研究》，第164页。
③ 参见曾运乾：《尚书正读》卷三，第138页。

275

猜测之辞，并无实据，也未见有学者跟从此说。

再看本畴文本的校勘和训释问题。《说文·心部》曰："念，常思也。""念"即常思、思虑、考虑之义。"庶征"即众征，"征"是征验、应验、效验之义。孙星衍《尚书今古文注疏》引郑玄曰："庶，众也。征，验也。谓众行得失之验。"①《淮南子·修务》曰："夫歌者，乐之征也；哭者，悲之效也。"高诱《注》："征，应也，效，验也。""念用庶征"，言天子以庶征思虑天人感应。

"旸"，《史记·宋微子世家》作"阳"；"燠"，《宋微子世家》作"奥"。按，"阳"读作"旸"，"奥"读作"燠"。《说文·日部》："旸，日出也。"同书《昌部》："阳，高明也。"同书《火部》："燠，热在中也。"清人段玉裁曰："《洪范》'庶征曰燠曰寒'，古多叚奥为之。《小雅》'日月方奥'，《传》曰：'奥，煖也。'"②

"曰时五者来备"，《后汉书·杜栾刘李刘谢列传》云："得其人则五氏来备。"李贤注："是与氏古字通耳。"《后汉书·荀韩钟陈列传》云："五韪咸备，各以其叙。"李贤注："韪，是也……五是来备，各以其叙也。"按，"时"，是也，此也。"此五者"，指上文雨、旸、燠、寒、风五者。所引《后汉书》两文乃括引《洪范》文，"氏"

---

① [清]孙星衍：《尚书今古文注疏》卷十二，第295页。
② [清]段玉裁：《说文解字注》十篇上，第486页。

第六章 《洪范》八政等五畴略论

通"是","𥓓"与"是"属于同义换字。"五是",言证验、应验以此五者为是,外此非也。"五是"或"五𥓓"均就休征而言。"者"字,《今文尚书》仅一见。对于此种现象,钱宗武说:"我们认为《洪范》里的'者',有可能是后人在传抄《尚书》时,以今律古,因为构成名词性结构的结构助词'者'已大量运用,而误改'氐'为'者'。"① 与钱说相应,管燮初曾统计西周金文材料,认为"者"字"在西周金文中尚未出现"。② 其说可参。

"蕃庑",《史记·宋微子世家》作"繁庑",《说文·林部》引《商书》曰"庶艸緐楙"。按,"繁"读作"蕃",滋生也。"庑"当读作"楙"。《说文·林部》曰:"楙,丰也。"《说文》"楙""无"异字,"无"字在《亾部》。同书《广部》曰:"庑,堂下周屋。"《国语·晋语》曰:"黍不为黍,不能蕃庑。"韦昭注:"蕃,滋也。庑,丰也。"③

"曰谋","谋"通"敏",通达也。王引之《经义述闻》卷三"聪作谋"条曰:"引之谨案,恭与肃、从与乂、明与哲、睿与圣,义并相近。若以谋为谋事,则与聪字义不相近,斯为不类矣。今案,谋与敏同。敏,古读若每。谋,古读若媒。(并见《唐韵正》)谋、敏声相近,故字相

---

① 参见钱宗武:《今文尚书语言研究》,岳麓书社1996年版,第283页。
② 管燮初:《西周金文语法研究》,商务印书馆1981年版,第203页。
③ 徐元诰撰:《国语集解》,王树民、沈长云点校,第331页。

通……《晋语》：'知羊舌职之聪敏肃给也。'聪与敏义相近。（《广韵》：'敏，聪也，达也。'）"[1]王说可据。

"曰狂"，倨慢也。"曰僭"，差失也。"狂""僭"均就道德行为言。"曰豫"，"豫"字孔颖达《疏》引郑玄《注》作"舒"。按，"豫"读作"舒"。《汉书·五行志》曰："失在舒缓，故其咎舒也。"一训"豫"为"乐"，疑非。"曰急"，急迫也，严急也。"曰豫（舒）"与"曰急"相对。"曰蒙"，"蒙"字《史记·宋微子世家》作"雾"，《汉书·五行志》作"霿"，《尚书大传·洪范五行传》作"霿"。按，"雺"即"雾"的本字，读作"蒙"或"霿"，均是愚昧、昏昧或蒙昧之义。孔颖达《疏》引郑玄曰："蒙，见冒乱也。"[2]《汉书·五行志下》曰："貌、言、视、听，以心为主，四者皆失，则区霿无识，故其咎霿也。雨、旱、寒、奥，亦以风为本，四气皆乱，故其罚常风也。"

本畴上下各"若"字，古今有三训。第一种训为"顺"。《论衡·寒温》引或人曰："若，顺……人君急，则常寒顺之；舒，则常温顺之。"伪孔《传》训同，孔颖达《疏》引郑玄曰："五事不得，则咎气而顺之。"[3]朱子

---

[1] 参见［清］王引之：《经义述闻》卷三，第85页。不过，台湾地区学者黄忠慎不同意王说。备说。参见黄忠慎：《〈尚书·洪范〉考辨与解释》，第92—93页。
[2] 十三经注疏整理委员会整理：《十三经注疏·尚书正义》卷十二，第380页。
[3] 十三经注疏整理委员会整理：《十三经注疏·毛诗正义》卷十二，第828页。

第六章 《洪范》八政等五畴略论

曰："'肃，时雨若。'肃是恭肃，便自有滋润底意思，所以便说时雨顺应之。'乂，时旸若。'乂是整治，便自有开明底意思，所以便说时旸顺应之。'哲，时燠若。'哲是普照，便自有和暖底意思。'谋，时寒若。'谋是藏密，便自有寒结底意思。'圣，时风若。'圣则通明，便自有爽快底意思。"[1]这些引文都是训"若"为"顺"的例子。第二种训为"如""似"。王安石《洪范传》曰："故雨、旸、燠、寒、风者，五事之证也。降而万物悦者，肃也，故若时雨然；升而万物理者，乂也，故若时旸然；哲者，阳也，故若时燠然；谋者，阴也，故若时寒然；睿其思心，心无所不通，以济四事之善者，圣也，故若时风然。狂则荡，故常雨若；僭则亢，故常旸若；豫则解缓，故常燠若；急则缩栗，故常寒若；冥其思心，心无所不入，以济四事之恶者，蒙，故常风若也。"[2]这是训"若"为"如""似"之义。朱子即曰："如荆公，又却要一齐都不消说感应，但把'若'字做'如''似'字义说。做譬喻说了，也不得。"[3]今按：庶征畴的"若"字，既不当训为"顺"，也不当训为"如""似"。训为"顺"或"如""似"，都是不对的。经文本曰"时雨若"云云，

---

[1] ［宋］黎靖德编：《朱子语类》卷七十九，第2048页。
[2] ［宋］王安石撰，中华书局上海编辑所编辑：《临川先生文集》卷六十五，第695页。
[3] ［宋］黎靖德编：《朱子语类》卷七十九，第2048—2049页。

王安石却改为"若时雨然"云云,这改变了句子的文法。第三种训为语气词。王引之《经传释词》曰:"若,词也……《书·洪范》曰:'曰肃,时雨若。曰乂,时旸若。曰晢,时燠若。曰谋,时寒若。曰圣,时风若。'"屈万里、刘起釪等人同意此训。①《汉书·五行志》云:"上嫚下暴,则阴气胜,故其罚常雨也。"又曰:"刑罚妄加,群阴不附,则阳气胜,故其罚常阳也。"又云:"盛夏日长,暑以养物,政弛缓,故其罚常奥也。"又云:"盛冬日短,寒以杀物,政促迫,故其罚常寒也。"又云:"雨、旱、寒、奥,亦以风为本,四气皆乱,故其罚常风也。"《五行志》均未训"若"为"顺",而似乎皆将"若"作为句末语助词来使用。据此,王引之的训释是可靠的。此外,曾运乾曰:"若,譬况之词,位于句末。"周秉钧、刘起釪等同意曾说。②其实,这个训释未必可靠,而刘起釪前后的训释未能统一,表明他是摇摆不定的。

最后看本畴的思想。本畴言征验、征应或效应,指君王修身的休咎善恶与雨、旸、燠、寒、风五种气候现象具有证验关系。所谓"念用庶征",即指君王为政,应当念虑庶征及其所包含的天意,考虑"王"(修身所致德

---

① 参见[清]王引之:《经传释词》卷七,岳麓书社1985年版,第149—150页;屈万里:《尚书集释》,第124页;顾颉刚、刘起釪:《尚书校释译论》第三册,第1189页。
② 参见曾运乾:《尚书正读》卷三,第136页;周秉钧:《尚书易解》卷三,第144页;顾颉刚、刘起釪:《尚书校释译论》第三册,第1204、1205页。

第六章　《洪范》八政等五畴略论

行）与"天"的因果感应关系。"庶征"，具体指雨、旸、燠、寒、风五种征验。一岁之中，此五者来备，无有缺失，且来去适时、多少适度（"各以其叙"），而致草木丰茂。这种现象是非常吉利的。如果极端地具备或者极端地缺失其中任何一征，[1]那么就会导致凶灾。

进一步，在箕子看来，君王修身的善恶与庶征相应地具有休咎关系。肃、乂、哲、谋（敏）、圣为君之善行，狂、僭、豫、急、蒙为君之恶行，且前后两组具有对应关系。善行与休征对应，恶行与咎征对应。对于"休征"和"咎征"，学者有两种训释。"休征"，伪孔《传》曰："叙美行之验。""咎征"，伪孔《传》曰："叙恶行之验。"[2]似乎以"休"字为美行，"咎"字为恶行"。此点已见于汉人说。《汉书·五行志》曰"故其咎狂也""故其咎僭""故其咎舒也""故其咎急也""故其咎霿也"，都是直接证据。又，《汉书·五行志》引"休征"，颜师古《注》引孟康曰："善行之验也。"[3]孟康是三国魏人，他即从此一训释。另一种训释见于郑玄《注》

---

[1] "一极备，一极凶"，"一"，钱宗武说："指雨、旸、燠、寒、风五者之一。《尚书》没有出现几分之几这样的分数，仅有此处一例用子数表示分数。汉语分数表示法从不完备到完备，从不规则到规则，经过了一个漫长的过程。起初也许就是用子数表示分数，后来才出现母数，然后才有'母数+之（分）+子数'式，最后才逐渐定型为'母数+分+之+子数'。"见钱宗武：《尚书新笺与上古文明》，北京大学出版社2004年版，第141页。
[2] 十三经注疏整理委员会整理：《十三经注疏·尚书正义》卷十二，第379页。
[3] ［汉］班固撰，［唐］颜师古注：《汉书》卷二十七，第1351页。

281

和蔡沈《书集传》。在"曰咎征：曰狂，恒雨若"下，孙星衍《注疏》引郑康成曰："五事不得，则咎气而顺之。"①蔡沈曰："五事修则休征各以类应之，五事失则咎征各以类应之，自然之理也……盖雨、旸、燠、寒、风五者之休咎。"②从如上两条引文来看，郑玄和蔡沈不训"休""咎"为美行和恶行，而训为吉庆和凶灾。"休征"即吉庆的征验，"咎征"即凶灾的征验，"休""咎"是用来定性"征"之吉凶好坏的。笔者认为，后一种训释是恰当的。因此，如果君王对于自身之貌、言、视、听、思的修养达到了肃、乂、哲、谋（敏）、圣的地步，那么上天就会以"时雨若""时旸若""时燠若""时寒若""时风若"应验之。否则，若是狂、僭、豫、急、蒙，上天就会以"恒雨若""恒旸若""恒燠若""恒寒若""恒风若"应验之。前者，例如"曰肃，时雨若"，这是说如果君王恭肃，就会有及时雨来降；其他仿此。后者，例如"曰狂，恒雨若"，这是说如果君王狂傲，就会久雨不停；其他仿此。而不论是"时雨若"还是"恒雨若"，追根溯源，都是由天主宰和应验之的。

本畴言雨、旸、燠、寒、风五种气象因素，无疑都是基于农业生产的需要。从政治出发，古人认为，人君作为一国或天下的最高政治主体即应对影响农业生产之

---

① ［清］孙星衍：《尚书今古文注疏》卷十二，第314页。
② ［宋］蔡沈：《书集传》卷四，王丰先点校，第170—171页。

第六章 《洪范》八政等五畴略论

一年气象的好坏承担相应的责任。不过，在天人感应的意识下，本畴第一部分即直接认为，气象的好坏与君王德行的善恶相应。换言之，君王应当对影响农业生产的一年气象承担主要责任。第二部分又说，君王负责省察一岁的气象状况，卿士负责省察一月的气象状况，普通官员（师尹）负责省察一日的气象状况，如果岁、月、日、时（四时）"各以其叙"，遵循常态，没有改易，那么就会"百谷用成，乂用明，俊民用章，家用平康"；否则，就会"百谷用不成，乂用昏不明，俊民用微，家用不宁"。下文"庶民惟星，星有好风，星有好雨。日月之行，则有冬有夏。月之从星，则以风雨"七句,[①]以"星"比喻"庶民"，以"日"比喻天子，以月比喻卿士,[②]来阐明普通民众（"庶民"）对于王政的影响。这段文字认为，王政有常法，其大体格局是由天子、卿士决定的，这犹

[①] "星有好雨"指毕星。《诗·小雅·渐渐之石》："月离于毕，俾滂沱矣。"月离于箕星则多风，传记无说，孔《疏》载郑玄引《春秋纬》曰："月离于箕，则风扬沙。"十三经注疏整理委员会整理：《十三经注疏·尚书正义》卷十二，第383页。《史记集解》引马融曰："箕星好风，毕星好雨。"《周礼·春官·大宗伯》郑《注》引郑司农云："风师，箕也。雨师，毕也。"《汉书·天文志》曰："月为风雨，日为寒温。冬至日南极，暑长，南不极则温为害。夏至日北极，暑短，北不极则寒为害。故《书》曰'日月之行，则有冬有夏'也。"参见［清］孙星衍：《尚书今古文注疏》卷十二，第316—317页。

[②] 伪孔《传》曰："星，民象，故民众惟若星。箕星好风，毕星好雨，亦民所好。"又曰："日月之行，冬夏各有常度。君臣政治，小大各有常法。"见十三注疏整理委员会整理：《十三经注疏·尚书正义》卷十二，第382页。

如"日月之行，则有冬有夏"；但是，庶民也会影响王政，这就好像月亮遇到箕星会刮起大风，遇到毕星会下大雨一样。这二者均为灾害，是从负的方面来说的，其用意在于警示天子和卿士。伪孔《传》曰："月经于箕则多风，离于毕则多雨。政教失常以从民欲，亦所以乱。"①其说是也。

总之，庶征畴贯穿着天人感应思维，与五事畴的关系密切。五事畴的现实意义即体现在庶征畴中，庶征畴进一步说明了君主修身的重要性。修身不但是天子作为最高政治主体在德行上的自我完善，并以此德行主体去治理人化的天下，而且通过主宰性的"天"与以雨、旸、燠、寒、风五种基本气象所构成的自然世界具有征应关系，并具体通过休征和咎征表现出来。当然，需要交待，此处所说"自然世界"在彼时其实并不自然，它充满了神意。而所谓休征和咎征，既然从征验和征应言之，那么它们显然被看作天意的表达。

此外，由于五事畴与本畴都以"五"数为基础，且彼此相应，故本畴理应包含着五元的关联性思维。而"五元"和"关联性"正是后世所谓五行思维方式的两个要素。当然，尽管《洪范》暗中采用了"五元"和"关联性"观念，但是从中我们还看不到它将"五行"与

---

① 参见十三经注疏整理委员会整理：《十三经注疏·尚书正义》卷十二，第382页。

第六章 《洪范》八政等五畴略论

"五事""五征"直接关联起来的文本证据。其中,"五行"的水、火、木、金、土,润下、炎上、曲直、从革、稼穑,咸、苦、酸、辛、甘,及"五事"的貌、言、视、听、思,恭、从、明、聪、睿,肃、乂、晢、谋(敏)、圣的关联,它们各自都是在体用关系上建构起来的自生性关联。而"五征"则与此不同,其"休征"肃—时雨、乂—时旸、晢—时燠、谋—时寒、圣—时风,及"咎征"狂—恒雨、僭—恒旸、豫—恒燠、急—恒寒、蒙—恒风的关联,则属于以天人感应为背景和基础的因果联系。从根本上来说,无论是"五征"的天人感应式的因果联系,还是"五行""五事"的体用论式的自生性关联,它们都不是后人所说的五行思维方式。"五行思维方式"是在承认万物的普遍、有机联系基础上的五元类联性思维,它将不同系列、不同事物及其属性关联起来,体现出万有在宇宙论上的统一性。应当说,五行思维方式的产生是中国传统思维方式的重大进步。

三、去神化与对感应原理的肯定

汉代是《洪范》庶征畴大义极其昌明的时代,得到了经师和朝廷的大力提倡。而汉人对于庶征畴的阐释无疑是在神学背景下展开的,其思维性质属于神性的天人感应。汉代是神性的天人感应观念发展的最高阶段,并以阴阳灾异和五行灾异的方式表现出来。汉人的灾异思想一般基于"五事"与"庶征"的天人感应关联，前者是感，后者是应，中间通过主宰性的"天"起作用。从休征到瑞应，从咎征到灾异，庶征畴在汉代发生了思想转进。而灾异思维的基本目的是为了谴告和警戒人君，让其反躬自省，勤于政事，以期上合天意，下足民生，达到天下太平大治的目的。汉代的灾异资料十分丰富，可以参看《春秋繁露》《白虎通》《汉书》《后汉书》《汉纪》及各种纬书等。

宋代，古人对于庶征畴的解释明显经历了去神化或自然化的过程。在此过程中，王安石及朱子的解释十分典型。在《洪范传》中，王安石追问了"曰肃，时雨若"云云和"曰狂，恒雨若"云云发生的原因，认为休征和咎征不过"言人君之有五事，犹天之有五物"，对它们作了客观化和自然化的处理。故在他看来，"五事"并不具备感动天地的魔力。"天之五物"（雨、旸、燠、寒、风）的施用在于适宜和成物，"一极备凶，一极无亦凶"。"人君之五事"（貌、言、视、听、思）的施用亦在于适宜和成民，"一极备凶，一极无亦凶"。所以"人君之五事"与"天之五物"是一种类比性质的证验关系，而不属于感应关系，故《洪范传》曰"故雨、旸、燠、寒、风者，五事之证也。"在《洪范传》中，王安石将"征""证"二字混用。而对于所谓证验，王安石以"法象"看待之，《洪范传》曰："君子之于人也，固常思齐其贤，而以其

第六章 《洪范》八政等五畴略论

不肖为戒,况天者固人君之所当法象也,则质诸彼以验此,固其宜也。"所说"降而万物悦者,肃也,故若时雨然"云云,①都是此意。由此,王安石对灾异说作了批判。《洪范传》曰:

> 然则世之言灾异者,非乎?曰:人君固辅相天地以理万物者也。天地万物不得其常,则恐惧修省,固亦其宜也。今或以为天有是变,必由我有是罪以致之;或以为灾异自天事耳,何豫于我,我知修人事而已。盖由前之说,则蔽而葸;由后之说,则固而怠。不蔽不葸,不固不怠者,亦以天变为己惧,不曰天之有某变,必以我为某事而至也,亦以天下之正理考吾之失而已矣,此亦"念用庶证"之意也。②

这段话是接着上述引文来说的,它将灾异看作"天地万物不得其常"的一种现象。王安石虽然肯定了此不正常现象具有令人"恐惧修省"的价值,但是从根本上否定了所谓天人感应之说。

朱子对汉人和王安石的解释都作了批评,云:"如汉

---

① 上引《洪范传》文,俱见[宋]王安石撰,中华书局上海编辑所编辑:《临川先生文集》卷六十五,第695页。
② 同上。

儒必然之说固不可，如荆公全不相关之说亦不可。"他说：

> 《洪范》庶征固不是定如汉儒之说，必以为有是应必有是事。多雨之征，必推说道是某时做某事不肃，所以致此。为此必然之说，所以教人难尽信。但古人意精密，只于五事上体察是有此理。如荆公，又却要一齐都不消说感应，但把"若"字做"如""似"字义说，做譬喻说了，也不得。荆公固是也说道此事不足验，然而人主自当谨戒。如汉儒必然之说固不可，如荆公全不相关之说，亦不可。古人意思精密，恐后世见未到耳。①

在此，朱子没有否定天人感应之说，他只是反对汉儒"为此必然之说"，即所谓"必以为有是应必有是事"之说。同时，他批评荆公之说有两点错误：一者，"如荆公，又却要一齐都不消说感应"；二者，将本畴的"若"字做"如""似"字义说了，做譬喻说了。应该说，从文法及古人意识水平来看，朱子的这两点批评都是恰当的。

根据上述引文，朱子对庶征畴及天人感应的解释大体上可以归纳为如下四点。第一，对于天人感应，他既反对汉儒的必然之说，也反对荆公的全不相关之说。第

---

① ［宋］黎靖德编：《朱子语类》卷七十九，第2048—2049页。

二，他肯定了传统天人感应说所包含的"人主自当谨戒"之义。第三，他从"此理"上来解释感应，祛除古人天人感应说的神秘性。朱子说："但古人意精密，只于五事上体察是有此理。"又说："'肃，时雨若'，肃是恭肃，便自有滋润底意思，所以便说时雨顺应之。'乂，时旸若'，乂是整治，便自有开明底意思，所以便说时旸顺应之。'哲，时燠若'，哲是普照，便自有和暖底意思。'谋，时寒若'，谋是藏密，便自有寒结底意思。'圣，时风若'，圣则通明，便自有爽快底意思。"①如就"肃，时雨若"一句，朱子将"肃"看作产生"滋润底意思"的心理本源，而与"时雨"之意相应，故曰"时雨若"。对于其他四征，朱子的解释均类此。简言之，朱子以一种理性化的类比关联解释了庶征畴的感应问题。或者说，朱子对于传统的感应说作了理性化的处理。第四，朱子虽然在较大程度上否定了传统的天人感应说，但他肯定了包含于其中的感应原理。这一点很重要，是建设新天人感应说的地基。

今天看来，无论"天人感应"在历史上经历了何种形态的变化，"感应"本身作为普遍原理是客观存在的。天人感应从神性化到去神性化，伴随着人类意识形态发展的过程。就中国来说，在唐代以前，神性的天人感应

---

① 以上两条引文，俱见〔宋〕黎靖德编：《朱子语类》卷七十九，第2048页。

思维非常发达，汉代是其顶峰。在宋代以后，天人感应在精英知识阶层经历了一个快速的去神性化过程。不过，从相关解释来看，朱子肯定了"感应"原理本身，这是对的。感应从神性化转变为理性化，理学在其中起了决定作用。宋代理学虽然在字面上不怎么提天人感应，但实际上它以一种变形的方式和新内涵间接地维护了此一理论，这即是：其一，宋儒以此理说所谓感通；其二，宋儒以仁爱说所谓感应。在一种有机而感通、感应的宇宙意识中，宋儒建立了自己的新学问体系，同时以一种高度理性化和人文价值化的形式重新肯定了天人感应的命题。现当代中国是无神论或自然论大流行的时代，许多学者为了回避清末民初启蒙思想家对于传统天人感应说的批判和责难，故有意放弃此一术语，而乐于起用"天人合一"一词。这一做法虽然没有错，但是有时候显得不够精当，比较空洞。笔者认为，"天人感应"的术语在今天还是可以使用的，只是需要我们对其重新作解释和定义。而在此一系统中，修身功夫变得更为重要，宋明儒即由此开展出一套大学问。

总之，《洪范》八政、五纪、三德、稽疑和庶征五畴都很重要，都是九畴中的一畴，在洪范九畴的政治哲学体系中，各为重要的一环。无八政，各种政事活动无法展开。无五纪，宇宙观念无法清晰建立，时间和时节无法辨识。无三德，天子何以中正，执掌作福、作威、玉食之权？无稽疑，天子何以明断吉凶？无庶征，天子何以"敬用五事"，慎己畏天？笔者曾想以专章的形式来论述和讨论"稽疑""庶征"两畴各自的思想及其相关问题，但迫于研究时间的限制，故只在本章中略加论述，粗达其意。

下篇 忠恕之道

第七章　春秋时期的"忠"观念

"忠"是一个很重要的德行观念。在春秋时期，随着天下分解和社会制度的剧烈变迁，邦国间的利益争夺和权力斗争变得日益激烈，"邦国"与"君主"的地位在其国家内部得到进一步提升，君统与宗统发生分离，"忠"的观念随之产生与确定。童书业说："在'原始宗法制'时代，后世之所谓'忠'（忠君之忠）实包括于'孝'之内……臣对君亦称'孝'，君对臣亦称'慈'，以在'原始宗法制'时代，一国以至所谓'天下'可合成一家，所谓'圣人能以天下一家'也。故'忠'可包于'孝'之内，无需专提'忠'之道德。然至春秋时，臣与君未必属于一族或一'家'，异国、异族之君臣关系逐渐代替同国、同族间之君臣关系，于是所谓'忠'遂不得不与'孝'分离。盖首先在异国、异族之君臣关系上产生接近后世所谓'忠君'之'忠'。"[1]"忠"产生于春秋前期,这个判断大概是可靠的,但是童先生所谓"忠"是从"孝"中分裂出来的,并认为在原始宗法制社会时期前者已蕴涵在后者之中,这是值得商榷的。虽然"忠"观念自其产生以后即与"孝"观念相互影响,但是二者仍存在重要差别,而且它们所反应的社会存在和伦理问题是不一样的。应该说,"忠"观念是对新社会存在的反映,反映了新型社会关系的价值观念。从一定意义上来说,它是自生的,而不是由"孝"派生出来的。

自其产生以来,"忠"即与"孝"共同成为主宰封建社会的两大伦理和价值观念。在战国,随着国家利益得到加强,君主地位得到进一步的提升,"忠""孝"的关系于是变得更加紧张起来。在战国末季,"忠"在国家政治生活中及在法家思想中已显著超过"孝"的观念,并形成了前者支配后者的关系。杨华教授曾从"宗统"与"君统"对立的角度,对于春秋战国至汉初"忠""孝"关系的演变作了宏观的分析与描述,将其发展过程概括为三个阶段:春秋之前,"忠"的观念蕴含在"孝"之中;春秋战国时期,"忠""孝"处于冲突之中;秦汉以降,"孝"统于"忠","忠"大于"孝","孝"服从

---

[1] 童书业:《春秋左传研究》(校订本),中华书局2006年版,第244页。

"忠"。[1]需要指出，杨氏所云第一阶段说其实源自童氏。其三阶段说与笔者观点不尽相同。笔者认为，春秋时期（可能包括战国早期）可以单独划分为一个阶段。在此一阶段，一般说来，"孝"大于"忠"，"忠"受到"孝"的统率，且二者间的冲突并不强烈。但是进入战国时期，诸子对于"忠"及其与"孝"关系的理解即变得非常复杂，并且充满了论说与辩诘、困惑与矛盾。对于儒家学派来说，这一点表现得尤为突出。目前看来，春秋至战国时期"忠"观念的发展与演进问题，特别是其在先秦典籍中的观念开展问题，值得我们再作更深入、更系统的学术梳理和分析。

第一节 《左传》《国语》的著作时代与作者

一、《左传》的著作时代与作者

《左传》《国语》是两部可以相互参证的重要典籍。《左传》《公羊传》《穀梁传》属于所谓《春秋》三传。不过，《左传》言史，远详于《公羊传》和《穀梁传》，且其写作时间最早，可以反映春秋时期的思想。《墨子·明鬼下》有周之《春秋》、燕之《春秋》、宋之《春秋》和

---

[1] 参见杨华：《春秋战国时期"宗统"与"君统"的斗争——兼论我国古代忠孝关系的三个阶段》，载《学术月刊》1997年第5期。

齐之《春秋》的说法，说明《春秋》本是当时列国史书的通称。《春秋》经则是孔子以鲁《春秋》为基础述作而成的，孔子在其中设置了"大义"。孔子与《春秋》经的关系，孟子已作说明："王者之迹熄而《诗》亡，《诗》亡然后《春秋》作。晋之《乘》，楚之《梼杌》，鲁之《春秋》，一也。其事则齐桓晋文，其文则史。孔子曰：'其义则丘窃取之矣。'"(《孟子·离娄下》)对于《春秋》经，孟子作了"其事""其文"和"其义"的区别，"其事"是指历史事实或史实，"其文"是指列国史官所撰述的文字，"其义"是指孔子所说的"道"或其所推明的大义。这个大义，《庄子·天下》曰："《春秋》以道名分。"《礼记·经解》曰："属辞比事，《春秋》教也。"《春秋繁露·玉杯》曰："《春秋》论十二世之事，人道浃而王道备。"《春秋》的大义，往高处说，是表现王道，往低处说，具体落实在人道的名分之学上。

《左传》的写作年代及其作者问题，曾经引起了学者的较多关注。[1]据《晋书·武帝纪》《律历志》及荀勖《穆天子传序》、卫恒《四体书势》等资料，西晋武帝年间，下葬于公元前3世纪初年的汲冢魏襄王墓出土了大

---

[1] 参见［清］朱彝尊：《经义考》卷一百六十九，中华书局1998年版，第875—878页。此版据中华书局1936年版《四部备要》缩印，并据扬州马氏刻本校勘。

第七章 春秋时期的"忠"观念

量战国竹书,①其中一篇题名"师春"。关于《师春》,《晋书·束皙传》曰:"书《左传》诸卜筮。《师春》似是造书者姓名也。"所谓"造书者",指"师春"是此篇竹书的"抄写者",而非其真正的作者。杜预《春秋经传集解后序》曰:"又别有一卷,纯集疏《左氏传》卜筮事,上下次第及其文义皆与《左传》同,名曰《师春》。师春,似是抄集者名也。"杜预的说法与《晋书·束皙传》所说一致,且更为具体,更明确地称"师春"为"抄集者名",又指出《师春》所抄集卜筮事"上下次第及其文义皆与《左传》同"。后一点更重要,它对于搞清楚《左传》的制作年代颇为关键。这条文献表明,《左传》的写作应当比汲冢的下葬年代早一些时间。而郭沫若所谓刘歆割裂《师春》而编入《左传》的说法,②这当然是很荒谬的。当代学者一般认为《左传》是公元前4世纪的作品,③经过了一个演变的过程。尽管《左传》的定型在

---

① 据杜预《春秋经传集解后序》所云,汲冢所出《竹书纪年》的最后纪年时间为魏"今王二十年"。此"今王"即"魏襄王"。魏襄王二十年,也就是公元前299年。汲冢墓主当在此后不久下葬。学界关于汲冢墓的下葬年代争论,参见丁四新:《从出土竹书综论〈周易〉诸问题》,《周易研究》2000年第4期。
② 参见郭沫若:《周易之制作时代》,载《郭沫若全集·历史编》第一卷,人民出版社1982年版,第388页。李镜池曾驳斥郭说,参见李镜池:《论周易的著作年代》,载黄寿祺、张善文编:《周易研究论文集》第一辑,北京师范大学出版社1987年版,第501—503页。
③ 参见〔美〕陈荣捷(Wing-Tsit Chan)编译:《中国哲学文献选编》(*A Source Book in Chinese Philosophy*),第5页脚注。在西方,(接下页注释)

299

战国中期，但是这并不能否定它的记述可以反映公元前722至前468年之间的历史事实及其思想文化，西方《中国历史手册》一书的作者即认为："它（指《左传》——引者）是研究公元前722至前468年这段时期的历史的基本资料。"①因而，我们利用《左传》来研究春秋时期的观念，材料是很可靠的。

关于《左传》的作者，一般认为是鲁国的左丘明。这是汉儒的通说，如《史记·十二诸侯年表》曰："是以孔子明王道，干七十余君，莫能用，故西观周室，论史记旧闻，兴于鲁而次《春秋》，上记隐，下至哀之获麟，约其辞文，去其烦重，以制义法，王道备，人事浃。七十子之徒口受其传指，为有所刺讥褒讳挹损之文辞，不可以书见也。鲁君子左丘明惧弟子人人异端，各安其意，失其真，故因孔子史记具论其语，成《左氏春秋》。"这段话又见于《汉书·艺文志》，文字虽然略有出入，但大意相同。引文中的"弟子"指孔子弟子。《左传》最初可能是由左丘明撰写的，后来又经过不断编撰，并定型

（接上页注释）高本汉（Karlgren）曾经从语言演变的角度研究《左传》的写作时间，他认为《左传》是在公元前300年以前形成的。童书业认为："《左传》中多预言，其下限约为公元前三三〇年左右。"又说："本书当即在战国前期大体写定。"参见童书业：《春秋左传研究》（校订本），第261、346页。

① 参见〔英〕魏根深（Endymion Wilkinson）：《中国历史手册》（*Chinese History: A Manual*, Cambridge, Mass.: Harvard Univerity Asia Center, 1998），第485—486页。

于战国中期。竹书《师春》似乎证明了这一点。

二、《国语》的著作时代与作者

"语",原是古代一种着重记言的史书,因其国别不同,其名称即有异。这些《语》类文献后来被总集在一起,称为《国语》。《礼记·玉藻》曰:"动则左史书之,言则右史书之。"《国语·楚语上》记载申叔时教诲太子之言:"教之令,使访物官。教之语,使明其德,而知先王之务用明德于民也。教之故志,使知废兴者而戒惧焉。教之训典,使知族类行比义焉。""语"的目的原本是为了"明德",但后来它逐渐泛化了。现在所见《论语》《孔子家语》《管子·短语》《新语》以及汲冢竹书《锁语》等,都已属于私人著述。今本《国语》包括《周语》三篇、《鲁语》二篇、《齐语》一篇、《晋语》九篇、《郑语》一篇、《楚语》二篇、《吴语》一篇、《越语》二篇。

关于《国语》的制作问题,《史记·十二诸侯年表序》曰:"于是谱十二诸侯,自共和讫孔子,表见《春秋》《国语》,学者所讥盛衰大旨,著于篇。"司马迁在此所说《国语》,即今本《国语》。又同书《太史公自序》曰:"左丘失明,厥有《国语》。"对于此失明的"左丘",《汉书·艺文志》曾予以指明:"《国语》十二篇,左丘明著。"不过,晋代开始就有人怀疑《汉书》的说法。傅玄说:"《国语》非丘明所作。"刘炫同之。陆淳说:"《国语》与《左传》文体不伦,定非一人所为。"陈振孙说:"自班固《志》言左丘明所著至今,与《春秋传》并行,号为外传。今考二书,虽相出入,而事辞或多异同,文体亦不类,意必非出一人之手也。司马子长云:'左丘失明,厥有《国语》。'又似不知所谓。唐啖助亦尝辨之。"叶少蕴(梦得)曰:"古有左氏、左丘氏。太史公称:'左丘失明,厥有《国语》。'今《春秋传》作左氏,而《国语》为左丘氏,则不得为一家,文体亦自不同,其非一家书,明甚。"①对于傅玄、叶梦得等人意见,有些学者不以为然。如司马光说:"先儒多怪左丘明既传《春秋》,又作《国语》。为之说者,多矣,皆未甚通也。先君以为丘明将传《春秋》,乃先采集列国之史,因别分之,取其精英者为《春秋传》。而先所采集之稿,因为时人所传,命曰《国语》,非丘明之本志也。故其辞繁重,序事过详,不若《春秋传》之简直、精明、浑厚、遒峻也。又多驳杂不粹之文,诚由列国之史学有厚薄,才有浅深,不能醇一故也。不然,丘明作此重复之书何为邪?"陈造说:"左丘明《传》记诸国事既备矣,复为《国语》。二书之事,大同小异者多,或疑之。盖《传》在先秦古书,《六经》之亚也。纪史以释经文,婉而丽。《国语》要是传体,而其文壮,其辞奇。"黄省曾说:"昔左氏罗

---

① 上引诸文,俱见[清]朱彝尊编:《经义考》卷二百九,第1071页。最后一条,又见《经义考》卷一百六十九,第876页。

第七章 春秋时期的"忠"观念

集国史，实书以传《春秋》，其释丽之余，溢为外传，实多先王之明训。自张苍、贾生、马迁以来，千数百年播诵于艺林不衰，世儒虽以浮夸、阔诞者为病，然而文辞高妙精理，非后之操觚者可及。"[1]

今人王树民推衍傅玄至叶梦得之说，云[2]：

> 《国语》的编定者，《史记》和《汉书》的说法不同，《史记》说是"左丘失明，厥有《国语》"，《汉书》则称"左丘明著"……可知编定《国语》与写作《左氏春秋》的本来是两个人，司马迁说得很明白，一个是左丘，一个是左丘明；不过他们的事迹为后人所知者极少，其名有相近，因而被混同为一个人了……值得注意的一点是，所列举的这几个人大致以时间先后为次序，左丘列于屈原与孙子之间，说明其时代应约略相近，正在战国中期。按《国语》二十一篇，而《晋语》独占九篇，在晋国三卿中，又多记赵氏之事，说明左丘应为赵国人，或与赵国接近之人。……
>
> 《国语》与《左氏春秋》既同记一个时期之事，内容自多相同或相关者，稍加比较，即可知《国

---

[1] 上引诸文，俱见［清］朱彝尊编：《经义考》卷二百九，第1071页。
[2] 以下引文，见王树民：《国语的作者和编者》，载徐元诰撰：《国语集解》，王树民、沈长云点校，第603—604页。

语》多保存原文，故各部分之间颇不一致，而《左氏春秋》则为已经作者润饰修整者，全书如浑然一体。因此二书的某些材料来源可能为出于一途，然不可谓二书即出于一手。自从《左氏春秋》被说成为《春秋左氏传》，经古文派宗之，《国语》也被称为《春秋外传》。经今文派力攻《左传》，特别强调"左丘失明，厥有《国语》"之语，更确指左丘明为《国语》的作者。很明显这是捕风捉影之谈，硬把左丘与左丘明当作一个人了。

《史记·太史公自序》曰："左丘失明，厥有《国语》。"《汉书·司马迁传》所录《报任安书》曰："左丘失明，厥有《国语》……及如左丘明无目，孙子断足，终不可用，退论书策以舒其愤，思垂空文以自见。"①《汉书·司马迁传》班固赞曰："孔子因鲁《史记》而作《春秋》，而左丘明论辑其本事，以为之传，又纂异同为《国语》。"据此，司马迁认为《国语》为左丘明所作。《汉书》将《国语》定为左丘明所作，这是清楚的。而且，自司马迁之后，今古文经学家亦皆认同此点。由此而言，司马迁所说《国语》作者"左丘"，应当指左丘明。至于

---

① 宋淳熙本胡重刻本《文选》所录《报任少卿书》"及如左丘明无目"，作"乃如左丘无目"，应是此本脱一"明"字。[梁] 萧统选，[唐] 李善注：《文选》卷四一，中华书局1977年版，第581页。

第七章　春秋时期的"忠"观念

叶梦得所谓"左"与"左丘"相区别之说，则涉及古人三字省称的问题，即"左丘明"可不可以被省称为"左氏""左丘"或"丘明"。同时，这个问题还涉及"左丘明"的氏，到底是"左"还是"左丘"的问题。从左丘明作《春秋传》而省称为《春秋左氏传》来看，左丘明之氏似乎为"左"。这得到了《史记·十二诸侯年表》的应证："鲁君子左丘明惧弟子人人异端，各安其意，失其真，故因孔子史记具论其语，成《左氏春秋》。"不过，《年表》下文接着说战国中后期，铎椒为《铎氏微》，虞卿为《虞氏春秋》，吕不韦为《吕氏春秋》等，似乎以"某氏春秋"的方式题名上列诸书，可能是汉人所为，并非是先秦旧称。因此，设若左丘明之氏为"左丘"的话，那么是将其所著传文命名为《左丘氏春秋》或《左丘春秋》更好，还是将其称为《左氏春秋》更恰当呢？有一点是很清楚的，自司马迁之后，汉人都是以"左丘明""左氏""丘明"来称呼其人的，并认为《国语》的作者为"左丘明"。①例如，除《汉书·艺文志》外，王充《论衡·案书》篇曰："《国语》，《左氏》之外传也。左氏传经，辞语尚略，故复选录《国语》之辞以实。然则《左氏》《国语》，世儒之实书也。"这样，我们将司马迁在特定语境中所表述出来的"左丘"看作是对"左丘

---

① 参见［清］朱彝尊：《经义考》卷一百六十九，第875页。

明"的一种省称，这种可能性当是存在的。简言之，"左丘明"氏"左"，一般可称作"左氏"或"丘明"，在特殊语境中也可能称作"左丘"。因此，司马迁所言作《国语》的"左丘"，仍可能是为《春秋》作传的"左丘明"。

确定汉人普遍认为《国语》为左丘明所作是一回事，考察《国语》或《左氏春秋》是否实际上为左丘明所作，则是另外一回事。上引王树民文第二条以《国语》《春秋左传》的文本处理方式不同或其特征不同，作为二书并非同一著者，甚至作为"左氏"与"左丘"两相区别的证据，①其实没有多少效力。因为根据这些差别而判断其历史真实性，本身即充满了主观色彩，王充、班固和司马光等人实际上都已大体指出王文所说的事实，然而他们却欣赏之和赞叹之，并没有由此否定《国语》由左丘明所作的传统观点。不过，从现代著作人的观念来看，《左氏春秋》很可能曾经大量修整、润饰而变得似乎浑然一体，在一定程度上凸显了"著者"或"编著者"身份。与《左氏春秋》相较，《国语》文本则显得颇为原始，"著者"或"编著者"的身份由此隐没不彰。但是，由此

---

① 童书业说："至于《国语》，则吾人认为与《左传》毫无关系，盖本先秦、秦汉间旧史籍之残余，刘向父子合而成此书，故不完不备，所载文字亦显非一时一人之手笔，与左氏书首尾一贯而完整者绝异。《国语》中每多与《左传》相同之记载，且或有违异，《左传》作者何故为此不完不备、杂乱无章之书，反乱己书之体例邪？必不然矣！"见童书业：《春秋左传研究》（校订本），第262页。

第七章 春秋时期的"忠"观念

我们就可以断定此两书一定不是出自同一作者或编著者吗？而我们为什么一定要求《国语》符合《左传》所给定的标准，如此才会承认此二书出自同一手呢？

进一步，这里还有一个概念需要澄清，《汉书》所谓《国语》为"左丘明著"的"著"字，与今天严格版权观念下的此一概念的含义其实不同。《说文》有"箸"而无"著"字。《汉书·张汤传》曰："受而著谳法廷尉挈令。"颜师古《注》："著，谓明书之也。"《汉书·张良传》："非天下所以存亡，故不著。"颜师古《注》："著，谓书之于史。"《文选·汉武帝〈贤良诏〉》："著之于篇。"李周翰《注》："著，述也。"[1]《汉书》说《国语》为"左丘明著"之"著"字，可以理解成"编述"，不必当"作"字解。《论语·述而》记子曰："述而不作，信而好古，窃比于我老彭。""述"与"作"是一对概念，"著"从一开始即借"箸"字为之，有"书写"之义。而即使是"作"，如果不与"述"对言，也不一定具有超强自主属性的创作之意。[2]因此，所谓"左丘明著"的"著"字，

---

[1] 以上引文，俱见宗福邦、陈世铙、萧海波主编：《故训汇纂》，第1940页。
[2] 例如，《史记·太史公自序》曰："孔子厄陈蔡，作《春秋》。"同书《孔子世家》曰："子曰：'弗乎，弗乎！君子病没世而名不称焉。吾道不行矣，吾何以自见于后世哉？'乃因史记作《春秋》，上至隐公，下讫哀公十四年，十二公。据鲁，亲周，故殷，运之三代，约其文辞而指博。故吴楚之君自称王，而《春秋》贬之曰'子'；践土之会实召周天子，而《春秋》讳之曰：'天王狩于河阳。'推此类，以绳当世贬损之义。后有王者举而开之，《春秋》之义行，则天下乱臣贼子惧焉……（接下页注释）

更多地包含了"编纂"之义。这是一方面。另一方面，还有一个观念有待澄清，即大多数古书的形成过程较为漫长而复杂，不一定成于一时一地及一人之手。我们现在可以见到的最典型例子是《老子》。帛书《老子》两本与通行本的文本次序颇不相同，词句也有一些差异。郭店简《老子》三组是目前可见最早的《老子》本子，[①]它在很大程度上保留了《老子》文本的原始状态；而此本《老子》颠覆了我们以往对于《老子》文本的认识。出土简帛古本说明，从战国中期至西汉《老子》文本是在不断发展、变化的，[②]同时也说明古人的"著者"观念是不同于今人的，文本虽然在不断发展和演变，但是古人往往将其作者归之于某位代表性的人物。据此，《国语》虽然非一时一人所作，但是目前我们还无法完全否定其著者为"左丘明"的传统说法。

从今天的著作观念出发，王树民先生以分解的眼光

（接上页注释）至于为《春秋》，笔则笔，削则削，子夏之徒不能赞一辞。弟子受《春秋》，孔子曰：'后世知丘者以《春秋》，而罪丘者亦以《春秋》。'"所谓"作"，《孔子世家》前文说有"因史记""据鲁，亲周，故殷，运之三代"的因素，后文则直接言孔子"笔""削"之，据此可知，古人所谓"作"包含了较强的"编纂"之意。

① 帛书《老子》两本及郭店简本，参见国家文物局古文献研究室编：《马王堆汉墓帛书》（壹）；荆门市博物馆编：《郭店楚墓竹简》。

② 参见丁四新：《郭店楚墓竹简思想研究》，东方出版社2000年版，第39—40页。关于《老子》文本形成问题的争议，参见李存山：《简帛研究：仍有争议的问题》，载李存山注译：《老子》，中州古籍出版社2004年版，第15—25页。

看待《国语》诸篇的作者问题，其意见是值得重视的。他说：

> 《国语》为集合故有之资料而成书，决非出于一人之手笔。《国语》非一时一人所作，从各篇内容的不一致，也可以得到充分的证明。如《周语》《楚语》《晋语》《郑语》等文多古朴，《鲁语》多记琐事而亦不同于后世之文。至《齐语》则全同于《管子·小匡》篇，殆出于战国时期稷下先生之流。《吴语》《越语》皆记夫差与勾践之事，而《越语下》则为黄老家之言，此三语写成之时代不能早于战国时期。由此可知《周语》等五部分原为各国的故有之书，流传中或遭删节，所存者基本上犹为原文；而《齐语》等三部分则出于后人补作，当日或亦有"语"之称，编书者遂并取之。因此更可知《国语》之编定，不能早于战国时期。①

诚然，《国语》是一部集纂起来的典籍，它并非出自一人之手笔，这是前人早就注意到的文本现象；但是，尽管《国语》编纂成书于战国时期，王树民还是认为《周语》《楚语》《晋语》《郑语》和《鲁语》的文字"多古

---

① 王树民：《国语的作者和编者》，载徐元诰撰：《国语集解》，王树民、沈长云点校，第602—603页。

朴","原为各国的故有之书","所存者基本上犹为原文",甚至出自后人补作的《齐语》《吴语》《越语》也有本据,他说:"当日或亦有'语'之称,编书者遂并取之。"这些论断,对于利用《国语》来处理春秋时期的思想观念是很关键的。笔者认为,王说可取。目前看来,《国语》主要不是由后人再创作的著作,其大体为古朴之文这一点为我们利用它来研究春秋时期的思想奠定了坚实基础。

第二节 《左传》的"忠"观念

《左传》言"忠",字凡七十见。自然,言"忠"论"忠",是不能与"忠于"或"所忠"的对象分开的。"忠"在《左传》中所涉及的关系层次及其含义是较为复杂的。

一、从关系、公私、德行论《左传》的"忠"观念

首先从关系层次来看"忠"的观念。《左传》曰:

> 羊舌大夫曰:"不可。违命不孝,弃事不忠。虽知其寒,恶不可取?子其死之。"(《闵公二年》)
>
> 士茑稽首而对曰:"臣闻之,无丧而戚忧,必仇焉;无戎而城,仇必保焉。寇仇之保,又何慎焉?守官废命,不敬;固仇之保,不忠。失忠与敬,何以事君?"(《僖公五年》)

第七章 春秋时期的"忠"观念

今罪无所，而民皆尽忠以死君命，又何以为京观乎？(《宣公十二年》)

林父之事君也，进思尽忠，退思补过，社稷之卫也。若之何杀之？夫其败也，如日月之食焉，何损于明？晋侯使复其位。(《宣公十二年》)

魏绛多功，以赵武为贤而为之佐。君明臣忠，上让下竞。当是时也，晋不可敌，事之而后可。君其图之！(《襄公九年》)

上述第一条引文中的羊舌大夫，指羊舌胖，字叔向，春秋时期晋国大夫。第二条文引文中的士𫇭，是春秋早期晋国卿大夫、晋献公的主要谋士。第三条引文是楚庄王（前613—前591年在位）所言。第四条引文中的林父，即荀林父，曾任晋国军中主帅；晋侯即晋景公（前599—前581年在位）。第五条引文中的魏绛，是春秋时期晋国卿大夫，主要活动在晋悼公时期；赵武，史书称为赵文子，后人或尊称赵孟，春秋中期晋国六卿之一；君，指楚共王（前590—前560年在位）。

上引五条《左传》文字体现了"忠"观念所应用的关系领域，它们处于臣对君或民对君的关系中，是以"事君尽忠"为"忠"的基本含义的。在此，我们需要追问：臣民所尽忠的"君事"或"君命"具有何种特性呢？它受不受当时礼乐文化的限制，及是否受到更高目的的制约呢?"君事"有常事和变事之分,"君命"亦有常命和变命之别。常事、常命易于分辨,很久以来,它们已被处于同一共同体中的人们普遍认为符合此共同体的根本目的及其最大利益,上引五条文献都是在此一观念下所展现的人类活动。不过,需要指出,忠于君事、君命,与单纯"忠君"的观念是根本不同的,因为单纯的"忠君"要求履命者完全丧失对君事、君命所包含更高目的的关怀,而忠于君事、君命则将"事""命"(主要是公共之事和公共之命)看作是君臣、君民关系的真正接点。也因此,可以说,春秋时期并没有后世严格意义上的"忠君"观念。变事、变命是较难处理的问题,不过从原则上来说,它们也都必须符合某个共同体的最大利益及其最高目的。否则,不能为此共同体之利益或目的服务,而仅出于君主一己意愿的所谓君事、君命,这在当时是不合法的,因而很可能遭到臣下和贵族集团的谏止或拒绝,乃至导致君臣的分裂、流血冲突和国家动乱。在春秋三百年间,篡弑之例众多,孔子作《春秋》,以"弑"等词语作褒贬,目的不过是要使"天下乱臣贼子惧"(《史记·孔子世家》)。[1]而从孟子到汉初,儒

---

[1] 又见《孟子·滕文公下》曰:"孔子成《春秋》而乱臣贼子惧。"同篇又说:"世衰道微,邪说暴行有作,臣弑其君者有之,子弑其父者有之。孔子惧,作《春秋》。《春秋》,天子之事也。是故孔子曰:'知我者其惟《春秋》乎?罪我者其惟《春秋》乎?'"

家着重辩护放杀（汤放桀、武王杀纣）的正当性，[1]这与孔子作《春秋》，其义不尽相同。尽管儒者有从礼治、仁政来理解具体政治问题的不同，但是对于孔孟而言，政治活动为其共同体的合理终极目的服务，这一理性原则在很大程度上在当时被看作是唯一正当的。

《左传·宣公二年》曰[2]：

> 宣子骤谏，公患之，使鉏麑贼之。晨往，寝门辟矣，盛服将朝，尚早，坐而假寐。麑退，叹而言曰："不忘恭敬，民之主也。贼民之主，不忠。弃君之命，不信。有一于此，不如死也。"触槐而死。

宣子，即赵宣子、赵盾，晋国卿大夫。鉏麑，晋国大力士。公，指晋灵公（前620—前607年在位）。

公元前607年，晋灵公委派鉏麑去刺杀赵盾。但是，当鉏麑看到赵盾"盛服将朝，尚早，坐而假寐"时，他

---

[1] 《孟子·梁惠王下》曰："齐宣王问曰：'汤放桀，武王伐纣，有诸？'孟子对曰：'于传有之。'曰：'臣弑其君，可乎？'曰：'贼仁者谓之贼，贼义者谓之残。残贼之人谓之一夫。闻诛一夫纣矣，未闻弑君也。'"《史记·儒林列传》记载汉初儒家学者辕固生与道家学者黄生辩论汤武"受命放杀"的问题，是对孟子所论相关问题的继续。

[2] 下引史事，又见《国语·晋语五》曰："灵公虐，赵宣子骤谏，公患之，使鉏麑贼之。晨往，则寝门辟矣，盛服将朝，蚤而假寐。麑退，叹而言曰：'赵孟敬哉！夫不忘恭敬，社稷之镇也。贼国之镇，不忠。受命而废之，不信。享一名于此，不若死。'触庭之槐而死。"

忽然良心发现，拒绝执行刺杀命令。从观念看，是因为他心中已有一个"忠"的标准："不忘恭敬，民之主也。贼民之主，不忠。"而据此可知，在当时，"忠"是对"民"负责的德行，而"信"才是对"君命"负责的德行。因此，古人所谓"事君尽忠"并非无条件的，甚至君事、君命本身也并非不受其它原则的制约：一旦君与民、君与邦国的利益发生冲突时，我们会看到，"忠"的作用对象是有层级性的。而这个层级性，见之于《左传》的许多文本中：

楚子囊还自伐吴，卒。将死，遗言谓子庚："必城郢。"君子谓子囊忠。君薨，不忘增其名；将死，不忘卫社稷；可不谓忠乎？忠，民之望也。《诗》曰"行归于周，万民所望"，忠也。（《襄公十四年》）

王曰："止！其自为谋也，则过矣。其为吾先君谋也，则忠。忠，社稷之固也，所盖多矣。"（《成公二年》）

赵孟闻之曰："临患不忘国，忠也。思难不越官，信也。图国忘死，贞也。谋主三者，义也。有是四者，又可戮乎？"（《昭公元年》）

公曰："据与款谓寡人能事鬼神，故欲诛于祝史，子称是语，何故？"对曰："若有德之君，外内不废，上下无怨，动无违事，其祝史荐信，无愧心

矣。是以鬼神用飨，国受其福，祝史与焉。其所以蕃祉老寿者，为信君使也，其言忠信于鬼神。"(《昭公二十年》)

晏子仰天叹曰："婴所不唯忠于君、利社稷者是与，有如上帝。"乃歃。(《襄公二十五年》)

上述第一条引文中的子囊，芈姓，熊氏，名贞，字子囊，楚庄王之子，曾任楚国令尹；死于公元前559年，时楚康王在位。子庚，芈姓，熊氏，名午，字子庚，楚庄王之子，曾任楚国令尹。第二条引文中的王，指楚共王。第三条引文中的赵孟，指赵武，死于公元前541年，时晋平公在位。第四条引文中的公，指齐景公（前547—前490年在位）；据、款，即梁丘据、裔款，二人同为齐景公宠臣，齐国大夫；对曰者，指晏婴，史称晏子。第五条文献中的晏子，指晏婴，姬姓，晏氏，名婴，齐国上大夫。

上述引文指明了古人"忠于"及"所忠"的对象。"忠"在春秋古人的思想世界中不唯忠于君事、君命，而且更重要地是忠于邦国、社稷，以符合人民利益。对于古人来说，邦国、社稷、鬼神这三个概念虽然不同，但是它们的关系很密切。"邦国"是一个政治术语，是从分封制下衍生出来的概念。"社稷"是一个宗教、信仰概念，社稷二庙由邦国供奉，君主主祀，它们不仅象征着邦国的存在，而且通过祭祀活动显示了在天神地祇的信仰系统中邦国存在的合法性。"鬼神"同样是一个宗教、信仰概念，但它主要体现后人与先祖，以及人与自然之间的关系问题：人的现实命运、祸福吉凶，与鬼神的赏罚密切相关。很明显，在古人"所忠"的对象中，君主的地位低于邦国、社稷和鬼神；且君主的存在或君主之位的设立，乃是为了邦国的利益服务的。换言之，君主是手段、工具，而邦国、社稷、鬼神是目的。因此，君主本身也有所谓"忠"的问题，如《左传·桓公六年》曰：

> 季梁止之曰："天方授楚。楚之嬴，其诱我也。君何急焉？臣闻小之能敌大也，小道大淫。所谓道，忠于民而信于神也。上思利民，忠也；祝史正辞，信也。今民馁而君逞欲，祝史矫举以祭，臣不知其可也。"

又如《左传·庄公十年》曰：

> 公曰："小大之狱虽不能察，必以情。"对曰："忠之属也。可以一战，战则请从。"

上一条引文中的季梁，氏季，名梁，春秋早期随国大夫，曾提出"夫民，神之主也"的命题；其所止者，

第七章　春秋时期的"忠"观念

随君也。下一条引文中的公，指鲁庄公（前693—前662年在位）；对曰者，即曹刿，春秋时鲁国人。

在下一条引文中，鲁庄公"小大之狱虽不能察，必以情"，在曹刿看来属于尽忠职守的范围，所谓"忠之属也"，这与前文所说"臣忠"之"忠"的含义是相同的。上一条引文更为明确，指明了《左传》不唯有臣民忠于君事、君命的说法，而且有君主"忠民"的思想："上思利民，忠也。"这一点很重要，原来"忠"行不是单向的，而是双向的：论势位，君主在上，臣民理应忠于君事和君命；但论目的，君主也不过是利民兴邦的手段，所以他亦有尽忠的问题。

其次从公私关系来看"忠"的观念。从根本上来看，公私关系体现为利益关系。《左传》曰：

稽首而对曰："臣竭其股肱之力，加之以忠贞。其济，君之灵也；不济，则以死继之。"公曰："何谓忠贞？"对曰："公家之利，知无不为，忠也。送往事居，耦俱无猜，贞也。"（《僖公九年》）

十一月丙寅，晋杀续简伯，贾季奔狄。宣子使臾骈送其帑。夷之蒐，贾季戮臾骈，臾骈之人欲尽杀贾氏以报焉。臾骈曰："不可。吾闻《前志》有之曰：'敌惠敌怨，不在后嗣。'忠之道也。夫子礼于贾季，我以其宠报私怨，无乃不可乎？介人之宠，非勇也；损怨益仇，非知也；以私害公，非忠也。释此三者，何以事夫子？"尽具其币，与其器用财贿，亲帅扞之，送致诸竟。(《文公六年》)

文子曰："楚囚，君子也。言称先职，不背本也；乐操土风，不忘旧也；称大子，抑无私也；名其二卿，尊君也。不背本，仁也；不忘旧，信也；无私，忠也；尊君，敏也。仁以接事，信以守之，忠以成之，敏以行之，事虽大，必济。君盍归之，使合晋楚之成。"公从之，重为之礼，使归求成。(《成公九年》)

范文子谓栾武子曰："季孙于鲁相二君矣，妾不衣帛，马不食粟，可不谓忠乎？信谗慝而弃忠良，若诸侯何？"(《文公十六年》)

季文子卒，大夫入敛，公在位。宰庀家器为葬备，无衣帛之妾，无食粟之马，无藏金玉，无重器备。君子是以知季文子之忠于公室也。相三君矣，而无私积，可不谓忠乎？(《襄公五年》)

上述第一条引文中的对曰者是荀息，晋国大夫；公是晋献公（前676年—公元前651年在位）。第二条引文中的续简伯，即续鞫居、狐鞫居，晋国大夫；贾季，即狐射姑，是晋国大夫狐偃的儿子；宣子，即赵宣子赵盾；臾骈，晋国上军佐。第三条引文中的文子，即范文子，祁姓，士氏，名燮，谥号"文"，晋国大夫；楚囚，指钟仪，楚公族，封为郧公；公，指晋景公。第四条引文中的范文子，参见上文；栾武子，即栾书，晋国正卿；季孙，指季孙文子、季孙行父，春秋时鲁国正卿。第五条引文中的季文子，即季孙文子、季孙行父；公，指鲁襄公；三君，指宣公、成公、襄公。

上述第四、五条引文，是从纯粹物质利益关系来谈论"无私积"之"忠"的，也就是说，当卿大夫执政之时，如果他做到了不以权谋取私利的话，那么他的行为就合乎"忠"。第二、三条引文，主要从政治权力和伦理关系来阐明"忠"的含义的。在当时，卿大夫之家有其封地，由于受到各种利益和欲望的驱使，各家不免会产生矛盾、冲突；但与此同时，他们也意识到这些矛盾和冲突不能超出必要范围，否则会危害邦国安全，或者导致内乱，甚者遭至灭亡。因此，"邦国"在一国之内具有至上权威，否则"以私害公，非忠也"。"敌惠敌怨不在后嗣，忠之道也"，因为惠怨代代相报，则必将公利弃置不顾。以"忠"来限制惠怨相报，有其历史和人情的合理性。第一条引文中的"公家之利，知无不为，忠也"，属于通说，肯定"公家"在各种利益关系中居于至上位置；而人们维护和服务于此一目的，即为"忠"行。总之，在公私关系领域，春秋时期，"忠"与"公"具有价值上的同一性。

再次从德行角度来看"忠"的观念。①《左传》曰：

穆伯如齐，始聘焉，礼也。凡君即位，卿出并聘，践修旧好，要结外援，好事邻国，以卫社稷，忠信卑让之道也。忠，德之正也。信，德之固也。卑让，德之基也。（《文公元年》）

叔向曰："子叔子知礼哉！吾闻之曰：忠信，礼之器也；卑让，礼之宗也。辞不忘国，忠信也；先国后己，卑让也。《诗》曰：'敬慎威仪，以近有德。'夫子近德矣。"（《昭公二年》）

昭子语诸大夫曰："为人子，不可不慎也哉！昔庆封亡，子尾多受邑而稍致诸君，君以为忠而甚宠之。将死，疾于公宫，辇而归，君亲推之。其子不能任，是以在此。忠为令德，其子弗能任，罪犹及之，难不慎也。丧夫人之力，弃德旷宗，以及其身，不亦害乎！《诗》曰：'不自我先，不自我后。'其是之谓乎。"（《昭公十年》）

---

① "德"是一个涵义复杂的古典词语。"德"的基本含义是"德者，得也"，但在实际运用上其涵义要比此复杂得多。"德性"这个术语，更加强调"德"对于伦理人或一般意义上之"人"的内在性和自然性，强调"德"对于生命自身的意义。"德行"，则倾向于对伦理人的道德质量的要求。"德目"，则是具体的道德质量规范名目。"德性"一词，先秦文献仅见于《礼记·中庸》。"德行"，《易传》《毛诗》《周礼》《礼记》等书习见。先秦文献的"德行"一词，多同于今语意义上的"德性"一词。

第七章 春秋时期的"忠"观念

惠伯曰:"吾尝学此矣。忠信之事则可,不然必败。外强内温,忠也。和以率贞,信也,故曰:'黄裳,元吉。'黄,中之色也;裳,下之饰也;元,善之长也。中不忠,不得其色。下不共(恭),不得其饰。事不善,不得其极。外内倡和为忠,率事以信为共(恭),供养三德为善。非此三者,弗当。"(《昭公十二年》)

上述第一条引文中的穆伯,即公孙敖,姬姓,孟孙氏,名敖,鲁僖公、鲁文公时担任鲁国卿大夫。第二条引文中的叔向,即羊舌肸,春秋时晋国大夫;子叔子,敬称,指叔弓,春秋时鲁国大夫。第三条引文中的昭子,即叔孙豹之庶子叔孙婼;庆封,姜姓,庆氏,字子家,春秋时齐国大夫;子尾,姜姓,高氏,名虿,春秋时齐国大夫。第四条引文中的惠伯,指子服惠伯,名椒,春秋时鲁国大夫。

第一条引文不仅再次肯定了君主地位低于社稷,立君目的是为了保卫社稷,而且直接从德行角度论述了忠、信、卑让的重要性:"忠,德之正也。信,德之固也。卑让,德之基也。"从中我们再次看到,"忠"是对于君德的一个要求。如果君主认真履行了做君主的职责,比如"好事邻国以卫社稷",那么这就符合君德之"忠"。第二条引文与第一条引文同样是论述忠信、卑让之德的，所不同者，在第二条引文中，叔向一开始是从"礼"的角度来评价叔弓，然后再引《诗》言其"近德"的。

第三条引文涉及一个典故，即"子尾多受邑而稍致诸君，君以为忠"的故事。《左传·襄公二十八年》曰："与晏子邶殿，其鄙六十，弗受。子尾曰：'富，人之所欲也，何独弗欲？'对曰：'庆氏之邑足欲，故亡。吾邑不足欲也，益之以邶殿，乃足欲。足欲，亡无日矣。在外不得宰吾一邑。不受邶殿，非恶富也，恐失富也。且夫富，如布帛之有幅焉，为之制度，使无迁也。夫民，生厚而用利，于是乎正德以幅之，[①]使无黜嫚，谓之幅利。利过则为败。吾不敢贪多，所谓幅也。'与北郭佐邑六十，受之。与子雅邑，辞多受少。与子尾邑，受而稍致之。公以为忠，故有宠。"君对臣要求"忠诚"，也反映在臣对于其受赐土地的反应上。是"足欲"还是"不足欲"，这在很大程度上可以反映其内心世界，故人君以此观其德行修养，观其是否忠诚。

[①] 参见《左传·文公六年》曰："时以作事，事以厚生。"同书《文公七年》曰："《夏书》曰：'戒之用休，董之用威，劝之以九歌，勿使坏。'九功之德，皆可歌也，谓之九歌。六府三事，谓之九功。水、火、金、木、土、谷，谓之六府。正德、利用、厚生，谓之三事。"同书《成公十六年》曰："民生厚而德正，用利而事节。"《国语·周语上》曰："先王之于民也，懋正其德而厚其性，阜其财求而利其器用。"

第四条引文是一个解释易占的例子,子服惠伯对所占得之卦爻辞、象、位的隐喻义作了揭示和阐明。比如"外强内温,忠也""中不忠,不得其色""外内倡和为忠",本来外、内、中、和这些术语都是讲卦爻位关系的,但是在惠伯的解释中都具有隐喻或象征义,因此揭示或阐明这些卦爻之德,也就同时意味着天人是相感相应的。"中不忠,不得其色",是说如果"中"(六五爻,中爻,主爻)不忠,则不能与黄色相配。而"黄"在五行思维模式中为中央之色,是五方色之主,所以若"中"不"忠"则无以与"主"象相配。何谓"忠"?子服惠伯说"外强内温,忠也",又说"外内倡和为忠",它们都是从个体自身的内外特征来揭明"忠"的含义,故此"忠"是指人的内在德行。

二、"忠"的基本语义和含义

最后来看《左传》"忠"概念的基本语义和内涵。

上文从关系、公私、德行角度论述了"忠"观念的含义,表明"忠"是对君、臣、民三方的一个共同道德要求。从政治来看,"忠"是"公共的"德行,要求邦国和家族的每一位成员都应当忠于职守和尽其本分(位分),"忠"由此包含了"尽己"之义。在《左传·庄公十年》中,鲁庄公说"小大之狱虽不能察,必以情",曹刿断定为"忠之属也",杜预《集解》曰:"必尽己情。察,审也。"①"情",实也。"忠"由此具有"尽实"之义。《左传·襄公三十一年》曰:"子产曰:'人心之不同,如其面焉,吾岂敢谓子面如吾面乎?抑心所谓危,亦以告也。'子皮以为忠,故委政焉。子产是以能为郑国。"子产认识到"面"与"人心"二者可能分裂,而在此基础上,深察人心,观其同异,尽其情实,如此才叫做"忠"。这是从心理层面对"尽实"义作了更深入理解。《左传·文公三年》曰:"秦伯伐晋,济河焚舟,取王官及郊。晋人不出。遂自茅津济,封殽尸而还,遂霸西戎,用孟明也。君子是以知秦穆公之为君也,举人之周也,与人之壹也。孟明之臣也,其不解也,能惧思也。子桑之忠也,其知人也,能举善也。《诗》曰'于以采蘩,于沼于沚。于以用之,公侯之事',秦穆有焉。'夙夜匪解,以事一人',孟明有焉。'诒厥孙谋,以燕翼子',子桑有焉。"在此,"子桑之忠"是"其知人也,能举善也",这是从公私角度评判子桑具有"忠"德。子桑不怀嫉妒之心,完全出于公利而推举孟明氏,所以具有"忠"德。"子桑之忠"仍属于"尽职"或"忠于职守"之义。不过,秦穆公为君,"与人之壹",孟明为臣,"夙夜匪解,以事一人",这段引文却没有称为"忠",说明在当时"事一""从一""专一"尚未成为"忠"的固定内涵。当然,这不是说春秋时期的"忠"完

---

① [清]阮元校刻:《十三经注疏·春秋左传正义》卷八,中华书局1980年版,第1767页。

第七章　春秋时期的"忠"观念

全缺乏"从一"之义。《左传·僖公二十三年》曰：

> 九月，晋惠公卒。怀公命无从亡人，期，期而不至，无赦。狐突之子毛及偃从重耳在秦，弗召。冬，怀公执狐突，曰："子来则免。"对曰："子之能仕，父教之忠，古之制也。策名，委质，贰乃辟也。今臣之子名在重耳，有年数矣。若又召之，教之贰也。父教子贰，何以事君？刑之不滥，君之明也，臣之原（愿）也。淫刑以逞，谁则无罪？臣闻命矣。"乃杀之。

很明显，狐突教子以"忠"德，"忠"即包含"事一""从一""壹而不贰"之义，并且狐突有意突出了这一点。另外，从狐突所谓"忠"并非必定忠君及其子又确实不忠于怀公来看，当时"忠"与"君"的关系，与后世的"忠君"观念相差很大。

需要指出，在观念上，《左传》虽然倡导"忠"有敌我之分，但没有亲疏之分；有公私之分，但没有血缘之分。血缘的亲近关系和归属感是通过"孝"起作用的，这说明"孝"与"忠"在当时是两种性质不同的伦理和德行观念，不容混淆。从《左传》看，"忠"观念的提出，恰恰是基于政治的"公共性"，而超越血缘伦理观念——"孝"的产物。

第三节 《国语》的"忠"观念

一、君对民、上对下之"忠"

《国语》言"忠"共五十余例。"忠"在《左传》中反复出现的"忠于职守"或"恪尽职守"义,在《国语》中也一再出现。虽然《国语》的"忠"观念包含臣下、人民忠于君主之义,①但是君对民或上对下之"忠"在《国语》中得到了更有力的强调,这一点更值得注意。例如:

> 穆王将征犬戎,祭公谋父谏曰:"不可……我先王不窋用失其官,而自窜于戎狄之间,不敢怠业,时序其德,纂修其绪,修其训典,朝夕恪勤,守以敦笃,奉以忠信,奕世载德,不忝前人。至于文王、武王,昭前之光明而加之以慈和,事神保民,无不

---

① 《国语·晋语一》:"昔者之伐也,起百姓以为百姓也,是以民能欣之。故莫不尽忠,极劳以致死也。今君起百姓以自封也,民外不得其利,而内恶其贪,则上下既有判矣。"同书《晋语四》:"狐偃,其舅也,而惠以有谋。赵衰,其先君之戎御,赵夙之弟也,而文以忠贞。贾佗,公族也,而多识以恭敬。"同书《晋语八》:"叔向谓赵文子曰:'夫霸王之势,在德不在先歃。子苟能以忠信赞君,而裨诸侯之阙,歃虽在后,诸侯将载之,何争于先?'"

欣喜。"(《周语上》)

臣闻之曰:"怀和为每怀,咨才为诹,咨事为谋,咨义为度,咨亲为询,忠信为周。"君贶使臣以大礼,重之以六德,敢不重拜。(《鲁语下》)

桓公自莒反于齐,使鲍叔为宰,辞曰:"臣,君之庸臣也……若必治国家者,则非臣之所能也。若必治国家者,则其管夷吾乎!臣之所不若夷吾者五:宽惠柔民,弗若也;治国家不失其柄,弗若也;忠信可结于百姓,弗若也;制礼义可法于四方,弗若也;执枹鼓立于军门,使百姓皆加勇焉,弗若也。"(《齐语》)

桓公知天下诸侯多与己也,故又大施忠焉。(《齐语》)

其上贪以忍,其下偷以幸。有纵君而无谏臣,有冒上而无忠下。君臣上下各餍其私,以纵其回,民各有心而无所据依,以是处国,不亦难乎!(《晋语一》)

王曰:"三事者,何也?"对曰:"天事武,地事文,民事忠信。"(《楚语下》)

王曰:"越国之中,吾宽民以子之,忠惠以善之。吾修令宽刑,施民所欲,去民所恶;称其善,掩其恶,求以报吴。愿以此战。"(《吴语》)

上述第一条引文中的穆王，即周穆王（前977—前922年在位），名满，西周第五位君主。祭公谋父，周公后裔，封于祭，故名祭公，谋父是其字；不窋，周先祖，后稷之子。第二条引文是李克回答魏文侯的提问；李克，战国初期魏国著名政治家。第五条引文是晋大夫郤叔虎对士茹讲的话，前者希望后者转告晋献公。第六条引文中的王指楚昭王（前516—前489年在位），芈姓，熊氏，名壬，又名珍；对曰者，为观射父，楚国大夫，贤臣。第七条引文中的王指越王勾践（前497—前464年在位），姒姓，名鸠浅。

总结上述七条引文，《国语》言"忠"，与《左传》大意相同，其最终目的仍然是为了保卫邦国及公室的安全和利益，维系社稷的存在及延续宗庙祭祀。[①]在礼崩乐坏及诸侯争霸的时代，作为政治共同体，"邦国"的地

---

① 又如《国语·晋语二》记荀息之言云："昔君问臣事君于我，我对以忠贞。君曰：'何谓也？'我对曰：'可以利公室，力有所能，无不为，忠也。葬死者，养生者，死人复生不悔，生人不愧，贞也。'吾言既往矣，岂能欲行吾言而又爱吾身乎？虽死，焉避之？"同书《晋语四》："臣曰：'不可。夫晋公子贤明，其左右皆卿才。若复其国，而得志于诸侯，祸无赦矣。'今祸及矣。尊明胜患，智也。杀身赎国，忠也。乃就烹，据鼎耳而疾号曰：'自今以往，知忠以事君者与詹同。'乃命弗杀，厚为之礼而归之。郑人以詹伯为将军。"同书《晋语六》记武子之言："夫宣子尽谏于襄灵，以谏取恶，不惮死，进也，可不谓忠乎？吾子勉之。有宣子之忠，而纳之以成子之文，事君必济。"同书《周语下》："及其得之也，必有忠信之心间之，度于天地而顺于时动，和于民神而仪于物则。"同书《楚语下》："是乎有天地神民类物之官，是谓五官，各司其序，不相乱也，民是以能有忠信，神是以能有明德，民神异业，敬而不渎。"

位在当时不容不急剧抬升。《国语·周语一》说"民之所急在大事",韦昭《解》曰:"大事,戎祀也。"[①]这种说法亦见于《左传·成公十三年》,曰:"国之大事,在祀与戎。""祀""戎"在《尚书·洪范》八政畴中地位本不高,《洪范》曰"三曰祀""八曰师",但是进入春秋时期,它们的重要性得到急剧提升。而"祀""戎"重要性的提升,与"忠"德的产生及其地位的提升是相应的,或者说,强调"忠"的一个目的就是为国家大事如"祀""戎"服务的。在诸侯纷争、战争频仍的历史背景下,国家的延续和安全成为邦国上下关注的焦点,故忠于邦国,成为春秋战国时期君、臣、民必要的德行,而且愈往后变得愈重要。

二、"忠"之心:以中言忠、以恕言忠、以谋言忠

《国语》还着重以"心"言"忠"和论"忠"。与《左传》相比,这是其言"忠"的一个显著特征。

首先我们来看《国语》是如何由"中""内"来言"忠"的。《国语》曰:

> 内史过归,以告王曰:"晋不亡,其君必无后,

[①] 徐元诰撰:《国语集解》,王树民、沈长云点校,第32页。

且吕、郤将不免。"王曰:"何故?"对曰:"……民之所急在大事,先王知大事之必以众济也,故袚除其心,以和惠民。考中度衷以莅之,昭明物则以训之,制义庶孚以行之。袚除其心,精也;考中度衷,忠也;昭明物则,礼也;制义庶孚,信也。然则长众使民之道,非精不和,非忠不立,非礼不顺,非信不行。今晋侯即位而背外内之赂,虐其处者,弃其信也;不敬王命,弃其礼也;施其所恶,弃其忠也;以恶实心,弃其精也。四者皆弃,则远不至而近不和矣,将何以守国?"(《周语上》)

内史兴归,以告王曰:"晋,不可不善也,其君必霸。……且礼所以观忠、信、仁、义也,忠所以分也,仁所以行也,信所以守也,义所以节也。忠分则均,仁行则报,信守则固,义节则度。分均无怨,行报无匮,守固不偷,节度不携。若民不怨而财不匮,令不偷而动不携,其何事不济!中能应外,忠也;施三服义,仁也;守节不淫,信也;行礼不疲,义也。臣入晋境,四者不失,臣故曰:'晋侯其能礼矣,王其善之!'"(《周语上》)

晋孙谈之子周适周,事单襄公:立无跛,视无还,听无耸,言无远;言敬必及天,言忠必及意,言信必及身,言仁必及人,言义必及利,言智必及事,言勇必及制,言教必及辩,言孝必及神,言惠

第七章　春秋时期的"忠"观念

必及和,言让必及敌;晋国有忧未尝不戚,有庆未尝不怡。襄公有疾,召顷公而告之,曰:"必善晋周,将得晋国。其行也文,能文则得天地。天地所胙,小而后国。夫敬,文之恭也;忠,文之实也;信,文之孚也;仁,文之爱也;义,文之制也;智,文之舆也;勇,文之帅也;教,文之施也;孝,文之本也;惠,文之慈也;让,文之材也。象天能敬,帅意能忠,思身能信,爱人能仁,利制能义,事建能智,帅义能勇,施辩能教,昭神能孝,慈和能惠,推敌能让。此十一者,夫子皆有焉。"(《周语下》)

文子闻之,谓叔向曰:"若之何?"叔向曰:"子何患焉?忠不可暴,信不可犯。忠自中,而信自身。其为德也深矣,其为本也固矣,故不可抈也。今我以忠谋诸侯,而以信覆之;荆之逆诸侯也亦云,是以在此。若袭我,是自背其信而塞其忠也。信反必毙,忠塞无用,安能害我?"(《晋语八》)

上述第一条引文中的内史过,周大夫,生平不详,见于周惠王、周襄王两朝;王,指周惠王(前676—前652年在位),名阆。第二条引文中的内史兴,周大夫,生平不详,秉周襄王命出使晋国;王,指周襄王(前651—前619年在位),名郑;晋侯,指晋文公(前636—前628年在位),名重耳,春秋五霸之一。第三条引文中的晋孙谈,即晋谈,晋襄公的孙子;周,晋周,即晋悼公(前572—前558年在位),一名纠;单襄公,春秋时单国国君,善预言;顷公,即单顷公,单襄公之子。第四条引文中的文子即赵文子赵武,晋国卿大夫;叔向,即羊舌肸,晋国大夫。

第一条引文是从君德而言的。"考中度衷",韦昭《解》曰:"考中,省己之中心以度人之衷心,恕以临之也。"[①]"考中度衷"是说,省察自己无偏倚之心,以揣度他人内心,这就是所谓"忠"。第二条与第一条引文的"忠"同义。"忠所以分也",韦昭《解》曰:"心忠则不偏。"[②]亦以"中"解"忠",认为心达到中的状态,即达到没有偏倚之"忠"的状态,这是所以"分"的根据。接着,这条文献又说以忠分施则平均("忠分则均"),分施平均于是民无怨恨("分均则无怨")。内史兴认为这是人君治邦的重要德行,所以他总结道:"中能应外,忠也。"此"中",仍是指君心之用达到中而不偏倚的状态。内史兴认为如果君主用心达到中的状态,那么他就能够应对心外之事(治邦),此即是"忠"。

第三条与第四条引文可以合观,其含义与第一、二条引文不同。第三条引文云:"言忠必及意,言信必及身。"第四条引文云:"忠自中,而信自身。"这两条引文

---

① 徐元诰撰:《国语集解》,王树民、沈长云点校,第32页。
② 同上书,第36页。

中的"身"均作动词,是以身行之的意思。这两句话的大意相同。先看第三条引文的"忠"义。"言忠必及意",韦昭《解》曰:"出自心意为忠。"①在心理层面上,用"意"比用"心"这个概念更为深入。"忠,文之实也",韦昭《解》曰:"忠自中出,故为文之实诚也。"②此"中"指"内心",不是无所偏倚之义。下文云:"帅(率)意能忠。"可以看出,"忠"与"无所偏倚"没有直接的语义关系。由于内心的德行活动是"忠"的根源,所以"忠"被看作"文"的一方,而"中"(内心)则为"质"的一方。由于"忠"之文德自内心深处生出,所以作者认为在所有"文"象中它属于"文之实"的方面。同时,这也说明"忠"包含了"诚"的含义。此一意义的"忠",也见于《国语·吴语》申胥谏吴王夫差所说的一段话:"不可许也。夫越非实忠心好吴也,又非慑畏吾兵甲之强也。"再看第四条引文中的"忠"义。"忠自中",韦昭《解》曰:"自中出也。"③此"中"也是指深刻、实在的内心,与虚浮、浅陋之心相对为言。其上下文曰:"忠不可暴,信不可犯。忠自中,而信自身。其为德也深矣,其置本也固矣。故不可拐也。""拐",义为拐动。由"其为德也深矣,其置本也固矣",可证韦昭《解》所谓"自

---

① 徐元诰撰:《国语集解》,王树民、沈长云点校,第88页。
② 同上。
③ 同上书,第429页。

中出"的"中"字确实是"内"义。不过，此"内"并非仅为内外相对义之"内"，而主要指心之深处或心之底层。人心由内（中）到外，由深到浅，其真意的流露在春秋时人看来必须是通畅的；否则，一有隐曲，就会塞绝忠德，而无可用事，不能达到治国守国的目的。

其次，《国语》中有些"忠"字包含了"恕"义，上引四条引文即属此例。上引"内史过归"一条，"考中度衷以莅之"，韦昭《解》曰："考中，省己之中心以度人之衷心，恕以临之也。"[①]"考中度衷，忠也"，韦昭《解》曰："忠，恕也。"[②]上引"晋孙谈之子周适周"一条，"帅意能忠"，韦昭《解》曰："循己心意，恕而行之为忠。"[③]需要指出，《国语》全文没有出现"恕"字。虽然如此，但是从思想上来说，这个观念却包含在此书中。《国语·晋语二》曰："除暗以应外，谓之忠。定身以行事，谓之信。今君施其所恶于人，暗不除矣。以贿灭亲，身不定矣。"可以看出，这段引文包含着明显的恕道思想。所以韦昭《解》云："去己暗昧之心以应外，谓之忠；忠谓恕也。"[④]又，《国语·楚语上》曰："明施舍以道之忠。"韦昭《解》曰："施己所欲，原心舍过，谓之忠恕。"[⑤]亦

---

① 徐元诰撰：《国语集解》，王树民、沈长云点校，第32页。
② 同上。
③ 同上书，第89页。
④ 同上书，第284页。
⑤ 同上书，第486页。

作类似理解。

最后，在《国语》中"忠"观念与"谋"也常常发生关系。"谋"当然与用心相关，不谋，未必忠。《左传》认为"谋"是忠还是不忠，与为谁谋的对象有关。《左传·成公二年》曰："（王曰）止！其自为谋也则过矣，其为吾先君谋也则忠。忠，社稷之固也，所盖多矣。"谋有公私之分，为公谋即为忠，为私谋即为不忠。同书《昭公元年》曰："（赵孟闻之曰）临患不忘国，忠也；思难不越官，信也；图国忘死，贞也。谋主三者，义也。"人臣的谋虑，必须以邦国为指向，这才是"忠"。不过，就"忠"与"谋"的关系来说，《国语》与《左传》的侧重点不同。在上引"文子闻之，谓叔向曰"一段文字中，其中两句说："今我以忠谋诸侯，而以信覆之。"此"忠"义，上面已指出，是竭尽内心之实意的含义。《国语》有几段相关文本是这样说的：

士茍出，语人曰："大子不得立矣！改其制而不患其难，轻其任而不忧其危，君有异心，又焉得立？行之克也，将以害之。若其不克，其因以罪之。虽克与否，无以避罪。与其勤而不入，不如逃之。君得其欲，大子远死，且有令名。为吴大伯，不亦可乎？"大子闻之，曰："子舆之为我谋，忠矣。然吾闻之，为人子者，患不从，不患无名；为人臣者，

患不勤，不患无禄。今我不才而得勤与从，又何求焉？焉能及吴大伯乎？"大子遂行，克霍而反，谗言弥兴。(《晋语一》)

惠公既杀里克而悔之，曰："芮也，使寡人过杀我社稷之镇。"郭偃闻之，曰："不谋而谏者，冀芮也；不图而杀者，君也。不谋而谏，不忠；不图而杀，不祥。不忠，受君之罚；不祥，罹天之祸。受君之罚，死戮；罹天之祸，无后。志道者勿忘，将及矣。"(《晋语三》)

(姜曰)齐国之政败矣，晋之无道久矣，从者之谋忠矣，时日及矣，公子几矣。(几，近也。言重耳得国年时日月近也。)君国可以济百姓，而释之者，非人也。败不可处，时不可失，忠不可弃，怀不可从，子必速行。(《晋语四》)

上述第一条引文中的士蔿，晋献公时大夫；大子，即太子，指申生。第二条引文中的惠公，指晋惠公（前650—前637年在位），名夷吾；里克，嬴姓，里氏，名克，晋国卿大夫；芮，即郤芮，姬姓，郤氏，晋国大夫；郭偃，晋国大夫。第三条引文中的姜，指齐姜，公子重耳在齐国所娶妻；公子，指公子重耳，即晋文公（前636—前628年在位）。

第一条引文是由晋献公、骊姬想要废掉太子申生而引发的议论。晋大夫士蔿（字子舆）洞察献公的心思后，就为太子申生的命运作了最好设想，申生在闻听士蔿之言后即评论道："子舆之为我谋，忠矣。"此"忠"，就是指士蔿能尽心为申生的安全及其命运着想，并作周密谋划。第二条引文的大意是说，晋惠公与冀芮不作图谋，就将邦国的重臣里克柱杀了，郭偃对此作了评论，其中对郤芮的批评是这样的："不谋而谏，不忠……不忠，受君之罚。""谋"即尽其心智而谋划之。郤芮不谋而谏，致使惠公柱杀里克，在郭偃看来，这就没有做到臣子尽忠的责任。此段文字中的"忠"，自然不是俯首听命之义，而是设身处地为人君尽力谋划、着想的意思。否则，无忠之谋、无谋之谏，都可能致他人于不义与不幸的境地。第三条引文的"忠"，其义与上两例同。总之，为人、为己、为上、为下、为朋友、为同侪谋划、设想，都需要"忠"来作为原则。"忠"就是尽己，包括德行和智谋两个方面。这种意义上的"忠"在《论语》中得到了继承和强化。

第四节　孔子与《论语》的"忠"观念

《论语》言"忠"，字凡十八见，与《左传》《国语》比较起来，数量少了许多。考察《左传》《国语》包含"忠"字的段落，大多与君臣、上下关系，以及与当时天下纷争和邦国内部的权力斗争有关，因此"忠"的首要目标是保卫"邦国""社稷"的安全和利益，大多数词例包含政治身份认同的内涵。战国时期的国际国内形势，较春秋时期更为激烈，因此在此形势下，此一时期对于君、臣、民三者忠于邦国和社稷的要求也变得更为必需和紧迫。孔子及其弟子生活在春秋末至战国初期，照常规来说，"忠"应该成为他们经常言说的话题，然而事实上并非如此。

战国时期异常激烈、峻迫的国际国内形势，反而导致了自由知识分子和独立思想家的产生。老子、孔子两位大师几乎同时并出，成为道家和儒家的创始人，[①]即为明证。知识分子独立性格的来源当然不自孔子始，但是将"儒者"真正转变成"儒家"身份，却非孔子不能。《论语》记孔子曰"五十知天命"（《为政》）、"天生德于予"（《述而》）等话，即表明孔子与天、天命实现了真正的关联。而在此种意义上，孔子从儒者身份转变成了一个彻底的儒家。在儒家立场上，孔子才可以如此教诲子夏："女为君子儒，无为小人儒。"（《论语·雍也》）而

[①] "儒"，作为一种职业身份来说，早已出现。但是作为思想传统意义上的知识分子而言，则无疑由孔子创始和奠基。这里所说"儒家"概念，是就后一种身份和意义的"儒"来说的，司马谈《论六家要旨》及《汉书·艺文志》九流十家的分派观念，都是就此种意义的"儒"来说的。"儒家"翻译为 Confucianism/Confucian，是恰当的。严格说来，在孔子之前，此种意义的"儒家"是不存在的。

知识分子独立性格的养成和儒者身份的转进，一方面使人们对于个体生命的理解和成德的目标变成儒家思想所关注及其修身活动的重心，另一方面儒家希望主要通过庸常之道的践履，实现天下大治的王道。因此，仁、礼、天、智、德等成为孔子及其弟子思想的重心，而"忠"则被放在了其次位置。据电子数据及相关学者的统计，《论语》"仁"字凡一〇九见，"礼"字凡七十五见，"天"字凡四十九见，"智／知"字凡一一八见，"德"字凡三十九见，而"忠"字只出现了十八次。两相比较，这无疑表明孔子及其弟子将"忠"放在了其次位置。尽管如此，孔子及其弟子言"忠"论"忠"，也展现出新的视角和含义。

一、从政治关系论"忠"观念及其在孔子思想中的地位

《论语》言"忠"共十六条文献，其中《子罕》篇一条亦见于《学而》篇，总计十五条。在这十五条文字中，孔子自述六条，与季康子问答一条，与定公问答一条，与子张问答四条，与子贡问答一条；曾子自述一条。还有一条比较特殊，见于《里仁》篇，虽然是孔子与曾子的对话，但是"夫子之道，忠恕而已矣"却屡遭学者的非议。对于这些文字，下文将分三组讨论。《论语》曰：

季康子问："使民敬忠以劝，如之何？"子曰："临之以庄则敬，孝慈则忠，举善而教不能则劝。"（《为政》）

定公问："君使臣，臣事君，如之何？"孔子对曰："君使臣以礼，臣事君以忠。"（《八佾》）

子张问曰："令尹子文三仕为令尹，无喜色；三已之，无愠色。旧令尹之政，必以告新令尹。何如？"子曰："忠矣。"曰："仁矣乎？"曰："未知。焉得仁？""崔子弑齐君，陈文子有马十乘，弃而违之。至于他邦，则曰：'犹吾大夫崔子也。'违之。至一邦，则又曰：'犹吾大夫崔子也。'违之。何如？"子曰："清矣。"曰："仁矣乎？"曰："未知。焉得仁？"（《公冶长》）

子张问政，子曰："居之无倦，行之以忠。"（《颜渊》）

如上四条引文都属于政治话语，是在为政背景下来作言说的。第一条引文是季康子问如何为政，才能使百姓达到敬上、尽忠和劝勉的地步，孔子于是基于道德主义立场作了回答。"孝慈则忠"，何晏《集解》："包曰：君能上孝于亲，下慈于民，则民忠也。"[1]包氏在此将"使

---

[1] ［清］阮元校刻：《十三经注疏·论语注疏》卷二，第2463页。

第七章 春秋时期的"忠"观念

民敬忠以劝"放在君臣关系下来作评论。朱熹《集注》:"孝于亲,慈于众,则民忠于己。"①"己",大概指季康子。如果是这样,那么朱熹似是将这段话放在季氏与老百姓的关系上来理解的。鲁季氏,庄公母弟、公子季友之后,世为司徒。季康子,鲁国执政上卿。考虑到季康子在鲁国的特殊地位,而且孔子生前对季氏多有批评,②很可能季氏与孔子问答的出发点是不一致的。可以肯定,孔子应该是从君民关系来作答的。因此,包注更切合孔子思想。邢昺《疏》:"季康子,鲁执政之上卿也。时以僭滥,故民不敬忠劝勉……子曰临之以庄则敬者,此答之也。自上莅下曰临;庄,严也;言君临民以严,则民敬其上。孝慈则忠者,言君能上孝于亲,下慈于民,则民作忠。举善而教不能则劝者,言君能举用善人,置之禄位,教诲不能之人使之材能如此,则民相劝勉为善也。于时鲁君蚕食深宫,季氏专执国政,则如君矣。故此答皆以人君之事言之也。"③邢疏以"皆以人君之事言之"来理解孔子回答,其说是。至于邢疏所谓孔子以"如君"

---

① [宋]朱熹:《四书章句集注》,中华书局1980年版,第58页。
② 《论语·八佾》:"孔子谓季氏:'八佾舞于庭,是可忍也,孰不可忍也?'"又曰:"三家者以雍彻。子曰:'相维辟公,天子穆穆。奚取于三家之堂?'"又曰:"(子曰)人而不仁,如礼何?人而不仁,如乐何?"又曰:"季氏旅于泰山。子谓冉有曰:'汝弗能救与?'对曰:'不能。'子曰:'呜呼!曾谓泰山不如林放乎?'"
③ [清]阮元校刻:《十三经注疏·论语注疏》卷二,第2463页。

341

来对待专制的季氏，则兼及季康子为执政的特殊身份。相比较来说，朱注"民忠于己（季氏）"的理解，较容易使人对孔子思想产生误解。刘宝楠则对包注和朱注作了调和，他说："包以君临民亦如此，故广言之。"①实际上，孔子的意思很可能是，以君临民如此，故作为执政的季康子亦当如此。因此，刘氏可能正好将其思想要点推扩反了。由于季氏专政僭乱，导致上下背离，人心涣散，所以此一条《论语》文字的"忠"，是讲下对上的忠诚和忠一。

第二条引文中的"臣事君以忠"，在《左传》《国语》中属于常见说法，不过"忠"的具体含义多样；而从鲁定公的发问来看，此则对话应从单纯的君臣关系来作理解，因而此"忠"的内涵是讲臣对于君的忠诚。但是，需要注意，"君使臣以礼"与"臣事君以忠"具有因果关系，因此后者对于孔子而言不是单方面的强制要求，而是君臣的和谐互动。

第三条引文是孔子对令尹子文"三为三已"的评价，孔子认为他做到了恪尽职守这一点，故曰"忠"。此义正是《左传》《国语》"忠"概念的主要内涵。从德行角度来看，子文无疑具有忠德。不过，这段文字的妙处是子张进一步追问了子文"仁矣乎"的问题，表明在孔门

---

① ［清］刘宝楠：《论语正义》，中华书局1990年版，第65页。

第七章 春秋时期的"忠"观念

教义中"仁"不仅可以用来评价政治活动,而且相对于"忠"而言是一个更高的要求和判准。接着,子张又问了陈文子"弃而违之"之事,孔子许其"清",但未许其"仁",更见"仁"在孔子思想中是一个更高、更重要的价值观念。相对地,"忠"在《论语》中的地位已不像其在《左传》《国语》中那么重要了。

对于第四条引文,何晏《集解》引王肃曰:"言为政之道,居之于身,无得解倦;行之于民,必以忠信。"① 朱子《集注》曰:"居,谓存诸心。无倦,则始终如一。行,谓发于事。以忠,则表里如一。"② 王肃将"居"与"行"看作二事,而朱熹则将它们看作一事,并直接体现了宋代心性学的一个侧面。今从王肃说。所谓"行之以忠",是对执政者来说的,是就其对民的政治责任来说的。此种意义上的"忠",要求政事活动与其用意一致,并以"利民"为目的。总之,从为政角度来看孔子的言"忠"和论"忠",与《左传》《国语》相比,其最大不同,是他将此一概念的内涵转进到道德主义的立场来评判政治活动,并且在孔子思想系统中,其地位远在"仁""礼"等概念之下,而变成了一个比较普通的德目。

---

① 〔清〕阮元校刻:《十三经注疏·论语注疏》卷十二,第2504页。
② 〔宋〕朱熹:《四书章句集注》,第137页。

二、"主忠信"与"与人忠":作为人的一般性德行原则

《论语》曰:

子曰:"君子不重则不威,学则不固。主忠信,无友不如己者,过则勿惮改。"(《学而》)

子曰:"主忠信,无友不如己者,过则勿惮改。"(《子罕》)

子曰:"十室之邑,必有忠信如丘者焉,不如丘之好学者也。"(《公冶长》)

子以四教:文、行、忠、信。(《述而》)

子张问崇德辨惑,子曰:"主忠信,徙义,崇德也。爱之欲其生,恶之欲其死。既欲其生,又欲其死,是惑。诚不以富,亦祗以异。"(《颜渊》)

子张问行,子曰:"言忠信,行笃敬,虽蛮貊之邦行矣。言不忠信,行不笃敬,虽州里行乎哉?立,则见其参于前也;在舆,则见其倚于衡也;夫然后行。"子张书诸绅。(《卫灵公》)

子贡问友,子曰:"忠告而善道之,不可则止,毋自辱焉。"(《颜渊》)

子曰:"居处恭,执事敬,与人忠。虽之夷狄,不可弃也。"(《子路》)

第七章　春秋时期的"忠"观念

子曰："爱之能勿劳乎？忠焉能勿诲乎？"（《宪问》）

孔子曰："君子有九思，视思明，听思聪，色思温，貌思恭，言思忠，事思敬，疑思问，忿思难，见得思义。"（《季氏》）

上引前六条文献，"忠信"以连言的形式出现。"忠信"连言，《左传》《国语》常见。第四条引文说："子以四教：文、行、忠、信。"何晏《集解》曰："四者，有形质，可举以教。"邢昺《疏》曰："此章记孔子行教，以此四事为先也。文谓先王之遗文；行谓德行，在心为德，施之为行；中心无隐谓之忠；人言不欺谓之信。此四者有形质，故可举以教也。"① 据此，忠信都有诚实不欺之义，其区别不过"忠"在心，而"信"在言。朱熹《集注》引程子曰："教人以学文修行而存忠信也。忠信，本也。"② 这种解释有所深入，与程朱对"主忠信"的解释是一致的。第二条引文复见于第一条。何晏《集解》引郑玄《注》曰："主，亲也。"邢昺《疏》曰："此章勉人为君子也……'主忠信'者，主犹亲也。言凡所亲狎，皆须有忠信者也。'无友不如己'

---

① ［清］阮元校刻：《十三经注疏·论语注疏》卷七，第2483页。
② ［宋］朱熹：《四书章句集注》，第99页。

345

者，言无得以忠信不如己者为友也。"①对于"主忠信"，朱熹《集注》曰："人不忠信，则事皆无实，为恶则易，为善则难。故学者必以是为主焉。"②朱子得之。"主"，是以什么为主，即着重之义。"无友不如己者"，朱熹《集注》曰："无、毋通，禁止辞也。友所以辅仁，不如己，则无益而有损。"③在此，朱熹注与邢昺疏相差巨大，疑朱注有误。孔子有教无类，又《学而》首章载孔子曰："有朋自远方来，不亦乐乎！"人与人在德行修养上本有差等，但不能因为有差等（"不如己"），彼此间就不可能建立朋友关系。反之，是不是任何人都可以无条件地建立朋友关系呢？这当然不是。建立何种朋友关系，都有其基本的交友条件。按照邢昺疏的解释，孔门交友的最基本条件就是看一个人是否具有忠信之德。《论语·为政》篇载子曰："人而无信，不知其可也。大车无輗，小车无軏，其何以行之哉？"即是明证。由此来看所谓"主忠信"一句，孔子应当是从人们如何建立交往互信之基础来说的。第六条引文"子张问行"，孔子即以"言忠信，行笃敬，虽蛮貊之邦行矣。言不忠信，行不笃敬，虽州里行乎哉"来作答，正是此义。顺便指出，"问行"的"行"，是通达义。不仅如此，孔子

---

① ［清］阮元校刻：《十三经注疏·论语注疏》卷一，第2458页。
② ［宋］朱熹：《四书章句集注》，第50页。
③ 同上。

还要求子张将"言忠信，行笃敬"推之于日常活动中，在日常活动中念存此心。这是切实的道德修养和实践。第五条引文的意思更为直接、明白。子张问"崇德辨惑"，孔子回答道："主忠信，徙义，崇德也。""忠信"是德目，"主忠信"则是"崇德"活动，是德行实践。至于在回答子张问题时，孔子为何常常以"忠"或"忠信"语句来作回答，当然我们可以推测，在孔子看来，子张似乎缺乏"忠信"之德。《论语·先进》曰："师也辟。""辟"通"僻"。何晏《集解》引马融曰："子张才过人，失在邪辟（僻）文过。"①这对子张的点评是很严厉的。孔子大概有以"忠信"之德矫拂子张之意，但是也可以反过来说，子张及其后学非常重视孔子"忠信"之教。而且，在孔门所有弟子中，子张似乎是最推重孔子"忠信"之教，并身力践行之的。

上引第六、七、九、十条引文都是从"言"的角度来论说"忠"观念的，这是值得注意的。"言语"是人的本质活动之一，言语活动是值得高度重视的。既然人可以通过言语活动来交往和影响他人，建立与他人的关系，那么人作为言说主体就必须对其所言及其所建构之关系的效用担负相应的责任。而实践此责任背后的德行，在孔子看来即是"忠"。所以孔子说"言思忠"，又

---

① ［清］阮元校刻：《十三经注疏·论语注疏》卷十一，第2499页。

说"言忠信"。当然孔子也反思到了在言说活动中"智"与"忠"的关系问题，认为忠告、忠言都必须以中道为原则。参见上引第七、九条《论语》文本。

总之，虽然孔子未将"忠信"看作修养活动的最高德行原则，然而他把它们看作人与人之间的最基本交往原则来对待，这是确定的。对于"友"（一种平等人际关系），他谈论较多，较为深入，这不仅突破了《左传》《国语》以差等关系来限定"忠""信"观念的倾向，而且使一般性的"人"概念与"忠""信"联系得更为紧密。不仅如此，"主忠信"的宗旨表明，孔子不仅强化了"忠信"对于人类交往活动的意义，而且深化了一般性的"人"的内涵。在《子路》篇中，孔子云："居处恭，执事敬，与人忠。虽之夷狄，不可弃也。"从此条引文来看，孔子在究竟处彻底突破了民族或民族文化的局限，而将"恭""敬""忠"看作人所应当具备的基本道德准则。因此，可以说，孔子对于"忠""信"问题的思考，在根本上也就是对于普遍性之"人"的思考。据此，可以一言以蔽之，孔子言"忠"和论"忠"的核心观点不过是"主忠信"和"与人忠"而已。

三、"忠恕"之道与"吾道一以贯之"的关系

《论语》言"忠"还有两条文字出自曾子之口。曾子地位在《论语》流传、编辑的过程中可能有被抬高、夸

第七章　春秋时期的"忠"观念

大的迹象，特别是在后人的叙述中。①一条文本见于《学而》篇："曾子曰：'吾日三省吾身：为人谋而不忠乎？与朋友交而不信乎？传不习乎？'""为人谋而不忠乎"，这一思想出自《左传》《国语》，不过曾子在此将为谁谋的对象普泛化，从而将"忠"变成了一个人人都应该遵循的普遍性伦理观念，而《左传》《国语》关于谋忠的观念基本上是在君臣、主从及其与国家的关系中来展开的。不过，此段曾子的言论，仍未出孔子"主忠信"和"与人忠"之旨。

另一条文本见于《里仁》篇："子曰：'参乎，吾道一以贯之哉！'曾子曰：'唯。'子出。门人问曰：'何谓也？'曾子曰：'夫子之道，忠恕而已矣。'"对于此章文本，西方一些汉学家接过"疑古"风气，对其制作、含义及其与孔子之道的关系具有比较浓厚的研究兴趣。②如万

---

① 《汉书·艺文志》："《论语》者，孔子应答弟子时人及弟子相与言而接闻于夫子之语也。当时弟子各有所记。夫子既卒，门人相与辑而论纂，故谓之《论语》。"《文选·辩命论》注引《傅子》："昔仲尼既没，仲弓之徒追论夫子之言，谓之《论语》。"这是古人关于《论语》作者或编撰者的一般看法。但今人据《论语》本文分析一番，认为其最后编定者为曾子弟子，故曾子对于《论语》的编撰和形成很重要。参见杨伯峻：《"论语"的作者和编著年代》，载杨伯峻译注：《论语译注》，中华书局1980年版，第26—30页。
② 对于《论语》的辨伪，白牧之（E. Bruce Brooks）和白妙子（A. Taeko Brooks）夫妇是突出代表，他们著有《论语辨》(*The Original Analects: Sayings of Confucius and His Successors*, Columbia University Press, 1998) 一书，认为《论语》成书大约用了两个半世纪的时间，是经过缓慢的累加过程而形成的。除了《里仁》篇中与孔子实际所说的（接下页注释）

349

白安（Bryan Van Norden）等人，就通过所谓的论证，否定了这一章的真实性和重要性。概括起来，万氏认为：

> 在《里仁》第十五章中，曾子以"忠恕之道"来解释孔子的"一贯之道"，这是令人迷惑的和有趣的。孔子只说有"一个"东西将他的道联接在一起，但是曾子提到了两个东西，即"忠"和"恕"。
>
> 朱熹、刘殿爵（D. C. Lau）等人对此段文本"忠"的解释不符合原意。朱熹的理解严重染上了佛学形上学观念，而刘殿爵将"忠"译作"doing one's best"，"恕"译作"using oneself as a measure to gauge others"，都将其宽泛化了。"忠"还是应当译作"loyalty"。除了《里仁》篇外，"忠""恕"在《论语》中不是一个很特别的术语，并不比仁、义、智、勇、孝更为重要。
>
> 《里仁》篇第十五章是伪造添窜的，抄自《卫灵

（接上页注释）东西相应的言论之外，《论语》没有任何其他言论真正属于孔子。文本中的孔子这个角色仅仅是一个文学上的虚构和一个手段，通过孔子之口将其他人的思想插入其中，给与它们更大的权威。参见丁四新编译：《近年来英语世界有关孔子与〈论语〉的研究》（上），《哲学动态》2006年第11期；郑文君（Alice W. Cheang）：《诸子的声音：〈论语〉的阅读、翻译和解释》(The Master's Voice: On Reading, Translation and Interpreting the Analects of Confucians)，《政治学评论》(The Review of Politics) 2000年第3期。

第七章 春秋时期的"忠"观念

公》篇第三章,是在孔子死后乃至该篇编成后较久才被插入其中的。①

万白安等人的观点迫使我们不得不重新追问:什么是孔子的"一以贯之"之"道"?曾子所答"忠恕"二字,是否即是孔子所说"一以贯之"之"道"呢?而"忠""恕"二者在义理上是绝然相分的,还是具有根本性关联的两个观念呢?最后,此章所云,到底是一种真实的历史记述,还是完全出自后人的伪造呢?无论对于孔子一贯之道,还是对于孔门"忠恕"观念而言,这些问题都是值得重新探讨和回答的。

先看"予一以贯之"与"吾道一以贯之"的关系。"吾道一以贯之"又见《论语·卫灵公》篇孔子与子贡的对话,是篇曰:"子曰:'赐也,汝以予为多学而识之者与?'对曰:'然。非与?'曰:'非也。予一以贯之。'"引文的"予一以贯之"即与《论语·里仁》篇"吾道一以贯之"正相对应。而《里仁》篇此语是否必定抄自《卫灵公》篇孔子答子贡的话呢?这是一个需要讨论的问题。

---

① 万白安:《孔子之道》,载《亚洲哲学》(Asian Philosophy)第12卷,2002年第3期;《〈论语·里仁〉"一以贯之"》("Unweaving the 'One Thread' of Analects 4:15"),《孔子与〈论语〉新论》(Confucius and the Analects: New Essays, New York: Oxford University Press, 2002),第219—224页。

按照《史记·仲尼弟子列传》的记载，子贡少孔子三十一岁，而曾子少孔子四十六岁，前者大概属于所谓"先进"之列，而后者属于"后进"范围。曾子与子游、子夏、子张、有若一起皆少于孔子四十余岁，他们都是孔子晚年最重要的弟子，这一点可从《论语》《礼记》的相关记述中推断出来。尤其是曾子，《论语》对于他的记载比较特别，书中不仅记录了曾子与孔子的对话，而且记录了曾子与其弟子及与他人的对话，这表明曾子在孔门晚期弟子中，甚至对于《论语》的编撰来说比较特殊，不一般。①

比较上述两段《论语》文本，实在看不出前者抄袭后者或者改作后者的迹象。不过，设想孔子与子贡言"予一以贯之"在前，而与曾子言"吾道一以贯之"在后，这倒是合情合理。但是，这样就意味着二者必定存在着文本上的直接抄袭吗？笔者认为，如果说"吾道一以贯之"很重要的话，那么孔子与其弟子言"一以贯之"应当有多次，不应少于两次。从现有文献看，第一次是孔子与子贡的对话，它具体说明了孔子在认识上实现了

---

① 杨伯峻说："《论语》一书，既然成于很多人之手，而且这些作者的年代相去或者不止于三五十年，那么，这最后编定者是谁呢？自唐人柳宗元以来，很多学者都疑心是由曾参的学生所编定的，我看很有道理……因此，我们说《论语》的着笔当开始于春秋末期，而编辑成书则在战国初期，大概是接近于历史事实的。"见杨伯峻：《论语译注·导言》，第29—30页。

第七章 春秋时期的"忠"观念

自我超越,由"多识"反之于"一贯"。①这个由"多识"反于"一贯"的经历,联系《子罕》篇孔子"君子多乎哉?不多也"的评论来看,当是成就君子人格的一个必经过程。由此而言,孔子对曾子自谓"吾道一以贯之",而曾子心照不宣地回答"唯",这不仅是合乎逻辑的,而且其所答"忠恕之道",与"君子"人格也是相合的。又,上述《里仁》篇引文中的"门人",邢昺疏云"曾子弟子",②这恐怕是不确的。"门人",仍当为孔子弟子。曾子少孔子四十六岁,设若这段对话发生在孔子暮年,而曾子对其他门人宣讲和传达孔子"一以贯之"之旨,这并非不可理解的事情。在处理孔子对其弟子的态度问题上,打破年龄差距所造成的隔离,这是了解孔子真正面相的一个重要步骤。《论语·卫灵公》曰:"当仁,不让于师。"尊长或年齿长幼,不是判断孔子弟子是否悟道的先决条件。比如颜路颜渊父子、曾点曾参父子,俱学于

---

① 孔子由崇尚多闻多见之知,中经择善与多识,最后反于"一贯",当经过了一个漫长的过程。《论语·子罕》:"太宰问于子贡曰:'夫子圣者与?何其多能也!'子贡曰:'固天纵之将圣,又多能也。'子闻之曰:'太宰知我者乎?吾少也贱,故多能鄙事。君子多乎哉?不多也。"同书《述而》:"子曰:'盖有不知而作之者,我无是也。多闻,择其善者而从之,多见而识之。知之,次也。'"同书《子路》:"子曰:'诵《诗》三百,授之以政,不达;使于四方,不能专对。虽多,亦奚以为?'"同书《为政》:"子曰:'多闻阙疑,慎言其余,则寡尤。多见阙殆,慎行其余,则寡悔。'"同书《阳货》:"子曰:小子何莫学夫《诗》。《诗》可以兴,可以观,可以群,可以怨;迩之事父,远之事君;多识于鸟兽草木之名。"
② [清]阮元校刻:《十三经注疏·论语注疏》卷四,第2471页。

353

孔子，然而在其心目中，颜渊就比乃父颜路更善于践履和学习。《史记·仲尼弟子列传》先叙述曾参，后叙述曾点，其例相同。

《论语·先进》篇有一段对子羔、曾子、子张和子路等弟子的评论："柴也愚，参也鲁，师也辟（僻），由也喭。"这几句话又见于《史记·仲尼弟子列传》，并指明出自孔子之口。对于"参也鲁"，何晏《集解》引孔安国曰："鲁，钝也。曾子性迟钝也。"①鲁，也就是反映较为迟钝，但绝不是愚蠢。万白安将其译作"stupid"，②这是明显的误解。即使是"柴也愚"之"愚"字，也不一定能够理解为今语"愚蠢"。何晏《集解》曰："弟子高柴，字子羔。愚，愚直之愚。"③朱熹《集注》曰："愚者，知不足而厚有余。《家语》记其足不履影，启蛰不杀，方长不折；执亲之丧，泣血三年，未尝见齿，避难而行，不径不窦，可以见其为人矣。"④何、朱之意正可相通。所谓子羔之"愚"，也只是从品性或敏或迟上来说的，而不是

---

① ［清］阮元校刻：《十三经注疏·论语注疏》卷十一，第2499页。
② 对于"鲁"字，理雅各（James Legee）译作dull，亚瑟·威利（Arther Waley）译作dull-witted，刘殿爵译作slow，安乐哲（Roger T. Ames）和罗斯文（Henry Rosemont）译作thick。其中亚瑟·威利的翻译最为巧妙，将字面与字里之意两相传达出来。参见丁四新编译：《近年来英语世界有关孔子与〈论语〉的研究》（下），《哲学动态》2006年第12期。
③ ［清］阮元校刻：《十三经注疏·论语注疏》卷十一，第2499页。
④ ［宋］朱熹：《四书章句集注》，第127页。

第七章　春秋时期的"忠"观念

"stupid"的意思。①总之，认为《里仁》篇第十五章抄自《卫灵公》篇第三章，甚至认为它是伪造的看法，其实是缺乏真实根据的。

再看"忠恕"之道与"一以贯之"之"道"的关系。根据上面的论述，可以肯定，孔子生前不止一次讲过"一以贯之"的话。不过，将孔子的"一以贯之"之"道"揭示为"忠恕"，从目前文献来看，这确实出自曾子之口。因此，在此，我们有必要追问曾子所传达的"忠恕"是否即是孔子之意，及其是否可以充当所谓"一以贯之"之"道"的问题。"唯"，何晏《集解》引孔安国曰："直晓不问，故答曰'唯'。"②如果承认这段对话的真实性，那么我们就应当承认曾子将孔子之道宣说为"忠恕"的权力，因为孔子不仅从众多侍座弟子中将曾子单独挑出，而且以"唯"字对曾子所答作了默许。需要注意，孔子此次宣示"一以贯之"之义，其重心是放在

---

① 《论语·先进》："子路使子羔为费宰。子曰：'贼夫人之子。（包氏曰：子羔学未熟习，而使为政，所以贼害人也。）子路曰：'有民人焉，有社稷焉，何必读书，然后为学？'子曰：'是故恶夫佞者。'"子路之勇，与子羔之"愚直"，品性相近，故子路得以使子羔为费宰。在子路看来，子羔之"愚直"决不是"愚蠢"。又从孔子的批评来看，他还是想将子羔教育纯熟，然而再去从政的。由此而言，子羔也并非真的很"愚蠢"。当然，不是说《论语》中没有当"愚蠢"之义讲的"愚"字。《为政》："子曰：吾与回言终日，不违如愚；退而省其私，亦足以发。回也不愚。"这里的语境很清晰，"愚"倒真是"愚蠢"之义。对于子羔"愚直"之义的辩解，参见李启谦：《孔门弟子研究》，齐鲁书社1988年版，第175页。
② ［清］阮元校刻：《十三经注疏·论语注疏》卷四，第2471页。

"吾道"之上,而欲将此"道"宣示出来。这表明,此次对话可能晚于孔子与子贡的那次对话;同时说明,孔子对于"一以贯之"之"道"的理解又有所转进。而这个转进给曾子解释"一以贯之"之"道"提供了前提和空间。在这个意义上来说,曾子将孔子之"道"宣示为"忠恕",这是符合孔子之意的。朱子似对此有所理会,《集注》云:"圣人之心,浑然一理,而泛应曲当,用各不同。曾子于其用处,盖已随事精察而力行之,但未知其体之一尔。夫子知其真积力久,将有所得,是以呼而告之。曾子果能默契其指,即应之速而无疑也。"① 朱子从"用"上肯定了曾子对"一以贯之"之"道"的解释,认为"曾子果能默契其指"。

尽管如此,"忠恕"是否具有足够的思想内涵而可以担负孔子"一以贯之"之"道"呢?这是另外一个问题。其一,"忠""恕"在此是一理之两面还是本质上没有关联的两个孤立观念?对于曾子而言,"忠""恕"当然是"一以贯之",而不是二事。但是,问题在于使这种理解可以成立的证据是什么呢?朱子《集注》曰:"夫子之一理浑然而泛应曲当,譬则天地之至诚无息,而万物各得其所也……曾子有见于此而难言之,故借学者尽己、推己之目以著明之,欲人之易晓也。盖至诚无息者,道

---

① [宋]朱熹:《四书章句集注》,第72页。

第七章　春秋时期的"忠"观念

之体也，万殊之所以一本也；万物各得其所者，道之用也，一本之所以万殊也。以此观之，'一以贯之'之实可见矣。或曰：'中心为忠，如心为恕。'于义亦通。"①朱子的解释来源于程子，而有所推进。引文中的"尽己""推己"乃省语，是程子所说。②在思维方式上，朱熹"一本万殊"的解释观念来自佛学，不过其解释的特别之处乃在于以本体宇宙论的观念对孔子"一以贯之"之"道"作了崭新的诠释。相对于曾子的宣示而言，这又是观念上的一次重大转进。而与此相关的是，朱熹虽然将曾子的解释看作是"权且的"，而不是"究竟的"，但是他毕竟承认了曾子以"忠""恕"解释孔子"一以贯之"之"道"是有本质关系的。邢昺《疏》曰："孔子语曾子，言我所行之道唯用一理以统天下万事之理也……忠，谓尽中心也；恕，谓忖己度物也。言夫子之道，唯以忠恕一理，以统天下万事之理，更无他法，故云'而已矣'。"③邢疏在此也将"忠恕"看作"一理"，不过相对于朱子而言，其解释

---

① ［宋］朱熹：《四书章句集注》，第72页。
② 陈淳《北溪字义》："伊川谓'尽己之谓忠，推己之谓恕'。忠是就心说，是尽己之心无不真实者。恕是就待人接物处说，只是推己心之所真实者以及人物而已。字义中心为忠，是尽己之中心无不实，故为忠；如心为恕，是推己心以及人，要如己心之所欲者，便是恕。夫子谓'己所不欲，勿施与人'，只是就一边论。其实不止是勿施己所不欲者，凡己之所欲者，须要施与人方可。"见［宋］陈淳：《北溪字义》，中华书局1983年版，第28页。
③ ［清］阮元校刻：《十三经注疏·论语注疏》卷四，第2471页。

显得朴素得多。其实，先秦儒家文献即有相关证据。《礼记·中庸》曰："忠恕违道不远，施诸己而不愿，亦勿施诸人。"宋儒程子就此作了很好评论："曾子曰：'夫子之道，忠恕而已矣。'《中庸》以曾子之言虽是如此，又恐人尚疑忠恕未可便为道，故曰：'忠恕违道不远，施诸己而不愿，亦勿施于人。'"①《中庸》的论说，应当是对曾子以"忠恕"观念解释孔子"吾道一以贯之"的有力证明。

最后看"忠""恕"二者的关系及"仁"的统一性问题。需要指出，《论语》《大学》《中庸》等经典突出了"恕"的观念，而"忠"反倒作为前提条件而时常隐含在其中。《论语·卫灵公》曰："子贡问曰：'有一言而可以终身行者乎？'子曰：'其恕乎！己所不欲，勿施于人也。'"孔子对于"恕"德的强调，显而易见。相反，《国语》并无"恕"字；《左传》的"恕"字也很少，仅有六例，而且太半出自后人或作者的评论，其中二字还出自孔子之口。②这说明"恕"道很可能是由孔子等人推

---

① ［宋］程颢、程颐：《二程遗书》卷一，文渊阁四库全书本，第13页。
② 《左传·襄公二十三年》："（仲尼曰）知之难也。有臧武仲之知而不容于鲁国，抑有由也：作不顺而施不恕也。《夏书》曰：'念兹在兹。'顺事恕施也。"其它数例，见同书《隐公三年》："（君子曰）信不由中，质无益也，明恕而行，要之以礼，虽无有质，谁能间之？"同书《隐公十一年》："君子是以知桓王之失郑也。恕而行之，德之则也，礼之经也。己弗能有而以与人，人之不至，不亦宜乎！"同书《僖公十五年》："秦伯曰：'国谓君何？'对曰：'小人戚谓之不免，君子恕以为必归。'"同书《襄公二十四年》："（子产寓书于子西以告宣子曰）恕思以明德，则令名载而行之。"

第七章 春秋时期的"忠"观念

明的。不过,《国语》虽然没有出现"恕"字,但其含义却早已包含在"忠"之中了。例如《国语·周语上》曰:"考中度衷以莅之。"韦昭《解》曰:"考中,省己之中心以度人之衷心,恕以临之也。"同书《周语上》曰:"考中度衷,忠也。"韦昭《解》曰:"忠,恕也。"同书《周语下》曰:"帅意能忠。"韦昭《解》曰:"循己心意,恕而行之为忠。"同书《晋语二》曰:"除暗以应外,谓之忠。定身以行事,谓之信。今君施其所害于人,暗不除矣。以贿灭亲,身不定矣。"韦昭《解》曰:"去己暗昧之心以应外,谓之忠;忠谓恕也。"同书《楚语上》曰:"明施舍以导之忠。"韦昭《解》曰:"施己所欲,原心舍过,谓之忠恕。"①这些例子说明,"忠"曾经蕴涵了"恕"观念,而"恕"则是从"忠"观念中推衍出来的。孔子在此将"恕"阐扬出来,并认为二者为"一贯"之"道",具有紧密关系,这是符合思想史实际的。对于"忠""恕"二者的关系,《大戴礼记·小辨》篇所说更直接、更明白:"(子曰)忠满于中而发于外,刑于民而放于四海,天下其孰能患之?……丘闻之,忠有九知,知忠必知中,知忠必知恕,知恕必知外。""忠""恕"二者固然有中(内)外之分,其侧重点不同,但是它们的关系显然很密切:"忠"是"恕"的基础,在其发外的过

---

① 以上五则引文,见徐元诰撰:《国语集解》,王树民、沈长云点校,第32、32、89、284、486页。

359

程中又必须受到"恕"的规范。而孔子所谓"己所不欲,勿施于人"的恕道,在实践上首先需要人体知何为"己所不欲",而这一点则是通过"忠"的实践来做到的。

在从"忠"中推明、分离出来之后,"恕"道受到孔门的高度重视。① 同时,即便在《论语》一书中,孔子已将忠恕之道与仁道紧密关联起来了,而其所谓"一以贯之"之"道"实际上就是仁道。《论语·颜渊》曰:"仲弓问仁。子曰:'出门如见大宾,使民如承大祭。己所不欲,勿施於人。在邦无怨,在家无怨。'仲弓曰:'雍虽不敏,请事斯语矣。'"这是从否定方面对"恕"道作了深入论述。《论语·雍也》曰:"子贡曰:'如有博施于民而能济众者,何如?可谓仁乎?'子曰:'何事于仁?必也圣乎!尧舜其犹病诸!夫仁者,己欲立而立人,己欲达而达人,能近取譬,可谓仁之方也已。'"这是从肯定方面对恕道作了深刻论述。不过,人们如何可以实践此一意义上的恕道呢?这仍然首先依赖于"尽忠"的反省和力行活动。在阐明恕道的基础上,孔子说"能近取譬"

---

① 《论语·卫灵公》:"子贡问曰:'有一言而可以终身行之者乎?'子曰:'其恕乎!己所不欲,勿施于人。'"《礼记·中庸》:"忠恕违道不远,施诸己而不愿,亦勿施于人。"《礼记·大学》:"是故君子有诸己而后求诸人,无诸己而后非诸人。所藏乎身不恕,而能喻诸人者,未之有也……所谓平天下在治其国者,上老老而民兴孝,上长长而民兴弟,上恤孤而民不倍,是以君子有絜矩之道也。所恶于上,毋以使下;所恶于下,毋以事上;所恶于前,毋以先后;所恶于后,毋以从前;所恶于右,毋以交于左;所恶于左,毋以交于右。此之谓絜矩之道。"

是"仁之方",这不仅看到了恕道与忠道的紧密关系,而且将它们都看作"为仁"的方法。从"仁之方"来看,"忠""恕"无疑是一贯的。而曾子将孔子"一以贯之"之"道"直接宣说为"忠恕",实际上就是对孔子与子贡所言说的仁恕之道更进一步的揭明。

另外,朱熹说"忠恕"是"一以贯之"之"道"的"权且的"的表达,与孔子所云"仁之方"的意思正相一致。因此,万白安将"忠""恕"分离为二物,却看不到它们在"道"(仁道)上的"一贯"关系,以及"一贯"之"道"与"权且的"的"忠恕"之道的区别和联系,这种看法无疑是不正确的。又,万氏不承认《论语》的"忠"有"尽己"(do one's best)之意,而只有"忠诚"(loyalty)之义的看法,也实在太过狭隘和固执,与《国语》《论语》《礼记》等相关材料明显扞格。将"忠"仅仅理解为"忠诚"之义,这不仅对孔子晚年思想作了或多或少的歪曲,而且将其思想严重肤浅化了。

第五节 春秋时期的忠孝关系

在春秋早期,"忠""孝"尚未形成强烈冲突。一个著名例子是晋太子申生遭骊姬构陷而被赐自尽的故事(《左传·庄公二十八年》《闵公元年》《闵公二年》《僖公四年》和《国语·晋语一》《史记·晋世家》)。献公为父为君，申生为子为臣，这种特殊的人伦、势位关系以及当时的"孝""忠"观念，正是太子申生莫可逃罪而不得不选择自杀的根本原因。伍子胥复父仇则是春秋末期另外一则著名故事（《左传·昭公二十年》《吴越春秋》《史记·吴泰伯世家》）。这两则故事的结果受到时代、身份和观念等多重因素的影响，其是非对错需要综合衡量来作出判断。从总体上来看，在春秋时期，对于古人来说，"孝"的观念高于"忠"的观念；同时，紧张和冲突在"忠""孝"之间已经形成。大体上说来，"孝"建立在家族或氏族关系的基础上，而"忠"则建立在国家或者"公"所代表的公共利益的基础上。

一个人既可能是人子，也可能是人臣。当作为人子与作为人臣的身份处于极端对立，为孝与为忠不可两全时，人们就必须选择其一，不然就必须以牺牲自我为代价去成全两者。而何时必须为孝，何时必须为忠，何时必须忠孝两全？这个问题与宏观的观念背景、具体的实践情景以及个人的德行信念有关。一般说来，在春秋至战国时期，"父兄"的价值对于某一个体来说超过了"君主"，[①]因为在当时人看来，父子关系是自然的、先天被

[①] 《礼记·曲礼上》："父之仇弗与共戴天，兄弟之仇不反兵，交游之仇不同国。"同书《檀弓上》："子夏问于孔子曰：'居父母之仇如之何？'夫子曰：'寝苫枕干，不仕，弗与共天下也。遇诸市朝，不反兵而斗。'曰：'请问居昆弟之仇如之何？'曰：'仕弗与共国。衔君命而使，虽遇之，不斗。'曰：'请问居从父昆弟之仇如之何？'曰：'不为魁，主人能，（接下页注释）

第七章　春秋时期的"忠"观念

给予的，似乎具有永恒性，而君臣关系则受到具体时空的限制，是后来被给予的，不是天生、固有的。郭店简《语丛一》第69、70、87号简曰："父子，至上下也。兄弟，至先后也。君臣朋友，其择者也。"《语丛三》第1—5号简曰："父无恶，君犹父也。其弗恶也，犹三军之旌也，正也。所以异于父，君臣不相才（存）也，则可已；不悦，可去也；不义而加诸己，弗受也。"这两段简文对世间伦理关系作了很好的区分。申生自缢，理在必然，其伦理身份有不容避死的义务。子胥逃楚适吴，亦理之所可。为忠，可以离断君臣关系；为孝，则父子之情不可以片刻断绝之，父兄之仇不共戴天。对父而言，子胥可谓孝子；对吴国而言，他也可谓忠臣。不过，子胥为复父仇，以解其心头之恨，他竟然掘楚平王墓而鞭其尸，这在当时人看来，是为为孝而失于礼法之度，流为不仁。①因此，在什么样的条件或界限下，人们的为孝或为

（接上页注释）则执兵而陪其后。'"《周礼·调人》曰："凡和难，父之仇辟诸海外，兄弟之仇辟诸千里之外，从父兄弟之仇不同国。君之仇视父，师长之仇视兄弟，主友之仇视从父兄弟。弗辟，则与之瑞节而以执之。凡杀人有反杀者，使邦国交仇之。凡杀人而义者，不同国，令勿仇，仇之则死。凡有斗怒者成之，不可成者则书之，先动者诛之。"

① 《吴越春秋·阖闾内传》："申包胥亡在山中，闻之，乃使人谓子胥曰：'子之报仇，其以甚乎！子故平王之臣，北面事之，今于僇尸之辱，岂道之极乎？'子胥曰：'为我谢申包胥曰：日暮路远，吾故倒行而逆施之于道也。'申包胥知不可，乃之于秦，求救楚。"见周生春：《吴越春秋辑校汇考》，上海古籍出版社1997年版，第63页。

363

忠才是合理合法的，才不会完全被血缘亲情所逼迫，或为君主权势所驱使而丧失理性呢？故在"忠""孝"的对立与冲突中，古人力图建立一种能够统摄此两观念的更基础观念。从目前资料看，孔子及其同时代精英已经意识到此一问题。

《左传·昭公十四年》曰：

> 晋邢侯与雍子争鄐田，久而无成。士景伯如楚，叔鱼摄理。韩宣子命断旧狱，罪在雍子。雍子纳其女于叔鱼，叔鱼蔽罪邢侯。邢侯怒，杀叔鱼与雍子于朝。宣子问其罪于叔向，叔向曰："三人同罪，施生戮死可也。雍子自知其罪，而赂以买直；鲋也鬻狱，邢侯专杀，其罪一也。己恶而掠美为昏，贪以败官为墨，杀人不忌为贼。《夏书》曰：'昏、墨、贼，杀。'皋陶之刑也。请从之。"乃施邢侯，而尸雍子与叔鱼于市。①

---

① 《国语·晋语九》："士景伯如楚，叔鱼为赞理。邢侯与雍子争田，雍子纳其女于叔鱼以求直。及断狱之日，叔鱼抑邢侯，邢侯杀叔鱼与雍子于朝。韩宣子患之，叔向曰：'三奸同罪，请杀其生者，而戮其死者。'宣子曰：'若何？'对曰：'鲋也鬻狱，雍子贾之以其子，邢侯非其官也而干之。夫以回鬻国之中，与绝亲以买直，与非司寇而擅杀，其罪一也。'邢侯闻之，逃。遂施邢侯氏，而尸叔鱼与雍子于市。""其罪一也"，谓雍子叔鱼和邢侯三人分别犯了昏墨贼之罪，皆当杀。

第七章 春秋时期的"忠"观念

叔鱼，即羊舌鲋，是叔向的异母弟，其时代理理官。在这则史事中，叔鱼枉法卖狱，这迫使邢侯将他与雍子杀死在朝堂上。韩宣子于是询问邢侯之罪，叔向认为"三人同罪，施生戮死可也"。为什么三人同罪？因为雍子昏，叔鱼墨，邢侯贼，三名虽异，但论其刑律却同罪。宣子于是将邢侯处死，并将三人都陈尸示众于市。"施"，即陈尸示众之义。

而在上述引文之后，《左传》记载了孔子的一段精彩评论：

（仲尼曰）叔向，古之遗直也。治国制刑，不隐于亲。三数叔鱼之恶，不为末减。曰义也夫，可谓直矣！平丘之会，数其贿也，以宽卫国，晋不为暴。归鲁季孙，称其诈也，以宽鲁国，晋不为虐。邢侯之狱，言其贪也，以正刑书，晋不为颇。三言而除三恶，加三利。杀亲益荣，犹义也夫！

在这段引文中，孔子称赞叔向为"古之遗直"，评价甚高。"直"者，无隐曲之谓。而为什么孔子要称赞叔向为"古之遗直"呢？其根本原因在于他"治国制刑，不隐于亲""杀亲益荣，犹义也夫"。很显然，孔子特别关注和赞赏司法公正而不隐于私情的问题。但这不是说，孔子在司法实践中主张排斥一切形式的亲情存在，相反

365

他正视司法实践中的亲情问题,主张法律及司法应当正视和尊重此一社会现实。《论语·子路》篇曰:

> 叶公语孔子曰:"吾党有直躬者,其父攘羊,而子证之。"孔子曰:"吾党之直者异于是:父为子隐,子为父隐,直在其中矣。"

叶公,楚大夫,其人以公义著称。[①]在这则对话中,叶公、孔子及楚鲁之俗皆以"直"为基本原则。对于这个原则本身,叶公和孔子都是肯定的;他们之间发生异议的地方是,在当时的法律意识和伦理关系中,人们应当如何实践,才算真正体现此一原则。叶公以为,父亲一方犯有过失,如果儿子一方据实作证,那么他就属于"正直的人"。孔子不同意叶公的看法,认为父子任何一方犯有过失,另一方都有义务加以隐瞒,而且"正直"即存在于此互隐的行为之中。应该说,孔子的思想非常深刻,他认识到亲情伦理在法律领域的正当性问题:在司法领域,亲情伦理应当被一般地排斥于"直"的原则之外,还是此一原则应当置身于特定历史情景中容纳一定的亲情伦理呢?

诚然,攘羊是一件小事,似乎父子之间可以互隐。

[①] 如《左传·定公五年》:"叶公诸梁之弟后臧从其母于吴,不待而归。叶公终不正视。"

第七章 春秋时期的"忠"观念

但是对于杀人一类的命案，父子之间是否仍然可以互隐呢？而由此，人们是否仍有必要固守"父子互隐"的教条，甚至效仿孟子所说"窃负而逃"的行为，在现代社会做出如此激烈的行动呢？从称赞叔向论狱的一段评论来看，对于杀人一类重大刑事案件，孔子又很可能不赞成父子互隐的主张。由此，对于父子互隐或者亲亲互隐人们可能有两种理解：一种是为了维护基本的人伦关系，或为了保证司法的公正而设置的特定司法制度，以避免父子在法律上必须承担互相举证和彼此揭发的义务，或者防止出于亲情而作假证；一种是父子之间对于犯罪方所犯事件及性质的故意隐瞒。本章所说父子互隐，适用于后一种情况。另外，在叔向论狱与直躬证父两个事例中，叔向是以类似"司法者"的身份出现的，与直躬证父者作为儿子的身份不同。不过，一旦人们具有相应的法律意识，他就是一个潜在的"司法者"，对于至亲的杀人犯罪就必然产生作证的潜在意愿，乃至将其付诸实际行动。

《吕氏春秋·高义》《史记·循吏列传》等文献记载了楚昭王时期一名叫石渚的官吏，他解决问题的办法与孔子不同，更加彰显了"忠""孝"之间的紧张。有一次，石渚在巡查地方的途中遇到了一桩杀人案件，逃跑的杀人犯被抓住后，石渚却发现他是自己的父亲。几经思想斗争，石渚将自己的父亲放走了，但是他同时知道自己犯了

367

严重的渎职罪。他于是据实向楚王作了汇报,并恳求处死自己。《吕氏春秋》的评价是:"父犯法而不忍,王赦之而不肯,石渚之为人臣也,可谓忠且孝矣。"《韩诗外传》卷二对石渚的评论是:"其为人也公而好直。"《新序·节士》的评论是:"其为人也,公正而好义。"石渚以"直义"来解决"忠""孝"之间的冲突,虽然留下了"忠且孝"的美名,但是他毕竟为此献出了自己的生命,同时由于纵舍杀人犯父亲,正义也毕竟没有得到伸张。

孔子虽然赞成和主张以"直义"来处理"忠""孝"两者之间的紧张关系,但是这没有否定他对于"孝"观念的重视。"孝"是为了对家人承担义务,"忠"则是为了对君事公职恪守应尽的责任,是公正性的美德保证。一般说来,就重大狱讼案件而言,孔子主张直而无隐;就轻小笞罪来说,他主张直在隐中。"直"是无条件的,"隐"则是有条件的,因此前者高于后者。"直"在中国古代文献中常常被解释为"公义"。在《论语·为政》篇中,孔子将为孝看作为政的根本,并认为,为上者的孝慈之治是百姓忠诚于上的原因。《论语·为政》曰:"季康子问:'使民敬忠以劝,如之何?'子曰:'临之以庄则敬,孝慈则忠,举善而教不能则民劝。'或谓孔子曰:'子奚不为政?'子曰:'《书》云:"孝乎惟孝,友于兄弟,施于有政。"是亦为政也,奚其为为政也?'""孝慈则忠",是孔子提出的新思想,他试图通过道德实践将二者统一起来。有子继承了孔子的此一思想。《论语·学而》记有子曰："其为人也孝弟，而好犯上者，鲜矣！不好犯上，而好作乱者，未之有也。君子务本，本立而道生。孝弟也者，其为仁之本与！"无疑，"孝"观念是孔子思想生展的基点；但是，不能因为儒家认为"孝"德是"忠"德生长的根源，就看不到这两个观念在实践上存在紧张和冲突的可能。

总之，在春秋末期，"忠""孝"之间的紧张关系开始突现，而用以处理这一关系的"直义"和"相隐"的原则也随之被孔子等人反思和推明了出来。

第八章　战国儒家的"忠"观念

第一节　郭店儒简的"忠"观念

战国时期是从宗统到君统、从封建制到君主中央集权制的转换期和深化期。随着君统和君主中央集权制的上升,"忠"在人们的政治和日常生活中变得更加重要。战国时期的"忠"观念是怎样的?由于相关传世文献和出土文献十分丰富,这一问题可以得到更为细致、深入的回答。郭店竹简是战国中期偏晚的抄本,[1]而其所传抄的书篇应当反映了春秋末期至战国早期的思想。

---

[1] 本章所引郭店简,参见荆门市博物馆编:《郭店楚墓竹简》;李零:《郭店楚简校读记》(增订本),北京大学出版社2002年版;刘钊:《郭店楚简校释》,福建人民出版社2005年版。本章凡引郭店简释文都据新出成果作了校订,简序作了一定调整。

第八章　战国儒家的"忠"观念

一、从伦常、德位关系论"忠"的内涵

郭店儒简论"忠",大致体现了孔门观点,在多个方面有所发展。

首先从伦常、德位关系看郭店简如何论述"忠"观念的内涵。以六位为代表的伦常关系,是中国古代政治必须处理的基本问题,儒家看法尤其如此。《论语·颜渊》曰:"齐景公问政于孔子,孔子对曰:'君君、臣臣、父父、子子。'公曰:'善哉!信如君不君,臣不臣,父不父,子不子,虽有粟,吾得而食诸?'"在孔子看来,君臣父子即是为政的主要对象。竹书《六德》篇正是在君臣、父子、夫妇六位的伦常关系上来讨论所谓六德的。现将此篇竹书言"忠"的文字抄录如下(引文从宽式):

何谓六德?圣智也,仁义也,忠信也。圣与智就矣,仁与义就矣,忠与信就【矣】。(简1—2)

聚人民,任土地,足此民尔生死之用,非忠信者莫之能也。(简4—5)

非我血气之亲,畜我如其子弟,故曰:苟济夫人之善也,劳其股肱之力弗敢惮也,委其死弗敢爱也,谓之【臣】,以忠事人多〈者〉。忠者,臣德也。(简16—17)

371

父圣子仁，夫智妇信，君义臣宜〈忠〉。圣生仁，智率信，义使忠。故夫夫、妇妇、父父、子子、君君、臣臣。（简34—35）

竹书六位说的次序为父子、夫妇、君臣六者，这与汉代三纲说的君臣、父子、夫妇的排列次序有所不同。而这种不同，可能反映了不同时期的儒家对它们的地位及其逻辑关系的理解不同。由六位，竹书有所谓父圣子仁、夫智妇信、君义臣忠的六德。而六德即是对六位的应然性规定，其中"忠"为臣之德。不仅如此，六位的率使（主从）关系也反映在六德的关系上，参见上引第四条简文。《六德》又说："既有夫六位也，以任此【六职】也。六职既分，以裕六德。六德者，【君子所以大者以治其】人民，小者以修其身，为道者必由此。"（简9—10、47、1）治民修身，以及成就君子的人格理想，都必须践行六德，成德于身。

需要注意的是，第一、二条引文，六德是两两排列在一起的，其中"忠信"为一组。不过，第三、四条引文与第一、二条引文不同，它们不是从圣智、仁义、忠信两两相亲就（亲合性）的角度来说的。一方面六德都有其独立性，另一方面它们之间存在亲近关系。单就"忠信"来说，《左传》《国语》《论语》等文献可以为证。在这三部古籍中，"忠信"连言之例多见。

总之，从六位而言，"忠"为臣德。在竹书中，它虽然包含了"忠诚"义，但此概念更强调尽力事人之意。而且，从为道的角度来说，忠信与圣智、仁义一起，皆为君子践履修身所必需的德行，因此"忠"在此又在一定程度上超越了臣对君或下对上而言的单向关系，而同样强调其"尽己"义。《左传》《国语》言"忠"，一般放在君臣、上下的政治关系中来作叙述；《论语》言"忠"，则作了改变，把它看作人与人相互交往的一个基本德行规范。而此篇竹书言"忠"，则以六位的伦常关系作为政治活动的基础，论述更为系统，也更为深入，将政治问题着重转化为伦理和德行问题来思考和处理。

二、以道德实践为基础的"忠"观念与以"义"为基础的忠臣观

其次从道德实践及政治伦理角度看郭店简的"忠"观念及其"忠臣"观。道德实践作为政治活动之基础，这种观念在竹书《唐虞之道》中得到强调。其中与"忠"相关的文本如下（引文从宽式）：

古者虞舜笃事瞽盲，乃试其孝；忠事帝尧，乃试其臣。（简9）

故其为瞽盲子也甚孝，及其为尧臣也甚忠。尧禅天下而受之，南面而王天下而甚君。故尧之禅乎

舜也，如此也。（简24—25）

上引两条简文的意思是有联系的。第二条引文不仅说大舜对父、对君、对民分别具有"甚孝""甚忠""甚君"的德行，而且将前者看作后者的原因和基础。因此就伦常关系而言，父子是最基本的一伦；就德行和为政而言，在古人看来，为孝是一切德行活动的根基，同时也是维护为臣、为君之应然身份的实践源泉。需要指出，从竹简来看，"仁"是贯穿"甚孝""甚忠""甚君"诸德行活动的总德。《唐虞之道》说："禅而不传，圣之盛也；利天下而弗利也，仁之至也。故昔贤仁圣者如此。"（简2）又说："孝，仁之冕也；禅，义之至也。六帝兴于古，皆由此也。爱亲忘贤，仁而未义也；尊贤遗亲，义而未仁也。"（简7—9）又说："有天下弗能益，无天下弗能损，极仁之至，利天下而弗利也。"（简19—20）又说："治之至，养不肖；乱之至，灭贤。仁者为此进【退】，如此也。"（简28—29）从这几段引文我们完全可以看出，"仁"在竹书中具有总德性质。因此不论是"甚孝"，还是"甚忠""甚君"，都是"仁"德在各个层面上的展现。"忠"在竹书中是作为臣德而存在的，但是由于它同时是"仁"德在相应伦理位分上的生现，因此"忠"与人的道德一般性"仁"是表里关系。"忠"在《唐虞之道》中似乎不是外力强加的规范，而是成就"仁"并由

第八章 战国儒家的"忠"观念

"仁"从内向外生现出来的德行。

何谓"忠臣",郭店简《鲁穆公问子思》对此问题有特别论述,子思对人君心目中的忠臣观作了直率批评。此篇佚书共八支简,全文如下(引文从宽式):

> 鲁穆公问于子思曰:"何如而可谓忠臣?"子思曰:"恒称其君之恶者,可谓忠臣矣。"公不悦,揖而退之。成孙弋见,公曰:"向者吾问忠臣于子思,子思曰:'恒称其君之恶者,可谓忠臣矣。'寡人惑焉,而未之得也。"成孙弋曰:"嘻,善哉言乎!夫为其君之故杀其身者,尝有之矣;恒称其君之恶者未之有也。夫为其【君】之故杀其身者,交禄爵者也。恒【称其君】之恶【者,远】禄爵者【也】。【为】义而远禄爵,非子思,吾恶闻之矣?"

这篇竹书的结构很简单。鲁穆公向子思询问何谓忠臣的问题,子思以"恒称其君之恶者,可谓忠臣矣"答之。鲁君不悦,成孙弋于是对子思的话作了解释,并赞扬了子思之忠。从竹简来看,鲁穆公当初询问何谓忠臣的问题,大概他希望所谓忠臣就是那些言听计从、阿谀奉承、从不忤逆君上的人。此种忠臣观,乃君主的权势欲使然,在《左传》《国语》中此类例子常见。但是,面对鲁穆公已具意向性的提问,子思却似乎故意忤逆之,认为"恒称其君之恶"者才可以叫作"忠臣"。此种忠臣观,按照成孙弋的解释,是建立在"义"的基础上的。这即是说,君臣之间的交往应当以"义"为基础,相应地,什么是忠臣,则应当以"义"为判断根据。在此,子思为"忠"观念灌注了一个新内涵,而这个新内涵即是"义"。子思由此开启了孟子重"义"的思想传统。《孟子·告子上》"鱼我所欲也"章的义利之辨,与此篇竹书所表现的子思"为义而远禄爵"的思想正相贯通。而且,《孟子》一书无"忠臣"一词,这表明了孟子对当时流行的"忠臣"观念是高度警惕的,同时与其重视对拥有独立人格之"士"身份的建构是高度一致的。从鲁穆公的角度来看,"忠"应当强调臣对君"忠诚不二"的含义,但是从子思的立场来看,此种含义显然受到了较大程度的消解,子思并将"义"作为"忠"的价值根基,这是子思的思想创造之一。

三、从心性角度论"忠"的内涵

再次从心性论角度看郭店简对"忠"观念的论述。郭店简的心性论与《左传》《国语》的相关思想及孔子"言性与天道"(《论语·公冶长》)之说一致,但更为系统、细致和深入。以心性论言"忠",这是郭店简的一个显著特点。竹书曰(引文从宽式):

忠,信之方也;信,情之方也;情出于性。

(《性自命出》简 39—40）

智类五，唯义道为近忠。(《性自命出》简 40—41）

仁为可亲也，义为可尊也，忠为可信也，学为可益也，教为可类也。(《尊德义》简 3—4）

不爱则不亲，不宽则弗怀，不勒则无畏，不忠则不信，弗勇则无复。(《尊德义》简 32—34）

尊仁、亲忠、敬庄、归礼，行矣而无违，养心于慈谅，忠信日益而不自知也。(《尊德义》简 20—21）

由中出者，仁忠信；由(《语丛一》简 21）

爱生于性，亲生于爱，忠生于亲。(《语丛二》简 8—9）

哗，自宴也。贼，退人也。未有善事人而不返者，未有哗而忠者。(《语丛二》简 43、45—46）

子曰："大臣之不亲也，则忠敬不足，而富贵已过也。"(《缁衣》简 19—20）

上述九条引文，出自竹书《性自命出》《尊德义》《语丛》《缁衣》四篇。在第一至第七条引文中，忠、信、敬、爱都是表现在外的德行，[①]但从其所处文本整体来看，

---

① 竹书《性自命出》第 38—42 号简："【不】过十举，其心必在焉，察其见者，情安失哉？恕，义之方也；义，敬之方也；敬，物之节也。笃，仁之方也；仁，性之方也，性或生之。忠，信之方也；信，情之方也；情出于性。爱类七，唯性爱为近仁。智（知）类五，唯义道为近忠。恶类三，唯恶不仁为近义。所为道者四，唯人道为可道也。"

它们与人的心性又是有密切关系的。第八条引文的"哗"字，乃喧哗以自宴乐之义。喧哗则丧失了敬畏，是缺乏修身功夫的表现。"未有善事人而不返者，未有哗而忠者"，"忠"与"哗"相对，它显然是内省自返、尽己事人之义，这与曾子"吾日三省吾身"（《论语·学而》）的说法一致。第九条引文之"忠"，似乎与人的心性无关，但联系第六、七两条引文来看，它可能置身于心性修养论之下。子思是儒家心性学的大家。"忠"是如何产生出来的？竹书《尊德义》曰："养心于慈谅，忠信日益而不自知也。""养心"是"忠信日益"的本源。而竹书《语丛二》曰"爱生于性，亲生于爱，忠生于亲"，则更进一层，将"性"看作是"忠"的终极来源。这已不是从修养论来谈论"忠"的内涵，而是从人的本性角度将"忠"德内在化了："忠"即是人的本性之一。竹书《语丛一》第18—20简曰："人之道也，或由中出，或由外入。"由此看第六条引文，"由中出者，仁、忠、信"的"中"字不论指"心"还是指"性"，这段简文都是从修养角度来论述德行生成的问题的。这是第一点。

第二，上述第一、三、四条引文都谈到了"忠""信"二德，并认为"忠"是"信"的基础。与《论语》"主忠信"的观念相比，在德行次第的认识上推进了一步。而此一进步，与郭店简心性论的开展是有一定关系的。上述第一条引文即是明证。此外，需要指出的是，上述第二条引文的文意并不很清晰，但是"唯义道为近忠"的说法与子思"为义而远禄爵"的忠臣观颇相近，说明战国早期儒家普遍认识到，是否忠的判断依据在于"义"。不义，忠即可能蜕化或堕落为愚忠，这是原始儒家难以认同的。

四、竹书《忠信之道》的忠信观

最后看郭店简《忠信之道》的"忠信"观。① 此篇竹书是关于"忠信"观念的专文，值得单独论述。《忠信之道》共九支简，全文如下（引文从宽式）：

> 不伪不諂，忠之至也。不欺弗智，信之至也。忠积则可亲也，信积则可信也。忠信积而民弗亲信者，未之有也。至忠如土，化物而不伐；至信如时，毕至而不结。忠人无讹，信人不倍（背）。君子如此，故不忘生，不倍（背）死也。
>
> 太久而不渝，忠之至也；太古而睹常，② 信之至也。至忠无讹，至信不倍（背），夫此之谓此〈也〉。

---

① 依笔者意见，这篇竹书应当题名为"忠信"。从文意看，这篇竹书可分为四段，仅有最末一段云"忠之为道也"，又云"信之为道也"，可与所谓"忠信之道"的题名发生直接关系。但是，作为德行与作为道术的"忠信"概念不同，从竹书全文来看，前一种含义是主要的，因此此篇竹书应该题名为"忠信"。

② "大古"二字合文，从陈伟说。参见陈伟：《郭店竹书别释》，第77页。

379

大忠不夺，大信不期。不夺而足养者，地也；不期而可营者，天也。似天地也者，忠信之谓此〈也〉。

口惠而实弗从，君子弗言尔；心【疏而貌】亲，君子弗申尔；故行而争悦民，君子弗由也。三者，忠人弗作，信人弗为也。

忠之为道也，百工不楛，而人养皆足。信之为道也，群物皆成，而百善皆立。君子其施也忠，故銮亲傅也；其言尔信，故遵而可受也。忠，仁之实也；信，义之期（基）也。是故古之所以行乎蛮貊者，如此也。

这是一篇专论"忠信"的佚书，在先秦文献中实属少见。关于这篇文章的学派性质，学者皆以为儒家著作，这是对的。这篇出土文献，对于"忠信"的论说主要体现在如下四个方面：

其一，竹书《忠信之道》将"忠信"看作执政者的基本政治伦理原则，①或者更准确地说，是从君子为政，

---

① 李存山说《忠信之道》"所讲的'忠信'，其旨意不在于教化民众，亦不是讲普遍的道德伦理，而是教导要求当权者（'有国者'或'长民者'）做到'忠信'"，这个意见是正确的。但是，此篇竹书从修身角度将"忠信"之德看作君子为政的基础，并认为在外王层面上会产生国治、天下平的功用，这不仅符合儒家的一贯思路，而且通过"君子"人格的设定，对所有"有国者"和可能的"长民者"产生一定作用，因而它又具有一定的普遍意义。李说，参见李存山：《读楚简〈忠信之道〉及其他》，载姜广辉主编：《中国哲学》第二十辑，辽宁教育出版社1999年版，第263、265页。

第八章 战国儒家的"忠"观念

也即从君上对于下民的道德化统治来阐述"忠信"观念的。如第1—2号简云"忠信积而民弗亲信者，未之有也"，第6号简云"故行而争悦民，君子弗由也"，第6—9号简更是大谈忠信作为治国、平天下之道的神奇功用，皆可为明证。关于"君子"一词，竹书一共出现了五次，它们包含了"位"与"德"两个方面的涵义。或者说，竹书是在"位"的基础之上偏重于从道德性理想人格来使用此一概念的。这是儒家政治哲学的重要特性。可以看出，作者试图从普遍意义上来论述这一点，而这个普遍意义直接体现在作者将其作为政治哲学的基本原则上。由此，此篇竹书大肆宣扬忠信之道，并将其作为道术的基础，从而使得此篇竹书所宣扬的"忠信"观念在先秦文献中显得很特别。竹书的此一思想特征同时表明了作者身份的特殊性。从《论语》看，孔子及孔子弟子子张都很重视"忠信"观念。《颜渊》曰："子张问崇德辨惑。子曰：'主忠信，徙义，崇德也。'"《卫灵公》曰："子张问行，子曰：'言忠信，行笃敬，虽蛮貊之邦行矣。言不忠信，行不笃敬，虽州里行乎哉？立，则见其参于前也；在舆，则见其倚于衡也；夫然后行。'子张书诸绅。""行"训"通达"，指个人命运等的通达。子张将孔子"言忠信，行笃敬"等语书之于绅带上，表明他平生确实很重视忠信之道。这一点还可以从《史记》所摘

381

录的相关文句判断出来。①不仅如此,"虽蛮貊之邦行之矣"和"虽州里行乎哉"两句,与竹书《忠信之道》末段"蛮亲傅""邉而可受""行乎蛮貊"三句的关系密切。由此可知,竹书《忠信之道》可能是子张本人或其弟子之作。②李存山还特别指出了《忠信之道》与孔子、曾子、孟子之忠信观的差别。③他的意见是中肯的。

顺便指出,此篇竹书直接受到了孔子思想的深刻影响。例如,竹书曰:"至忠如土,化物而不伐。"《荀子·尧问》曰:"子贡问于孔子曰:'赐为人下而未知也。'孔子曰:'为人下者乎,其犹土也:深抇之而得甘泉焉,树之而五谷蕃焉,草木殖焉,禽兽育焉,生则立焉,死则

---

① 《史记·仲尼弟子列传》:"颛孙师,陈人,字子张,少孔子四十八岁。子张问干禄,孔子曰:'多闻阙疑,慎言其余,则寡尤;多见阙殆,慎行其余,则寡悔。言寡尤,行寡悔,禄在其中矣。'他日,从在陈蔡间,困,问行。孔子曰:'言忠信,行笃敬,虽蛮貊之国行也。言不忠信,行不笃敬,虽州里行乎哉!立则见其参于前也,在舆则见其倚于衡,夫然后行。'子张书诸绅。子张问:'士何如斯可谓之达矣?'孔子曰:'何哉,尔所谓达者?'子张对曰:'在国必闻,在家必闻。'孔子曰:'是闻也,非达也。夫达者,质直而好义,察言而观色,虑以下人,在国及家必达。夫闻也者,色取仁而行违,居之不疑,在国及家必闻。'"

② 《荀子·非十二子》:"弟佗其冠,神襌其辞,禹行而舜趋,是子张氏之贱儒也。"《韩非子·显学》说"儒分为八",即有"子张氏之儒"。由此而言,子张氏之儒在荀子、韩非之前已很兴盛。黄君良说《忠信之道》的作者应该是子张的门徒后学",又说其制作时代在春秋战国之际,则黄氏以此篇竹简成于子张弟子之手。参见黄君良:《〈忠信之道〉与战国时期的忠信思潮》,《管子学刊》2003年第3期。

③ 李存山:《读楚简〈忠信之道〉及其他》,载姜广辉主编:《中国哲学》第二十辑,第264—267页。

第八章 战国儒家的"忠"观念

入焉，多其功而不息〈悳〉。① 为人下者，其犹土也！'"又如竹书曰："口惠而实弗从，君子弗言尔。心疏而貌亲，君子弗申尔。"《礼记·表记》载"子曰"："口惠而实不至，怨菑及其身。是故君子与其有诺责也，宁有已怨。"《表记》又载"子曰"："君子不以色亲人。情疏而貌亲，在小人则穿窬之道也与！"以上引文都是证据。

同时，此篇竹书与先秦儒家的关联十分广泛。例如，竹书曰："君子如此，故不忘生，不背死也。"见《礼记·经解》《大戴礼记·礼察》《韩诗外传》卷三。又如，竹书曰："忠之为道也，百工不楛，而人养皆足。"《荀子·王霸》曰："如是，则百工莫不忠信而不楛矣……百工忠信而不楛，则器用巧便而财不匮矣。"这是两个很明显的例子。黄君良还说，《忠信之道》"口惠而实弗从""心疏而貌亲"，与《大戴礼记·文王官人》"扬言者寡信""诚忠必有可亲之色"相关；"忠信积而民弗亲信者，未之有也"，与《大戴礼记·子张问入官》的"故非忠信，则无可以取亲于百姓矣"相近；"至信不负"，与《礼记·缁衣》"信以结之则民不倍"相近；"大信不期"，与《礼记·学记》"大信不约"相近。② 黄说值得参考。

---

① "息"是"悳"字之讹，二字形近，从王引之说。参见［清］王先谦：《荀子集解》，中华书局1988年版，第552页。
② 黄君良：《〈忠信之道〉与战国时期的忠信思潮》。

其二，竹书《忠信之道》特别强调"忠""信"的"诚""实"之义，并在此基础上强调了忠诚不渝、历久恒常的含义。竹书开篇即曰："不訛不謟，忠之至也。不欺弗智，信之至也。""訛"读"伪"，声通。"伪"是虚假、欺诈之义，与下文"欺"相应。"謟"与"诞"义近。《荀子·荣辱》曰："陶诞突盗。"王念孙说："陶读为謟（音滔），謟诞双声字，謟亦诞也。《性恶》篇曰：'其言也謟，其行也悖。'谓其言诞也。即上所谓'饰邪说，文奸言'也。作陶者，借字耳。"①《说文·言部》："诞，词诞也。"即言辞虚妄不实之义。"不欺弗智"的"智"，当训为智故之智，巧诈也。《淮南子·览冥》曰："而智故消灭也。"高诱注："智故，巧诈。"同书《原道》曰："不设智故。"高诱注："智故，巧饰也。"②"欺""智"义近。《说文·欠部》曰："欺，诈也。""不伪不謟，忠之至也"，即是说不虚伪，不妄诞，这是"忠"的至极。"不欺弗智，信之至也"，这是说不欺骗，不巧诈，这是"信"的至极。从主体来说，竹书"忠""信"观念的根本含义就是要求君子修身，尽力做到实诚，在真实的基础上做到言行、身心、意图和目的的高度一致。竹书下文曰："口惠而实弗从，君子弗言尔；心【疏而貌】亲，

---

① ［清］王念孙：《读书杂志》，江苏古籍出版社2000年版，第646页。
② 以上两高诱注，参见何宁：《淮南子集释》，中华书局1998年版，第485、23页。

君子弗申尔；故行而争悦民，君子弗由也。三者，忠人弗作，信人弗为也。"这是作者对"忠信"观念更为具体的论述。

竹书《忠信之道》曰："太久而不渝，忠之至也。太古而睹常，信之至也。至忠无讹，至信不倍，夫此之谓此〈也〉。""古"有久义，"太久"与"太古"同义。"睹"，示也，示现也。"讹"，迁化也。《尔雅·释言》曰："讹，化也。""讹"与上文"渝"，其义相贯。"倍"即"背"字。"至忠无讹，至信无倍（背）"是说，极其长久而不会改变，这是忠的至极；极其古远而见其恒常，这是信的至极。而这种恒一、恒久不变的观念，是建立在实诚的"忠信"修养功夫上的。

其三，竹书《忠信之道》更为特别的地方，是它将"忠信"之德与"天地"概念紧密关联了起来，从而将此篇竹书的忠信观置于宏大的宇宙论背景之中。一方面，"天地"是"忠信"之德的宇宙根源，前者为后者建立了自然而应然的终极根据；另一方面，"天地"也成为君子通过对"忠信"的自修及其政治活动所可能达到的最高境界。竹书说，人民对于君子的亲附和信赖，是通过君子"忠积""信积"的修养及政治活动来实现的。《忠信之道》曰："至忠如土，化物而不伐。至信如时，毕至而不结。"又说："大忠不夺，大信不期。不夺而足养者，地也；不期而营者，天也。似天地者，忠信之谓此〈也〉。"至忠、至信，有如天地：如土化育万物而不自矜伐，如四时毕至而不相纠结；大忠无可襥夺，大信不需期约，如地无可襥夺而足养万物，如天不需期约而斡营众象。这与《周易·系辞上》"与天地相似，故不违"很相似。不过，竹书认为君子似天地的根本原因，在于忠信之德的进益，而这一点与《周易·系辞上》的说法根本不同。总之，将"忠信"二德在为政路向上看作君子人格的根本基础，并认为至忠至信具有天地一般的特性和功用，是此篇竹书之所以显得很特别的根本原因。

其四，竹书《忠信之道》在论述"忠信"之"为道"而"成物"的过程中，不仅将"忠信"与"仁义"关联了起来，而且认为前二者是后二者的实质和基础。这在先秦思想中也是比较特别的。竹书曰："忠，仁之实也。信，义之期也。""实"，质也，即实际内容。"期"，陈伟读为"基"，[①]可从。《大戴礼记·四代》曰："圣，知之华也。知，仁之实也。仁，信之器也。信，义之重也。义，利之本也。"《潜夫论·务本》曰："忠信谨慎，此德义之基也。"皆可为证。将"忠"看作"仁"的实质或实际内容，将"信"看作"义"的基础，联系《论语》来看，这个观点可能是子张或是其弟子的观点。《论衡·问孔》曰：

---

① 参见陈伟：《郭店竹书别释》，第81页。

第八章　战国儒家的"忠"观念

子张问:"令尹子文三仕为令尹,无喜色;三已之,无愠色。旧令尹之政,必以告新令尹。何如?"子曰:"忠矣。"曰:"仁矣乎?"曰:"未知(智),焉得仁?"子文曾举楚子玉代己位而伐宋,以百乘败而丧其众,不知(智)如此,安得为仁?

问曰:子文举子玉,不知人也。智与仁,不相干也。有不知之性,何妨为仁之行?五常之道,仁义礼智信也。五者各别,不相须而成。故有智人,有仁人者;有礼人,有义人者。人有信者未必智,智者未必仁,仁者未必礼,礼者未必义。子文智蔽于子玉,其仁何毁?谓仁,焉得不可?且忠者,厚也。厚人,仁矣。孔子曰:"观过,斯知仁矣。"[①]子文有仁之实矣。孔子谓忠非仁,是谓父母非二亲,配匹非夫妇也。

上引文中的"子张问"一段,见《论语·公冶长》篇。在这段问答中,子张试图将"仁"与"忠"联系起

[①] 孔子曰,语出《论语·里仁》篇。其中"斯知仁矣"的"仁"字,如何读,学者有争议。黄晖说:"君子过于爱,小人过于忍,故观其过,知其仁否。"杨伯峻说:"仁——同'人'。《后汉书·吴祐传》引此文正作'人'(武英殿本却又改作'仁',不可为据)。"分别参见黄晖:《论衡校释》第2册,第408页;杨伯峻译注:《论语译注》,第37页。

387

来，①孔子则试图将"忠"与"仁"分开。针对孔子的回答，王充作了诘问和批评。从内容来看，上述引文对于竹书《忠信之道》"忠，仁之实也"是一个绝佳注脚。王充不同意孔子的观点。以令尹子文具有忠厚之性为基础，王充认为令尹子文正具有"仁之实"的特性。这个"实"即是"忠"，"忠"与"仁"犹父母、夫妇，具有相偶为二的关系。由此追问竹书的作者问题，这为子张作《忠信之道》又提供了一条坚实证据。《荀子·臣道》曰："若夫忠信端悫而不害伤，则无接而不然，是仁人之质也。忠信以为质，端悫以为统，礼义以为文，伦类以为理，喘而言，臑而动，而一可以为法则。"《大戴礼记·文王官人》有"伪爱以为忠""隐于仁质"的说法。这种以忠爱或忠信为仁人之质的看法，正是对竹书《忠信之道》相关思想的继承与发展。战国中晚期的儒学无疑受到了竹书的深刻影响。

顺便指出，《忠信之道》的"成物"说及其对"诚""实"的强调，可能与《中庸》互有影响，但是由于二者的界线如此之明确，因此我们很难将此篇竹书看作子思子的著作。相反，将孔子所说"言忠信"等语

---

① 子张重视"仁"的观念，又见《大戴礼记·卫将军文子》："业功不伐，贵位不善，不侮可侮，不佚可佚，不敖无告，是颛孙之行也。孔子言之曰：其不伐，则犹可能也；其不弊百姓者，则仁也。《诗》云：'恺悌君子，民之父母。'夫子以其仁为大也。"《论语·子张》："子游曰：吾友张也，为难能也，然而未仁。曾子曰：堂堂乎张也，难与并为仁矣！"

"书诸绅"的子张及其后学，才最有可能推进"忠信"观念的哲学化，并着力撰写此篇竹书。

第二节 孟子和荀子的"忠"观念

一、孟子的"忠"观念

《孟子》"忠"字凡八见。孟子对于"忠"的理解，与前人相比，大体相同。一方面，他将"忠"作为"人"所必备的普遍德行来理解，如说"仁义忠信，乐善不倦，此天爵也"（《告子上》），又如说"教人以善谓之忠"（《滕文公上》）；另一方面，他又将"忠"看作下民对长上的特殊德行来看待，如说"居之似忠信"（《尽心下》），又如说"待先生如此其忠且敬也"（《离娄下》）。后一义在《孟子》书中是主要的。"忠信"连言，在《孟子》中出现了四次，其中两次作"孝悌忠信"（《梁惠王上》《尽心上》），一次作"仁义忠信"（《告子上》），另一次作"居之似忠信"（《尽心下》）。这些将"忠信"与"孝悌"或"仁义"连言的例子，显示了"忠信"观念的重要性。

从总体上来看，孟子对于"忠"或"忠信"观念的理解值得注意的地方主要表现在两点上。第一，孟子将"忠信"与"仁义"并列，列入"天爵"的范畴，从人的自然本性对于"忠信"观念作了更深刻的哲学思考。孟子说："有天爵者，有人爵者。仁义忠信，乐善不倦，此天爵也。公卿大夫，此人爵也。"(《孟子·告子上》)在他看来，仁义忠信是天赐的爵位，人人本具，而公卿大夫乃人为的爵位，是后天由人所赐予的。人为的爵位可以褫夺，天赋的爵位则永生具备。由此可知，孟子实际上将"忠信"看作人性的内涵，是人之所以为人的天赋依据。第二，孟子说："有人于此，其待我以横逆，则君子必自反也：'我必不仁也，必无礼也。此物奚宜至哉！'其自反而仁矣，自反而有礼矣，其横逆由是也，君子必自反也：'我必不忠。'自反而忠矣，其横逆由是也，君子曰：'此亦妄人也已矣。'如此，则与禽兽奚择哉？于禽兽又何难焉？"(《孟子·离娄下》)道德自反，这是孟子一直所强调的。在本段引文中，孟子提出了"自反而忠"的命题，这一命题是就修养功夫来说的。"忠"，尽心，尽己之功也。还需要指出，在这段引文中，孟子似乎认为"自反而忠"，高于"自反而仁"和"自反而有礼"的境界。

二、荀子的"忠"观念

《荀子》"忠"字凡七十四见，"忠信"连言凡二十七见，但未见"忠恕"连言之例。荀子不重视恕道。"恕"字在《荀子》中仅出现五次，且皆见于《法行》篇。荀子论"忠"及"忠信"的观念主要表现在如下四个方面：

第八章 战国儒家的"忠"观念

其一，荀子将"忠"或"忠信"看作"伪"或"善"的一方，而与情性之恶相对立。"伪"是荀子发明的一个人文概念。这一点，与《孟子》及郭店简《性自命出》等篇将"忠"或"忠信"看作人性之内涵的观点是不相同的。《荀子·性恶》篇曰：

> 今人之性生而有好利焉，顺是，故争夺生而辞让亡焉。生而有疾恶焉，顺是，故残贼生而忠信亡焉。
>
> 尧问于舜曰："人情何如？"舜对曰："人情甚不美，又何问焉？妻子具而孝衰于亲，嗜欲得而信衰于友，爵禄盈而忠衰于君。人之情乎，人之情乎，甚不美！又何问焉？"

荀子对于"性"概念的理解与孟子不同，他是从自然才质来理解此一概念的。孟子不止于此，他也从"才"说人性，但其所谓"才"与"性"是已发与未发的关系，与荀子的理解不同。就"人性"概念来说，孟子重在区别人与禽兽之性，将"人之所以为人"的道德本质置于宇宙万物之中，而肯定此人的先天特殊性。荀子不从人在宇宙中的道德特殊性来看其"自然才质"，故其所理解的"人性"，乃是一气化流行之才质。人如果顺从此气化流行之才质的作用，那么就会产生偏险悖乱，故他主张

391

人性恶。与人性恶相对,荀子主张"其善者伪也",并对人性之恶持批判和改造的态度。他不仅说人性恶,而且说"人情甚不美"。在荀子思想中,"情"与"性"是一个相近的概念。在"性恶伪善"的主张下,"忠信"即属于所谓"其善者伪也"的内涵。作为儒家,荀子当然很欣赏道德观念和道德行为。他很重视"忠信"观念,认为人的忠信美德与人性的欲望是彼此对立、消长的。

其二,荀子将"忠"或"忠信"看作君子修身或人君为政的必要美德来看待。从修身的角度来看,《荀子·修身》篇曰:"体恭敬而心忠信,术礼义而情爱人,横行天下。虽困四夷,人莫不贵。""体恭敬",是从形貌、仪容举止而言;"心忠信",是从心理活动来说的。在心体之间,忠信的心理活动很重要。《荀子·荣辱》篇曰:"故君子者信矣,而亦欲人之信己也;忠矣,而亦欲人之亲己也。"竹书《忠信之道》曰"忠积则可亲也,信积则可信也",与《荣辱》篇这几句话正相贯通。不过,荀子强调了修身意图与结果的一致,将"恕"似乎隐括于"忠信"之中。在《荀子·非相》篇中,荀子还将为忠的活动看作"行仁"的表现,并从谦德角度论述了"忠信"对于君子修身的重要性。这两点,与竹简《忠信之道》的思想也是一致的。

从人君为政的角度来看,《荀子》论述"忠信"的内容较多,集中起来,大致可以概括为两点。第一,荀

第八章 战国儒家的"忠"观念

子将"忠信"作为为政之"道"和"大本"来看待,足见他对"忠信"观念的高度重视。《荀子·强国》篇曰:"人之所好者,何也?曰:礼义辞让忠信是也……故凡得胜者,必与人也;凡得人者,必与道也。道也者,何也?曰:礼义辞让忠信是也。"同篇又曰:"故为人上者,必将慎(顺)礼义,务忠信,然后可。此君人者之大本也。"这与《性恶》篇以"礼义辞让忠信"为"伪善",为"人"的道德本质性的观念是完全一致的。同样的观点亦见于《荀子·强国》《议兵》等篇。① 第二,荀子多次说到仁人、圣人和人主"致忠信以爱之"的为政主张,他一方面认为"忠信"是仁爱的基础,另一方面特别强调了"尽己"的修养功夫。例如,《荀子·富国》篇曰:"故先王明礼义以壹之,致忠信以爱之,尚贤使能以次之,爵服庆赏以申重之,时其事、轻其任以调齐之,潢然兼覆之、养长之,如保赤子。""致忠信"的"致"字,当训"极"。《荀子·王霸》曰"致忠信,著仁义",杨倞注:"致,极也。"② 《荀子·尧问》又曰:"尧问于舜曰:'我欲致天下,为之奈何?'对曰:'执一无失,行微无

---

① 《荀子·强国》:"及都邑官府,其百吏肃然莫不恭俭敦敬忠信而不楛,古之吏也。"同书《议兵》:"故赏庆刑罚埶〈诡〉诈不足以尽人之力,致人之死。为人主上者也,其所以接下之百姓者,无礼义忠信,焉虑率用赏庆刑罚埶〈诡〉诈,除〈险〉陁其下,获其功用而已矣。"皆以"忠信"为道本。
② [清]王先谦:《荀子集解》,第215页。

393

息，忠信无倦，而天下自来。执一如天地，行微如日月，忠诚盛于内，贲于外，形于四海，天下其在一隅邪？夫有何足致也！'"从"致忠信""忠信无倦""忠诚盛于内"来看，荀子特别强调了"尽己"功夫，此"尽己"功夫正是人君使天下归顺的根本原因。同时，从尽己的对象来看，"忠信"观念对于荀子的政治思想系统来说是非常重要的。

其三，荀子还论述了"忠"与臣下的紧密关系，强化了"忠臣"的观念，但是他坚决反对和批判了"愚忠"，这突出地表现在《臣道》等篇中。《荀子·臣道》曰：

> 人臣之论，有态臣者，有篡臣者，有功臣者，有圣臣者。内不足使一民，外不足使距难，百姓不亲，诸侯不信，然而巧敏佞说，善取宠乎上，是态臣者也。上不忠乎君，下善取誉乎民，不恤公道通义，朋党比周，以环主图私为务，是篡臣者也。内足使以一民，外足使以拒难，民亲之，士信之，上忠乎君，下爱百姓而不倦，是功臣者也。上则能尊君，下则能爱民，政令教化，刑下如景，应卒遇变，齐给如响，推类接誉以待无方，曲成制象，是圣臣者也。
>
> 从命而利君，谓之顺；从命而不利君，谓之谄。

第八章 战国儒家的"忠"观念

逆命而利君,谓之忠;逆命而不利君,谓之篡。不恤君之荣辱,不恤国之臧否,偷合苟容,以持禄养交而已耳,谓之国贼。

恭敬而逊,听从而敏,不敢有以私决择也,不敢有以私取与也,以顺上为志,是事圣君之义也。忠信而不谀,谏争而不谄,挢然刚折,端志而无倾侧之心,是案(焉)曰是,非案(焉)曰非,是事中君之义也。调而不流,柔而不屈,宽容而不乱,晓然以至道而无不调和也,而能化易时关内之,是事暴君之义也。

事人而不顺者,不疾者也。疾而不顺者,不敬者也。敬而不顺者,不忠者也。忠而不顺者,无功者也。有功而不顺者,无德者也。故无德之为道也,伤疾堕功灭苦,故君子不为也。有大忠者,有次忠者,有下忠者,有国贼者。以德复(覆)君而化之,大忠也。以德调君而补之,次忠也。以是谏非而怒之,下忠也。不恤君之荣辱,不恤国之臧否,偷合苟容,以之持禄养交而已耳,国贼也。若周公之于成王也,可谓大忠矣。若管仲之于桓公,可谓次忠矣。若子胥之于夫差,可谓下忠矣。若曹触龙之于纣者,可谓国贼矣。

395

若夫忠信端悫而不害伤，则无接而不然，是仁人之质也。忠信以为质，端悫以为统，礼义以为文，伦类以为理，喘而言，臑而动，而一可以为法则。

通忠之顺，权险之平，祸乱之从声，三者，非明主莫之能知也。争然后善，戾然后功，出死无私，致忠而公，夫是之谓通忠之顺，信陵君似之矣。夺然后义，杀然后仁，上下易位然后贞，功参天地，泽被生民，夫是之谓权险之平，汤武是也。过而通情，和而无经，不恤是非，不论曲直，偷合苟容，迷乱狂生，夫是之谓祸乱之从声，飞廉、恶来是也。

上引第二条与第四条的关系密切。"逆命而利君"之"忠"，是仅就"下忠"而言的。第三条引文中的"忠"字含义亦复如是。由此可见，荀子对于"忠"的理解是持有底线的。这个底线就是，一方面要限制"从"对于"事君以忠"的"事者"之主体性的消解，另一方面突出天下国家利益的至上性。

《荀子·臣道》篇的"忠"观念主要包括如下四点：第一，荀子特别强调臣下对于君上的"顺循"（"顺"非"从"）之义，但是反对盲从，尤其反对曲意奉从。如上引第四条"事人而不顺者，不疾者也。疾而不顺者，不敬者也。敬而不顺者，不忠者也。忠而不顺者，无功者也。有功而不顺者，无德者也"，就是以"顺"为中心来理解臣道的。所谓"敬而不顺者，不忠者也"，即以顺循为臣下对君上忠诚的标志。第二条引文对于"顺""从"作出了具体规定，由"从命而利君，谓之顺"及"逆命而利君，谓之忠"来看，"从"是简单地听从或俯首听命，而"顺"则不是如此，它着意于是否"利君"的效果。荀子说："从命而不利君，谓之谄。逆命而利君，谓之忠。逆命而不利君，谓之篡。不恤君之荣辱，不恤国之臧否，偷合苟容以持禄养交而已耳，谓之国贼。"荀子"逆命而利君，谓之忠"的忠臣观，及他反对盲从，反对曲意奉从君命的观点，在《荀子》一书中多有反映。例如，《荀子·修身》篇就说"至忠为贼"，反对所谓极端的忠诚，反对愚忠。《荀子·子道》篇更是说："故可以从而不从，是不子也。未可以从而从，是不衷也。明于从、不从之义，而能致恭敬、忠信、端悫以慎行之，则可谓大孝矣。《传》曰：'从道不从君，从义不从父。'此之谓也。""衷"，内心。从与不从，一定要经过内心的反省，看其所从之事、所从之命是否符合"道""义"。"从道不从君，从义不从父"两句，甚为经典，是儒家忠诚观的究极之义。由此可知，荀子以"顺"阐释"忠"的内涵，其实已经包含了他对于"从命"说的深度反省。

第二，荀子提出了"大忠""次忠""下忠""国贼"的概念，对"忠"的实践主体作了四个层次的划分，对"忠"

的内涵作了进一步的揭示。在上述第一条引文中，荀子将臣下作了政治和道德上的分判，有所谓态臣、篡臣、功臣和圣臣的划分。而功臣与篡臣的最大区别主要体现在是否忠君上。第四条引文更进一步，对于臣下之忠作了更为细致的条理。所谓"大忠"，指臣下以德行之事报白于君，使其自化；所谓"次忠"，指臣下以德行之事调和而补救君上之过；所谓"下忠"，指臣下直接以是谏非，而激怒君上（从而使君有害贤之名）；所谓"国贼"，指臣下只考虑自己俸禄的多少、爵位的高低，而丝毫不关心君主的荣辱、国家的安危。反过来说，对于不同气质、不同德行修养的君上，臣下也当以不同层次的忠德与之相对应。第三条引文即说，臣下应当"以顺上为志"，这只是针对"圣君"而言的；而对于"中君"，荀子则强调了刚直谏诤、端志无倾、尽是尽非的忠臣观。可见，荀子不但不提倡，甚至批判了那种臣下彻底消解自我，绝对服从君上意志和命令的愚忠观。与此相关，荀子还论述了君上对于臣下是否圣明的问题，如《荀子·臣道》曰："明主尚贤使能而飨其盛，暗主妒贤畏能而灭其功。罚其忠，赏其贼，夫是之谓至暗，桀纣所以灭也。"君主是否能够明察忠臣和贼臣，这关系到其自身和国家的安危。第三，荀子提出了"忠信"以为"仁人"之"质"的臣道观，这与竹书《忠信之道》"忠，仁之实也；信，义之基也"的说法是一致的。上文已有

第八章 战国儒家的"忠"观念

论述,此处不再赘述。第四,荀子提出了"致忠而公"的忠臣观。第六条引文解释了"通忠之顺"的主张。何谓"通忠之顺"?杨倞注:"忠有所雍塞,故通之,然而终归于顺也。"[1]杨注有误。其下文曰:"争然后善,戾然后功,出死无私,致忠而公,夫是之谓通忠之顺,信陵君似之矣。"所谓"通",是指臣下有见于君主的蔽塞而对其命令加以谏诤和抗争,以图矫拂、疏通其心意。而"通忠之顺"就是指臣下应当疏通君主的蔽塞,将自身的安危和个人利害置之度外,极尽其忠诚,达到公而忘私地步的一种"顺"。《荀子·解蔽》篇曰:"故群臣去忠而事私,百姓怨非而不用,贤良退处而隐逃,此其所以丧九牧之地,而虚宗庙之国也。"这段话同样将"忠""私"对言,亦见"公"是"忠"的一个必要含义。而荀子"致忠而公"和"通忠之顺"的忠臣观,当然是对《左传》"忠"观念的继承和发展。

必须指出,在君义臣忠的德位问题上,荀子虽然认为两者的关系是相互的,但是在较大程度上仍偏重于将"君义"看作"臣忠"的先决条件。《荀子·王霸》曰:"人主不公,人臣不忠也;人主则外贤而偏举,人臣则争职而妒贤,是其所以不合之故也。人主胡不广焉?无恤亲疏,无偏贵贱,唯诚能之求。若是,则人臣轻职业让

---

[1] 〔清〕王先谦:《荀子集解》,第257页。

贤，而安随其后。"同书《君道》曰："故上好礼义，尚贤使能，无贪利之心，则下亦将綦辞让，致忠信，而谨于臣子矣。"同篇又曰："请问为人君？曰：以礼分施均遍而不偏。请问为人臣？曰：以礼待君，忠顺而不懈。请问为人父？曰：宽惠而有礼。请问为人子？曰：敬爱而致文……其待上也忠顺而不懈，其使下也均遍而不偏。"君臣之位，各有其德。所谓"分施均遍而不偏"，即尚公而无偏私之义，属于"义"的范畴。君臣相待以礼，但其所施之礼及礼意各有分别，概括说来，其意仍属于竹书《六德》篇所谓"君义臣忠"的观念。同时，荀子在此还突出了"君义"与"臣忠"的因果关系，他没有宣扬单面的"愚忠"观，即臣子牺牲自己的全副身心与生命以满足君主私欲的愚忠观。

其四，在《荀子·礼论》篇中，荀子从"礼"的角度对于"忠"及其与"孝"的关系作了较深的论述。第一，《礼论》常将"忠臣""孝子"连言，如说"则夫忠臣孝子亦知其闵矣"，又说"则夫忠臣孝子亦惮诡而有所至矣"，又说"是先王之道，忠臣孝子之极也"，直接体现了"忠""孝"两观念的结合。这是先秦儒家处理忠孝关系的一个要点。而"忠孝"连言，其实是由儒家所默认的伦理普遍性及其"心身""天下"一体的宇宙观所决定的。第二，在礼的实践活动中，荀子特别突出了"忠"的"实""诚"之义，将它看作实践礼的基石。当然，荀子也可能意识到，在践礼活动中，"忠"隐含了"尽""极"之义。如《礼论》说"其忠至矣"，又说"忠信爱敬之至矣"，用忠达到至极地步，这与尽心尽力的心理活动有密切关系。第三，用"忠"并使"忠"达到至极地步，在荀子看来，应在礼仪、礼节上有充分而适宜的表现。如《礼论》曰："故事生不忠厚，不敬文，谓之野。送死不忠厚，不敬文，谓之瘠。君子贱野而羞瘠，故天子棺椁十重，诸侯五重，大夫三重，士再重，然后皆有衣衾多少厚薄之数，皆有翣菨文章之等以敬饰之，使生死终始若一。一足以为人愿，是先王之道，忠臣孝子之极也。"

总之，荀子"忠"观念的内涵十分丰富。他将"忠"或"忠信"看作"伪""善"的一方，是人的道德内涵，而与情性之恶相对立。他认为，君子修身为政应当以"忠"或"忠信"作为必要美德。在《臣道》篇中，荀子虽然强化了"忠臣"观念，但是他坚决反对和批判了"愚忠"。而在《礼论》篇中，荀子不但将"忠臣孝子"连言，而且从"礼"的角度论述了"忠"的内涵及其与"孝"的关系。

第三节 二戴《礼记》的"忠"观念

一、二戴《礼记》的来源、关系及其著作时代

《礼记》有大戴与小戴之分，《小戴记》一般称作

《礼记》。通常认为,《大戴记》为西汉元帝时戴德所编,《小戴记》则为其侄戴圣所编。《史记·儒林列传》曰:"诸学者多言《礼》,而鲁高堂生最本。《礼》固自孔子时,而其经不具。及至秦焚书,书散亡益多。于今独有《士礼》高堂生能言之,而鲁徐生善为容。孝文帝时,徐生以容为礼官大夫,传子至孙徐延、徐襄。襄,其天资善为容,不能通《礼经》;延颇能,未善也……是后能言《礼》为容者,由徐氏焉。"《汉书·儒林传》所述与此相同。司马迁云《礼经》在孔子之时已有缺失,而非完全之书;在秦焚书之后,《礼经》及其记说散亡更甚。汉初言《礼》,大抵出自高堂生和徐生二人。司马迁在此还暗示了汉初言礼、说礼的人众多。其时,《礼记》书篇多亡佚,故诸生常不免无据臆说,或自创新说。《汉书·景十三王传》曰:"献王所得书皆古文,先秦旧书,《周官》《尚书》《礼》《礼记》《孟子》《老子》之属,皆经传说记,七十子之徒所论。"《汉书·艺文志》书类曰:"武帝末,鲁共王坏孔子宅,欲以广其宫,而得古文《尚书》及《礼记》《论语》《孝经》凡数十篇,皆古字也。"景帝时河间献王所得古文《礼》《礼记》,①及武帝时鲁恭王所得古文《礼记》,当然都属于先秦旧籍,只是班固没有具体说明其篇数。《汉书·艺文志》礼类曰:"《礼古经》

---

① 景帝时河间献王所得古文《礼》《礼记》的事件,《史记》未载。疑其时尚未传播开来,或献王所得古文尚未及献藏于中秘。

第八章 战国儒家的"忠"观念

五十六卷,《经》十七篇,(后氏、戴氏)《记》百三十一篇。(七十子后学者所记也。)"又说:"汉兴,鲁高堂生传《士礼》十七篇。迄孝宣世,后仓最明。戴德、戴圣、庆普皆其弟子,三家立于学官。"《汉书·儒林传》曰:"孟卿,东海人也。事萧奋,以授后仓、鲁闾丘卿。仓说《礼》数万言,号曰《后氏曲台记》,授沛闻人通汉子方、梁戴德延君、戴圣次君、沛庆普孝公。孝公为东平太傅。德号大戴,为信都太傅。圣号小戴,以博士论石渠,至九江太守。由是《礼》有大戴、小戴、庆氏之学。"又《儒林传赞》曰:"自武帝立《五经》博士,开弟子员,设科射策,劝以官禄,讫于元始,百有余年……初,《书》唯有欧阳,《礼》后,《易》杨,《春秋》公羊而已。至孝宣世,复立大小夏侯《尚书》,大小戴《礼》,施、孟、梁丘《易》,穀梁《春秋》。"高堂生、后氏、戴氏,《礼经》皆传今文,所谓《仪礼》十七篇者。[1]《记》以说经,"百三十一篇者"即所谓"七十子后学者所记也",西汉礼学当采说之。

不过,"百三十一篇"《记》出自何时,又是如何汇集起来的?《史记》《汉书》都未作说明。《隋书·经

[1] 张舜徽说:"此书首三篇篇题,皆冠以'士'字,故汉人即名之曰《士礼》。汉后学者,睹十七篇中有《仪有》礼,遂合称《仪礼》。名十七篇为《仪礼》,始见于《晋书·荀崧传》。今郑氏注本亦称《仪礼》者,乃后人所改题也。"见张舜徽:《汉书艺文志通释》,华中师范大学出版社2004年版,第209—210页。

403

籍志》曰:"汉初,河间献王又得仲尼弟子及后学者所记一百三十一篇献之,时亦无传之者。至刘向考校经籍,检得一百三十篇,向因第而叙之。而又得《明堂阴阳记》三十三篇,《孔子三朝记》七篇,《王史氏记》二十一篇,《乐记》二十三篇,凡五种,合二百十四篇。戴德删其繁重,合而记之,为八十五篇,谓之《大戴记》。而戴圣又删大戴之书,为四十六篇,谓之《小戴记》。汉末,马融遂传小戴之学。融又定《月令》一篇,《明堂位》一篇,《乐记》一篇,合四十九篇。"《隋志》将《礼记》"百三十一篇"看作河间献王所献,其说恐未的当。《记》"百三十一篇",其来源有三,坏孔子宅所得、河间献王所献与相传未曾佚失之者。"至刘向考校经籍,检得一百三十篇"之数,此"一百三十篇"与前述"一百三十一篇"的关系如何?"一百三十篇",疑即"百三十一篇"之讹;而《隋志》云河间献王献《记》"一百三十一篇"之说,实无根据。《汉书·艺文志》曰:"汉兴,改秦之败,大收篇籍,广开献书之路。迄孝武世,书缺简脱,礼坏乐崩。圣上喟然而称曰:'朕甚闵焉!'于是建藏书之策,置写书之官,下及诸子传说,皆充秘府。至成帝时,以书颇散亡,使谒者陈农求遗书于天下。诏光禄大夫刘向校经传诸子诗赋,步兵校尉任宏校兵书,太史令尹咸校数术,侍医李柱国校方技。每一书已,向辄条其篇目,撮其旨意,录而奏之。

第八章 战国儒家的"忠"观念

会向卒,哀帝复使向子侍中奉车都尉歆卒父业。歆于是总群书而奏其《七略》。故有《辑略》,有《六艺略》,有《诸子略》,有《诗赋略》,有《兵书略》,有《术数略》,有《方技略》。今删其要,以备篇籍。"从班固的叙述来看,《汉书·艺文志》本自刘歆的《七略》,不过"今删其要,以备篇籍"罢了。这样看来,《汉志》"《记》百三十一篇"的记载,本是《七略》旧说。因此,刘向考校经籍,实得《礼记》类篇目,正是"百三十一篇"。此"百三十一篇"既为刘向考校经籍"检得",则它们由"河间献王所献"之说就丧失了根据。因此,若班固注"七十子后学者所记也"是正确的,则所述"《记》百三十一篇"无疑都是先秦旧籍。而大小戴《礼记》虽然绝大部分篇目可能采自它们,然而仍有少数篇目可考,确实另有来源,或出于秦,或出于汉初。黄以周曰:"今大戴所存之记,已多同于小戴,则小戴所取,未必尽是大戴所弃。且大小戴之记,亦非尽取诸百三十一篇之中。"张舜徽赞同黄说,而曰:"两戴所传之记,除取诸百三十一篇外,尚有取诸《明堂阴阳》三十三篇者,如《大戴记》之《盛德》及《小戴记》之《月令》《明堂位》是也;有取诸《乐记》二十三篇者,如《小戴记》之《乐记》是也;有取诸《孔子三朝记》七篇者,今《大戴记》之《千乘》《四代》《虞戴德》《诰志》《小辨》《用兵》《少闲》是也;有取诸《周书》者,如《大戴记》之《文王官人》，即《周书·官人解》也；有取诸道家者，如《大戴记》之《武王践阼》，即本之《太公阴谋》也；有取诸杂家者，如《小戴记》之《月令》，即本之《吕览》十二月纪之首章也。此类甚多，无烦悉数。可知两戴所传之记，来源甚广，初非但取之百三十一篇也。"①

刘向《别录》曰："《古文记》二百四篇。"《汉书·艺文志》所载《记》百三十一篇，《明堂阴阳》三十三篇，《王氏史》二十一篇，王聘珍认为它们是"《礼记》之所由来"，同时认为它们都本于孔氏壁中，不过虽同为孔壁中书，然未必尽是先秦著作。他说："然则汉惠四年以前，皆是藏书之日。而《古文记》二百四篇，亦非出于一时一人之手，若《礼察》《保傅》诸记，乃楚汉间人所为，合于二百四篇之中，而为孔氏所藏。"②《别录》载有小戴《礼记》四十九篇次第类别，推此，郑玄《六艺论》云八十五篇与四十九篇《记》分别为戴圣、戴德编辑的说法（孔颖达《曲礼疏》引，《隋书·经籍志》

---

① 黄说、张说，俱见张舜徽：《汉书艺文志通释》，第210页。
② 王聘珍《大戴礼记解诂自序》，参见［清］王聘珍：《大戴礼记解诂》，王文锦点校，中华书局1983年版，第4页。《自序》载"或曰"："壁藏之书，当在先秦，今《礼察》《保傅》篇中，皆有秦二世而亡之语，与贾谊《新书》同，得无大戴取于贾氏书乎？"王聘珍认为汉惠帝四年除挟书令之前，皆是藏书之日，故批评"或曰"的观点，认为"此贾书有取于古记，非古记有待于贾书也"。

第八章 战国儒家的"忠"观念

因袭之），当是可靠的。①

至于二戴记的关系，《隋书·经籍志》曰："《大戴礼记》十三卷，汉信都王太傅戴德撰。"又曰："《礼记》二十卷，汉九江太守戴圣传，郑玄注。"《隋志》的说法本于郑玄。孔颖达《礼记正义》引郑玄《六艺论》曰："戴德传《记》八十五篇，则《大戴礼》是也。戴圣传《记》四十九篇，则此《礼记》是也。"②陆德明《经典释文序录》引晋司空长史陈邵《周礼论序》曰："戴德删古礼二百四篇为八十五篇，谓之《大戴礼》，戴圣删《大戴礼》为四十九篇，是为《小戴礼》。"③《隋志》从之。④黄焯说："臧云：按《曲礼正义》引郑康成《六

---

① ［清］阮元校刻：《十三经注疏·礼记正义》卷一，第1229页。今人洪业在《仪礼引得序》中说："然则大戴并未尝纂集后汉所流行之《大戴礼》也。大戴不曾为之，小戴更何从而删之哉！"王文锦信其说，以为大小戴《记》是经过礼学家们不断的编辑，在东汉末最终形成的，"其实这两部书只可以说是挂着西汉礼学大师戴德戴圣牌子的两部儒学数据杂编，它们既不是大戴小戴所分别习之《士礼》，也不是二戴各自附《士礼》而传习的'记'的汇集本的原貌。"其说失察，未必正确。洪业及王说，俱见王文锦点校《大戴礼记解诂》之《前言》，第5页。
② ［清］阮元校刻：《十三经注疏·礼记正义》卷一，第1229页。
③ 黄焯：《经典释文汇校》，中华书局2006年版，第18页。
④ 《隋书·经籍志》曰："汉初，河间献王又得仲尼弟子及后学者所记一百三十一篇献之，时亦无传之者。至刘向考校经籍，检得一百三十篇，向因第而叙之。而又得《明堂阴阳记》三十三篇，《孔子三朝记》七篇，《王史氏记》二十一篇，《乐记》二十三篇，凡五种，合二百十四篇。戴德删其繁重，合而记之，为八十五篇，谓之《大戴记》。而戴圣又删大戴之书，为四十六篇，谓之《小戴记》。汉末，马融遂传小戴之学。融又定《月令》一篇，《明堂位》一篇，《乐记》一篇，合四十九篇。"

407

艺论》云：戴德传《记》八十五篇，则《大戴记》是也；戴圣传《礼》四十九篇，则此《礼记》是也。然则大小戴《记》各自传述，非互相删并也。考《汉书·儒林传》大小戴及庆氏普皆后仓弟子，《后汉书·曹褒传》云：'父充，持庆氏礼。'褒传《礼记》四十九篇教授诸生千余人，庆氏学遂行于世。然则庆普所传《记》亦四十九篇，与小戴同受于后仓本如是。《隋志》惑于陈邵之言，且云'戴圣删大戴书为四十六篇。汉末，马融足《月令》《明堂位》《乐记》三篇，合四十九篇。'此说甚谬，学者无为所惑也。"[1]清人多同臧说，如朱彬说："陆德明《经典释文序录》引陈邵《周礼论序》云'戴德删古《礼》二百四十篇，谓之《大戴礼》；戴圣删《大戴礼》为四十九篇，是为《小戴礼》'。后儒翕然信之。然《大戴礼·哀公问》《投壶》，《小戴记》亦列此二篇。他如《曾子大孝篇》见于《祭义》，《诸侯衅庙》见于《杂记》，《朝事篇》自'聘礼'至'诸侯务焉'见于《聘义》，《本命篇》自'有恩有义'至'圣人因教以制节'见于《丧夫四制》，则非小戴删取大戴书甚明。孔冲远《乐记正义》亦云：'按《别录》，《礼记》四十九篇，《乐记》第十九，则《乐记》十一篇在刘向前矣。'观此，则自汉以来，无谓小戴删取大戴以

---

[1] 转见黄焯：《经典释文汇校》，第18—19页。

第八章 战国儒家的"忠"观念

成书者。"[1]王聘珍也批评道:"《隋书·经籍志》谓戴圣删大戴之书为四十六篇,汉末马融足《月令》一篇,《明堂位》一篇,《乐记》一篇。其说颇为附会。盖因大戴八十五篇之书,始于三十九,终于八十一,其中又无四十三、四十四、四十五、六十一四篇,多出第七十三一篇。《隋志》又别出《夏小正》第四十七一篇,则存三十九而阙四十六,故支离其辞,以为小戴所取耳。岂知《月令》《明堂位》刘向《别录》并属《明堂阴阳》,固古文三十三篇之内者也。而《乐记疏》引刘向《别录》云:'《礼记》四十九篇,《乐记》第十九。'则《乐记》之入《礼记》,自刘向所见本已然矣,又何待于马融之足哉!且当时古本具在,大小戴同受业于后仓之门,小戴又何庸取大戴之书而删之!盖二家俱就《古文记》二百四篇中,各有去取,故有大戴取之,小戴亦取之,如《哀公问》《投壶》等篇者也。"(王聘珍《大戴礼记解诂自序》)而钱大昕"《记》百三十一篇"[2]

---

[1] 朱彬《礼记训纂序》,参见[清]朱彬:《礼记训纂》,中华书局1996年版,第1页。张舜徽说同,张说:"至于两戴记重复之篇,如《大戴记·哀公问于孔子》,与《小戴记·哀公问》同;《大戴记·礼察》,与《小戴记·经解》略同;《大戴记·曾子大孝》,与《小戴记·祭义》同;《大戴记·诸侯衅庙》,与《小戴记·杂记》同;二记并有《投壶》,文亦略同。可知当日大小戴钞辑旧文,各采所需,本不以重见为嫌也。"见张舜徽:《汉书艺文志通释》,第210页。

[2] [清]王聘珍:《大戴礼记解诂自序》,王文锦点校,第4—5页。

者"合大小戴所传而言也"的说法,①也是不正确的。

总之,大小戴《礼记》分别由戴德、戴圣根据古文《记》及秦汉间流传的记说辑录而成,二书所汇录篇目虽有重复,但各自分立。那种以戴圣删取《大戴记》而成《小戴记》的说法,是不可靠的。当然,二戴《记》在根本上是为了解释《士礼》(《仪礼》)服务的,因而在其时具有较大的依附性,但它们实际上已经独立成书,刘向《别录》的相关记载即为证明。至于二戴《记》是否必定全部取材于"《古文记》二百四篇"或"《记》一百三十一篇"的问题,清人已作了较深入的考论。大体说来,二戴《记》大部分篇目出自古文和孔壁中书,有些作品从《子思子》《公孙尼子》等书编入,亦不乏秦至汉初的礼家著作。关于秦人焚书及禁书令的作用,应当以辩证、历史的观点来看待这一问题。可以肯定,《礼察》《保傅》二篇非先秦之作,它们应当是汉初作品。又,《经典释文叙录》曰:"《礼记》者,本孔子门徒共撰所闻,以为此记。后人通儒,各有损益。故《中庸》是子思伋所作,《缁衣》是公孙尼子所制,郑玄云《月令》是吕不韦所撰,卢植云《王制》是汉时博士所为。"②《经

---

① 钱大昕认为,《曲礼》《檀弓》《杂记》皆以简策重多,分为上下,《礼记》实止四十六篇。四十六与八十五之和,"正协百卅一篇之数"。[清]钱大昕:《廿二史考异》卷七,凤凰出版社2016年版,第161页。
② 黄焯:《经典释文汇校》,第18页。

410

第八章　战国儒家的"忠"观念

典释文》卷十四引刘瓛云《缁衣》"公孙尼子所作"。①孔颖达《正义》曰："案《王制》之作，盖在秦汉之际。"又云《月令》："本《吕氏春秋》十二月纪之首章也。以礼家好事抄合之，后人因题之名曰《礼记》，言周公所作。其中官名时事，多不合周法。"②这即是说《月令》是秦时由礼家抄合改易的。沈约曰："《月令》取《吕氏春秋》，《中庸》《表记》《坊记》《缁衣》皆取于《子思子》，《乐记》取《公孙尼子》。"(《隋书·音乐志》)《吕氏春秋》属于杂家著作，也抄录了一些见于二戴《记》的著作，如《吕氏春秋·孝行》篇大量抄录了《礼记·祭义》《大戴礼记·曾子大孝》的文字。从出土文献看，《缁衣》见于郭店简、上博简，《孔子闲居》见于上博简《民之父母》篇，上博简《内礼》篇包含《大戴礼记·曾子立孝》的内容，上博简《天子建州》有些内容见于大、小戴《礼记》。③综合起来看，二戴《记》只有少数篇目是由秦至汉初学者重新撰作或编录的，绝大部分作品应当出自先秦：其中，少数篇目的著作年代较早，在战国早期，多数篇目的写作年代则在战国中晚期。

---

① 黄焯：《经典释文汇校》，第448页。
② [清]阮元校刻：《十三经注疏·礼记正义》卷十一、卷十四，第1321、1352页。
③ 荆门市博物馆编：《郭店楚墓竹简》；马承源主编：《上海博物馆藏战国楚竹书》(一)(二)(四)(六)，上海古籍出版社2001、2002、2004、2007年版。

二、《礼记》论"忠"及忠孝观

《礼记》(小戴《礼记》)共四十九篇,"忠"字凡三十见,"忠信"连言凡九见。《礼记》"忠"字义,从臣下对君上而言,一般为"忠贞""专一"之义;从君上对下民的角度来说,"忠"强调"尽己""真实"之义。例如,《檀弓下》曰:"(周丰曰)苟无礼义、忠信、诚悫之心以莅之,虽固结之,民其不解乎?"在此,"忠信"与"诚悫"相属,其义有别。"诚"与欺诈相对;"悫",谨敬也。在意义上,"忠"虽然与"诚"相关,但是前者强调尽己而达到真实状态之义。这个区别,联系《聘义》篇来看,更为清楚:"(孔子曰)夫昔者君子比德于玉焉:温润而泽,仁也;缜密以栗,知(智)也;廉而不刿,义也;垂之如队(坠),礼也;叩之,其声清越以长,其终诎然,乐也;瑕不掩瑜,瑜不掩瑕,忠也;孚尹旁达,信也;气如白虹,天也;精神见于山川,地也;圭璋特达,德也;天下莫不贵者,道也。《诗》云:'言念君子,温其如玉。'故君子贵之也。"孔子在此将玉的特征作了比喻性的说明。其所谓"瑕不掩瑜,瑜不掩瑕,忠也",强调了真实的一面。就人而言,这要求做到真实无欺,美恶互见,既不刻意彰显其美好的一面,也不故意隐匿其不好的一面,突出强调了"忠"的"尽实"之义。"君子"是儒家所设定

第八章 战国儒家的"忠"观念

的理想人格,他以道在己身的具体化为根本特征。《大学》篇曰:"是故君子有大道,必忠信以得之,骄泰以失之。"《礼记》将"忠""忠信"作为德行政治的一个基本含义,这在当时是常见的。

《礼记》关于"忠"的观念,有许多要点与荀子思想相同或一致。其一,《礼记》提出了"忠信,礼之本也"的观点。其中,《礼器》篇曰:

> 先王之立礼也,有本有文。忠信,礼之本也。义理,礼之文也。无本不立,无文不行。礼也者,合于天时,设于地财,顺于鬼神,合于人心,理万物者也。

> 太庙之内,敬矣。君亲牵牲,大夫赞币而从。君亲制祭,夫人荐盎。君亲割牲,夫人荐酒,卿大夫从君命,妇从夫人。洞洞乎其敬也,属属乎其忠也,勿勿乎其欲其飨之也。

> 祀帝于郊,敬之至也。宗庙之祭,仁之至也。丧礼,忠之至也。备服器,仁之至也。宾客之用币,义之至也。故君子欲观仁义之道,礼其本也。君子曰:"甘受和,白受采,忠信之人可以学礼。"苟无忠信之人,则礼不虚道。是以得其人之为贵也。

《礼器》等篇对于"礼"的高度重视，与荀子相同。[①]战国晚期似乎出现了一股礼学复兴的思潮。《礼器》认为，在实践祭祀之礼和哭踊袒袭之丧礼的过程中，"忠"是非常重要的，而丧礼最能将子对父的忠爱之情表现到极致。[②]是篇曰"忠信之人，可以学礼""苟无忠信之人，则礼不虚道"，又说"忠信，礼之本也。义理，礼之文也"，将"忠信"对于实践"礼"的意义看得很重要。顺便指出，引文中的"义理"，犹《孟子·告子上》"理义之悦我心"之"理义"。不过，既然《礼器》篇的作者说"义理，礼之文也"，又说"无文不行"，则此"义理"当合于荀子"伪善"之义，[③]不是指人的本性。

其二，《礼记》一些篇目将"忠"德纳入"孝"德

[①] 其他，如《礼运》篇："何谓人情？喜怒哀惧爱恶欲七者，弗学而能。何谓人义？父慈、子孝、兄良、弟弟、夫义、妇听、长惠、幼顺、君仁、臣忠，十者谓之人义。讲信修睦，谓之人利。争夺相杀，谓之人患。故圣人之所以治人七情，修十义，讲信修睦，尚辞让，去争夺，舍礼何以治之？饮食男女，人之大欲存焉。死亡贫苦，人之大恶存焉。故欲恶者，心之大端也。人藏其心，不可测度也；美恶皆在其心，不见其色也。欲一以穷之，舍礼何以哉？"《礼运》篇的作者谓"人情""人义""舍礼何以治之"的观点，对"礼"的意义同样高度重视，与荀子的观点最为接近。

[②] "忠"包含"爱"之义，例如《礼记·王制》："凡听五刑之讼，必原父子之亲，立君臣之义以权之；意论轻重之序，慎测浅深之量以别之；悉其聪明，致其忠爱以尽之。疑狱泛与众共之，众疑赦之，必察小大之比以成之。"《荀子·修身》云"体恭敬而心忠信，术礼义而情爱人"，《富国》《王霸》《议兵》云"致忠信以爱之"，都说明"忠"包含了"爱"之义。

[③] 《荀子·大略》："仁爱也，故亲；义理也，故行；礼节也，故成。"此"义理"与《礼器》篇不同义，需要注意。

414

第八章　战国儒家的"忠"观念

中来作理解，提出了"事君不忠，非孝也"和"忠臣以事其君，孝子以事其亲，其本一也"的观点。这些观点虽然与荀子较为接近，但是都已经走入了一个极端。《礼记》曰：

> 曾子曰："孝子之养老也，乐其心，不违其志；乐其耳目，安其寝处，以其饮食忠养之。"（《内则》）
>
> 唯圣人为能飨帝，孝子为能飨亲。飨者，向也，向之然后能飨焉。是故孝子临尸而不怍，君牵牲，夫人奠盎；君献尸，夫人荐豆；卿大夫相君，命妇相夫人。齐齐乎其敬也，愉愉乎其忠也，勿勿诸其欲其飨之也。文王之祭也，事死者如事生，思死者如不欲生，忌日必哀，称讳如见亲，祀之忠也。如见亲之所爱，如欲色然，其文王与！（《祭义》）
>
> 曾子曰："身也者，父母之遗体也。行父母之遗体，敢不敬乎？居处不庄，非孝也。事君不忠，非孝也。莅官不敬，非孝也。朋友不信，非孝也。战陈无勇，非孝也。五者不遂，灾及于亲，敢不敬乎？"亨孰膻芗，尝而荐之，非孝也，养也。君子之所谓孝也者，国人称愿然曰："幸哉！有子如此。"所谓孝也已。众之本教曰孝，其行曰养。养可能也，敬为难。敬可能也，安为难。安可能也，卒为难。父母既没，慎行其身，不遗父母恶名，可谓能终矣。

(《祭义》)

　　贤者之祭也，必受其福，非世所谓福也。福者，备也。备者，百顺之名也，无所不顺者谓之备。言内尽于己，而外顺于道也。忠臣以事其君，孝子以事其亲，其本一也。上则顺于鬼神，外则顺于君长，内则以孝于亲，如此之谓备。唯贤者能备，能备然后能祭。是故贤者之祭也，致其诚信与其忠敬，奉之以物，道之以礼，安之以乐，参之以时，明荐之而已矣，不求其为。此孝子之心也。(《祭统》)

　　上述四条引文所谈论的内容无非是事亲与祭先两类问题。这两类问题，当时都以"孝"德来作处理。第一条引文谈论孝子如何养老的问题，其中"以其饮食忠养之"的"忠"，兼有"尽己"和"诚实"两义。第二条引文谈到了祭祀之"忠"的内涵问题，主要从主观方面突出了"尽己"之义。这两条引文的说法都较为普通，并不特殊。与此相对，第三、四条引文的思想比较特别。第三条引文对于"养亲"和"行孝"作了区别，而对于"行孝"，它特别注重从"行身"角度来作理解。首先，它以曾子之言为据，将孝子之身看作父母之身的延长。既然对于父母应该行孝，那么对于父母之遗体——己身也应当行孝。这样，将子对父的对象化活动转变为我对己身的恭敬活动。不仅如此，由于人的存在具有社会性，因此对于己身的行孝活动，这就必然要求对于所有社会关系的负责和恭敬，而此一点，正是第三条引文所着重关注的。应该说，这是儒家孝道思想所包含的必然之义，但是像本篇如此强调此一含义的，则非曾子弟子乐正子春一派的学者莫能为之。特别是文中"事君不忠，非孝也"的观点，直接将"忠君"看作"孝"德的内涵，这是孟子之前所不可能有的，甚至超出了荀子所谓忠孝并立的观点。由此看来，《祭义》篇很可能为"乐正氏之儒"在战国末期的著作。①第四条引文从祭祀的目的"受福"出发，通过义训的办法将"福"字训为"备"，于"备"中突出"无所不顺"之义，并将"备"的概念看作忠臣、孝子之本，原则都是一样的。而此种忠臣观和祭祀活动中的忠敬观，都显然过分

---

① 《韩非子·显学》说"乐正氏之儒"为"儒分为八"之一派。乐正氏，指曾子弟子乐正子春。乐正子春，见《礼记·檀弓上》《檀弓下》《祭义》三篇。《祭义》曰："乐正子春下堂而伤其足，数月不出，犹有忧色。门弟子曰：'夫子之足瘳矣，数月不出，犹有忧色，何也？'乐正子春曰：'善！如尔之问也。善！如尔之问也。吾闻诸曾子，曾子闻诸夫子，曰：天之所生，地之所养，无人为大。父母全而生之，子全而归之，可谓孝矣。不亏其体，不辱其身，可谓全矣。故君子顷步而弗敢忘孝也。今予忘孝之道，予是以有忧色也。壹举足而不敢忘父母，壹出言而不敢忘父母，壹举足而不敢忘父母，是故道而不径，舟而不游，不敢以先父母之遗体行殆。壹出言而不敢忘父母，是故恶言不出于口，忿言不反于身。不辱其身，不羞其亲，可谓孝矣。"乐正子春重视的正是"遗体"之"孝"的观念。曾子、乐正子春亦见于《吕氏春秋·孝行》篇。《孝行》篇的大部分文字抄录了《礼记·祭义》篇。不过，从编者目的来看，《孝行》篇仍属于改编之作。陈奇猷直接将《孝行》篇看作"乐正氏学派之著作"，这是失当的。陈说，参见陈奇猷：《韩非子新校注》下册，上海古籍出版社2000年版，第1127页。

张扬了"顺从"和"受福"的观念,①与荀子的忠孝观有所区别。顺便指出,第四条引文"不求其为"一句值得注意。《祭统》篇说贤者的祭祀能够将其诚信与忠敬充分表现出来,达到真实、自然的地步,而"不求其为"。所谓"不求其为",就是不寻求故意如此作为。郭店简《语丛一》第55—58简曰:"为孝,此非孝也。为弟,此非弟也。不可为也,而不可不为也。为之,此非也;弗为,此非也。""弟"通"悌"。郭店简《语丛三》第8号简曰:"父孝子爱,非有为也。"《语丛》类竹简都是语摘类文献,此种"不可为""非有为"的思想应当来源较早,而《礼记·祭统》篇"不求其为"一句很可能属于应用此种思维方式的结果。

其三,《礼记·儒行》篇将"忠信"看作儒者的必要德行和立身之本。《儒行》曰:

> 孔子侍曰:"儒有席上之珍以待聘,夙夜强学以待问,怀忠信以待举,力行以待取,其自立有如此者。"
>
> 儒有不宝金玉,而忠信以为宝;不祈土地,立

---

① 《礼记·冠义》:"故孝弟忠顺之行立,而后可以为人。可以为人,而后可以治人也。"此处的"忠",强调"顺"的含义,但未作更为具体的论述。将"忠"解释为"顺",亦见于《大戴礼记·朝事》:"古者圣王明义以别贵贱,以序尊卑,以体上下,然后民知尊君敬上,而忠顺之行备矣。"可知"忠"有"顺"的含义,是从"孝悌"观念引发出来的。

第八章　战国儒家的"忠"观念

义以为土地；不祈多积，多文以为富。

儒有忠信以为甲胄，礼义以为干橹，戴仁而行，抱义而处，虽有暴政，不更其所自立，有如此者。

儒有博学而不穷，笃行而不倦，幽居而不淫，上通而不困；礼之以和为贵，忠信之美、优游之法；举贤而容众，毁方而瓦合，其宽裕有如此者。

上述四条引文皆"忠信"连言，"忠"字没有单独出现。《儒行》篇在先秦著作中的意义在于它非常直接地反省到了"儒"这一身份，确定了"儒"的身份内涵是以德行为核心价值观。这种"自立如此"的反省意识，意义较为重大。孔子感叹于礼崩乐坏的现实，而试图重构"君子"人格，曾子及孟子则试图构造能够承担人类命运和社会责任的理想之"士"的人格。从"君子"到"士"，体现了儒家对作为"道德主体"之独立人格身份的自我觉醒，[①]但是还没有反省到独立的"儒"这一身份

[①] 《大戴礼记·哀公问五义》对"士"与"君子"作了比较好的区别，可以参考。是篇曰："哀公曰：'善！何如则可谓士矣？'孔子对曰：'所谓士者，虽不能尽道术，必有所由焉。虽不能尽善尽美，必有所处焉。是故知不务多，而务审其所知。行不务多，而务审其所由。言不务多，而务审其所谓。知既知之，行既由之，言既顺之，若夫性命肌肤之不可易也，富贵不足以益，贫贱不足以损，若此则可谓士矣。'哀公曰：'善！何如则可谓君子矣？'孔子对曰：'所谓君子者，躬行忠信，其心不买；仁义在己，而不害不志；闻志广博，而色不伐；思virginia虑明达，而辞不争。君子犹然如将可及也，而不可及也。如此，可谓君子矣。'"

自身。《儒行》篇反省到"儒"这一身份自身，而将"忠信"看作与"仁义"一样是"儒"得以"自立"的基本德行。这无论如何同时表明了它是非常重视"忠信"观念的。

顺便指出，《礼记·坊记》《中庸》《表记》《缁衣》关于"忠"的文献有五条，都是从政治哲学，而且主要是从君民或上下关系来说的。就"忠"而言，它们虽然没有什么新意，但意味着这四篇出自《子思子》的传统看法可能是正确的。①

三、《大戴礼记》论"忠"及其忠孝观

《大戴礼记》"忠"字凡五十一见，"忠信"连言凡十五见。是书论"忠"的内涵主要表现在《文王官人》《小辨》和曾子论孝诸篇。先看曾子论孝诸篇：

---

① 《礼记·坊记》："（子云）善则称君，过则称己，则民作忠。"同书《中庸》："忠恕违道不远，施诸己而不愿，亦勿施于人。"同书《表记》："（子言之曰）后世虽有作者，虞舜弗可及也已矣。君天下，生无私，死不厚其子，子民如父母，有憯怛之爱，有忠利之教，亲而尊，安而敬，威而爱，富而有礼，惠而能散。其君子尊仁畏义，耻费轻实，忠而不犯，义而顺，文而静，宽而有辨。"同篇又曰："（子曰）君子不以口誉人，则民作忠。故君子问人之寒，则衣之；问人之饥，则食之；称人之美，则爵之。"《礼记·缁衣》："（子曰）大臣不亲，百姓不宁，则忠敬不足，而富贵已过也。"这四段引文都出自孔子之口。且此四篇著作在今本《礼记》中前后相属。《史记·孔子世家》云"子思作《中庸》"，沈约云此四篇"皆取于《子思子》"，他们的看法应当是可靠的。

第八章 战国儒家的"忠"观念

曾子曰：忠者，其孝之本与！（《曾子本孝》）

曾子曰：君子立孝，其忠之用，礼之贵。故为人子而不能孝其父者，不敢言人父不能畜其子者。为人弟而不能承其兄者，不敢言人兄不能顺其弟者。为人臣而不能事其君者，不敢言人君不能使其臣者也。故与父言，言畜子；与子言，言孝父；与兄言，言顺弟；与弟言，言承兄；与君言，言使臣；与臣言，言事君。[①]君子之孝也，忠爱以敬，反是乱也。尽力而有礼，庄敬而安之，微谏不倦，听从而不怠，欢欣忠信，咎故不生，可谓孝矣。尽力无礼，则小人也。致敬而不忠，则不入也。是故礼以将其力，敬以入其忠，饮食移味，居处温愉，著心于此，济其志也。子曰："可人〈入〉也，吾任其过；不可人〈入〉也，吾辞其罪。《诗》云'有子七人，莫慰母心'，子之辞也。'夙兴夜寐，无忝尔所生'，言不自舍也。不耻其亲，君子之孝也。"是故未有君而忠臣可知者，孝子之谓也。未有长而顺下可知者，弟弟之谓也。（《曾子立孝》）

（曾子曰）身者，亲之遗体也。行亲之遗体，敢不敬乎？故居处不庄，非孝也；事君不忠，非孝也；莅官不敬，非孝也；朋友不信，非孝也；战阵无勇，非孝也。五者不遂，灾及乎身，敢不敬乎？……夫

---

① 相关内容，参见《仪礼·士相见礼》。

仁者，仁此者也；义者，宜此者也；忠者，中此者也；信者，信此者也；礼者，体此者也；行者，行此者也；强者，强此者也。乐自顺此生，刑自反此作。夫孝者，天下之大经也。(《曾子大孝》)

在《论语·学而》和《里仁》两篇中，曾子曾谈及忠信和忠恕之道。曾子对于"忠"观念的重视，又见《论语·泰伯》篇载曾子曰："可以托六尺之孤，可以寄百里之命，临大节而不可夺也，君子人与？君子人也！"曾子所云，无疑属于忠之事。在《论语·子张》篇中，曾子也有关于孝道的言论："吾闻诸夫子：孟庄子之孝也，其他可能也，其不改父之臣与父之政，是难能也。"《论语·学而》篇载曾子曰："慎终追远，民德归厚矣。""慎终追远"属于孝之事。《孟子》一书也谈到了曾子的忠孝之事，对忠孝分别作了论述。至于曾子对"孝""忠"关系是否作了比较深入的思考，《论语》《孟子》并没有指明。但是，可以看出，在《孟子》一书中，曾子重孝的观念开始彰显。[①]在《战国策》中，苏秦、

[①] 《孟子·滕文公上》："(曾子曰) 生，事之以礼；死，葬之以礼，祭之以礼，可谓孝矣。诸侯之礼，吾未之学也；虽然，吾尝闻之矣。三年之丧，齐疏之服，飦粥之食，自天子达于庶人，三代共之。"同书《尽心下》："曾皙嗜羊枣，而曾子不忍食羊枣。公孙丑问曰：'脍炙与羊枣孰美？'孟子曰：'脍炙哉！'公孙丑曰：'然则曾子何为食脍炙而不食羊枣？'曰：'脍炙所同也，羊枣所独也。讳名不讳姓，姓所同也，名所独也。'"

第八章 战国儒家的"忠"观念

苏代兄弟等人正式将"孝如曾参"作为讥讽与批评的典型;[①]而在战国中后期的子学著作中,曾子重孝之事也受到广泛议论,例如《庄子》外杂篇、《荀子》《吕氏春秋》《尸子》等。[②]从《礼记》《大戴礼记》的大量相关记述来看,曾子颇通礼道,尤精通于孝道。不过,综合各子书

---

① 《战国策·燕一》:"武安君从齐来,而燕王不馆也。谓燕王曰:'臣,东周之鄙人也……且臣之不信,是足下之福也。使臣信如尾生,廉如伯夷,孝如曾参,三者天下之高行也,而以事足下,可乎?'……苏秦曰:'且夫孝如曾参,义不离亲一夕宿于外,足下安得使之之齐?廉如伯夷,不取素餐,污武王之义而不臣,辞孤竹之君,饿而死于首阳之山。廉如此者,何肯步行数千里,而事弱燕之危主乎?信如尾生,期而不来,抱梁柱而死。信至如此,何肯扬燕秦之威于齐,而取大功乎哉?"同书《燕一》又曰:"苏代谓燕昭王曰:'今有人于此,孝如曾参、孝己,信如尾生高,廉如鲍焦、史䲡,兼此三行以事王,奚如?'王曰:'如是足矣。'对曰:'足下以为足,则臣不事足下矣。臣且处无为之事,归耕乎周之上地,耕而食之,织而衣之。'王曰:'何故也?'对曰:'孝如曾参、孝己,则不过养其亲耳。信如尾生高,则不过不欺人耳。廉如鲍焦、史䲡,则不过不窃人之财耳。今臣为进取者也。臣以为廉不与身俱达,义不与生俱立。仁义者,自完之道也,非进取之术也。'"
② 《庄子·寓言》:"曾子再仕而心再化,曰:'吾及亲仕,三釜而心乐;后仕,三千钟而不洎,吾心悲。'弟子问于仲尼曰:'若参者,可谓无所县其罪乎?'曰:'既已县矣!夫无所县者,可以有哀乎?彼视三釜三千钟,如观雀、蚊、虻相过乎前也。'"《荀子·大略》:"曾子曰:'孝子言为可闻,行为可见。'言为可闻,所以说远也;行为可见,所以说近也。近者说则亲,远者说则附。亲近而附远,孝子之道也。"《吕氏春秋·劝学》:"(曾子曰)君子行于道路,其有父者可知也,其有师者可知也。夫无父而无师者,余若夫何哉?此言事师犹事父也……颜回之于孔子也,犹曾参之事父也,古之贤者与!其尊师若此,故师尽智竭道以教。"同书《孝行》篇更是以曾子为行孝的典范与论孝的大师。《尸子·劝学》:"是故曾子曰:'父母爱之,喜而不忘;父母恶之,惧而无怨。'然爱与恶,其于成孝而无择也。"《文选·恨赋》注引《尸子》:"曾子每读丧礼,泣下沾衿。"在儒家礼学中,丧礼最能表现孝道。

423

考虑，二戴《记》中曾子关于"忠""孝"关系的观念很可能产生于战国晚期偏早的时候。这与战国时期"士"对于国家和家庭双重身份认同的紧张感有关，同时与儒家对于忠臣和孝子关系之张力的思考紧密相联。可以看出，将"忠"作为孝道的基础，或者以"孝"去主动容纳"忠"的观念，这既是儒家礼学隐含的一个艰难问题，也是战国紧张、迫促的形势使然。从现有先秦资料来看，这个难题很可能是由曾子后学"乐正氏之儒"来完成的。需要注意，虽然曾子后学将"忠"观念作为孝道的基础，但是它毕竟处于"孝"观念之下，应该说对于曾子学派而言，"孝"始终高于"忠"。不仅如此，孝行派或乐正氏之儒论"忠"，并非仅仅局限于"忠臣"意义上，而是着重将其看作真实的、向内的，维持孝道的根本心理力量所在，因此"忠臣"包含于且必须服从于"孝子"观念。[1]这与战国末期法家以"忠"高于"孝"，甚至否定"孝"的观念是有根本区别的。

上述第三条引文，又见《礼记·祭义》篇。《大戴礼记·曾子本孝》是一篇短文，全篇以曾子在开篇所言"忠

---

[1] 《孝经》大概是儒家孝行派的著作。此派儒家在论述了以孝容纳忠观点的同时，又将孝道践行转移到如何处理"父母之遗体"问题上，即将孝道放在己身的立处实践上。另外，《大戴礼记·卫将军文子》："孔子曰：'孝德之始也，弟德之序也，信德之厚也，忠德之正也，参也中夫四德者矣哉！'以此称之也。"此篇以孝悌忠信四德概括曾子，确实合乎"孝行派"或"乐正氏之儒"对于曾子的塑造。

第八章 战国儒家的"忠"观念

者,其孝之本与"一句为主旨。王聘珍《解诂》引《说文》曰:"忠,敬也。"又引北周卢辩注曰:"敬父母之遗体,故跬步未敢忘其亲。"[1]从下文来看,此解是合乎文意的。所谓以"忠"为孝道的根本,是从作为父母之遗体的每一个人的己身来说的。对于己身的忠敬,也就是对于父母之心和父子关系的高度关切。"遗体"正是第三条引文的核心概念。该条引文一方面说"事君不忠,非孝也",另一方面说"忠者,中此也","此"指"孝",可以看出,"忠"在此是手段,而"孝"是其目的;同时,也意味着作者对"忠""孝"作了一致性的理解。从思想发展的角度来看,这是一种妥协与调和。但是,如果在实践中为忠与为孝处于高度冲突和对立状态,那么对于曾子、乐正氏之儒来说,其次序无疑是"孝"优先于"忠"。所以《曾子大孝》说:"夫孝者,天下之大经也。"这种将"忠臣"看作"孝子"之延伸的观念,亦见于《曾子立孝》篇,是篇曰:"是故未有君而忠臣可知者,孝子之谓也。未有长而顺下可知者,弟弟之谓也。"在作者看来,"孝子"即是天然的"忠臣",因为前者可以演绎后者。第二条引文曰:"君子立孝,其忠之用,礼之贵。"这是说君子要建立孝道,需向内用忠,在外践礼。立孝用忠的观念,与《本孝》篇"忠者,其孝之本与"的思想是一致的。实际

---

[1] [清]王聘珍:《大戴礼记解诂》,王文锦点校,第79页。

上，在该条引文中，除了有敬、爱之义外，"忠"更加突出了"中心"之义。"忠爱以敬"，王聘珍《解诂》曰："忠爱，谓中心之爱。""欢欣忠信"，王聘珍《解诂》曰："欢欣忠信者，乐父母之从，益尽其中心之诚也。""致敬而不忠"，王聘珍《解诂》曰："不忠，谓敬不由中心也。"① "忠"由"中"达，这是"尽己""尽心"的功夫。当然，"忠"亦有"实""诚"之义，如《曾子制言》中篇载曾子曰："君子虽言不受，必忠，曰道；虽行不受，必忠，曰仁。虽谏不受，必忠，曰智。""忠"的"由中心而达"和"实""诚"二义，在经过心性学的转化和发展后，其实可以相互融通，是一体之两面。另外，"故为人子而不能孝其父者，不敢言人父不能畜其子者……与臣言，言事君"这一段文字，其实就是讲恕道。由此可见，在忠、恕不对言的情况之下，"忠"可以包含"恕"的观念。

再看《大戴礼记·小辨》篇对于"忠信"和"忠恕"观念的论述。《小辨》曰：

> 公曰："然则吾何学而可？"子曰："礼乐而力，忠信其君，其习可乎。"公曰："多与我言忠信，而不可以入患。"子曰："毋乃既明忠信之备，而口倦其君，则不可而有；明忠信之备，而又能行之，则

---

① ［清］王聘珍：《大戴礼记解诂》，王文锦点校，第81页。

可立待也。君朝而行忠信，百官承事。忠满于中而发于外，刑于民而放于四海，天下其孰能患之？"公曰："请学忠信之备。"子曰："唯社稷之主，实知忠信。若丘也，缀学之徒，安知忠信？"公曰："非吾子问之而焉也？"子三辞，将对，公曰："强避！"子曰："强侍。丘闻大道不隐，丘言之君，发之于朝，行之于国，一国之人莫不知，何一之强辟？丘闻之，忠有九知：知忠必知中，知中必知恕，知恕必知外，知外必知德，知德必知政，知政必知官，知官必知事，知事必知患，知患必知备。若动而无备，患而弗知，死亡而弗知，安与知忠信？内思毕必〈心〉曰知中，中以应实曰知恕，内恕外度曰知外，外内参意曰知德，德以柔政曰知政，正义辨方曰知官，官治物则曰知事，事戒不虞曰知备。毋患曰乐，乐义曰终。"

上引文中的"公"，指鲁哀公。"礼乐而力"，出自《礼记·仲尼燕居》篇。"忠信其君"之"君"，主也。[1]"忠信其君"即《论语·学而》《子罕》《颜渊》三篇的"主忠信"之义。"口倦其君"之"君"，指心。所谓"小辨"，与"大道""通道"相对，其字面意思为小

---

[1] 参见［清］王聘珍：《大戴礼记解诂》，王文锦点校，第207页。

的辨析，具体指细小的言辞辨析，包括对言辞的细微辨析和对细小言辞的辨析两个方面。

鲁哀公认为辨言与为政有关，故问孔子然否。孔子认为，人君不可泥于"小辨"，因为"小辨破言，小言破义，小义破道。道小不通，通道必简"。《小辨》又曰："（子曰）辨言之乐，不若治政之乐。辨言之乐不下席，治政之乐皇于四海。"从思想史的角度看，这种"不下席"的"辨言之乐"当发生在战国中后期，而且鲁哀公与孔子皆将其称为"小辨"，这正与战国中后期流行的名辩思潮是相应的。故篇中鲁哀公与孔子的对话，乃作者假托之而已。又，文章实际上是从儒家政治哲学的角度对耽于私乐的无用言辩（"小辨"）作了批判，从《荀子·正名》篇来看，其制作年代当与《荀子》并时，或在其后。又，《小辨》篇曰："《尔雅》以观于古，足以辨言矣；传言以象，反舌皆至，可谓简矣。"《尔雅》成书于战国末期，《小辨》既然称引《尔雅》，那么它应当出于其后。

在经过孔子批评后，哀公表示愿意学习治国理政之道，孔子说："礼乐而力，忠信其君，其习可乎！"力行礼乐和以忠信为主，是孔子给出的两个治理原则。上述引文主要是围绕后一观念展开的。对于"忠信其君"的观念，《小辨》借孔子之口，认为"忠信"是人君治国理政之本。而这个执政之本，君主若能备患而践行

第八章 战国儒家的"忠"观念

之,那么将有利于国家的政治活动。显然,作者在此将"忠信其君"或"主忠信"的观念看作其政治哲学的基本原则。这是第一点。第二,作者特别强调"行"的观念。"行"就是践行,践行以"忠满于中"为原则。《小辨》篇曰:"君朝而行忠信,百官承事。忠满于中而发于外,刑于民而放于四海,天下其孰能患之?"第三,在进一步讨论如何"学忠信之备"的问题上,作者突出强调了"忠"的观念,并将忠恕之道看作建立"忠信"的基础。文中所谓"忠有九知",即指"知忠"的修养活动包括知中、知恕、知外、知德、知政、知官、知事、知患和知备九者。也即是说,通过"知某必知某"的言说结构,"知忠"的"尽忠"活动已经涵括了"知中""知恕""知外"等九者。《小辨》下文云:"内思毕心曰知中,中以应实曰知恕。"通过内心的反省而能够做到尽心,这就叫作"知中"。心尽中正,而能够与理义之实诚相应和,[①]这就叫作"知恕"。无疑,《小辨》篇的"忠"概念涵括了尽己和恕道之义,将"中心"的反省作用看作忠道的根源,而它们也正是"知忠信"和

---

① "中以应实曰知恕",王聘珍曰:"实,诚也。恕者,忖度其义于人,必心诚求之。""中",心中;"中",极也。此处的"恕",指经过"知中"的尽己反省活动而达到己心的真极,而以此心忖度他人他事,并达到与"实"相应和的心灵状态,此即谓之"恕"。而此种"实",可以是纯主观的,也可以是主观对于客观的反映,并在主观上被经验到或认识到的真实。王说,参见[清]王聘珍:《大戴礼记解诂》,王文锦点校,第208页。

备患为政的基础。总之,《大戴礼记·小辨》篇继承了《论语》的相关思想,从政治哲学的角度将孔子、曾子"主忠信"与"忠恕之道"两大主张融合了起来,并发展了他们的思想。

最后看《文王官人》是如何论述"忠"观念的。"忠"字在此篇中出现了许多次:

> 父子之间,观其孝慈也;兄弟之间,观其和友也;君臣之间,观其忠惠也;乡党之间,观其信惮也。
>
> 诚智,必有难尽之色;诚仁,必有可尊之色;诚勇,必有难慑之色;诚忠,必有可亲之色;诚洁,必有难污之色;诚静,必有可信之色。
>
> 生民有黔(阴)阳,人有多隐其情,饰其伪,以赖于物,以攻其名也。有隐于仁质者,有隐于知理者,有隐于文艺者,有隐于廉勇者,有隐于忠孝者,有隐于交友者,如此者不可不察也。小施而好大得,小让而好大事,言愿以为质,伪爱以为忠,面宽而貌慈,假节以示之,故其行以攻其名:如此者,隐于仁质也……自事其亲,好以告人,乞(巫)言劳醉(瘁)而面于敬爱,饰其见物,故得其名,名扬于外,不诚于内,伐名以事其亲戚,以故取利,

分白其名以私其身：如此者，隐于忠孝者也。阴行以取名，比周以相誉，明知贤可以征，与左右不同而交，交必重己，心说之而身不近之，身近之而实不至，而欢忠不尽，欢忠尽见于众而貌克：如此者，隐于交友者也。此之谓观隐也。

言行不类，终始相悖，阴阳克易，外内不合，虽有隐节见行，曰非诚质者也。其言甚忠，其行甚平，其志无私，施不在多，静而寡类，庄而安人，曰有行心者也……忠爱以事其亲，欢欣以敬之，尽力而不面，敬以安人，以名故不生焉，曰忠孝者也。合志如同方，共其忧而任其难，行忠信而不相疑，迷隐远而不相舍，曰至友者也……故事阻者不夷，畸鬼者不仁，面誉者不忠，饰貌者不情，隐节者不平，多私者不义，扬言者寡信，此之谓揆德。

是故隐节者可知，伪饰无情者可辨，质诚居善者可得，忠惠守义者可见也。

取直憨（闵）而忠正者……直憨（闵）而忠正者，使是莅百官而察善否。

《大戴礼记·文王官人》在文字上与《逸周书·官人》

解》大同小异,①内容为文王诰谕太师望关于论类取才之法。此论类取才之法,即指"伦有七属,属有九用,用有六微〈徵〉"三者,而"六征(徵)"为此篇文章论述的重心。上述引文,除第六条以外,余下皆在诰谕"六征"的文本中。"六征",又以"观诚"为基础。由此而言,此篇的"忠"观念都或多或少受到了"诚"的规范。此篇不但"诚"字凡十七见,而且与"诚"相近(如情、质、实)或相对(如伪、诈)的词汇多见。"诚"在此篇文章中显然高于"忠",且比后者更为基础。如第二条引文出自"六征"之"观色"部分,其上下文是:

四曰:民有五性,喜怒欲惧忧也。喜气内畜,虽欲隐之,阳喜必见。怒气内畜,虽欲隐之,阳怒必见。欲气内畜,虽欲隐之,阳欲必见。惧气内畜,虽欲隐之,阳惧必见。忧悲之气内畜,虽欲隐之,阳忧必见。五气诚于中,发形于外,民情不隐也。喜色由(油)然以生,怒色拂然以侮,欲色呕然以偷,惧色薄然以下,忧悲之色累然而静。诚智,必

---

① 王聘珍说:"此记者,纪录旧闻也。文与《周书·官人解》第五十八大同小异。《周书序》曰:'成王访周公以民事,周公陈六征以观察之,作《官人》。'据此,则事属成王信矣。《大戴礼记》作文王者,记者所闻异辞也。但据《周书》作'周公曰亦有六征'云云,训体也。《大戴》作'王曰呜呼'云云,诰体也。诰当为文王。"[清]王聘珍:《大戴礼记解诂》,王文锦点校,第7页。

432

有难尽之色；诚仁，必有可尊之色；诚勇，必有难慑之色；诚忠，必有可亲之色；诚洁，必有难污之色；诚静，必有可信之色。质色皓然固以安，伪色缦然乱以烦，虽欲故〈改〉之中，①色不听也。虽变可知，此之谓观色也。

这段文字，学者常引用。它主要讲"观色"如何可能的根据问题。而对于这个"根据"，作者深入到人性（"民有五性，喜怒欲惧忧也"）与动养的情感之气来作说明。其重心在于说明，蓄养在内的情感之气与感动在外的貌色之间的关系。二者之间，在作者看来具有"必"的关系，因此可以通过"观色"以察其"心中之诚"。在作者看来，智、仁、勇、忠、洁、静六者诚于中，则一定会表现在外在的色貌上。可以看出，在修诚养气的过程中，"诚"确实比"忠"更为基础。这是第一点。

第二点，此篇"忠"字在不同上下文中的含义及其说明文字不是完全一致的。第一、五、六条之"忠"字，皆是在君臣、上下政治关系上来说的，着重于忠贞、专

---

① 卢注曰："言虽欲故隐之于中，而无奈色见于外。故子夏问孝，子曰'色难'。是以君子戒慎不失色于人。"［清］王聘珍：《大戴礼记解诂》，王文锦点校，第192页。《逸周书·官人解》抱经堂本"故"作"改"。疑作"改"字是。改、故形近，易致讹。

一之义。① 对于第一条引文，卢注曰："父慈子孝，兄友弟和，君惠臣忠也。"王聘珍《解诂》曰："《广雅》云：'惠，仁也。'《礼运》曰：'君仁臣忠。'"② 至于第二条引文，既然诚智、诚仁、诚勇、诚忠等连言，则"忠"与"诚"在涵义上有所区别。"诚忠，必有可亲之色"，王聘珍《解诂》曰："忠，爱也。"③ 第三、四条引文"忠孝"中的"忠"，从上下文来看，主要侧重于"爱"之义。不过联系第三条引文"伪爱以为忠"与第四条引文"忠爱以事其亲"来看，"忠"不能脱离"实""诚"的含义。第三条引文"欢忠不尽"，王聘珍《解诂》曰："忠，中心也。欢忠者，中心悦而诚服也。"④ 第四条"其言甚忠"，王聘珍《解诂》曰："言忠者，言必由中也。"⑤是又以"忠"为"中""中心"之义。其实，"忠"之"爱""诚""中"三义在儒家心理学或心性学中是相互关联在一起的。"忠"从春秋时期起即已被理解为一种对人伦关系作出反应的心理活动，《国语》甚至强调"心"的自我特性。因此，在春秋时期，除了代表政治、人际关

---

① 《大戴礼记·主言》："上者，民之表也，表正则何物不正。是故君先立于仁，则大夫忠而士信，民敦，工璞（朴），商悫，女憧，妇空空，七者教之志也。""忠"亦表示政治关系的忠诚、忠贞之义。
② [清]王聘珍：《大戴礼记解诂》，王文锦点校，第188页。
③ 同上书，第192页。
④ 同上书，第193页。
⑤ 同上书，第194页。

第八章　战国儒家的"忠"观念

系的忠贞、忠诚之义外，"忠"已在一定程度上肯定了"自中""中心""尽己"的含义。自心中出者必诚必实，自心中出者必能尽己，尽己以事亲则必爱必孝。儒家又将"忠爱"之义推之于政治统治和国家治理上，于是出现了竹书《忠信之道》"忠积则可亲也，信积则可信也。忠信积而民弗亲信者，未之有也"和《礼记·缁衣》"大臣之不亲也，则忠敬不足，而富贵已过也"这样的论述。总之，"中心"成为理解"忠"观念及其诸义的基础，而"忠"成为承担各种责任伦理的心理根源。进入战国时期，尤其如此。《说文·心部》曰："忠，敬也。从心中声。"其实，"忠"字应当分析为"从心从中，中亦声"的形声兼会意字，如此才能够更好地体现其基本含义和春秋战国时期人们对于此一观念的诠释和理解。《大戴礼记·文王官人》竟将"忠"字诸义浓缩于上引第三、四条中，这同时说明了这些含义具有相同的根源性和高度的关联性。

　　第三点，从上引第三、四条来看，"忠孝"虽然多次连言，然而都是从"门内之治"，也即从血缘关系来说的。虽然这与曾子学派对于"忠孝"的理解有共同之处，但是它毕竟与人们对于"忠""孝"关系的一般理解颇不相同。战国后期的学者一般将"忠孝"观念放在忠臣孝子的关系上来讨论，故疑《文王官人》的制作时代当在战国末期。《大戴礼记·文王官人》循顺曾子后学的理解而将"忠孝"观念的含义推向了另外一个极端，这与当时普遍流行于诸子间的"忠孝"观念是全然相反对的。

第四节　战国儒家的忠信、忠孝、忠恕观

战国时期，由于君主地位的急剧提升及个人交往活动的日益频繁，"忠"及与其相关的"忠信""忠孝""忠恕"观念都变得愈来愈重要，这在儒家文献，如郭店儒家竹书、《孟子》《荀子》和大小戴《礼记》中都有明显反映。

一、忠信观

战国儒家都很重视"忠信"观念，或者说，"忠信"是战国儒家的一个核心观念。综合起来看，战国儒家的忠信观主要包括如下几点：

先看郭店简的忠信观。郭店简的忠信观主要包括五点，一是从位分来看待忠信二德，这见于《六德》篇，"忠"为臣德，而"信"为妇德。《六德》曰："忠者，臣德也。"（简17）又曰："信也者，妇德也。"（简20）二是从德行角度来看待忠信二德，忠信是个人修养和个人政治实践的两个美德，这见于《六德》《性自命出》《尊德义》等篇。三是认为忠信二德相通、相近，具有生成

第八章　战国儒家的"忠"观念

关系，且前者比后者更根本、更重要。《六德》曰："忠与信就【矣】。"（简2）《性自命出》曰："忠，信之方也。"（简39）《尊德义》曰："忠为可信也。"（简4）同篇又曰："不忠则不信。"（简33）值得注意的是，"信"本是一个很早即已产生了的美德观念，但是随着"忠"观念的快速上升，大概在春秋末期或战国早期，前者的重要性即被后者超越了，于是出现"不忠则不信"之类的说法，在逻辑上"忠"即优先于"信"。四是从心性论来看待忠信二德。《性自命出》曰："忠，信之方也；信，情之方也；情出于性。"（简39—40）《尊德义》曰："养心于慈谅，忠信日益而不自知也。"（简21）《语丛一》曰："由中出者，仁忠信。"（简21）这些引文指明了忠信之德的来源，认为二者出于人的心性修养。这一点是非常值得注意的。五是《忠信之道》篇对于忠信二德作了专文申述，提出了许多重要观点，如说："不伪不諂，忠之至也。不欺弗智，信之至也。"（简1）又如说："不夺而足养者，地也；不期而可营者，天也。似天地也者，忠信之谓此〈也〉。"（简3—4）又如说："忠，仁之实也；信，义之基也。"（简8）又如说："忠之为道也，百工不楛，而人养皆足。信之为道也，群物皆成，而百善皆立。君子其施也忠，故蠻亲傅也；其言尔信，故遭而可受也。"（简6—8）顺便指出，《孟子》一书"仁义礼智"常连言，现在可知其来源是子思子的五行说；《孟

437

子·告子上》亦可见"仁义忠信"四字连言之例,但在《孟子》一书中似乎很突兀,现在可知其来源于郭店简《忠信之道》篇。

在郭店简之后,战国儒家的"忠信"观念又有重要发展。"忠信"在《孟子》一书中共出现四次。孟子首先是从做人成人的角度来言及"忠信"的,具体文字参见《梁惠王上》《告子上》《尽心上》《尽心下》。与孟子相较,荀子更重视"忠信"二德,论述较多。概括起来,其思想有三。其一,荀子将"忠信"看作"伪善"的一方。《荀子·性恶》曰:"人之性恶,其善者伪也。"性恶伪善,是荀子思想的基本架构。其二,他认为"忠信"之德是君子修身之本。《荀子·修身》曰:"体恭敬而心忠信。"所谓"心忠信",是从内心的道德活动来说的,而并不是说"忠信"是人的本性。其三,他认为"忠信"是为政的基本美德。《荀子·王霸》曰:"致忠信,著仁义。"同书《强国》曰:"故为人上者,必将慎(顺)礼义,务忠信,然后可。此君人者之大本也。""致忠信"和"务忠信"是荀子为政说的两个要点,这与孟子以"不忍人之心"为其仁政说的理论核心是不同的。

《礼记》提出了"忠信,礼之本"等观点。《礼记·礼器》篇曰:"先王之立礼也,有本有文。忠信,礼之本也。义理,礼之文也。无本不立,无文不行。"又曰:"君子曰:'甘受和,白受采,忠信之人可以学礼。'苟无忠信之人,则礼不虚道。"这是说,"忠信"是礼乐实践的德行根源。若无忠信之德,则无法成礼,而徒流于形式,成为空洞的礼文。从总体上来看,《礼记》"忠信,礼之本也"是对于西周以来"德—礼"结构的深化和具体化。《礼记·儒行》一曰:"(儒有)怀忠信以待举,力行以待取。"二曰:"儒有不宝金玉,而忠信以为宝。"三曰:"儒有忠信以为甲胄,礼义以为干橹。"四曰:"(儒有)忠信之美、优游之法。"概括起来,《儒行》篇认为,"忠信"是儒者立身、处世和为仕的基本德行。

二、忠孝和忠恕观

自春秋以来,"忠""孝"二者即存在一定的张力,是以"忠"统"孝",还是以"孝"统"忠",这跟时代及个体人格的培养有关。从《论语》及郭店简来看,"忠""孝"两者尚未出现明显的对立和紧张,这说明春秋末期至战国早期,"孝"更为重要,二者的关系是以"孝"统"忠"。但是,随着国家及君主地位进一步的上升,"忠"变得愈来愈重要,并在与"孝"的冲突中逐渐居于优先地位。但是,从儒家立场来看,由于儒家在实践上特别重视孝悌的进路,故儒家一般主张"忠""孝"的统一。

在《孟子》一书中,"孝悌忠信"连言,它们是连贯和统一的关系。《梁惠王上》曰:"壮者以暇日修其孝悌忠信,入以事其父兄,出以事其长上,可使制梃以挞秦楚之坚甲利兵矣。"《尽心上》曰:"君子居是国也,其君用之,则安富尊荣;其子弟从之,则孝弟忠信。"这两段引文都属于孟子的王道论。孝悌忠信为人民之德,或者说,王者之民应当具备孝悌忠信之德。孟子的"忠孝"观念大抵包括两点,一是孝优先于忠,二是孝忠是一致的。尽管在现实中,人们选择"忠"和选择"孝"有时是对立的,但是在孟子看来,一个真正的儒者应当兼具忠孝之德,且二者应当是高度统一的。当然,我们也可以反过来说,孟子在很大程度上有意回避了忠孝冲突的问题。荀子也主张忠孝统一,主张忠臣孝子两全。"忠臣孝子"连言,在《荀子》一书中共出现三次。《礼论》篇曰:"一足以为人愿,是先王之道,忠臣孝子之极也。"又曰:"紸纩听息之时,则夫忠臣孝子亦知其闵矣。"又曰:"故人之欢欣和合之时,则夫忠臣孝子亦怵诡而有所至矣。"根据这三条引文可知,荀子所谓"忠臣孝子",是从礼的角度来说的。换言之,所谓忠臣孝子是荀子所设置的礼乐实践的一般人格目标,而忠臣孝子的人格对于当时社会来说具有较为重大的意义。

相对于孟子和荀子,曾子后学的忠孝观很突出。曾子学派的伦理学以家族伦理为本位,故父子一伦是其伦理学的基础,而"孝"是其伦理学的核心美德。在此基础上,曾子学派思考了家庭与国家、父子与君臣、孝与忠之间的关系。在战国中晚期，面对国家地位和君权至上的现实，儒家不可能不充分尊重君臣一伦并严肃对待"忠诚"问题。这样，我们看到，务实的儒家即出现在曾子后学之中。《礼记·祭义》曰："（曾子曰）身者，父母之遗体也。行父母之遗体，敢不敬乎？……事君不忠，非孝也。莅官不敬，非孝也。"这段话，亦大致见于《大戴礼记·曾子大孝》篇。《礼记·祭统》曰："言内尽于己，而外顺于道也。忠臣以事其君，孝子以事其亲，其本一也。"《大戴礼记·曾子本孝》曰："（曾子曰）忠者，其孝之本与！"《大戴礼记·曾子立孝》曰："（曾子曰）君子立孝，其忠之用，礼之贵。"以上引文，大体上反映了战国中后期曾子后学的忠孝观。据这些引文，曾子后学将事君之忠与事父之孝统一了起来，认为"其本一也"，甚至提出了"忠者，其孝之本与"的观点。应当说，后一个观点相当激进。还有一点值得注意，曾子学派将忠孝的伦理实践转化为主体的修身实践来对待。

战国时期，"忠恕"连言的例子很少，仅见于《礼记·中庸》和《逸周书·宝典解》两篇。《中庸》曰："忠恕违道不远，施诸己而不愿，亦勿施于人。"《宝典解》曰："四忠恕。"而为何战国时期"忠恕"一词出现很少呢？笔者认为，这可能是因为"恕"本是从"忠"分化出来的一个观念，在很多地方"忠"即可以代替"恕"。《论语·里仁》篇记曾子曰："夫子之道，忠恕而已矣。""忠恕"对言之，是二；但通言之，则是一。"恕"是絜矩之道，是"己所不欲，勿施于人"（《论语·卫灵公》），是面向关系世界展开的重要伦理原则；而"忠"则是其所以者，能尽忠则能为恕，而恕道即在尽忠之中。所以《礼记·大学》说："所藏乎身不恕，而能喻诸人者，未之有也。""所藏乎身不恕"，"不恕"即由于"所藏乎身"的尽忠功夫不足故也。《大戴礼记·小辨》有一段文字同样说明了这一点，曰："内思毕必〈心〉曰知中，中以应实曰知恕，内恕外度曰知外，外内参意曰知德。""心曰知中"即尽忠的功夫。总之，在战国儒者看来，忠恕是高度统一的；从实践看，忠是恕的根源，而恕则出于忠。

第九章　春秋战国时期诸子的"忠"观念

第一节　道家：《老子》《庄子》的"忠"观念

一、老子的"忠"观念

本书设定，老子其人的思想主要体现在《老子》一书中。尽管早期《老子》文本的存在状态很复杂，但为了方便起见，本书进一步设定，王弼本《老子》是本章研究老子思想的主要文本依据。在此基础上，如有必要，本章征引《老子》，再以出土简帛本校勘之。

老子是立足于传统含义上来思考"忠"这一概念的。王弼本《老子》第十八章曰："大道废，有仁义。智慧出，有大伪。六亲不和，有孝慈。国家昏乱，有忠臣。""忠臣"，郭店简《老子》丙组作"正臣"，帛书两本皆作"贞臣"。① "贞",正也,常训。"贞""正"二字也是通假关系。疑王弼本将帛书本"贞"理解为"专贞",遂改"贞"为"忠"字。王弼本第三十八章曰:"故失道而后德,失德而后仁,失仁而后义,失义而后礼。夫礼者,忠信之薄,而乱之首。前识者,道之华,而愚之始。是以大丈夫处其厚,不居其薄;处其实,不居其华。故去彼取此。"从引文来看,"礼"与"忠信"相对,"忠信"是所谓厚实者,而"礼"则是所谓浮薄者。老子从本失而乱生的角度批评了仁、义、礼三者,但他却没有批评忠信之德,这表明他更积极地看待和肯定当时已流行的"忠信"观念,这是值得注意的。

二、庄子及其后学的"忠"观念

庄子及其后学对于"忠""忠信""忠孝"等观念的理解与态度,与老子不同。《庄子》内篇言"忠"仅见于《人间世》篇。是篇曰:

> 天下有大戒二:其一,命也;其一,义也。子之爱亲,命也,不可解于心也;臣之事君,义也,无适而非君也,无所逃于天地之间。是之谓大戒。是以夫事其亲者,不择地而安之,孝之至也;夫事其

---

① 参见荆门市博物馆编:《郭店楚墓竹简》,第121页;国家文物局古文献研究室编:《马王堆汉墓帛书》(壹),第11、96页。

第九章 春秋战国时期诸子的"忠"观念

君者，不择事而安之，忠之盛也；自事其心者，哀乐不易施乎前，知其不可奈何而安之若命，德之至也。为人臣子者，固有所不得已，行事之情而忘其身，何暇至于悦生而恶死？夫子其行可矣，丘请复以所闻："凡交近则必相靡以信，远则必忠之以言，言必或传之。夫传两喜两怒之言，天下之难者也。"

这段话对于"忠"的论述，包含两条脉络，一条是从忠孝角度来说，另一条是从忠信角度而言。"子之爱亲，命也"与"安之若命"的两"命"字，其义不同。前一"命"，是形气自然之命；后一"命"，是命运，是幸偶流行的遭命。庄子在这里将"孝""忠"两观念并提，并以为两大戒。从行为来看，有所谓的爱亲之命与事君之义，且二者分别是人子、人臣不可解脱和无所逃避的事情。既然忠孝之事不可解和无所逃，那么从心灵修养的角度来看，就应该免除因此可能产生的哀乐之累，达到"知其不可奈何，而安之若命"的地步。在此，庄子论"忠"的涵义包含四点：其一，认为"忠"属于臣事君之德；其二，认为事君之义是普遍的，"无所逃于天地之间"，因此"忠"是人无法摆脱的伦理义务；其三，在功夫上，宣扬"不择事而安之"的忠臣观；其四，从目的看，庄子之所以宣扬"安之若命"的忠臣观，这是为了解除忠孝之事对于人子人臣可能产生的心理紧张，进而解脱"悦生恶死"对于生命自然状态的倒悬。人如何可能做到"不择事而安之"？从具体方法而言，就是要做到"凡交近则必相靡以信，远则必忠之以言"，就是说，近交、远交都应当做到忠实信靠。而心安之"忠"，当与"远则必忠之以言"之"忠"字义近，主要是忠实之义。也即是说，臣对君应当做到忠贞、专一，但是只有真正做到了忠实无欺，他才可能达到"心安"地步。对于这种建立在"实"义之上而以保身全生为根本目的的"忠"观，庄子后学也作了继承和肯定。如外篇《天地》云："端正而不知以为义，相爱而不知以为仁，实而不知以为忠，当而不知以为信，蠢动而相使不以为赐，是故行而无迹，事而无传。孝子不谀其亲，忠臣不谄其君，臣子之盛也。亲之所言而然，所行而善，则世俗谓之不肖子。君之所言而然，所行而善，则世俗谓之不肖臣。——而未知此其必然邪？"《庄子·天地》篇的作者肯定了"实而不知"的"忠"，① 而讽刺、批评了世俗的不真不实之"忠"。

《庄子》外杂篇对于"忠"或"忠信"之德，一般也是从臣道而言的，且大体上持批判态度。对于世俗之教和"游居学者之所好"所主导的孝悌、仁义、忠信等价

---

① 与此"忠实"义相近之例，又见《庄子·缮性》："夫德，和也；道，理也。德无不容，仁也；道无不理，义也；义明而物亲，忠也；中纯实而反乎情，乐也。"同书《让王》："昔者神农之有天下也，时祀尽敬而不祈喜；其于人也，忠信尽治而无求焉。"

第九章 春秋战国时期诸子的"忠"观念

值观念，①庄子学派认为，其一，它们皆非所以为治之道，若以之为治则譬之犹"螳螂之怒臂以当车轶"(《天地》)，而"皆自勉以役其德者也"(《天运》)；其二，它们皆非所以养命活身之道，如子胥沉江，比干剖心，"世谓忠臣也，然卒为天下笑"(《盗跖》)，而非所谓善者；②其三，它们也未必是使君臣相信爱之道，如伍员、苌弘之忠未必见信，孝己、曾参之孝未必见爱，而适皆足成其忧悲(《外物》)。

总之，从《庄子》内篇到外杂篇，庄子或庄子学派皆以"忠"为臣德。一方面，庄子认为既然臣以忠事君是天经地义而"无所逃于天地之间"的事情，那么从心灵修养上来说，对忠孝之事就应该做到"安之若命"，不受到哀乐之情的烦扰，而在行为上做到"行事之情"，从而解脱悦生恶死对于生命的倒悬。应该说，这是一种着重强调"实"义的"忠"观念。而对此种观念，庄子显然认为人们应该努力遵行之。另一方面，面对"忠"与

---

① 《庄子·刻意》："语仁义忠信恭俭推让，为修而已矣。此平世之士，教诲之人，游居学者之所好也。"《刻意》所评论的这类人，主要指儒家之士。同书《渔父》："(子贡对曰)孔氏者，性服忠信，身行仁义，饰礼乐，选人伦，上以忠于世主，下以化于齐民，将以利天下。此孔氏之所治也。"其所云更直接明白。

② 《庄子·至乐》："列士为天下见善矣，未足以活身。吾未知善之诚善邪，诚不善邪？若以为善矣，不足活身；以为不善矣，足以活人。故曰：'忠谏不听，蹲循勿争。'故夫子胥争之以残其形，不争，名亦不成。诚有善无有哉？"

447

其他价值观念日益异化人的身心活动，束缚人的身心自由，成为生命的桎梏，庄子学派对其作出了激烈的批判和无情的鞭笞。

第二节　墨家：墨子及其后学的"忠"观念

一、墨家与《墨子》

墨子为战国早期人物。孙诒让据《墨子》五十三篇推论："墨子当与子思并时，而生年尚在其后，当生于周定王之初年，而卒于安王之季，盖八九十岁，亦寿考矣。"[①]关于《墨子》五十三篇，孙诒让说："今书虽残缺，然自《尚贤》至《非命》三十篇，所论略备，足以尽其恉要矣。《经说》上、下篇，与庄周所述惠施之论及公孙龙书相出入，似原出《墨子》，而诸钜子以其说缀益之。《备城门》以下十余篇，则又禽滑厘所受兵家之遗法，于墨学为别传。惟《修身》《亲士》诸篇，谊正而文靡，校之它篇殊不类。《当染》篇又颇涉晚周之事，非墨子所

[①] 见［清］孙诒让：《墨子间诂·墨子后语上》，第693页。前此，《史记·孟子荀卿列传》："盖墨翟，宋之大夫，善守御，为节用。或曰并孔子时，或曰在其后。"《史记索隐》引《别录》："在七十子之后。"《汉书·艺文志》："在孔子后。"《后汉书·张衡传》注引张衡《衡集》："班与墨翟并当子思时，出仲尼后。"

448

得闻，疑皆后人以儒言缘饰之，非其本书也。"①（孙诒让《墨子间诂·自序》）《墨子·鲁问》篇记载了墨子的十大主张。墨氏之学，盛行于战国中后期。《孟子·滕文公下》说："杨朱、墨翟之言盈天下。"《庄子·天下》曰："相里勤之弟子，五侯之徒，南方之墨者苦获、己齿、邓陵子之属，俱诵《墨经》，而倍谲不同，相谓别墨。"《韩非子·显学》曰："自墨子之死也，有相里氏之墨，有相夫氏之墨，有邓陵氏之墨。故孔、墨之后，儒分为八，墨离为三。取舍相反不同，而皆自谓真孔、墨。"据此而观，《墨子》"十论"的上、中、下三篇，疑本为三墨所传，特其记述和流传各有详略耳。自《经说》至《公输》各篇，当为墨子后学在战国中后期之作。

二、墨子及其后学的"忠"观念

《墨子》一书言"忠"，有从伦理德位关系而言的，墨子就曾多次提到了君惠臣忠、父慈子孝的伦理德位关系；有从个人德性修养角度而言的，墨子将其应用于个人对他人应尽之责任上面。②就前者而言，"忠"专属

---

① 见［清］孙诒让：《墨子间诂·自序》，第1页。
② 《墨子·节用中》："子墨子言曰：古者明王圣人所以王天下、正诸侯者，彼其爱民谨忠，利民谨厚，忠信相连，又示之以利，是以终身不餍，殁世而不卷。""世"旧本作"二十"，据孙诒让说改，见［清］孙诒让：《墨子间诂》卷六，第163页。《非命上》："是故子墨子言曰：今天下之士君子，忠实欲天下之富而恶其贫，欲天下之治而恶其乱，执有命者之言，不可不非，此天下之大害也。"

于臣德,强调臣下对于君上的忠贞、专一之义;就后者而言,墨子将"忠"看作个人必须具备的品德,突出其"内心""尽己"之义,由此而言,君主对民、对国家也有尽忠的问题。诚然,前一义在《墨子》中是主要的。

墨子后学言"忠",大体上着重于臣下对于君主的忠诚问题;但是,他们显然反对臣下将其主体之自我彻底加以消解,而完全听命于人君的所谓忠臣观。《鲁问》篇曰:"鲁阳文君谓子墨子曰:有语我以忠臣者,令之俯则俯,令之仰则仰;处则静,呼则应,可谓忠臣乎?子墨子曰:令之俯则俯,令之仰则仰,是似景也。处则静,呼则应,是似响也。君将何得于景与响哉?若以翟之所谓忠臣者,上有过,则微之以谏。己有善,则访之上,而无敢以告。外匡其邪,而入其善。尚同而无下比,是以美善在上,而怨仇在下,安乐在上,而忧戚在臣。此,翟之所谓忠臣者也。"墨子主张"尚同",依此而言,似乎他应当主张臣下彻底消解自我,而绝对服从君主的命令。但是依照上所引《鲁问》篇文字来看,墨子实际上坚决反对将臣下变成"令之俯则俯,令之仰则仰;处则静,呼则应"的、犹如影响之物的忠臣观。对于君主的过错,墨子主张"微之以谏"的温和忠臣观。此"微之以谏",孙诒让曰:"言伺君之间而谏之也。"[1]言对君

---

[1] [清]孙诒让:《墨子间诂》卷十三,第471页。

主的过错，暗中施以规谏也。《经上》《公输》篇所言忠臣的谏诤，则显得较为激烈。《经上》曰："忠，以为利而强低〈君〉也。"孙诒让《间诂》曰："'低'，疑当为'君'。'君'与'氏'，篆书相似，因而致误。'氏'，复误为'低'耳。忠为利君，与下文孝为利亲文义正相对。《荀子·臣道》篇云'逆命而利君谓之忠'，又云'有能比智〖同〗力，率群臣百吏而相与强君挢君，君虽不安，不能不听，遂以解国之大患，除国之大害，成于尊君安国，谓之辅'。案，此云'强君'，与《荀子》义同。'以为利'，即解大患，除大害，尊君安国之事也。"①"强君"与"微谏"相对，"强"是迫使、强迫之义。《公输》篇借墨子之口批评公输般，曰："宋无罪而攻之，不可谓仁。知而不争，不可谓忠。争而不得，不可谓强。""强"是刚强之义。《经上》及《公输》两篇皆主张强谏的忠臣观。比较这三篇的忠臣观，《鲁问》篇"微之以谏"的观点与墨子"尚同"的主张较为接近，而《经上》《公输》篇强谏的忠臣观则与墨子"兼爱""非攻"的主张相接近。这一方面体现了墨子思想内部的张力，另一方面其实也是对于战国中期君主权力日益强化的一种间接反映。

可以说，墨氏"忠"的观念在上述方面与儒家相比其实基本相同。而真正使墨氏与儒家的"忠"观念分别

---

① ［清］孙诒让：《墨子间诂》卷十，第311—312页。

开来的，乃是在继承忠孝观念的基础上，墨子为其奠定了一个在他看来更普遍的伦理基础。在《兼爱》等篇中，墨子将"兼爱"看作忠孝观念的前提。[①]而这一点，即"仁爱"与"兼爱"观念的差别处，是使儒墨的"忠"观念分别开来的根源。

第三节　法家：商鞅、韩非子的"忠"及忠孝观

在战国中晚期，国家与公族的权力、利益关系变得愈来愈紧密和统一，而公家和君主的地位也因此在整个国家体系中在不断提升，变得愈来愈重要。毫无疑问，此一时期的"忠"观念更加强调私对公、臣下对于君主的忠诚。应该说，这一历史形势为法家"忠"观念的形成提供了客观条件和前提。

---

① 《墨子·兼爱中》："墨子言曰：今若国之与国之相攻，家之与家之相篡，人之与人之相贼，君臣不惠忠，父子不慈孝，兄弟不和调，则此天下之害也……是故诸侯不相爱则必野战，家主不相爱则必相篡，人与人不相爱则必相贼，君臣不相爱则不惠忠，父子不相爱则不慈孝，兄弟不相爱则不和调。天下之人皆不相爱，强必执弱，富必侮贫，贵必敖贱，诈必欺愚。凡天下祸篡怨恨其所以起者，以不相爱生也……然而，今天下之士君臣相爱则惠忠，父子相爱则慈孝，兄弟相爱则和调，天下之人皆相爱，强不执弱，众不劫寡，富不侮贫……是故子墨子言曰：今天下之君子忠实欲天下之士富而恶其贫，贫欲天下之治而恶其乱，当兼相爱，交相利。此圣王之法，天下之治道也，不可不务为也。"

第九章 春秋战国时期诸子的"忠"观念

一、商鞅的"忠"观念

既然爵禄和权位的赐予、分配,在战国中期已逐渐为君主所操控和垄断,那么臣下对于它们的任何专擅使用即可能变为非法的。所以忠不忠的问题,也就演变为以国家利益和君主权力之最大化为根本标准。

《商君书·农战》篇曰:"夫曲主虑私,非国利也,而为之者,以其爵禄也。下卖权,非忠臣也,而为之者,以末货也。"在商鞅眼中,臣下已经演变成为国家和君主的对立面,故人君必须以"法""刑"代替"礼""乐"来赏罚和制约他们。与此同时,"民"在国家中的地位得到一定程度的提升,而所谓"忠臣"也被用来指称那些在耕战中建功立业的人。① 很显然,儒家所强调的道德意涵及传统的德报观念并不被法家所看重,法家眼中的价值标准及其"忠"观念发生了很大改变。如《赏刑》篇曰:"所谓壹刑者,刑无等级,自卿、相、将军以至大夫、庶人,有不从王令,犯国禁,乱上制者,罪死不赦。有功于前,有败于后,不为损刑;有善于前,有过于后,不为亏法。忠臣孝子有过,必以其数断;守法守职之吏有不行王法者,罪死不赦,刑及三族。"这种"刑无等级"、有过即断于法的思

---

① 《商君书·修权》:"故立法明分,中程者赏之,毁公者诛之。赏诛之法不失其议,故民不争。授官予爵不以其劳,则忠臣不进。行赏赂禄不称其功,则战士不用。凡人臣之事君也,多以主所好事君。"

453

想,必然得出"忠臣孝子有过,必以其数断"的观点。可以看出,法家在社会伦理建构方面虽然并不必然排斥忠孝的观念,但是一定要使"法"凌驾于它们之上而成为其主宰。①而即使在忠孝二者之间,法家也更多地强调前一德行和观念。《书策》篇更明显地说道:"故曰:仁者能仁于人,而不能使人仁;义者能爱于人,而不能使人相爱。是以知仁义之不足以治天下也。圣人有必信之性,又有使天下不得不信之法。所谓义者,为人臣忠,为人子孝,少长有礼,男女有别,非其义也。饿不苟食,死不苟生,此乃有法之常也。圣王者不贵义而贵法,法必明,令必行,则已矣。"这种"不贵义而贵法"的观点,正是法家思想的根底。

二、韩非子的"忠"观念与忠孝观

韩非子是法家思想的集大成者。他将商鞅所主张的"法",申不害所主张的"术",和慎到所主张的"势"三者结合了起来,认为它们三者不可偏废,都是君主实现其有效统治,使国家变得强盛的重要手段。②韩非子的

---

① 《商君书·慎法》:"使民之所苦者,无耕;危者,无战。二者,孝子难以为其亲,忠臣难以为其君。今欲驱其众民,与之孝子忠臣之所难,臣以为非劫以刑而驱以赏莫可。"以刑赏二柄作为驱民强国的根本方法,并作为为孝子事亲、忠臣事君的基础,这正是法家的思想要点。

② 《韩非子·定法》:"今申不害言术,而公孙鞅为法。术者,因任而授官,循名而责实,操杀生之柄,课群臣之能者也,此人主之所执也。法者,宪令著于官府,刑罚必于民心,赏存乎慎法,而罚加乎奸令者也。此臣之所师也。君无术则弊于上,臣无法则乱于下,此不可一无,皆帝王之具也。"

第九章 春秋战国时期诸子的"忠"观念

"忠"观念继自商鞅而来,但在内容上更为复杂和丰富。

其一,韩非子认为,忠臣必须以强国尊主为根本目的和尺度。这一点,《韩非子·奸劫弑臣》说得非常明白:"汤得伊尹,以百里之地立为天子;桓公得管仲,立为五霸主,九合诸侯,一匡天下;孝公得商君,地以广,兵以强。故有忠臣者,外无敌国之患,内无乱臣之忧,长安于天下,而名垂后世,所谓忠臣也。若夫豫让为智伯臣也,上不能说主使人之明法术、度数之理,以避祸难之患,下不能领御其众,以安其国;及襄子之杀智伯也,豫让乃自黔劓,败其形容,以为智伯报襄子之仇;是虽有残刑杀身以为人主之名,而实无益于智伯,若秋毫之末。此吾之所下也,而世主以为忠而高之。古有伯夷、叔齐者,武王让以天下而弗受,二人饿死首阳之陵。若此臣者,不畏重诛,不利重赏,不可以罚禁也,不可以赏使也,此之谓无益之臣也。吾所少而去也,而世主之所多而求也。"在这里,韩非子批判了传统的"忠"观念,而树立了利主的价值标准。关于"小忠"和"大忠",韩非认为,"行小忠"乃"大忠之贼"。① 在公私之

---

① 《韩非子·十过》:"十过:一曰行小忠,则大忠之贼也……奚谓小忠?昔者楚共王与晋厉公战于鄢陵,楚师败,而共王伤其目。酣战之时,司马子反渴而求饮,竖谷阳操觞酒而进之,子反曰:'嘻,退!酒也。'谷阳曰:'非酒也。'子反受而饮之。子反之为人也,嗜酒而甘之,弗能绝于口,而醉。战既罢,共王欲复战,令人召司马子反,司马子反辞以心疾。共王驾而自往,入其幄中,闻酒臭而还,曰:'今日之战,不谷亲伤。(接下页注释)

辩上，韩非子批评了"群臣持禄养交，行私道而不效公忠"(《韩非子·三守》《内储说下》)的观点，在根本上这也是为了维护人君的安全和利益。

其二，韩非子提出"主明臣忠"的主张，认为人主的察识能力与臣下的忠行之间是有关系的。这方面的论述较为多见，如《韩非子·人主》曰："昔关龙逢说桀而伤其四肢，王子比干谏纣而剖其心，子胥忠直夫差而诛于属镂。此三子者，为人臣非不忠，而说非不当也。然不免于死亡之患者，主不察贤智之言，而蔽于愚不肖之患也。""君主"显然是韩非子思想设计的中心。而他对于不明之主，也作了较为强烈的批评和反思，这一点可参看《韩非子·难言》《三守》《十过》《难四》的相关文字。

其三，韩非子一方面认为"忠言拂耳"是必要的，但是另一方面又认为"诈说逆法，倍主强谏"非"忠"，因此臣下对于君上的谏诤是有一定限度的。《韩非子·外储说左上》曰："夫良药苦于口，而智者劝而饮之，知其入而已己疾也。忠言拂于耳，而明主听之，知其可以致功也。"[1]这段文字认为，忠谏是必要的。《有度》篇

（接上页注释）所恃者，司马也，而司马又醉如此，是亡楚国之社稷，而不恤吾众也。不谷无复战矣。'于是还师而去，斩司马子反以为大戮。故竖谷阳之进酒，不以仇子反也，其心忠爱之，而适足以杀之。故曰：行小忠，则大忠之贼也。"此则故事，又见《韩非子·饰邪》篇。

[1] 《韩非子·安危》："闻古扁鹊之治其病也，以刀刺骨。圣人之救危国也，以忠拂耳。刺骨，故小痛在体，而长利在身。拂耳，故小逆在心，而久福在国。"

456

第九章　春秋战国时期诸子的"忠"观念

曰："今夫轻爵禄，易去亡，以择其主，臣不谓廉。诈说逆法，倍主强谏，臣不谓忠。行惠施利，收下为名，臣不谓仁。离俗隐居，而以作非上，臣不谓义。外使诸侯，内耗其国，伺其危崄之陂以恐其主，曰：交非我不亲，怨非我不解，而主乃信之，以国听之，卑主之名以显其身，毁国之厚以利其家，臣不谓智。"在此，韩非子认为，臣下有意超越一定的界限而凌驾于君主之上，拂逆主上的威严而强行进谏的，这并非属于所谓忠臣的行为。因此，臣下的谏诤行为必须以尊主为根本目的，并以"法"设定臣下谏议活动的限度。而这一点，与荀子所说的忠臣观颇不相同。

其四，韩非子将"法术"看作"忠"的基础，将赏罚"二柄"看作驱使臣下尽忠的根本方法。一方面，《韩非子·八经》曰："凡治天下，必因人情。人情者有好恶，故赏罚可用。赏罚可用，则禁令可立而治道具矣。"韩非子继承了荀子的性恶说，认为人主应当因人情之好恶而运用好赏罚二柄。《韩非子·南面》曰："人臣者，非名誉请谒无以进取，非背法专制无以为威，非假于忠信无以不禁。三者，憯主坏法之资也。人主使人臣，虽有智能，不得背法而专制；虽有贤行，不得逾功而先劳；虽有忠信，不得释法而不禁。此之谓明法。"《饰邪》篇曰："古者先王尽力于亲民，加事于明法。彼法明则忠臣劝，罚必则邪臣止。忠劝邪止而地广主尊者，秦是也。群臣朋党比周以隐正道、行私曲，而地削

457

主卑者，山东是也。"韩非子认为，只有"法"才是立国之本，他反对以"礼"作为立国、治国之基。其"忠"的观念亦复如是。在《解老》篇中，他引用《老子》说："夫礼者，忠信之薄也，而乱之首乎！"韩非子认为，"礼"既不是"忠信"的实际表现，又不是强国尊主的基础。在他看来，"法"才是最为重要的。他认为，判断臣下的忠诚与否，应当以"法"为依据，以赏罚二柄为手段，使忠臣得赏、奸臣得罚，如此才可以强国利主。如《解老》篇曰："事上不忠，轻犯禁令，则刑法之爪角害之。"《难四》篇曰："此无赦之实也，则诛阳虎，所以使群臣忠也。"

其五，韩非子继承了传统的忠孝观念，但其立场是法家的。他认为"尽力守法，专心事主者为忠臣"，这与儒家的忠臣观大异。《韩非子·忠孝》曰：

> 天下皆以孝悌忠顺之道为是也，而莫知察孝悌忠顺之道而审行之，是以天下乱。皆以尧、舜之道为是而法之，是以有弑君，有曲父。尧、舜、汤、武或反君臣之义，乱后世之教者也。尧为人君而君其臣，舜为人臣而臣其君，汤、武为人臣而弑其主、刑其尸，而天下誉之。此天下所以至今不治者也。夫所谓明君者，能畜其臣者也。所谓贤臣者，能明法辟、治官职，以戴其君者也……臣之所闻曰："臣事君，子事父，妻事夫，三者顺则天下治，三者逆

第九章　春秋战国时期诸子的"忠"观念

则天下乱。此天下之常道也，明王贤臣而弗易也。"则人主虽不肖，臣不敢侵也……是废常、上贤则乱，舍法、任智则危。故曰：上法而不上贤。

《记》曰："舜见瞽瞍，其容造（戚）焉。孔子曰：'当是时也，危哉，天下岌岌！'有道者，父固不得而子，君固不得而臣也。"①臣曰：孔子本未知孝悌忠顺之道也。然则有道者，进不得为主臣，退不得为父子耶？父之所以欲有贤子者，家贫则富之，父苦则乐之。君之所以欲有贤臣者，国乱则治之，主卑则尊之。今有贤子而不为父，则父之处家也苦。有贤臣而不为君，则君之处位也危。然则父有贤子，君有贤臣，适足以为害耳，岂得利焉哉！所谓忠臣，不危其君；孝子，不非其亲。今舜以贤取君之国，而汤、武以义放弑其君，此皆以贤而危主者也。

---

① 《孟子·万章上》："(咸丘蒙问曰)语云：'盛德之士，君不得而臣，父不得而子。'舜南面而立，尧帅诸侯北面而朝之，瞽瞍亦北面而朝之。舜见瞽瞍，其容有蹙。孔子曰：'于斯时也，天下殆哉，岌岌乎！'不识此语诚然乎哉？"《墨子·非儒》："孔丘与其门弟子闲坐，曰：'夫舜见瞽瞍孰然，此时天下圾乎！'"陈奇猷说："此下所引见《孟子·万章篇》，则所谓记者，《孟子》书也……疑别本《论语》有孔子之言。"参见陈奇猷：《韩非子新校注》下册，第1155页。陈氏以《韩非子·忠孝》之"记"为《孟子》书，及以"孔子曰"为《论语》中之孔子言，皆臆说求新也。不过，孟子将咸丘蒙所引"语云"贬斥为"此非君子之言也，齐东野人之语也"，亦恐过激之辞。疑咸丘蒙所引"语云"，似为当时儒家者言。

459

臣以为人生必事君养亲，事君养亲不可以恬淡。之人必以言论忠信法术，言论忠信法术不可以恍惚。恍惚之言，恬淡之学，天下之惑术也。孝子之事父也，非竞取父之家也；忠臣之事君也，非竞取君之国也。夫为人子而常誉他人之亲曰："某子之亲，夜寝早起，强力生财，以养子孙臣妾。"是诽谤其亲者也。为人臣常誉先王之德厚而愿之，诽谤其君者也。非其亲者，知谓不孝；而非其君者，天下贤之，此所以乱也。故人臣毋称尧、舜之贤，毋誉汤、武之伐，毋言烈士之高，尽力守法，专心于事主者为忠臣。

从上述引文可知，韩非子确实不反对忠顺孝悌的观念，毋宁说他要站在法家的立场上来推原什么是其所谓忠顺孝悌之道。他既不同意"恍惚之言，恬淡之学"的道家学说对于忠孝法术观念的彻底否定，也不同意儒家学者对于忠孝观念的理解。在他看来，"父之所以欲有贤子者，家贫则富之，父苦则乐之。君之所以欲有贤臣者，国乱则治之，主卑则尊之"，也即是说，在父子、君臣的伦理关系中，臣子之贤，适得以成就君父之所乐所愿，"所谓忠臣，不危其君；孝子，不非其亲"是也。相反，像儒家所宣扬的"有道者，父固不得而子，君固不得而臣也"的主张，就不是本来的、真正的"孝悌忠顺

第九章 春秋战国时期诸子的"忠"观念

之道"。在他看来,人们"贤尧、舜、汤、武而是烈士"的价值观乃是"天下之乱术也"(《韩非子·忠孝》)。很显然,韩非子的"忠""孝"观念本来就包含了君臣、父子定位不移和不可变乱的思想。他引述"所闻"云:"臣事君,子事父,妻事夫,三者顺则天下治,三者逆则天下乱,此天下之常道也,明王贤臣而弗易也。"这种类似于《礼纬含文嘉》的"三纲"说,即为明证。而其所谓"所闻",笔者以为,大概闻之于荀子。与孟子相比,荀子尚礼法,几乎不言"革命"观念。与荀子相比,韩非子重法而轻礼,认为"尽力守法,专心于事主者为忠臣"。可以看出,"守法"与"事主"是韩非子忠臣观的两个关键。在《外储说右下》中,韩非子甚至说:"治强生于法,弱乱生于阿。君明于此,则正赏罚而非仁下也。爵禄生于功,诛罚生于罪。臣明于此,则尽死力而非忠君也。君通于不仁,臣通于不忠,则可以王矣。"在韩非子看来,与"仁""忠"相比,"法"与"赏罚"才是治乱、强弱之本。同样的思想表现在《六反》篇中,是篇曰:"此谓君不仁,臣不忠,则{不}可以霸王矣。"[①]这三句更直接、更明白地将"仁""忠"二德的意义拉低。

[①] 顾广圻说,"则"下"不"字为衍文。见〔清〕王先慎:《韩非子集解》卷十八,中华书局1998年版,第417页。

第四节 道法之士：《管子》的"忠"观念

一、《管子》其书

《管子》一书，前人多有评论。《史记·管晏列传正义》曰："《七略》云《管子》十八篇，在法家。"① 《汉书·艺文志》则将其列入"道家"之部。叶适说："《管子》非一人之笔，亦非一时之书，莫知谁所为。以其言毛嫱西施、吴王好剑推之，当是春秋末年……而此书方为申韩之先驱，斯鞅之初觉，民罹其祸，而不蒙其福也。哀哉！"黄震《日钞》曰："《管子》书，不知谁所集。乃庞杂重复，似不出一人之手。《心术》《内业》等篇，皆影附道家以为高。《侈靡》《宙合》等篇，皆刻斫隐语以为怪，《管子》责实之政，安有虚浮之语？《牧民》篇最简明，其要曰：'仓廪实则知礼节，衣食足则知荣辱''利义廉耻，国之四维。四维不张，国乃灭亡'。此《管子》正经之纲。苟得王者之心以行之，虽历世可以无弊。秦汉以来，未有能践其实者也。其说岂不简明？《大匡》篇，管子行事之日，聚见此书，其次第皆可按而考，然其说似粉饰之以夸功。若《轻重》篇，要皆多为之术

---

① ［汉］司马迁撰，［南朝宋］裴骃集解，［唐］司马贞索隐，［唐］张守节正义：《史记》卷六十二，第2136页。

第九章　春秋战国时期诸子的"忠"观念

以成其私，琐屑甚矣，未必皆《管子》之真。"[1]明末，赵用贤曰："及余读是书，而深惟其故，然后知王者之法，莫备于周公，而善变周公之法者，莫精于管子……诸侯不服，吾可以战。诸侯宾服，吾可以行仁义。盖周公之法……昔者苏轼氏盖论仲之变法而曰：'王者之兵，非以求胜，故其法繁而曲。霸者之兵，求以决胜，故其法简而直。'然则谓仲之用法异于周公之意，则可，而谓其法之尽诡于周公，则不可……世之谭者曰：'帝降而亡，王降而霸。自仲之说行，一变而入于夸诈之习，其末极于秦鞅。尽去先王之籍，而流毒天下。'遂以管商为功利之首。夫商君惨礉少恩，卒受恶名于秦。而仲之政，饰四维，固六亲。其论《白心》《内业》，不可谓无窥于圣人之道，而徒以刀锯绳民如商君者。故虽吾夫子，亦且大其功，而以如其仁归之。奈何跻鞅于仲也。余思夫读是书者，不揆其修政立事之原，而徒辱之以权谋功利，使管子之所以善用周公者，其道不明于天下也。故为之梓其书，而复论著其大略于篇首云。"[2]

总之，《管子》非一时一人所作，乃是齐地士人著作的汇集和集合。其思想成分较复杂，少数篇章的著作年代可能早至战国早期，但绝大部分篇目应当作于战国

---

[1]　以上叶、黄两说，皆收入戴望辑：《管子文评》，见［清］戴望：《管子校正》，《诸子集成》第五册，中华书局1954年版，第1、2页。
[2]　赵说，收入戴望辑：《管子书序》，同上书，第1—2页。

463

中后期。从学派性质来看,《管子》一书包含了战国中后期的道家思想、阴阳家思想和法家思想等。从文体来看,《管子·牧民解》等篇正合战国后期的风潮。今人一般认为此书作于战国中后期,这比较符合实际。

二、《管子》的"忠"观念

《管子》的"忠"观念比较复杂。一些篇目的学派属性不同,其思想要点相差较大。在《管子》中,"忠"既是臣德,又可能为君德。如《幼官》曰:"身仁行义服忠用信则王。"《霸形》曰:"近者示之以忠信,远者示之以礼仪。行此数年而民归之如流水。"这是以"忠"为君德之例。如《形势解》曰:"惠者,主之高行也。慈者,父母之高行也。忠者,臣之高行也。孝者,子妇之高行也。"同篇又曰:"为主而惠,为父母而慈,为臣下而忠,为子妇而孝。四者,人之高行也。"《版法解》曰:"使君德臣忠,父慈子孝,兄爱弟敬,礼义章明。如此,则近者亲之,远者归之。"这是以"忠"为臣德之例。而《五辅》《小匡》等篇既将"忠"看作君上之德,又将其看作臣下之德。《小匡》曰:"宽惠爱民,臣不如也。"是篇又曰:"桓公知天下小国诸侯之多与己也,于是又大施忠焉。"《五辅》曰:"待以忠爱而民可使亲。"是篇又曰:"为人君者中正而无私,为人臣者忠信而不党。"这些例子,都属于从伦理化的政治立场来展开其论述。与《左传》《国语》相比，这些例子并无特别之处，先秦儒家也持肯定态度。不过，《管子》一书因托名于齐桓公、管仲君臣所作，为霸者事业服务，因而它与儒家立场是有一定距离的。

《管子》部分篇目，受到法家思想的严重影响。其论"忠"，亦复如是。《法法》篇曰："凡人君之所以为君者，势也。故人君失势，则臣制之矣。势在下，则君制于臣矣。势在上，则臣制于君矣。故君臣之易位，势在下也。在臣期年，臣虽不忠，君不能夺也。在子期年，子虽不孝，父不能服也。故《春秋》之记臣有弑其君、子有弑其父者矣。"在此，"忠"虽然是臣德的必要内涵，但它已不是处理政治关系最为重要的因素。《法法》篇强调了"势"（权势）的重要性，认为失势期年，"臣虽不忠，君不能夺也"。有了"势"，君主的发号施令才有根底，才能得到根本保障，才能进忠臣而去奸臣。《君臣》上下篇特别强调了"法"的重要性。《君臣上》曰："人啬夫成教，吏啬夫成律。之后，则虽有敦悫忠信者不得善也，而戏豫怠傲者不得败也。如此，则人君之事究矣。"在此，"成教""成律"被看得比个人德行修养更为重要，此篇相对轻视敦悫忠信之德对于为政的作用。作者认为，如果君主"常惠于赏而不忍于刑"的话，就会导致"国无法"的严重后果。因此主张以赏刑并用来保证"法制有常"的建设，而赏刑并用也是君主进纳忠臣的基

465

础。臣下对于君主而言，也应该以"法"为基础。《君臣下》曰："能据法而不阿，上以匡主之过，下以振民之病者，忠臣之所行也。"何谓"忠臣"？忠臣就是"能据法而不阿"的人。《明法解》更进一步，曰："凡所谓忠臣者，务明法术，日夜佐主，明于度数之理，以治天下者也。"在此，法家观念表现得更为突出。不过，《管子》与秦国所主张的法家观念并不完全相同，一方面它不太强调"术"，另一方面它容纳了更多的儒家及其他诸子思想因素。从总体上看来，《法法》等篇的法家气质比较温和，与韩非子、李斯所代表的经典法家有较大的差别。

《形势解》《枢言》诸篇受到道家学说的严重影响。《形势解》曰："道者，所以变化身而之正理者也。故道在身，则言自顺，行自正，事君自忠，事父自孝，遇人自理。故曰：道之所设，身之化也。"《形势解》继承了传统的伦理观念，它以"道"为修行的本源。[1]作者认为，

---

[1] 《管子·形势解》："道行则君臣亲，父子安，诸生育。故明主之务，务在行道，不顾小物。"又曰："道者，扶持众物，使得生育，而各终其性命者也。故或以治乡，或以治国，或以治天下。故曰：道之所言者一也，而用之者异……故有道则民归之，无道则民去之。故曰：道往者，其人莫来；道来者，其人莫往。"又曰："天之道，满而不溢，盛而不衰。明主法象天道，故贵而不骄，富而不奢。行理而不堕，故能长守贵富，久有天下而不失也。故曰：持满者与天。"又曰："主有天道，以御其民，则民一心而奉其上。故能贵富而久王天下。失天之道，则民离叛而听从，故主危而不得久王天下。故曰：欲王天下，而失天之道，天下不可得而王也。"又曰："行天道，出公理，则远者自亲。废天道，行私为，则子母相怨。故曰：天道之极，远者自亲；人事之起，近亲造怨。"《形势解》应当是稷下黄老道家的著作。

第九章　春秋战国时期诸子的"忠"观念

"道"可以变化身体而使人践行"正理"。因此，只要修道而获之在身，则诸种事情会自然而然地发生，如"事君自忠，事父自孝"。《枢言》篇曰："日益之而患少者惟忠，日损之而患多者惟欲。多忠少欲，智也，为人臣者之广道也。为人臣者非有功劳于国也，家富而国贫，为人臣者之大罪也。为人臣者非有功劳于国也，爵尊而主卑，为人臣者之大罪也。无功劳于国而贵富者，其唯尚贤乎！众人之用其心也，爱者憎之始也，德者怨之本也。其事亲也，妻子具则孝衰矣。其事君也，有好业，家室富足，则行衰矣；爵禄满，则忠衰矣。唯贤者不然。"《枢言》主要受到儒、道两家的影响。①作者在这里将"忠""欲"二者对置，认为人臣之道应该"多忠少欲"；否则，流于人心之私欲，就会"孝衰""行衰""忠衰"矣。因此，在修身上，"少欲"乃是"多忠"的前提。

总之，《管子》一书继承了传统"忠"的观念，作为君德而言，乃衷心、真实之义；作为臣德而言，它涉

---

① 《荀子·性恶》篇有一段与此类似的话，《性恶》篇曰："尧问于舜曰：'人情何如？'舜对曰：'人情甚不美，又何问焉？妻子具而孝衰于亲，嗜欲得而信衰于友，爵禄盈而忠衰于君。人之情乎！人之情乎！甚不美，又何问焉？唯贤者为不然。"大概《管子·枢言》之作，与《荀子·性恶》篇同时。荀子与战国晚期的稷下学互相影响，笔者疑《枢言》抄自《性恶》篇，而不是相反。引文中的"少欲"说，疑来源于老子。"日益之而患少者惟忠，日损之而患多者惟欲"，疑模仿《老子》四十八章"为学日益，为道日损。损之又损，以至于无为"文字，而"少欲"正是《老子》的一个重要观念。

及政治关系和伦理关系两个层面，都是指臣下对君上的忠诚、忠贞之义，但是"忠""孝"两者在这里并没有呈现出强烈的冲突状态。不过，像《法法》等篇重视"法""势"观念，并以此对"忠"观念作了一定程度的限制，而所谓"忠臣"乃"据法而不阿""务明法术，日夜佐主，明于度数之理，以治天下"之人。因此，政治既不是礼乐化的，也不是伦理化或道德化的实践活动。法家更强调君上对于臣下有效的权势逼迫和赏罚控制，于是法家虽然要求臣下绝对服从君主，然而"忠"并不能超越"法"所制定的坚硬界限。简言之，"忠"就是为了臣下的"守法"，就是服从君主无上的权势。《法法》等篇即打上了此一烙印。而《形势解》等篇则强调"道"的自然性，若能修道在身，则"事君自忠"。《枢言》篇要求臣下在少欲的同时"为忠日益"，这主要是从修身角度提出来的，它可能属于道家性质的"忠"观念。

第五节　杂家：《吕氏春秋》的"忠"与忠孝观

《吕氏春秋》作于战国末季，它是一部试图统一当时思想，特别是政治思想的著作。其成书的常用方法是大量抄录、杂糅和整合诸子文献。因此，从一方面来看，构成这部书的思想成分很复杂，但从另一个方面来看，其思想又具有平衡、调和的特征。这部书之所以会出现此种情况，与其编写者对于诸子思想采取政治实用主义的利用和选择态度是密不可分的。

一、《吕氏春秋》的"忠"观念

《吕氏春秋》涉及"忠"观念的文献较多，也颇有特点。

其一，《吕氏春秋》突出了"忠"观念的政治意涵，强调臣下对于君上的忠贞。无疑，"忠"的"忠贞""服从"义在战国末季是不可能不得到强调的。这方面的文献较多，除《吕氏春秋·至忠》篇举出了申公子培和文挚这两个极端忠臣的例子外，如同书《忠廉》篇曰："若此人也，有势则必不自私矣，处官则必不为污矣，将众则必不挠北矣。忠臣亦然，苟便于主，利于国，无敢辞违，杀身出生以徇之……'今有臣若此，不可不存。'于是复立卫于楚丘。弘演可谓忠矣，杀身出生以徇其君。非徒徇其君也，又令卫之宗庙复立，祭祀不绝，可谓有功矣。"同书《务本》曰："古之事君者，必先服能然后任，必反情然后受。主虽过与，臣不徒取。《大雅》曰：'上帝临汝，无贰尔心。'以言忠臣之行也。"同书《权勋》曰："为人臣不忠贞，罪也。"这些引文都强调了臣下对于主上的忠贞之义。

不过，《吕氏春秋》与法家的"忠"观念毕竟有较大分别。《不苟》篇曰："贤者之事也，虽贵不苟为，虽听不自阿，必中理然后动，必当义然后举。此忠臣之行也。

469

贤主之所说，而不肖主虽不肖其说，非恶其声也。"这段引文将"理""义"看作忠行的标准，[①]而与过分强调"事君""尊主"的法家观念是相背离的。又，同书《恃君》篇曰："置君非以阿君也，置天子非以阿天子也，置官长非以阿官长也。"又曰："天子利天下，国君利国，官长利官。"在作者看来，天子与君之设，非为一人一家之利欲，乃是为了天下、国家的公共利益和福祉。因此，从终极意义上来说，臣对君之忠理应指向天下、国家之利。同书《过理》篇曰："赵盾骤谏而不听，公恶之，乃使鉏麑。鉏麑见之不忍贼，曰：'不忘恭敬，民之主也。贼民之主，不忠。弃君之命，不信。一于此，不若死。'乃触廷槐而死。"这直接继承了《左传》《国语》的思想，否定了绝对的忠君观念。另外，同书《适威》篇曰："古之君民者，仁义以治之，爱利以安之，忠信以导之，务除其灾，思致其福。"这种将"忠信"看作君德的观念，也是《左传》《国语》和儒家所固有的，反映了其"忠"的观念与法家有别。不过，这则引文在《吕氏春秋》中只是个别例子。

[①]《吕氏春秋·劝学》："先王之教，莫荣于孝，莫显于忠。忠孝，人君人亲之所甚欲也。显荣，人子人臣之所甚愿也。然而人君人亲不得其所欲，人子人臣不得其所愿，此生于不知理义。"同书《离俗览》："世之所不足者，理义也。所有余者，妄苟也。民之情，贵所不足，贱所有余……然而以理义疵削，神农、黄帝犹有可非，微独舜、汤。""理义"一语，又见《孟子·告子上》孟子曰："心之所同然者何也？谓理也，义也。圣人先得我心之所同然耳。故理义之悦我心，犹刍豢之悦我口。"《吕氏春秋》所用"理义"一词，大概源于《孟子》此篇。

第九章 春秋战国时期诸子的"忠"观念

其二，虽然《吕氏春秋》有所谓"至忠"的观念，强调臣对君忠诚的无私性，然而这并不意味着臣对君不能作任何谏难、批评，不是说君主永远只可能是正确的一方，而臣下永远只可能属于错误的一方。《勿躬》篇曰："蚤入晏出，犯君颜色，进谏必忠，不辟死亡，不重贵富，臣不若东郭牙，请置以为大谏臣。"（袭自《管子·小匡》）《达郁》篇曰："故圣王之贵豪士与忠臣也，为其敢直言而决郁塞也。"《恃君》篇曰："置君非以阿君也，置天子非以阿天子也，置官长非以阿官长也。德衰世乱，然后天子利天下，[①]国君利国，官长利官，此国所以递兴递废也，乱难之所以时作也。故忠臣廉士，内之则谏其君之过也，外之则死人臣之义。"《吕氏春秋》反复肯定了"谏诤"之义，以之为忠臣的必要内涵。特别是《恃君》篇所云在观念上深有反省，将天子、国君和官长职位的设立都平等地放置在大公无私的原则上，从而为谏诤之道提供了一个牢固而正当的政治哲学基础。[②]

---

① 高诱注："幼奉长，卑事尊，强不得凌弱，众不得暴寡，以此利之。"毕沅说："卢云：'注非是。利天下，言以天下为己利也。古之圣王有天下而不与，后世则以天下为己利，故有兴有废，而乱难时作。如此方与下文意相承接。'"参见王利器：《吕氏春秋注疏》，巴蜀书社2002年版，第2436页。该书在"后世"之后断句，误，今改正。
② 又，《吕氏春秋·骄恣》："故忠臣之谏者亦从人之，不可不慎，此得失之本也。"同书《贵当》："观人主也，其朝廷多贤，左右多忠；主有失，皆交争证谏。如此者，国日安，主日尊，天下日服。此所谓吉主也。"同书《乐成》："知而弗言，是不忠也。"皆为其例。

471

洪范大义与忠恕之道

另外，《至忠》篇曰："至忠逆于耳，倒于心，非贤主，其孰能听之？故贤主之所说，不肖主之所诛也。"又曰："夫忠于治世易，忠于浊世难。"《慎人》篇曰："信贤而任之，君之明也。让贤而下之，臣之忠也。"《必己》篇曰："人主莫不欲其臣之忠，而忠未必信。"（又见《庄子·外物》）《勿躬》篇曰："壅塞之任，不在臣下，在于人主。尧舜之臣不独义，汤禹之臣不独忠，得其数也。桀纣之臣不独鄙，幽厉之臣不独辟，失其理也。"①可以看出，《吕氏春秋》并不单纯宣扬臣忠的观念，也同时强调了君贤主明的思想。忠臣不得其死，乃由于君主的不贤不明。由此，《吕氏春秋》对暗主作了比较直率的批评。

又，《吕氏春秋》认为忠君有愚智之别，或大忠、小忠的分别，认为"小忠，大忠之贼"，因此应当取大忠而去小忠。《权勋》篇曰："利不可两，忠不可兼。不去小利，则大利不得；不去小忠，则大忠不至。故小利，大利之残也；小忠，大忠之贼也。圣人去小取大。"并举竖阳谷向司马子反进酒之例作为证明。这则议论和故事，又见《左传·成公十六年》《国语·楚语上》和《韩非子·十过》《饰邪》。由此来看，去小忠而行大忠，实际上是当时臣道的通识，诸家皆言之。

---

① 又，《吕氏春秋·慎人》："信贤而任之，君之明也；让贤而下之，臣之忠也。君为明君，臣为忠臣。彼信贤，境内将服，敌国且畏，夫谁暇笑哉？"

二、《孝行》《高义》的忠孝观

在战国中后期，忠孝二者及君统与宗统实际上出现了非常严重的冲突，《吕氏春秋》试图重新统一两者，在君统与宗统间达成协调。《吕氏春秋·孝行》曰：

> 凡为天下、治国家，必务本而后末。所谓本者，非耕耘种殖之谓，务其人也。务其人，非贫而富之，寡而众之，务其本也。务本莫贵于孝。人主孝，则名章荣，下服听，天下誉。人臣孝，则事君忠，处官廉，临难死。士民孝，则耕芸疾，守战固，不罢北。夫孝，三皇五帝之本务，而万事之纪也。夫执一术而百善至、百邪去、天下从者，其惟孝也……曾子曰："身者，父母之遗体也。行父母之遗体，敢不敬乎？居处不庄，非孝也。事君不忠，非孝也。莅官不敬，非孝也。朋友不笃，非孝也。战阵无勇，非孝也。五行不遂，灾及乎亲，敢不敬乎？"《商书》曰："刑三百，罪莫重于不孝。"

在法家思想系统中，"忠"高于"孝"，而君统高于宗统，商鞅、韩非并以"法""势"作为治理天下、国家的基础，而以"二柄"（"术"）为统御方法。《吕氏春秋》注意对各种思想和主张做平衡处理，一方面不轻视法家思想，另一方面又充分肯定传统的孝悌观念。《孝行》篇认为天子治理天下或君主治理国家的根本在于务孝，所谓"务本莫贵于孝"，并说："人主孝，则名章荣，下服听，天下誉。人臣孝，则事君忠，处官廉，临难死。士民孝，则耕芸疾，守战固，不罢北。"对于作者而言，"孝"具有根源性和普遍性，而"忠"则被看作一个支流性和特殊性的概念。前者是后者的基础，而后者则是由前者生发和支配的。无疑，"孝"在此远远高于"忠"的观念。不过，《孝行》篇又引述曾子之话曰"事君不忠，非孝也"，这是有意将"忠""孝"及君统与宗统之间的紧张关系加以消解，但同时表明了作者试图在忠孝之间建立强制性的平衡和统一关系。由《礼记·祭义》《大戴礼记·曾子大孝》两篇可知，这种忠孝观念很可能是继承了曾子后学孝行学派的主张。《孝行》篇所引曾子语，又见于《礼记·祭义》《大戴礼记·曾子大孝》两篇。孝行派的基本观念，即来源于曾子所谓"身者，父母之遗体也。行父母之遗体，敢不敬乎"的思想。《吕氏春秋》即继承了曾子的此一思想。《吕氏春秋·精通》篇曰："故父母之于子也，子之于父母也，一体而两分，同气而异息，若草莽之有华实也，若树木之有根心也，虽异处而相通，隐志相及，痛疾相救，忧思相感，生则相欢，死则相哀，此之谓骨肉之亲。神出于忠，而应乎心，两精相得，岂待言哉？"这段话对于曾子的"遗体"说

第九章　春秋战国时期诸子的"忠"观念

有所推阐。

然而无可否认的是，在特定情况下忠孝两者毕竟存在强烈冲突。如何处理二者之间的冲突？从相关案例来看，一般以"直"（或"义"）作为其基本原则，参见《论语·子路》篇和《白虎通·谏诤》篇。①《吕氏春秋·高义》篇所记石渚纵父之罪而自愿伏法自杀的事件，又见《史记·循吏列传》、《韩诗外传》卷二、《新序·节士》篇，②这是一个极端例子。是篇曰：

---

① 《论语·子路》："叶公语孔子曰：'吾党有直躬者，其父攘羊，而子证之。'孔子曰：'吾党之直者异于是，父为子隐，子为父隐，直在其中矣。'"《白虎通·谏诤》："所以为君隐恶何？君至尊，故设辅弼，置谏官，本不当有遗失。《论语》曰：'陈司败问：昭公知礼乎？孔子曰：知礼。'此为君隐也。君所以不为臣隐何？以为君之与臣，无适无莫，义之与比。为赏一善而众臣劝，罚一恶而众臣惧。若为卑隐，为不可殆也……君不为臣隐，父独为子隐何？以为父子一体而分，荣耻相及。故《论语》曰：'父为子隐，子为父隐，直在其中矣。'兄弟相为隐乎？曰：然。与父子同义。故周公诛四国，常以禄甫为主也。朋友相为隐者，人本接朋结友，为欲立身扬名也。朋友之道四焉，通财不在其中。近则正之，远则称之，乐则思之，患则死之。夫妻相为隐乎？《传》曰：'曾子去妻，黎蒸不熟。'问曰：妇有七出，不蒸亦预乎？曰：吾闻之也，绝交令可友，弃妻令可嫁也。黎蒸不熟而已，何问其故乎？此为隐之也。""直"无疑是绝对的，而"隐"则是具体而有条件的。

② 《史记·循吏列传》："石奢者，楚昭王相也。坚直廉正，无所阿避。行县，道有杀人者，相追之，乃其父也。纵其父而还，自系焉。使人言之王曰：'杀人者，臣之父也。夫以父立政，不孝也；废法纵罪，非忠也。臣罪当死。'王曰：'追而不及，不当伏罪，子其治事矣。'石奢曰：'不私其父，非孝子也；不奉主法，非忠臣也。王赦其罪，上惠也；伏诛而死，臣职也。'遂不受令，自刎而死。"《韩诗外传》卷二评论石奢"其为人也，公而好直"，《新序·节士》云"其为人也，公正而好义"，且以"义""直"互训。

475

荆昭王之时，有士焉，曰石渚。其为人也，公直无私。王使为政，道有杀人者，石渚追之，则其父也。还车而反，立于廷曰："杀人者，仆之父也。以父行法，不忍。阿有罪，废国法，不可。失法伏罪，人臣之义也。"于是乎伏斧锧，请死于王。王曰："追而不及，岂必伏罪哉？子复事矣。"石渚辞曰："不私其亲，不可谓孝子。事君枉法，不可谓忠臣。君令赦之，上之惠也。不敢废法，臣之行也。"不去斧锧，殁头乎王廷。正法枉必死，父犯法而不忍，王赦之而不肯，石渚之为人臣也，可谓忠且孝矣。

"正法"，谓直当之刑法。"正法枉必死"，谓直当之刑法受到枉曲，枉曲者必当死罪也。《韩诗外传》卷二引君子闻之曰："贞夫法哉，石先生乎！孔子曰：'子为父隐，父为子隐，直在其中矣。'《诗》曰：'彼己之子，邦之司直。'石先生之谓也。"《逸周书·谥法解》曰："不隐无屈曰贞。""己"字，乃"其"字之假。"贞夫法哉，石先生乎"，这两句是称赞石奢（渚）于法贞直、无隐无曲的。

何谓直义之士？《吕氏春秋·高义》篇认为，忠孝两全之士即是所谓直义之士。在这个例子中，身负王命的石渚在一次视察公事的途中正赶上一桩杀人案件，然而不幸

第九章　春秋战国时期诸子的"忠"观念

的是，杀人犯竟然是自己的亲生父亲。在此种情况下，石渚应该怎样处理和对待作为杀人犯的父亲呢？是徇情废法，纵舍犯杀人罪的父亲，还是忍私贵公，将其缉拿归案呢？无论采取哪一种办法，石渚都将陷于"忠""孝"不可两立的激烈冲突之中，除非将自己作为此两种观念彼此激烈冲突的牺牲品而走向死亡的绝境，这样他才能够释解作为传统伦理人内心深处的此种高度紧张，而最终解决此一问题。非常吊诡的是，即使正义之士（忠孝两全的直士）最终成为"忠""孝"观念相冲突的牺牲品，但是"正义"本身却没有通过牺牲者的所谓圆满的正义行为而得到彻底、毫无隐曲的伸张，因为石渚的纵舍行为毕竟致使其作为杀人犯的父亲暂时，甚至可能终生逃脱了来自法律应当给予的惩罚。这则故事，与《孟子·尽心上》设定的瞽瞍杀人、大舜"窃负而逃"，① 及《左传·昭公十四年》叔向论数其弟叔鱼之罪的例子（引文见本书第七章第五节），所面对的问题和原则大致是相同的。但是，由于不同例子中伦理人的关系及其所担当的角色不同，因而其解决问题的方法和结局即有差别。

同属于《吕氏春秋》一书的《贵公》篇的思想，与

---

① 《孟子·尽心上》："桃应问曰：'舜为天子，皋陶为士，瞽瞍杀人，则如之何？'孟子曰：'执之而已矣。''然则舜不禁与？'曰：'夫舜恶得而禁之？夫有所受之也。''然则舜如之何？'曰：'舜视弃天下，犹弃敝蹝也。窃负而逃，遵海滨而处，终身欣然，乐而忘天下。'"

477

《高义》篇不同。《贵公》篇先引孔子之言夸赞祁黄羊，曰："善哉，祁黄羊之论也！外举不避仇，内举不避子，祈黄羊可谓公矣。"紧接着，又说：

> 墨者有钜子腹䵍居秦，其子杀人，秦惠王曰："先生之年长矣，非有它子也，寡人已令吏弗诛矣。先生之以此听寡人也。"腹䵍对曰："墨者之法曰：杀人者死，伤人者刑。此所以禁杀伤人也。夫禁杀伤人者，天下之大义也。王虽为之赐，而令吏弗诛，腹䵍不可不行墨者之法。"不许惠王，而遂杀之。子，人之所私也。忍所私以行大义，钜子可谓公矣。

这个在秦惠王看来最应该容隐的案例（儒家看法也是如此），可是在墨家巨子腹䵍看来却必须亲自将其子正法。对于此种做法，吕不韦等人不仅未加责难，反而给予称赞，而谓之为"至公"。可以看出，墨者在此坚持了"直"（"义"）的普遍性，而反对了容隐的特殊性。不过，从保持忠孝之间必要的平衡关系来看，"忠"观念的绝对化，却未必是幸事，而一切断于法的结果，使"孝"可能丧失其合理性，从而使政治活动自身丧失其必要的社会基础和伦理上的制衡因素，从而导致君主地位的极端权威化，严重压抑人们生存的空间和自由。而这种极端专制的政治现象反过来又可能导致政权危机和社会动乱。

第九章　春秋战国时期诸子的"忠"观念

为什么法家、墨者、《吕氏春秋》的相关主张会导致中国君主的专制、集权，乃至政权危机和社会动乱呢？其原因在于，无论是法家的以法为至上，还是墨者"杀人者死，伤人者刑"，还是《吕氏春秋》所谓的"至公"，这些主张和观念，都预先设置了一个超越于"法"之外且作为"法"所服务的终极对象——"君位"。而这个"君位"，垄断了天下的权力，是"法"的权源。因此，法家、墨者所坚持的普遍性，乃是一人之外、一人之下的普遍性。而这种普遍性，其实是一种十分畸形、十分隐蔽的特殊性。毫无疑问，此种"法"的观念以及寄生于其上的"忠"观念，正是构造与成就中国两千余年君主专制和中央集权的主要推动力之一。当然，君臣与社会的关系实际上是很复杂的。

汉以秦亡为鉴，吸取传统和儒家重孝的思想，建立了忠孝并重、以忠统孝和忠大于孝的新思想和新观念。汉人的办法，其实是以儒家孝行派的思想为基础，而扬弃了先秦诸子的忠孝观念，从而为此后两千余年的中国君主专制社会在忠、孝之间和君统、宗统之间制定了一个比较平衡、稳定的伦理结构。自汉代以后，历朝大多数统治者都很注重忠孝并举，注重君统和宗统的统一，甚至在社会舆论上有意张扬"孝"的观念和表彰"孝"的行为。

第十章　结语：春秋战国时期"忠"观念的开展

一

今人一般认为《左传》是史书，不过古人认为它是解经（《春秋》）之传，且相传其作者左丘明又与孔子彼此相尊尚，[1]因此此书在编写之初即已烙上了较深的儒家印痕，这是可以肯定的。《国语》一书，据各国旧史集成，与《左传》材料、观点相互补充和印证。《左传》《国语》在完成其作为史料之价值的同时也表达了许多儒家观念，特别是与《论语》所反映的孔门师徒思想相一

---

[1] 《论语·公冶长》记子曰："巧言、令色、足恭，左丘明耻之，丘亦耻之。匿怨而友其人，左丘明耻之，丘亦耻之。"而《左传》多引"仲尼曰"或"孔子曰"评论事义与是非，足见作者非常推重孔子，故其可以为《春秋》之传。

第十章 结语:春秋战国时期"忠"观念的开展

致的观念。古人以《左传》《国语》为《春秋》经的内外传,这不是没有道理的。

《左传》《国语》的"忠"观念,是在周文疲敝、礼崩乐坏,当时天下纷争及邦国内部权力斗争异常激烈的背景下产生和展开的。因此,其目标首先指向保卫"邦国"("社稷")和"人民"的安全,其次才是处理君臣、上下的权力和利益问题。对于当时贵族而言,不管是其对于社稷的尽忠,还是臣下对于主上的忠诚,都特别强调关系化的政治身份认同的一面。《左传》言"忠",在反复宣扬"事君尽忠"的观念而将"忠"看作臣德之一的同时,在一定程度上将所忠的对象指向一国的君主。从这个意义上来说,春秋时代实际上已经具备了"忠君"的观念。但是,此"忠君"的观念由于是通过臣下忠于"君事""君命"的活动来实行的,因此"忠"主要落实在臣下对于"君事""君命"的关注与考虑上。从保存社稷和家国的目的来说,臣下对于"君事""君命"展开必要的反省,在当时是容许的。实际上,臣下对于"国"之忠和对于"民"之忠,即对于整个贵族共同体的忠诚,这是第一位的。当君与民、与邦国(社稷)的利益发生冲突时,"忠"最终指向了后二者,而与君相分离:从个人位分而言,臣下应当忠诚于君上;但是从君臣关系赖以存在的基础及其目的来看,君主的地位无疑低于邦国、社稷和人民。换言之,君主只是保护宗族和邦国利

481

益的一个必要手段。因此,《左传》《国语》都强调了君主对于国家、社稷和人民的忠诚问题。与此紧密相关,在霸道横行和国际关系十分复杂的春秋时代,邦国的整体利益得到特别强调,私家与邦国之间的权力和利益斗争必须严格限定在一个必要范围之内,否则可能危及邦国的整体安全,甚至导致邦国覆亡的命运。于是,《左传》提出了"以私害公,非忠也"(《文公六年》)及"公家之利,知无不为,忠也"(《僖公九年》)的主张,认为"忠"与"公"的价值是同一的。可以看出,春秋时期正是形成"国家至上"观念的时代;而"忠于邦国",乃至"忠于公家"的观念,[1]对于中国当时的封建制社会和此后的君主专制社会都有非常深远的影响。

《国语》与《左传》一样,反复申述了"忠于职守"的观念,[2]并且君对民或上对下的"忠"观念得到了更为

---

[1] "邦国"与"公家"的概念是有区别的:"公家"相对于"私家"而言,从正常政治秩序来看,"公家"统率着"私家";而"邦国"则是包括"公家""私家"在内的政治共同体。在一般情况下,忠于公家也就是忠于邦国,这是此后获取国家权力的统治集团(家天下集团)一直乐意宣扬的观念;但在非常时期,"革命"的合理性会将此种政治忠诚观暂时打碎。

[2] 日本学者宾口富士雄将"忠"的"尽职"义看作是战国时期,乃至荀子时候才产生出来的看法,笔者认为,这是不正确的。《荀子·王霸》篇"百工莫不忠信而不楛"一句,出自郭店简《忠信之道》。郭店简《六德》篇有六位、六职、六德的说法,尽管此篇竹书将"臣忠"与"事人"之职相应,但它着重是从"职守"的意义上来说的。《左传》《国语》以"尽职"言"忠"的例子多见。宾口观点,转见〔日〕佐藤将之:《无"忠信"的国家不能生存:春秋战国时代早期"忠"和"忠信"概念的意义》("出土简帛文献与古代学术国际研讨会"论文),2005年12月。

第十章 结语:春秋战国时期"忠"观念的开展

有力的强调。而这种忠于邦国的观念,也因此给臣民和君主的身份都打上了深深的烙印。不过,需要指出的是,此种忠诚观虽然对于此后(特别是汉代以后)的儒家身份认同问题带来了一定影响,但是从根本上来说,主要是对于国家意识的一种直接反映,代表了统治集团的利益。以孔子为代表的先秦儒家则大体上属于天下主义,超越了狭隘的国族主义观念。

《左传》《国语》言"忠",亦注重从德性和内在方面来作论说。尤其是后者,不但说明了"忠"观念与此字从"心"从"中"的关系,实现了理解路线的转向,而且为儒家从内在视角理解此一观念提供了原初的契机和根据。《国语》虽然没有"恕"字,但"恕"的观念内涵实际上已经包含在"忠"之中了。从原文及韦昭《解》来看,"恕"道的力量根源正在于人们尽己之"忠",因此忠道即内在地包含了恕道。《左传》"恕"字用例数见,皆将其作为行为活动的自我省察准则来运用,但是它们对于"恕"没有作出更明确的解释。另外,这些用例几乎都与"君子"人格相关,而且其中最重要的两则文本即直接出自孔子的评论。在《论语》一书中,"恕"是孔子师徒的一个非常重要的观念,诠释很深刻和很经典。综合《国语》《左传》《论语》的用例来看,大概在孔子之前,"恕"作为概念形式没有正式产生,而是隐括在"忠"的观念内涵之中;正是由于孔子的发明和新诠,此一观念才得以从"忠"中释解出来,成为一个流行于孔子师徒之间的重要概念。

《左传》《国语》"忠信"连言之例较多,包含了政治和德行两个方面,不过前者是主要的。而此二书将"忠信"看作治国为政之本,这种思想深深地影响了战国诸子和时君世主的统治观念。"孝"是一个历史更为悠久的观念,《左传》《国语》有非常多的论述。由于邦国的安全问题在春秋时期变得日益突出和重要,导致君主和公族的地位不断上升,并加剧了君统与宗统的分裂。而从"邦国"的身份认同衍生出来的"忠"观念在不断受到强调的同时,也不断与国家权力的合法代表——"国君"发生同一性的紧密关联,从而逐渐发生了"忠于"对象的转移。因此,"忠""孝"之间的紧张性在现实中也随之较为复杂地展开。不过,从总体上来说,在春秋时期,"孝"在力量上仍然超过了"忠",它仍是整个社会的观念基础。在此,最著名的例子莫过于晋太子申生自杀和伍子胥为父复仇,从这两个例子中,我们仍可以看出"孝"观念在当时的基础性作用。对于孔子师徒而言,情况更是如此。大体上,孔子是以"孝"观念来统"忠"的。比如,在《论语·为政》篇中,孔子认为君上的孝慈正是臣下为忠的前提("孝慈则忠"),甚至直接将孝悌之道看作是为政的基础和本身,《为政》篇记子曰:"《书》云:'孝乎惟孝,友于兄弟,施于有政。'是亦为

第十章 结语：春秋战国时期"忠"观念的开展

政，奚其为为政？"其弟子有子更将"孝悌"看作实践仁道的根本原则。而当忠孝发生尖锐冲突时，孔子虽然站在"直"的原则上来作权衡，但是从《子路》篇对于直躬证父的案例所作的"父为子隐，子为父隐，直在其中矣"的评论来看，他显然将"父子相隐"肯定为"直"的一种直接表达形式。因此，父子相亲的孝慈之道在孔子思想中具有一定的优先性和特殊性。然而，为什么孔子要肯定它的优先性和特殊性呢？因为在当时，它是表达"直"道的现实基础。"直"道落实下来，需要通过具体的历史语境来表达和呈现。

与《左传》《国语》从反映政治现实的角度突显政治关系中的"邦国"或"社稷"的地位不同，以孔子为代表的儒家则站在德性主义与天下主义的立场上，对当时礼崩乐坏的现实作出了强烈的批判，而呈现出对于"人"或"人伦"之一般意义的高度关注。① 在《论语》中，仁、

---

① 从政治关系的角度来看，"天下"观念得到突出，孟子"民贵，君轻，社稷次之"的主张将"民"的地位放在"社稷"之前突现出来，这是儒家理想区别于政治现实的重要特征之一。《孟子·尽心下》："（孟子曰）民为贵，社稷次之，君为轻。是故得乎丘民而为天子，得乎天子为诸侯，得乎诸侯为大夫，诸侯危社稷则变置。牺牲既成，粢盛既洁，祭祀以时，然而旱干水溢则变置社稷。"同书《离娄上》："（孟子曰）三代之得天下也以仁，其失天下也以不仁，国之所以废兴存亡者亦然。天子不仁，不保四海。诸侯不仁，不保社稷。卿大夫不仁，不保宗庙。士庶人不仁，不保四体。今恶死亡而乐不仁，是由恶醉而强酒。"同书《尽心上》："（孟子曰）有事君人者，事是君则为容悦者也。有安社稷臣者，以安社稷为悦者也。有天民者，达可行于天下，而后行之者也。有大人者，正己而物正者也。"

礼、天、智、德等概念成为孔子师徒关注的重点，"忠"明显被放在次要位置上。一方面，孔子将"忠"的观念从政治关系的立场转进到道德主义的立场来评判政治活动的意义，另一方面他又提出了"主忠信"和"与人忠"的主张，不仅在一定意义上摆脱了政治关系的话语，而且直接将其作为修身与伦理实践的基本原则，并着重思考了"人"自身的价值问题。君臣关系本来是一种政治关系，但是孔子特别强调其伦理关系的一面，并将"君使臣以礼"看作"臣事君以忠"的必要条件，这与后世片面的忠臣观迥然不同。另外，孔子师徒将"恕"的观念从"忠"中释解和突现出来，这更是强化了"忠"的"尽己"之义。

二

到了战国时期，战争的发动已经不再需要"尊王攘夷"一类口号的掩饰，"兼并"本身已经成为发动战争最正当、最直接的理由，所以邦国的安危成为一国君臣更加忧心挂怀的头等大事。面对此一头等重要的政治大事，整个统治集团不得不让渡自家的权力和利益，而将君主推向集权之路，并将邦国与公家的利益高度统一和同一起来，这样，效忠君主的忠臣观即必然被突现出来。儒家面对此种忠臣观，从一开始起就抱着怀疑和批评的态

第十章 结语：春秋战国时期"忠"观念的开展

度，即使到了战国晚期，荀子学派和儒家孝行派在宣扬忠孝观念的一致性的同时，也仍然拒绝将臣下之自我予以彻底消解，而投注到对君主权威毫无原则的服从中。

郭店儒家竹书大体上属于春秋末至战国早期的著作。竹书《六德》篇有"臣忠"的说法，它是从"六位"的伦常关系中来说的。《六德》篇更深入、更系统地将政治的问题转化为伦常和德行的问题来处理，而且"忠"内涵的重点仍然在"尽职事君"上。由于君权的集中和加强，主张绝对效忠君主的忠臣观因此得到了宣扬，但是儒家基于"义"的立场却断然予以否定之。在竹书《鲁穆公问子思》篇中，子思持"恒称其君之恶"和"为义而远禄爵"的忠臣观。此种价值观，后来被孟子所继承和发扬。在竹书《性自命出》和《语丛》等篇中，"忠"被看作是"由中出者"和包含在"性"中的内涵之一，这也即是说，它被看作人的内在本性之一。此种说法，后来亦被孟子所继承。在竹书《唐虞之道》中，作者将仁孝看作臣忠的根源，而此点将先秦儒家处理忠孝关系的出发点充分显示了出来。竹书《忠信之道》从宇宙意识或天地意识的角度思考了忠信之道对于为政者的重要意义，是一篇比较特别的文章。而由"忠者，仁之实；信者，义之基"的观点来看，作者在突出忠信观念的同时即表明了它们是仁义观念的演绎。总体上说来，郭店儒家竹书的"忠"观念内涵比较复杂，是战国中后期同一观念的思想前导。

　　孟子对于"忠"内涵的阐发几并无创新,不过在《孟子·告子上》中他将"仁义忠信"看作"天爵",这表明在其思想体系中"忠信"与"仁义"一样不是外在的,而是人性的必要内涵。《荀子》一书非常重视"忠"及"忠信"观念。与孟子迥异的是,荀子将"忠"或"忠信"看作"伪""善"的一面,而与情性之恶相对。在此基础上,荀子将"忠"或"忠信"之德的获得看作修身的结果,同时他将"忠""忠信"与"礼义""辞让"一起都看作为政之道或为政的大本。的确,荀子宣扬了"忠臣"观念,并将其与"孝子"并提。之所以如此,这一方面是因为君统与父统的历史张力运动使然,另一方面是因为儒学在战国中后期必须面对和处理此一问题。从《荀子·礼论》篇来看,"忠""孝"在"礼"的观念上获得了统一,前者被看作实践后者的动力根源,更强调"尽实"和"尽诚"之义。大概在战国中后期之际,"顺"成为"忠"十分显著的含义之一,这在《荀子》一书中得到了充分体现。"顺"原本是"孝"的内涵,但是随着国家和君主地位的不断上升,作为臣德之"忠"遂不得不吸纳由"孝从"派生出来的此一含义,在战国中后期之际它被突显出来。虽然如此,荀子反对盲从的愚忠和曲意奉承的伪忠,批判了那种主张臣下应当彻底消解自我而绝对服从君上意志和命令的忠臣观。对于荀子

第十章 结语：春秋战国时期"忠"观念的开展

而言，对父之"从"与对君之"顺"仍然是分开的，他并认为，在事父事君的过程中，儒家的"道""义"原则是不可以抛弃的。

大小戴《礼记》大部分篇目的完成可能与荀子并时或在其前，它们有许多"忠"观念与荀子的说法相近或相一致。《礼记·礼器》篇从礼之践行的角度提出了"忠信，礼之本也"的主张，不过其所谓"忠"强调了"尽己爱亲"之义。《礼记·祭义》《祭统》则将"忠"纳入"孝"德之中来作理解，提出了"事君不忠，非孝也"和"忠臣以事其君，孝子以事其亲，其本一也"的主张。显然，在忠孝关系的理解上，这种观念已超过了荀子的说法，走到了先秦儒家思考相关问题的极端。而由于此种忠孝观过分张扬了"顺从"和"受福"的含义，因而与荀子的思想有重要区别。而这个区别其实也是孝行学派与荀子学派的区别。

二戴《礼记》都非常注重处理忠孝的问题，但是《大戴礼记》对于二者关系的理解与《小戴礼记》并不完全一致。《大戴礼记·曾子大孝》篇虽然提出了"事君不忠，非孝也"的观点，但是将事君之忠放在事父之孝的问题上来解决，而认为"忠者，中此者也"，"此"指"孝"，则更加强化了"孝"的优先性，《曾子立孝》篇甚至提出了"未有君而忠臣可知者，孝子之谓也"和"忠者，其孝之本与"的观点，已将"忠"的含义从政治关

489

系转入心理层面来阐述其与"孝"的关系。因此，为忠同时即是行孝。这无疑是一种内在主义的思考进路，而将其尽内心之忠爱、实诚之义强调出来。《大戴礼记·小辨》《文王官人》两篇也同样是从内在主义的角度来理解"忠"观念的。《小辨》篇的忠道涵括了"尽己"和"恕"之义，将"中心"的反省作用看作忠道的根源；而作为为政基础的核心观念"忠信"，则是建立在修身主义的"忠恕"观念之上的。《文王官人》的"忠"观念虽然比较复杂，但它同样主要是从"中"或"心"的角度来思考的。是篇"忠孝"多次连言，然而它们都着重是从"门内之治"，也即从血缘关系的角度来讲的，这与"乐正氏之儒"的思路是一致的。不过，必须指出，这种将战国中后期凸显的忠孝问题转化为主要从心理根源来加以理解的观点，其实已严重地脱离了当时主流意识对于此一问题的基本约定，而进入了一种相对封闭、相对孤立的儒家内在主义的言说思路，但是它也同时表明了儒家一贯坚持的某种立场。然而，进入汉代，非常吊诡的是，它却奇迹般地重新变为中国君主专制社会处理忠孝问题的基本路线。

三

从语义来看，其实"忠"的诸种含义在春秋时代都

第十章 结语:春秋战国时期"忠"观念的开展

已隐含于其中了。"忠"在开始时着重于政治关系的层面,因此它不可避免地首先具有忠诚、忠贞、从一、服从的含义。但是,臣下对于邦国或者君主的忠诚又往往是从职事方面而言的,因此"忠"有时强调"尽己"之义。这是一方面。另一方面,由于无论是"忠诚"还是"尽己"的含义都与实践主体的心灵世界密切相关,因此"忠"在究极上是指内心达到实诚的一种心理状态。日本学者高田真治认为春秋时期的"忠"是"真心无妄"或"尽真心"之义,[①]这个看法是正确的。从观念变迁的层面来看,"忠于"的对象未必总是就臣对君而言,其实《左传》《国语》更强调君对社稷、对邦国的忠诚。儒家继承这一传统,将"忠"观念的含义推进到君对民应尽的政治责任上。不过,随着"君主"地位的上升及其与"国家"之同一性的不断强化,在战国中后期,臣下对君主效忠的观念日益成为社会、政治的主流意识。面对这一

---

① 转见〔日〕佐藤将之:《无"忠信"的国家不能生存:春秋战国时代早期"忠"和"忠信"概念的意义》。高田说,原见〔日〕高田真治《先秦思想中的"忠"》一文,〔日〕高田真治:《东洋思潮研究》,春秋社1944年版。不过,高田认为"忠"演变为具有"对主上之忠诚"的含义与当时国家观念的形成息息相关,这个观点并不是很恰当。春秋时代,"忠"已具有"对主上之忠诚"之义,只不过在所忠的对象里,"忠"是从属于君臣对于邦国社稷的忠诚。新型国家形态的产生,实际上是以王权的严重动摇和霸权的兴起为背景的,齐桓公称霸,这标志着春秋时期新型国家观念的形成;战国时期,国家观念又有所变化,君主及公家的地位得到进一步的提升。"忠"的"对主上之忠诚"含义在战国中后期得到强化和变得更为突出,这很可能与当时君权高涨的政治现实是密切相关的。

主流意识，儒家当然会受到一定程度的影响，但始终保持了批判的态度和必要的距离。"孝"的观念产生很早，"忠"的观念在春秋时期已被建立起来，但是当时这两大伦理观念并没有产生深度的紧张关系。战国时期，特别是战国中期之后，"忠""孝"两大观念之间的冲突已经成为一个普遍的伦理和社会问题。随着在政治层面上"忠"观念变得愈来愈重要，它即要求相对于"孝"观念的优先性，并让后者屈从、服务于前者，且"孝"观念本来所具的"顺从""恭敬"之义则被转移、植入到前者的内涵结构之中。面对此种情形，儒家一直反对消解臣下之自我价值的忠臣观，并始终坚持"孝"对于"忠"观念的优先性。从子思、孟子对于"义"的坚持，以及荀子将"道""义"看作忠臣孝子最为基本的判准来看，先秦儒家自始至终关注自身对于整个社会和天下所承担的最深层次的一般责任问题。不仅如此，在儒家看来，人们对于政治责任的承担其实与其德性的修养密切相关。作为政治活动之基本原则的"忠信"观念，也同时被人们从德性的角度来加以理解。在此一理解中，"孝"观念本来所包含的慈爱之义，也通过"忠"之"中心"的结构性认识而被转入其内涵中。春秋后期或战国初期的文本已经反映了"忠"观念的此一内涵的转进。包括孔子在内的儒家，更关注"忠"观念的自我反省性问题，他们不仅将其看作政治的，同时在更根本上将其看作美德伦理的一个观念。与政治的面向相关，儒家坚持了君对臣民的忠爱、忠亲之义。与美德伦理的面向相关，儒家坚持"忠信"对于"人"的一般价值和意义：从郭店简到孟子，"忠信"被看作人性的内涵，荀子则将其认作"人"后天的本质属性。当然，在孟荀之间，"忠信"的归属出现了根本转向。与"忠信"可以被看作人性内涵的观点不同，"忠恕"从一开始就是从心理修养活动的意义上来说的。孔子及其弟子将"恕"的观念从"忠"中阐扬出来，为儒家通过内在心灵的反省活动而絜矩外在世界提供了基本原则。大约在战国中晚期之交，"忠"道作为"恕"道之心理基础和根源的看法，被儒家后学清晰地反省了出来。

四

老子认为，"忠信"之德是行为活动之所以厚实的根源；对于传统的"仁""义""礼"观念，他作了批评。庄子或庄子学派对于世俗及儒墨等家的忠臣观作了比较深入的批判，不过《庄子》内篇与外杂篇的批评理路有所不同。内篇《人间世》认为忠孝之事是"无所逃于天地之间"的"大戒"，而对此"大戒"，人们应当做到"安之若命"的境地。庄子哲学以逍遥安适为主旨，忠孝之事做到"安之若命"的境地，其实是为了解脱哀乐之情的烦扰和解除悦生恶死对于生命的倒悬。外杂篇与内篇提出的"不择事而安之"的忠臣观不同，面对儒墨等学派所主张的价值观念日益异化，成为束缚人们身心自由的桎梏和赡养性命的巨大障碍，庄子后学认为"忠信""孝悌""仁义"等观念皆非所以为治、养命活身和使君臣相信爱之道，因而对它们作出了强烈的批判和无情的鞭挞。

墨家大体上继承了春秋时期的忠臣观。墨子虽然主张"尚同"，但是反对将臣下之自我加以彻底消解，而主张"微之以谏"的忠臣观。《墨子·鲁问》篇是墨子后学的著作，此篇继承了此一思想，坚决反对将臣下变成"令之俯则俯，令之仰则仰；处则静，呼则应"的如影如响之物。《墨子·经上》和《公输》两篇则主张"强君而谏"的忠臣观，与墨子及《鲁问》篇的主张有所区别。而墨家将"兼爱"看作忠孝观念的基本前提，与儒家以"仁爱"为普遍原则的观点，是根本不同的。

战国中晚期，国家与公族的权力、利益关系变得愈来愈紧密和统一，而公家和君主的地位也因此在整个国家的政治生活中日益上升，变得更为重要。此一时期的"忠"观念也更加强调私对公、臣下对于君主的忠诚观。法家顺应形势，将国家和君主利益的最大化作为判断忠臣的根本标准，主张君主以"法刑"代替"礼乐"来赏罚和制约臣下，并提出了"忠臣孝子有过，必以其数断"

第十章 结语：春秋战国时期"忠"观念的开展

(《商君书·赏刑》)和"不贵义而贵法"(《商君书·画策》)的新观点，对儒家和传统的忠孝观念作出了空前批判。韩非子继承了商鞅"法"的思想，将其与申不害的"术"和慎到的"势"结合起来，认为三者不可偏废，都是人君实现其有效统治，使国家变得强盛的手段。在此基础上，韩非子明确提出了以强国尊主为根本目的忠臣观。他认为"法术"是"忠"的基础，"赏罚"二柄是驱使臣下尽忠的根本手段。同时，韩非子一方面认为臣下对于君主的"忠言"是必要的，但是另一方面又认为"诈说逆法，倍主强谏"非"忠"(《韩非子·有度》)，这与荀子的忠臣观是明显不同的。法家并不一般地反对忠顺孝悌之道的伦理道德价值，韩非子既不同意道家学说对于"忠孝""法术"的彻底否定，也不同意儒家学者对于忠孝观念的既有理解。相反，他甚至将臣对君之忠、子对父之孝定位不移，认为"所谓忠臣，不危其君；孝子，不非其亲"(《韩非子·忠孝》)，带有《礼纬含文嘉》十分偏颇的"三纲"说的影子。[①]与荀子相比，韩非子重法而轻礼，认为"尽力守法，专心于事主者为忠臣"(《韩非子·忠孝》)。毫无疑问，"守法"与"事主"是韩非子忠臣观的核心。

[①] 《白虎通·三纲六纪》引《礼纬含文嘉》曰："君为臣纲，父为子纲，夫为妻纲。"此三纲说，与汉人通常意义上的三纲说不同。汉人通常所说的"三纲"即指"三大伦"，君臣、父子、夫妇是也。

《管子》一书所说"忠"观念的内涵比较复杂。多数篇目所言的"忠",与《左传》《国语》及儒家的观点相同。"忠"作为君德而言,乃衷心、真实之义;作为臣德而言,都是指臣下对君上的忠诚、忠贞;而"忠""孝"二者在此并没有呈现出强烈的冲突关系。《管子·法法》等篇受到法家比较明显的影响,重视"法""势"的观念,并以此对"忠"作了一定程度的限制。而所谓"忠臣",是指那些"据法而不阿"(《管子·君臣下》)和"务明法术,日夜佐主,明于度数之理,以治天下"(《管子·明法解》)之人。从目的而言,所谓"守法"的"忠臣",就是为了服从君主至尊至上的权势。《法法》等篇即打上了这一烙印。而像《形势解》等篇,则强调了"道"的自然性。若能修道在身,则"事君自忠,事父自孝,遇人自理"(《管子·形势解》)。《管子·枢言》篇要求臣下少欲的同时"为忠日益",这很可能属于道家性质的"忠"观念。相对于《老子》《庄子》而言,这是一种新观点。

战国末期,是先秦学术最为繁荣,也最为复杂的时代。"忠君"的观念得到了空前的强调和突出,但是激烈的思想斗争也似乎危及整个社会秩序的稳定。有鉴于此,《吕氏春秋》试图综合和统一当时的思想,但实际情况是,其中存在不少相互矛盾之处。《不苟》篇强调臣下对于君上的忠贞之义,但是与法家的观点有所分别,而将"礼""义"看作忠行的标准;特别是《恃君》篇将天

第十章 结语：春秋战国时期"忠"观念的开展

子、国君和官长职位的设置都平等地放置在大公无私的普遍原则之下来作考虑，从而为谏诤之道提供了一个牢固而正当的政治哲学基础。在思考忠孝关系的问题上，《吕氏春秋》注意对各种思想和主张的平衡处理，一方面并不轻视法家思想，另一方面又充分肯定传统的孝悌观念。例如，《孝行》篇认为"忠"是由"孝"产生的，而"孝"具有根源性和普遍性，"人臣孝，则事君忠"。无疑，这种观点一直是儒家所坚持的。不过，《孝行》篇又赞同曾子"事君不忠，非孝也"的主张，则有意将"忠""孝"观念及君统与宗统之间的紧张关系加以消解，而试图将二者统一起来。对于在特定的历史条件下忠孝二者间存在的剧烈冲突，《吕氏春秋·高义》篇举出春秋末期石渚杀身以殉忠孝的做法，并加以大力称赞，认为石渚真正做到了为人子和为人臣所应当遵行的"直义"原则。以"直义"原则来处理忠孝观念之间的激烈矛盾，这种思想发源于孔子等人。《吕氏春秋·贵公》篇与《高义》篇不同，吕不韦等人赞成"至公"的观念，在称赞墨者腹䵍坚持了"直义"之普遍性的同时，又将亲亲容隐的原则特殊性和自私化，这是在贬低"孝"的同时将"忠"绝对化了。

五

《荀子》《韩非子》《吕氏春秋》和大小戴《礼记》对

"忠""孝"观念的持论很复杂和充满歧异，一方面反映出这两个观念对于中国传统社会与政治是很重要的，另一方也反映出这两个观念之间的关系是很复杂，甚至充满对立的。法家的思想及其寄生于其上的"忠"的观念为中国古代的君主专制、中央集权制度提供了重要的推动力量，但是凌驾于"法"和臣民之上的"君位"却很容易通过某个皇帝的腐败和堕落而诱发整个国家政权的危机和社会秩序的混乱。汉代以秦亡为鉴，在强化中央集权的同时，重新吸取儒家重孝的观念，建立了忠孝并重、以忠统孝和忠大于孝的新观念。汉代儒学以儒家孝行派的思想为基础，扬弃了先秦诸子的忠孝观念，似乎为中国二千余年的帝制社会在政治和伦理上建立了一个比较稳定、平衡的观念结构。

参考文献

一、文献典籍

［汉］班固撰，［唐］颜师古注：《汉书》，中华书局1962年版。

［宋］蔡沈：《书集传》，王丰先点校，中华书局2018年版。

［汉］蔡邕：《蔡中郎集》，四部备要本，中华书局1936年版。

［宋］陈淳：《北溪字义》，中华书局1983年版。

［宋］程颢、程颐：《二程遗书》，景印文渊阁四库全书第698册，台湾商务印书馆1986年版。

［清］戴望：《管子校正》，《诸子集成》第五册，中华书局1954年版。

［清］段玉裁：《古文尚书撰异》，载［清］阮元编：《清经解》第四册，上海书店1988年版。

［清］段玉裁：《说文解字注》，上海古籍出版社1981年版。

［南朝宋］范晔撰，［唐］李贤等注：《后汉书》，中华书局1965年版。

［汉］伏生撰，［汉］郑玄注，［清］陈寿祺辑校：《尚书大传》，丛书集成初编本，商务印书馆1937年版。

［清］郭庆藩撰，王孝鱼点校：《庄子集释》，中华书局1961年版。

国家文物局古文献研究室编:《马王堆汉墓帛书》(壹),文物出版社1980年版。

［清］江声:《尚书集注音疏》,载［清］阮元编:《清经解》第二册,上海书店1988年版。

荆门市博物馆编:《郭店楚墓竹简》,文物出版社1998年版。

［宋］黎靖德编:《朱子语类》,中华书局1994年版。

［宋］李心传编:《道命录》,丛书集成初编本,商务印书馆1937年版。

［宋］林之奇:《尚书全解》,景印文渊阁四库全书第55册,台湾商务印书馆1986年版。

［清］刘宝楠:《论语正义》,中华书局1990年版。

［清］焦循:《孟子正义》,中华书局1987年版。

［宋］刘牧:《易数钩隐图》,景印文渊阁四库全书第8册,台湾商务印书馆1986年版。

马承源主编:《上海博物馆藏战国楚竹书》(一),上海古籍出版社2001年版。

马承源主编:《上海博物馆藏战国楚竹书》(二),上海古籍出版社2002年版。

马承源主编:《上海博物馆藏战国楚竹书》(四),上海古籍出版社2004年版。

马承源主编:《上海博物馆藏战国楚竹书》(五),上海古籍出版社2005年版。

马承源主编:《上海博物馆藏战国楚竹书》(六),上海古籍出版社2007年版。

［清］皮锡瑞:《今文尚书考证》,中华书局1989年版。

［清］钱大昕:《廿二史考异》,凤凰出版社2016年版。

清华大学出土文献研究与保护中心编:《清华大学藏战国竹简》(壹),中西书局2010年版。

清华大学出土文献研究与保护中心编：《清华大学藏战国竹简》（叁），中西书局2012年版。

清华大学出土文献研究与保护中心编：《清华大学藏战国竹简》（伍），中西书局2015年版。

清华大学出土文献研究与保护中心编：《清华大学藏战国竹简》（陆），中西书局2016年版。

清华大学出土文献研究与保护中心编：《清华大学藏战国竹简》（捌），中西书局2018年版。

清华大学出土文献研究与保护中心编：《清华大学藏战国竹简》（拾壹），中西书局2021年版。

清华大学出土文献研究与保护中心编：《清华大学藏战国竹简》（拾贰），中西书局2022年版。

[清]阮元：《揅经室集》，中华书局1993年版。

[清]阮元校刻：《十三经注疏·春秋左传正义》，中华书局1980年版。

[清]阮元校刻：《十三经注疏·礼记正义》，中华书局1980年版。

[清]阮元校刻：《十三经注疏·论语注疏》，中华书局1980年版。

[清]阮元校刻：《十三经注疏·孟子注疏》，中华书局1980年版。

[清]阮元校刻：《十三经注疏·尚书正义》，中华书局1980年版。

十三经注疏整理委员会整理：《十三经注疏·春秋左传正义》，北京大学出版社2000年版。

十三经注疏整理委员会整理：《十三经注疏·尔雅注疏》，北京大学出版社2000年版。

十三经注疏整理委员会整理：《十三经注疏·毛诗正义》，北京大学出版社2000年版。

十三经注疏整理委员会整理：《十三经注疏·尚书正义》，北京大学出版社2000年版。

十三经注疏整理委员会整理：《十三经注疏·周礼注疏》，北京大学出版社2000年版。

［汉］司马迁撰，［南朝宋］裴骃集解，［唐］司马贞索隐，［唐］张守节正义：《史记》，中华书局1959年版。

［宋］苏轼：《书传》，景印文渊阁四库全书第54册，台湾商务印书馆1986年版。

［清］苏舆：《春秋繁露义证》，中华书局2002年版。

［清］孙星衍：《尚书今古文注疏》，中华书局1986年版。

［清］孙星衍等辑：《汉官六种》，中华书局1990年版。

［清］孙诒让：《墨子间诂》，中华书局2001年版。

［清］孙之騄辑：《尚书大传》，景印文渊阁四库全书第68册，台湾商务印书馆1986年版。

［宋］王安石撰，程元敏整理：《尚书新义》，《王安石全集》第二册，复旦大学出版社2016年版。

［宋］王安石撰，中华书局上海编辑所编辑：《临川先生文集》，中华书局1959年版。

［魏］王弼、［唐］李约等注：《老子》，中华书局1998年版。

［宋］王柏：《书疑》，通志堂经解本，载《四库全书存目丛书》经部第049册，齐鲁书社1997年版。

［清］王聘珍：《大戴礼记解诂》，王文锦点校，中华书局1983年版。

［清］王夫之：《尚书稗疏》，载《船山全书》第二册，岳麓书社1996年版。

［清］王念孙：《读书杂志》，江苏古籍出版社2000年版。

［清］王先谦：《尚书孔传参正》，中华书局2011年版。

［清］王先谦：《荀子集解》，中华书局1988年版。

［清］王先慎：《韩非子集解》，中华书局1998年版。

［清］王引之：《经义述闻》，江苏古籍出版社2000年版。

［宋］王应麟撰，［清］翁元圻等注：《困学纪闻》，上海古籍出版社2008年版。

［宋］夏僎：《夏氏尚书详解》，景印文渊阁四库全书第56册，台湾商务印书馆1986年版。

［梁］萧统选，［唐］李善注：《文选》，中华书局1977年版。

［汉］荀悦：《汉纪》，中华书局2002年版。

［清］俞樾：《群经平议》，载《续修四库全书》第178册，上海古籍出版社2002年版。

［宋］曾巩：《曾巩集》，中华书局1984年版。

［清］朱彬：《礼记训纂》，中华书局1996年版。

朱杰人、严佐之、刘永翔主编：《朱子全书》（修订本），上海古籍出版社、安徽教育出版社2010年版。

［宋］朱熹：《四书章句集注》，中华书局1983年版。

［宋］朱熹：《周易本义》，中华书局2009年版。

［清］朱彝尊：《经义考》，中华书局1998年版。

二、研究著作

［美］艾兰、汪涛、范毓周主编：《中国古代思维模式与阴阳五行说探源》，江苏古籍出版社1998年版。

［美］白牧之（E. Bruce Brooks）、白妙子（A. Taeko Brooks）：《论语辨》（*The Original Analects: Sayings of Confucius and His Successors*），哥伦比亚大学出版社1998年版。

陈梦家：《尚书通论》，中华书局2005年版。

陈奇猷：《韩非子新校注》，上海古籍出版社2000年版。

［美］陈荣捷（Wing-Tsit Chan）编译：《中国哲学文献选编》（*A Source Book in Chinese Philosophy*），普林斯顿大学出版社1963年版。

陈伟：《郭店竹书别释》，湖北教育出版社2002年版。

程元敏：《尚书学史》，五南图书出版公司2008年版。

丁四新：《郭店楚墓竹简思想研究》，东方出版社2000年版。

丁四新：《郭店楚竹书〈老子〉校注》，武汉大学出版社2009年版。
丁四新等：《英语世界的早期中国哲学研究》，浙江大学出版社2017年版。
丁四新等：《上博楚竹书哲学文献研究》，河北教育出版社2022年版。
［英］魏根深（Endymion Wilkinson）：《中国历史手册》（Chinese History: A Manual），哈佛大学亚洲中心1998年版。
方东美：《原始儒家道家哲学》，中华书局2012年版。
方东美：《中国哲学精神及其发展》（上），中华书局2012年版。
冯时：《中国古代的天文与人文》，中国社会科学出版社2006年版。
古文字诂林编纂委员会：《古文字诂林》，上海教育出版社1999年版。
顾颉刚、刘起釪：《尚书校释译论》，中华书局2005年版。
管燮初：《西周金文语法研究》，商务印书馆1981年版。
汉语大字典编辑委员会：《汉语大字典》（第2版），崇文书局、四川辞书出版社2010年版。
何宁：《淮南子集释》，中华书局1998年版。
黄晖：《论衡校释》，中华书局1990年版。
黄忠慎：《〈尚书·洪范〉考辨与解释》，花木兰文化出版社2011年版。
黄焯：《经典释文汇校》，中华书局2006年版。
季旭昇：《说文新证》，福建人民出版社2010年版。
江灏、钱宗武：《今古文尚书全译》，贵州人民出版社1990年版。
蒋善国：《尚书综述》，上海古籍出版社1988年版。
李零：《郭店楚简校读记》（增订本），北京大学出版社2002年版。
李启谦：《孔门弟子研究》，齐鲁书社1988年版。
李泰棻：《今文尚书正伪》，1931年莱熏阁刻本，力行书局印行。
李学勤：《周易经传溯源》，长春出版社1992年版。

李学勤：《周易溯源》，巴蜀出版社2006年版。

李学勤主编：《字源》（全三册），天津古籍出版社2012年版。

刘起釪：《尚书学史》，中华书局1989年版。

刘起釪：《尚书研究要论》，齐鲁书社2007年版。

刘钊：《郭店楚简校释》，福建人民出版社2005年版。

马士远：《周秦〈尚书〉学研究》，中华书局2008年版。

钱宗武：《今文尚书语言研究》，岳麓书社1996年版。

钱宗武：《尚书新笺与上古文明》，北京大学出版社2004年版。

屈万里：《尚书集释》，联经出版事业公司1983年版。

屈万里：《尚书释义》，中国文化学院出版部1980年版。

童书业：《春秋左传研究》（校订本），中华书局2006年版。

王国维：《古史新证》，清华大学出版社1994年版。

王力主编：《王力古汉语字典》，中华书局2000年版。

王利器：《吕氏春秋注疏》，巴蜀书社2002年版。

向世陵主编：《"克己复礼为仁"研究与争鸣》下编，新星出版社2018年版。

徐复观：《中国人性论史·先秦篇》，载李维武编：《徐复观文集》（修订本）第三卷，湖北人民出版社2009年版。

徐元诰撰：《国语集解》，王树民、沈长云点校，中华书局2002年版。

许锬辉：《先秦典籍引〈尚书〉考》，花木兰文化出版社2009年版。

杨伯峻编著：《春秋左传注》（修订本），中华书局1990年版。

杨伯峻译注：《论语译注》，中华书局1980年版。

杨儒宾：《儒家身体观》，"中研院"中国文哲研究所筹备处，1999年修订本。

于省吾：《双剑誃尚书新证·洪范》，中华书局2009年版。

于省吾主编：《甲骨文字诂林》，中华书局1996年版。

余英时：《朱熹的历史世界——宋代士大夫政治文化的研究》（下），生活·读书·新知三联书店2004年版。

曾运乾：《尚书正读》，中华书局1964年版。
张兵：《〈洪范〉诠释研究》，齐鲁书社2007年版。
张舜徽：《汉书艺文志通释》，华中师范大学出版社2004年版。
张西堂：《尚书引论》，陕西人民出版社1958年版。
张亚初、刘雨：《西周金文官制研究》，中华书局1986年版。
赵诚编著：《甲骨文简明词典——卜辞分类读本》，中华书局1988年版。
周秉钧：《尚书易解》，岳麓书社1984年版。
周生春：《吴越春秋辑校汇考》，上海古籍出版社1997年版。
朱廷献：《尚书研究》，台湾商务印书馆1987年版。
宗福邦、陈世铙、萧海波主编：《故训汇纂》，商务印书馆2003年版。

三、学术论文

曹松罗：《论〈洪范〉之五事》，《扬州教育学院学报》2005年第2期。
曹松罗：《〈尚书·洪范〉尚五商代说》，《扬州教育学院学报》2006年第4期。
曹松罗：《〈尚书·洪范〉尚五商代说续证》，《广西教育学院学报》2007年第5期。
陈来：《"一破千古之惑"——朱子对〈洪范〉皇极说的解释》，《北京大学学报（哲学社会科学版）》2013年第2期。
陈良中：《宋代尚书学成就及其影响》，《中国社会科学报》2016年3月15日。
陈蒲清：《〈尚书·洪范〉作于周朝初年考》，《湖南师范大学社会科学学报》2003年第1期。
陈英杰：《豳公盨铭文再考》，《语言科学》2008年第1期。
丁四新：《从出土竹书综论〈周易〉诸问题》，《周易研究》2000年第4期。
丁四新：《春秋战国时期"忠"观念的演进——以儒家文献为主线

兼论忠孝、忠信与忠恕观念》，载吴根友主编：《学鉴》第2辑，武汉大学出版社2008年。

丁四新：《近九十年〈尚书·洪范〉作者及著作时代考证与新证》，《中原文化研究》2013年第5期。

丁四新：《刘向、刘歆父子的五行灾异说和新德运观》，《湖南师范大学社会科学学报》2013年第6期。

丁四新：《论〈尚书·洪范〉的政治哲学及其在汉宋的诠释》，《广西大学学报（哲学社会科学版）》2015年第2期。

丁四新：《论〈尚书·洪范〉福殛畴：手段、目的及其相关问题》，《四川大学学报（哲学社会科学版）》2021年第6期。

丁四新：《儒家修身哲学之源：〈尚书·洪范〉五事畴的修身思想及其诠释》，《哲学动态》2022年第9期。

丁四新：《再论〈尚书·洪范〉的政治哲学——以五行畴与皇极畴为中心》，《中山大学学报（社会科学版）》2017年第2期。

丁四新编译：《近年来英语世界有关孔子与〈论语〉的研究》（上、下），《哲学动态》2006年第11、12期。

杜勇：《〈洪范〉制作年代新探》，《人文杂志》1995年第3期。

冯时：《河南濮阳西水坡45号墓的天文学研究》，《文物》1990年第3期。

冯时：《红山文化三环石坛的天文学研究——兼论中国最早的圜丘与方丘》，《北方文物》1993年第1期。

付林鹏、张菡：《先秦的君子威仪与"周文"之关系》，《华中师范大学学报（人文社会科学版）》2017年第5期。

〔日〕高田真治《先秦思想中的"忠"》，载高田真治：《东洋思潮研究》，春秋社1944年版。

顾颉刚：《论〈今文尚书〉著作时代书》，载氏编著：《古史辨》第一册，上海古籍出版社1982年版。

顾颉刚：《五德终始说下的政治和历史》，载氏编著：《古史辨》第五册，上海古籍出版社1982年版。

顾颉刚、童书业：《鲧禹的传说》，载吕思勉、童书业编著：《古史辨》第七册，上海古籍出版社1982年版。

郭沫若：《先秦天道观之进展》，载《青铜时代》，人民大学出版社2005年版。

郭沫若：《周易之制作时代》，载《郭沫若全集·历史编》第一卷，人民出版社1982年版。

何驽：《山西襄汾县陶寺城址发现陶寺文化大型建筑基址》，《考古》2004年第2期。

何驽：《山西襄汾县陶寺城址祭祀区大型建筑基址2003年发掘简报》，《考古》2004年第7期。

黄君良：《〈忠信之道〉与战国时期的忠信思潮》，《管子学刊》2003年第3期。

黎耕、孙小淳：《陶寺ⅡM22漆杆与圭表测影》，《中国科技史杂志》2010年第4期。

李存山：《读楚简〈忠信之道〉及其它》，载姜广辉主编：《中国哲学》第二十辑，辽宁教育出版社1999年版。

李存山：《简帛研究：仍有争议的问题》，载李存山注译：《老子》，中州古籍出版社2004年版。

李镜池：《论周易的著作年代》，载黄寿祺、张善文编：《周易研究论文集》第一辑，北京师范大学出版社1987年版。

李军靖：《〈洪范〉与古代政治文明》，郑州大学博士学位论文，2005年。

李军靖：《〈洪范〉著作时代考》，《郑州大学学报（哲学社会科学版）》2004年第2期。

李零：《论燹公盨发现的意义》，《中国历史文物》2002年第6期。

李维宝、陈久金：《中国最早的观象台发掘》，《天文研究与技术》2007年第3期。

李行之：《〈尚书·洪范〉是中国历史上的第一部宪法》，《求索》1985年第4期。

李学勤：《帛书〈五行〉与〈尚书·洪范〉》，《学术月刊》1986年第11期。

李学勤：《论燹公盨及其重要意义》，《中国历史文物》2002年第6期。

李学勤：《叔多父盘与〈洪范〉》，载饶宗颐主编：《华学》第五辑，中山大学出版社2001年版。

梁启超：《阴阳五行说之来历》，《东方杂志》第20卷第10号，收入顾颉刚编著：《古史辨》第五册，上海古籍出版社1982年版。

刘节：《洪范疏证》，《东方杂志》第25卷第2号（1928年1月25日），收入顾颉刚编著：《古史辨》第五册，上海古籍出版社1982年版。

刘起釪：《〈洪范〉成书时代考》，《中国社会科学》1980年第3期。

刘起釪：《日本现代的〈尚书〉研究》，《传统文化与现代化》1994年第2期。

刘雨：《幽公考》，载 The X Gong Xu: A Report and Papers from the Dartmouth Workshop, A Special Issue of International Research on Bamboo and Silk Documents: Newsletter, Dartmouth College, 2003。

罗新慧：《周代威仪辨析》，《北京师范大学学报（社会科学版）》2017年第6期。

马楠：《清华简〈五纪〉篇初识》，《文物》2021年第9期。

庞朴：《阴阳五行探源》，《中国社会科学》1984年第3期；又载《庞朴文集》第一卷，山东大学出版社2005年版。

钱穆：《西周书文体辨》，《新亚学报》第3卷第1期。

裘锡圭：《燹公盨铭文考释》，《中国历史文物》2002年第6期。

饶宗颐：《殷代易卦及有关占卜诸问题》，《文史》第20辑，中华书局1983年版。

任蜜林：《〈洪范五行传〉新论》，《河北师范大学学报（哲学社会

509

科学版)》2020年第5期。

宋镇豪：《殷代习卜和有关占卜制度的研究》，《中国史研究》1987年第4期。

随县擂鼓墩一号墓考古发掘队：《湖北随县曾侯乙墓发掘简报》，《文物》1979年第7期。

孙德萱等：《河南濮阳西水坡遗址发掘简报》，《文物》1988年第3期。

童书业：《五行说起源的讨论——评顾颉刚先生〈五德终始说下的政治和历史〉》，载顾颉刚编著：《古史辨》第五册，上海古籍出版社1982年版。

〔美〕万白安（Bryan Van Norden）：《孔子之道》（The Dao of Kongzi），载《亚洲哲学》（Asian Philosophy）第12卷（2002年第3期）。

〔美〕万白安（Bryan Van Norden）：《〈论语·里仁〉"一以贯之"》（Unweaving the "One Thread" of Analects 4:15），《孔子与〈论语〉新论》（Confucius and the Analects: New Essays），（纽约）牛津大学出版社2002年版。

汪震：《〈尚书·洪范〉考》，《北平晨报》1931年1月24日。

王树民：《国语的作者和编者》，载徐元诰撰：《国语集解》，王树民、沈长云点校，中华书局2002年版。

吴震：《宋代政治思想史上的"皇极"解释——以朱熹〈皇极辨〉为中心》，《复旦学报（社会科学版）》2012年第6期。

徐复观：《阴阳五行及其有关文献的研究》，载《中国人性论史·先秦篇》，台中私立东海大学1963年初版，台湾商务印书馆1969年再版。

徐复观：《阴阳五行及其有关文献的研究》，载《中国思想史论集续篇》（《徐复观全集》），九州出版社2014年版。

徐复观：《由〈尚书·甘誓〉〈洪范〉诸篇的考证看有关治学的方法和态度问题——敬答屈万里先生》，载《中国思想史论集续篇》(《徐复观全集》),九州出版社2014年版。

杨华:《春秋战国时期"宗统"与"君统"的斗争——兼论我国古代忠孝关系的三个阶段》,《学术月刊》1997年第5期。

张兵:《〈洪范〉诠释研究》,山东大学博士学位论文,2005年。

张秉权:《甲骨文中所见的"数"》,载《"中央研究院"历史语言研究所集刊》1975年第46本第3分册。

张法:《威仪:朝廷之美的起源、演进、定型、意义》,《中国人民大学学报》2015年第2期。

张华:《〈洪范〉与先秦思想》,吉林大学博士学位论文,2011年。

张怀通:《由"以数为纪"看〈洪范〉的性质与年代》,《东南文化》2006年第3期。

赵伯雄:《先秦文献中的"以数为纪"》,《文献》1999年第4期。

赵法生:《威仪、身体与性命——儒家身心一体的威仪观及其中道超越》,《齐鲁学刊》2018年第2期。

赵俪生:《〈洪范疏证〉驳议——为纪念顾颉刚先生诞辰100周年而作》,《齐鲁学刊》1993年第6期。

〔美〕郑文君(Alice W. Cheang):《诸子的声音:〈论语〉的阅读、翻译和解释》(The Master's Voice: On Reading, Translation and Interpreting the Analects of Confucians),《政治学评论》(The Review of Politics)2000年第3期。

朱凤瀚:《䚦公盨铭文初释》,《中国历史文物》2002年第6期。

〔日〕佐藤将之:《无"忠信"的国家不能生存:春秋战国时代早期"忠"和"忠信"概念的意义》,出土简帛文献与古代学术国际研讨会,2005年12月。